Dirk Maxeiner, Michael Miersch
Lexikon der Öko-Irrtümer

SERIE PIPER

Zu diesem Buch

»Das Klima kippt.« – »Der Wald stirbt.« – »Die Rohstoffe werden immer knapper.« Täglich werden wir mit solchen Schreckensmeldungen konfrontiert. Häufig steckt dahinter jedoch ein Gemisch aus widersprüchlichen oder fragwürdigen Zahlen, aus Annahmen, Schätzungen und unzulässigen Verallgemeinerungen. Die renommierten Journalisten Dirk Maxeiner und Michael Miersch untersuchen rund hundertfünfzig Vorurteile, hinterfragen sie kritisch und lassen kompetente Wissenschaftler zu Wort kommen. Sie plädieren für einen Neuanfang in der Umweltpolitik und empfehlen, die erstarrten Weltbilder durch fröhliche Aufklärung und konstruktive Veränderung zu ersetzen. Sie bringen fundierte Fakten und Zahlen auf den Tisch, die ein erheblich differenzierteres Bild über den Zustand unseres Planeten ermöglichen. Das »Lexikon der Öko-Irrtümer« stand monatelang auf den Bestsellerlisten.

Dirk Maxeiner, Jahrgang 1953, schreibt Sachbücher und entwickelt Konzepte für Zeitschriften, TV-Magazine und Bücher. Er war Chefredakteur von »Chancen« und von »natur«.
Michael Miersch, Jahrgang 1956, war bei der »taz«, bei »Chancen« und »natur«. Er dreht Dokumentarfilme und arbeitet als Journalist und Buchautor. Von ihm erschien außerdem »Das bizarre Sexualleben der Tiere« (1999).
Gemeinsam veröffentlichten die Autoren »Öko-Optimismus« (Wissenschaftsbuch des Jahres 1996) und »Life Counts. Eine globale Bilanz des Lebens« (2000).

Dirk Maxeiner, Michael Miersch

Lexikon der Öko-Irrtümer

Fakten statt Umweltmythen

Piper München Zürich

Weitere außergewöhnliche Lexika in der Serie Piper:
Walter Krämer, Götz Trenkler: Lexikon der populären Irrtümer (2446)
Walter Krämer, Michael Schmidt: Lexikon der populären Listen (2591)
Karen Duve, Thies Völker: Lexikon der berühmten Tiere (2684)
Charles Panati: Populäres Lexikon religiöser Bräuche und Gegenstände (2795)
Walter Gerlach: Das neue Lexikon des Aberglaubens (2796)
Walter Krämer, Götz Trenkler, Denis Krämer: Das neue Lexikon der populären Irrtümer (2797)
Michael Miersch: Das bizarre Sexualleben der Tiere (3009)
Wolfgang Hars: Nichts ist unmöglich! Lexikon der Werbesprüche (3010)
Werner Fuld: Das Lexikon der Fälschungen (3011)
Wolf-Ulrich Cropp: Das andere Fremdwörter-Lexikon (3160)
Klaus Waller: Lexikon der klassischen Irrtümer (3278)
Das Beste aus dem Lexikon der populären Irrtümer (3279)
Katja Doubek: Das intime Lexikon (3280)
Matthew Richardson: Das populäre Lexikon der ersten Male (3388)
Robert Anton Wilson, Miriam Joan Hill: Das Lexikon der Verschwörungstheorien (3389)
Christian Eichler: Lexikon der Fußballmythen (3397)
Katja Doubek: Lexikon merkwürdiger Todesarten (3408)
Rolf Degen: Lexikon der Psycho-Irrtümer (3409)
Walter Krämer: Modern Talking auf deutsch (3443)
Peter D'Epiro, Mary Desmond Pinkowish: Sieben Weltwunder, drei Furien und 64 andere Fragen, auf die Sie keine Antwort wissen (3639)

In Erinnerung an zwei Optimisten,
Walter Maxeiner und Ekkehard Miersch

Aktualisierte Taschenbuchausgabe
Piper Verlag GmbH, München
1. Auflage Mai 2000
2. Auflage Mai 2002

Umschlag: Büro Hamburg
Stefanie Oberbeck, Katrin Hoffmann
Umschlagabbildung: Sergio Simonetti
Fotos Umschlagrückseite: Jürgen Fahrenholtz
Satz: Oliver Schmitt
Druck und Bindung: Clausen & Bosse, Leck
Printed in Germany ISBN 3-492-22873-9

www.piper.de

Inhalt

Warum ein »Lexikon der Öko-Irrtümer«?

»Echter Fortschritt«, schrieb George Orwell, »kann nur durch vermehrte Aufklärung stattfinden, was soviel bedeutet wie die Zerstörung von Mythen.« Doch die Zerstörung von Mythen schmerzt. Wie sehr, das wurde uns klar, als dieses Buch im Sommer 1998 zum erstenmal erschien. Für einen Kritiker der »Süddeutschen Zeitung« (die dieses Buch – seltene Ehre – mit zwei Totalverrissen auf die Bestsellerlisten hievte) bestand unsere Argumentation schlichtweg aus »Hirngespinsten«. Der Klimaforscher Hans J. Schellnhuber attestierte uns »reichlich einseitige Agitation«. Doch die Untermauerung dieser Vorwürfe mit Fakten blieb jeweils aus.

Dies mag daran liegen, daß wir mit den Fakten sorgfältig umgegangen sind. Im Gegensatz zu seinem Kollegen Schellnhuber befindet der Klimaforscher Ernest Rudel: »Das Klimakapitel hat mir sehr gut gefallen. Hier ist eine sehr gute Zusammenfassung verschiedener Positionen der Wissenschaft. Gerade von denen, die man gerne überhört.« »Der Spiegel« lobte uns als »Mythen-Killer«, »Focus« gefiel das »Plädoyer für eine Umweltpolitik, die sich nach Fakten und nicht nach Stimmungen richtet«. Besonders hat uns aber die Einschätzung des ehemaligen BUND-Vorsitzenden Hubert Weinzierl gefreut: »Vielleicht hätten die Umweltverbände ein Buch dieser Art selber schreiben sollen.«

Für diese Taschenbuchausgabe überprüften wir die Faktenlage nach zwei Jahren nochmals und aktualisierten den Text, wo nötig. Wichtige qualitative Veränderungen oder aktuell abweichende Trends wurden dabei berücksichtigt. Neuere Zahlen, die lediglich die von uns beschriebenen Trends fortschreiben, haben wir jedoch nicht eingesetzt (so stieg beispielsweise die Zahl der großen Naturreservate mittlerweile auf weltweit über 12400, siehe Kapitel »Naturschutz«).

Zentrales Anliegen dieses Buches ist es, die Skepsis gegenüber gut gemeinten, aber schlecht belegten Behauptungen zu fördern. Davon gibt es in der Ökodiskussion allzu viele. Nehmen wir beispielshalber eine Sendung aus dem ARD-Umweltmagazin »Globus« vom Dezember 1997. In einem Beitrag zum Thema Klimakatastrophe heißt es dort, der

Südpol schmilzt, und die Pinguine werden immer seltener. Traurig watscheln putzige Adéliepinguine durchs Bild. Zufällig liegt die Ausgabe der Zeitschrift »Geo« vom gleichen Monat auf dem Fernsehtisch, darin ein großer Report über die Antarktis. Nach kurzem Blättern reiben wir uns verwundert die Augen. »Geo« schreibt: »Weil Pinguine in der Antarktis nach der Dezimierung der Wale ein Riesen-Nahrungsangebot an Krill vorfinden, ist ihre Zahl auf über 100 Millionen angewachsen.«

Neugierig geworden, recherchieren wir nach und wundern uns weiter. Von den scheinbaren Selbstverständlichkeiten, die in »Globus« so plausibel über den Bildschirm flimmerten, bleibt nach Befragen von Fachleuten nicht mehr viel übrig. Erstens: Die Bestandszahlen der Pinguinarten in der Antarktis nehmen derzeit zu. (Andere Arten, die weiter nördlich siedeln, nehmen infolge der Meeresüberfischung, aber nicht wegen des Klimas, ab.) Zweitens: Sollte sich die Erde tatsächlich weiter erwärmen, werden die Eismassen der Antarktis fürs erste nicht abschmelzen, sondern – ganz im Gegenteil – wachsen. Wärmere Temperaturen bringen vermehrten Niederschlag und damit mehr Schnee und Eis am Südpol.

Erst wächst die Neugier, dann das Mißtrauen. Könnte es sein, daß auch andere Dinge nicht stimmen? Wir sind Journalisten, stochern also zwangsläufig mit dem Durchschnittsverstand in der Flut der Behauptungen. »Journalisten sind von Natur aus Generalisten, Fachleute fürs Allgemeine, ihr Arbeitsinstrument ist eine versatile Intelligenz, mit der sie sich in neuen und fremden Zusammenhängen relativ rasch zurechtfinden; ihre Methode ist die Ad-hoc-Plausibilitätsprüfung. Dazu gehören freilich ein wenig Lebenserfahrung und Allgemeinbildung sowie die Kenntnis der vier Grundrechenarten«, schreibt der Publizist Burkhard Müller-Ullrich. Genauso haben wir es versucht.

Hier zeigt sich ein kleiner Widerspruch, dort kommt leiser Zweifel auf. Dann kratzt man skeptisch – aber immer noch gutwillig – leicht an der grünen Tapete. Doch unversehens fällt einem mitunter die ganze Wand entgegen. Darunter kommt ein Konglomerat aus widersprüchlichen oder fragwürdigen Zahlen, aus Behauptungen, Annahmen und Schätzungen, aus fehlenden Messungen und unbekannten Zusammenhängen zum Vorschein. Es stellt sich oft rasch heraus, daß die sogenannte Faktenlage keine ist.

Unsere Quellen sind – neben eigener Recherche – Vorträge, Fachzeitschriften und Sachbücher, aber häufig auch die ganz normale Tageszeitung. Dieses Buch ist keine wissenschaftliche Abhandlung. Alle Fakten und Argumente, die wir zusammengetragen haben, sind allgemein zugänglich und standen häufig schlicht in der Zeitung. Dort prangten sie freilich nicht auf den Titelseiten, sondern fanden sich weiter hinten, versteckt unter »Wissenschaft« oder »Vermischtes«. Wenn als Quellen des öfteren Tages- oder Wochenzeitungen genannt werden, so stehen dahinter dennoch zumeist zitierte Erstveröffentlichungen aus wissenschaftlichen Fachzeitschriften wie »nature« oder »Science«.

Es geht uns nicht darum, einen Anspruch auf endgültige und allein selig machende Wahrheiten zu erheben. Es geht uns darum, aus den vereinzelten skeptischen Stimmen ein Gegenbild zusammenzufügen, das den Leser stimuliert, sich anschließend selbst eine Meinung zu bilden.

Dieser Flickenteppich besteht mitunter aus ganz harmlosen Dingen, wie der berühmten Kiwi-Frucht, die seit Jahren als Symbol für unsere zu Fruchtfleisch gewordene Energieverschwendung herhalten muß – weil sie angeblich mit dem Flugzeug aus Neuseeland zu uns transportiert wird. Eine simple Nachfrage ergibt: Die meisten Kiwis kommen aus Italien – und diejenigen, die aus Neuseeland zu uns gelangen, werden mit dem Schiff transportiert. Kiwis sind kein ökologisches Problem. Doch die Fakten können dem Mythos schon lange nichts mehr anhaben.

Während die Kiwi eher zu den amüsanten Irrtümern zählt, hört woanders der Spaß auf. So wird seit Jahren (unter anderem in den ARD-Tagesthemen) eine Zahl von 125000 durch den Reaktorunfall von Tschernobyl verursachten Todesfällen kolportiert. Inzwischen wissen wir: Die Zahl stammt vom ukrainischen Gesundheitsminister. Sie hat allerdings nichts mit Tschernobyl zu tun. Der Minister nannte vielmehr die Gesamtzahl aller in der Ukraine zwischen 1986 und 1995 verstorbenen, meist älteren Menschen (und wurde dabei bewußt oder unbewußt mißverstanden). Tatsächlich erlagen bislang etwa 50 Rettungshelfer den Strahlenfolgen, und die Mediziner zählen zirka 1500 zusätzliche Fälle von Schilddrüsenkrebs, der zum Glück meist geheilt werden kann.

Ist das nicht Leid genug? Muß gebetsmühlenhaft eine aberwitzige Tschernobyl-Opferzahl beschworen werden? Wem soll das nutzen? Den Menschen in der Ukraine wird damit jedenfalls nicht geholfen. Dabei genügen die tatsächlichen Verhältnisse doch völlig für die Aussage: So etwas wie Tschernobyl darf nie wieder passieren. Wir glauben: Jeder, der sich für die Umwelt einsetzt, sollte bei der Wahrheit bleiben. Alles andere wird sich bitter rächen. »Das Dumme ist, daß die Reaktion der Leute, wenn man sie belügt, dann um so heftiger ist, wenn die Wahrheit durchsickert, was sie meist tut«, schrieb George Orwell.

Dies ist kein Anti-Umweltschutz-Buch. Wir wollen das Kind nicht mit dem Bade ausschütten. Tschernobyl hat stattgefunden. Umweltverschmutzung und ökologischer Frevel sind keine Fata Morgana – und sie dauern an. Es gibt genügend echte Probleme auf der Welt:

→ Die Meere werden überfischt.
→ Die Regenwaldgebiete schrumpfen weiterhin (wenn auch langsamer und aus anderen Gründen, als uns manche weismachen wollen).
→ In den Ballungszentren vieler Entwicklungsländer sind Trinkwasser und Atemluft verseucht.
→ Die staatlich subventionierte Landwirtschaft in den Industrieländern verschmutzt die Umwelt und quält die Nutztiere.
→ Der internationale Boom der Naturmedizin (besonders in Asien) gefährdet den Bestand seltener Pflanzen und Tiere.
→ Die Massenmobilität bringt neue Umweltschäden hervor.
→ Und schließlich das größte globale Problem: die Armut. Millionen Menschen sind aus nackter Not gezwungen, die Natur zu plündern und die Umwelt zu verschmutzen.

Unsere Korrektur von Irrtümern soll nicht die ökologische Herausforderung als solche in Frage stellen. Sie ist auch keine Aufforderung, die

Hände in den Schoß zu legen. Wir wollen jedoch zeigen, daß es höchste Zeit wird, sich von Vorurteilen, ideologischen Blockaden und Halbwahrheiten zu verabschieden. Denn die permanente Übertreibung und Schwarzmalerei stumpft Leser und Zuschauer ab, macht sie langfristig taub für wirklich wichtige Umweltanliegen.

Unter dem zugegebenermaßen holzschnittartigen Begriff »Öko-Irrtümer« haben wir in diesem Buch einen bescheidenen Ausschnitt dessen versammelt, was sich im Bewußtsein von Bürgern, Umweltschützern, Journalisten, Wissenschaftlern und Politikern so an ökologischem Kalkstein angelagert hat (es geht also keineswegs nur um die Irrtümer der Umweltorganisationen):

→ schlichte Irrtümer ohne böse Absicht (»Omas Küche war gesünder«)
→ Mißstände, die einmal zutrafen, inzwischen aber behoben sind (»Wir werden immer mehr durch Dioxin belastet«)
→ bewußte Irreführungen (»Die Elefanten sind vom Aussterben bedroht«)
→ ideologische Glaubenssätze, die völlig kritiklos dargestellt werden (»Erneuerbare Energien sind grundsätzlich gut für die Umwelt«)
→ hohle Phrasen (»Wir haben die Erde nur von unseren Kindern geborgt«)
→ falsche Prognosen (»Energie wird immer knapper«)
→ Dinge, an denen durchaus etwas dran ist, die aber falsch oder übertrieben dargestellt werden (»Mehr Hautkrebs durch Ozonloch«)
→ unbewiesene und oft zweifelhafte wissenschaftliche Annahmen, die als unwiderlegbare Tatsache verbreitet werden (»Der Mensch verursacht eine Klimakatastrophe«)

Wir geben gerne zu: In der Anhäufung dürfte unsere Sammlung von Öko-Irrtümern für manchen schwer zumutbar sein. Doch was tun, wenn scheinbare ökologische Gewißheiten reihenweise wie defekte Bildröhren implodieren? Soll man im Dienste der prinzipiell guten ökologischen Absicht schweigen? Von da wäre es allerdings nur ein kleiner Schritt zu der Folgerung, daß die Unterdrückung und Entstellung von Tatsachen ein legitimes Mittel des Journalisten sei. »Jeder, der zur Verteidigung unpopulärer Ziele geschrieben hat, kennt die furchtbare Versuchung, Tatsachen zu entstellen oder zu unterschlagen, nur weil eine ehrliche Aussage Enthüllungen enthielte, die von skrupellosen Gegnern verwendet werden könnten«, schrieb George Orwell.

1996 zogen wir mit unserem Buch »Öko-Optimismus« eine Bilanz der politischen Ökologie. Wir kritisierten Fehlentwicklungen in der Umweltbewegung und machten Vorschläge für eine zukunftsfähige grüne Politik. Das hat für viel Wirbel gesorgt, und einige Kritiker warfen uns Verrat an der Bewegung und Verharmlosung der Gefahren vor. Anderen Lesern gefiel unser Plädoyer für eine konstruktive Veränderungskultur. Sie empfanden unser Buch als belebende Arznei gegen grassierenden grünen Altersstarrsinn. In den vielen Diskussionsveranstaltungen um »Öko-Optimismus« wurde uns klar, wie hartnäckig Mythen und Phrasen die freie Sicht verstellen. Viele Teilnehmer hatten noch nie davon gehört, daß es ernst zu nehmende Zweifel an Szenarien wie der »Klimakatastrophe«, dem »rasanten Artensterben« oder der »unaufhaltsamen Bevölkerungsexplosion« überhaupt gab.

So kamen wir auf die Idee, ein »Lexikon der Öko-Irrtümer« zusammenzustellen, um für uns selbst und andere etwas Ordnung in die Dinge zu bringen und wenigstens den gröbsten Unsinn ein wenig anzukratzen. Viel mehr kann Journalismus ohnehin nicht leisten. Aber vielleicht faßt der eine oder andere in Wissenschaft, Wirtschaft und Politik wieder Mut, deutlicher seine Meinung zu sagen. Viele Fachleute haben nämlich keine Kraft, Zeit oder Lust mehr, selbst dem schlimmsten Quatsch zu widersprechen. Zu oft sind sie dafür moralisch abgewatscht worden. Dabei würden die Stimmen der zum Schweigen Gebrachten dringend für einen wirklich intelligenten Umweltschutz gebraucht. In einer Zeit knapper Kassen ist es um so wichtiger, daß die Mittel dort konzentriert werden, wo es am meisten für die Umwelt bringt, und nicht dort, wo gerade der schrillste ökologische Kostümball veranstaltet wird. Die Umwelt zählt – und nicht die Interessen der Umweltverbände oder der Umweltparteien. Beides hat bisweilen kaum noch etwas miteinander zu tun.

Dieses Buch soll in der Zusammenschau auch einige grundsätzliche Aspekte beleuchten. Vor allem unser Verhältnis zur Wahrheit. Sascha Müller-Kraenner, Direktor für internationale Angelegenheiten beim Dachverband der Naturschutzverbände DNR, schrieb 1998 in der »taz« über die Lehren aus der Brent-Spar-Kampagne, von der man heute weiß, daß Greenpeace die Öffentlichkeit hinters Licht geführt hat. Für Müller-Kraenner ist es jedoch völlig unerheblich, ob die Argumente richtig waren, ob Greenpeace mit falschen Behauptungen taktierte oder ob die Versenkung der Brent-Spar überhaupt ein Schaden für die Umwelt gewesen wäre (zum Thema »Brent Spar« siehe auch Seite 260). Es zählt einzig der Erfolg. »Die Geschichte«, schreibt er, »wird auch in der Umweltpolitik von Siegern geschrieben.« Zweifel haben da keinen Platz. Es kommt nur darauf an, wer in den Augen der Öffentlichkeit besser weg kommt: Hauptsache, »das Volk hatte Greenpeace schnell verziehen«.

Dr. Hans-Jochen Luhmann, Leiter der Abteilung Klimapolitik am Wuppertal-Institut, erläuterte auf einer Tagung zum Thema »Massenmedien und Klimawandel« 1995 ein »informationstheoretisches« Verständnis von »Wahrheit«: »Wahr ist eine Botschaft dann, wenn ihre Intention gut begründet ist und sie beim Empfänger ankommt.« Diese Auffassung ist bei der Durchsetzung von ökologischen Forderungen mittlerweile nicht die Ausnahme, sondern die Regel. Doch für Journalisten sollten Fakten zählen und nicht »Botschaften«. Schließlich wurden die größten Schweinereien der letzten Jahrhunderte meist im Namen einer guten Sache begangen. Wahrheit darf niemals zur strategischen Verfügungsmasse werden.

Manche Wissenschaftler, die sich darauf einlassen, werden dies eines Tages bereuen. Im Dienste der guten Sache stempeln sie heute skeptische Stimmen zu den Treibhaus-Prophezeiungen der offiziellen Klimaforschung sofort als »Außenseiter« ab. So argumentiert eine Zunft, die immer wieder von Außenseitern vorangebracht wurde (und nicht von politisch korrekten Mehrheitsforschern). Und dies praktiziert eine Umweltbewegung, die erstaunlich schnell vergessen hat, daß sie selbst einmal als verlachte Minderheit anfing.

Es muß doch einfach zu denken geben: 1975 waren amerikanische

Meteorologen dem Magazin »Newsweek« zufolge *fast einstimmig* der Ansicht, daß eine Abkühlung der Erde die landwirtschaftliche Produktivität für den Rest des Jahrhunderts verringern werde. Heute behauptet der amerikanische Vizepräsident Gore von der gleichen Forschergilde, sie sei *fast einstimmig* der Meinung, daß die menschengemachte Erwärmung real und bereits unterwegs sei.

Politikern und Organisationen aller Couleur, die hauptsächlich auf die Gefühle von Wählern oder Spendern setzen, kommen solche Hiobsbotschaften nur recht. Sie können sich dann zum Retter eines Planeten erklären, ohne zu sagen, wovor genau sie ihn denn retten wollen. Mit Öko-Phrasen verschaffen sich Politiker kostenlosen moralischen Glanz. Wo Umweltschutz draufsteht, muß nicht unbedingt Umweltschutz drin sein. Oft geht es schlichtweg um Macht, Einfluß und mittlerweile auch um Wirtschaftsinteressen.

Der Publizist Gerd Koenen beschreibt Nationalsozialismus und Kommunismus als »Versuche einer radikalen ›Säuberung‹ der Welt«. Die totalitären Ideologien, so Koenen, waren Reaktionen auf die atemberaubend schnellen Veränderungen in Wirtschaft, Wissenschaft und Kultur. Auch der Ökologismus hegt einen konservativen Groll gegen jeglichen Wandel und wittert überall Verfall und Niedergang. Es ist kein Zufall, daß angesehene Vordenker der grünen Bewegung die westliche Demokratie für zu schwach halten und angesichts der Umweltgefahren mit autoritären Lösungen liebäugeln. Man wird den Eindruck nicht los, sie wünschten sich im Grunde eine Aristokratie der Weisen (also jener Kaste, der sie sich zugehörig fühlen). Der Ökologismus, so der Autor Matthias Horx, »hat gute Chancen zur Zentralreligion der Jahrtausendwende zu werden«. Er bietet schon heute alle spirituellen Hilfsmittel erfolgreicher Glaubenssysteme: Rituale (vom Fastenwandern bis zur Castor-Blockade), egalitäres Pathos (alles ist eine »Menschheitsfrage«), Endzeitgrusel und das Gefühl, einer verkannten Elite der Rechtgläubigen anzugehören.

Eine aufschlußreiche und auch dem Laien zugängliche Methode, die Qualität von ökologischen Propheten zu beurteilen, ist, sich ihre Vorhersagen von gestern anzuschauen. So ließ der »Club of Rome« in seinem Report »Die Grenzen des Wachstums« die Welt 1972 wissen, daß die globalen Erdölvorräte noch 550 Milliarden Barrel betragen. Bis 1990 wurden allerdings bereits 600 Milliarden Barrel verbraucht, und heute ist der bekannte Vorrat größer denn je: 900 Milliarden Barrel. Es kann wirklich keine Rede davon sein, daß – wie vom Club of Rome prophezeit – das Erdöl und andere wichtige Bodenschätze zur Jahrtausendwende erschöpft sind.

Nun, Irren ist menschlich. Und es ist völlig in Ordnung, solange sich Menschen zu ihren Fehlern bekennen. Aber was sagt Dennis L. Meadows – der Autor der damaligen Studie – heute dazu? In einem Interview mit der »Zeit« antwortet er unter anderem: »Ich bin heute in der Wachstumsdebatte nicht mehr so engagiert wie vor 25 Jahren. Ich betrachte den Lauf der Dinge eher wie ein interessierter Zuschauer bei einem Schachspiel. Niemand kann sich 25 Jahre lang von ganzem Herzen mit dem Kollaps des Planeten beschäftigen.« Besonders dann nicht, wenn der Kollaps nicht eintritt. Es scheint fast so, als sei Dennis Meadows ob dieser Tatsache ein wenig beleidigt, denn prinzipiell sieht er sich nach wie vor völlig im Recht: »Als Systemanalytiker kann ich nicht erkennen, wie der globale Kollaps vermieden werden sollte. Es wäre allerdings nicht einmal der erste Kollaps. Denken Sie nur an die Zeiten der Pest in Europa.« Und genau an diesem Punkt unterscheidet sich die Argumentation des Systemanalytikers Dennis Meadows in nichts mehr von der eines Zeugen Jehovas.

Man sollte nun glauben, daß jemand, der in der Vergangenheit so gnadenlos falsch lag, für die Zukunft nicht sonderlich ernst genommen wird. Interessanterweise ist das Gegenteil der Fall: Die Tatsache, daß der Weltuntergang bislang nicht eingetreten ist, erhöht für viele Menschen offenbar die Wahrscheinlichkeit, daß er es bald tun wird. Irgendwann muß es ja soweit sein. Oder, um es in den Worten von Ludwig Erhard zu sagen: »Man verzeiht dem falschen Propheten, wenn's besser kommt als vorausgesagt.«

Wissenschaftler, die in den siebziger Jahren richtig lagen, also beispielsweise für die Jahrtausendwende billige und reichliche Rohstoffe voraussagten, wurden damals verlacht. Und heute glaubt ihnen erst recht niemand; die Tatsache, daß sie recht hatten, spricht gegen sie. Motto: Das kann doch auf Dauer nicht gutgehen. Der Ökonom Julian

Simon und der Politologe Aaron Wildavsky (beide kürzlich verstorben) zählen zu denjenigen, die in den siebziger Jahren die Ressourcen-Entwicklung richtig eingeschätzt hatten. Wir begehen in diesem Buch den schweren Fauxpas, auch solche Wissenschaftler zu Wort kommen zu lassen, die recht hatten.

»Es gibt Theorien«, schreibt der Bevölkerungswissenschaftler Herwig Birg, »denen eine Art ewiges Leben beschieden ist, obwohl ihre Unrichtigkeit offen zutage liegt.« Birg zielt damit auf das Malthussche Gesetz, daß die Bevölkerung naturgesetzlich schneller wachse, als die zu ihrer Ernährung notwendigen Ernteerträge gesteigert werden könnten. »Als in den achtziger Jahren immer klarer wurde«, sagt Birg, »daß die von Natur aus gesetzte Nahrungsschranke (nicht die auf Politikversagen beruhenden Versäumnisse der Nahrungsproduktion und ihrer Verteilung) trotz der ›Bevölkerungsexplosion‹ noch in weiter Ferne liegt – wenn es eine solche überhaupt gibt –, übernahm die Ressourcenschranke die Rolle der Nahrungsschranke in der malthusianischen Denktradition. Als sich schließlich erwies, daß auch die Prophezeiungen des Club of Rome über eine Erschöpfung wichtiger natürlicher Ressourcen wie Erdöl falsch waren, wurde die Ressourcenschranke durch die Umweltschranke ersetzt. Der Malthusianismus der Nahrungsschranke verwandelte sich in den ökologischen Malthusianismus.«

In den gängigen Weltuntergangsprognosen läßt sich ein wiederkehrendes Muster erkennen. Erstens: Ein Wissenschaftler entdeckt ein Problem. Zweitens: Ein Journalist vereinfacht es und bläst es mächtig auf. Drittens: Umweltschützer treten auf den Plan und klären die Frage, wer bei diesem Problem die Guten und wer die Bösen sind. Viertens: Jetzt schlägt die Stunde der Bürokraten und Konferenzen. Fünftens: Die ersten Skeptiker treten auf den Plan und fragen: Stimmt das überhaupt? Zu guter Letzt: Die Jahre sind vergangen, die Aussagen werden überprüfbar, und es ist niemand mehr da, der an seinen einstigen Vorhersagen gemessen werden möchte. Man hat sich heimlich, still und leise vom Thema verabschiedet und ist intellektuell »nicht mehr so engagiert«. Die einstigen Akteure sind längst auf einen anderen Katastrophenzug gesprungen. So war es beim Thema »die nächste Eiszeit«, so ist es derzeit beim Thema »Bevölkerungsexplosion«. Und so wird es auch beim Thema »Klimakatastrophe« sein (gerade ist die »Globalisierungsfalle« schwer angesagt).

Entgegen der landläufigen Meinung haben Umweltschützer dabei ganz selten Umweltprobleme als erste erkannt. In der Regel sind sie nur diejenigen, die sie polarisieren. (Auch die Annahme, das Thema Umweltschutz im heutigen Sinne sei von ihnen entdeckt worden, entpuppt sich bei näherem Hinschauen als Mythos. In der Bundesrepublik gingen die ersten Initiativen 1963 vom Gesundheitsministerium aus.) Man reklamiert die Moral für sich und läßt dem Gegner nur die Unmoral, womit der Konflikt oft unlösbar wird. Politisch engagierte Chemiker nennen sich in Deutschland »kritische Chemiker«. Sie degradieren ihre Kollegen damit nebenbei zu unkritischen Subjekten. Es gibt aber keine kritische Chemie, sondern allenfalls richtige und falsche Messungen und Analysen. Solche »kritischen« Wissenschaftler übernehmen immer öfter das Beschaffungswesen für den »Schadstoff der Woche« und finden immer neue Unentbehrlichkeitsbeweise.

Interessant an der Entwicklung der ökologischen Kräfteverhältnisse ist dabei, daß sich die Mehrheit für eine Minderheit hält. Umweltschutz ist längst sakrosankt geworden. Die sogenannten Nicht-Regierungs-Organisationen (NGOs) sind hofierte Störenfriede. Anders läßt sich beispielsweise die zeitweise Liaison von Greenpeace und dem kommerziellen Fernsehsender RTL nicht erklären. Wer den Kampf von Greenpeace gegen Shell für einen Kampf »David gegen Goliath« hält, unterliegt einer grandiosen Selbsttäuschung. Shell hatte gegen den grünen Moralmulti nie den Hauch einer Chance (und die Wahrheit auch nicht).

Die Protestkultur hat in Deutschland eine paradoxe Struktur entwickelt. Der Soziologe Norbert Bolz formuliert das so: »Man ist *in* der Gesellschaft *im Namen* der Gesellschaft *gegen* die Gesellschaft.« Die Grünen sitzen in Regierungen und Parlamenten, und es wird ihnen auf Dauer wohl nicht gelingen, so schreibt Volker Zastrow in der »Frankfurter Allgemeinen Zeitung«, »die glänzende Fiktion ihres ewigen Widerstandes gegen die Staatsmacht aufrechtzuerhalten«.

Diejenigen, die einst mit phantasievollem Protest angetreten sind, wurden genau das, was sie niemals werden wollten: typisch deutsch, pathetisch und von missionarischem Eifer beseelt. Die Rolle der Anstandstante, die in den sechziger Jahren dem Pastor und dem Kirchenkränzchen zukam, wird heute begeistert von einer heimatlosen Linken übernommen, der als letzte Utopie die Klimakatastrophe geblieben ist. »Intellektuelle wurden Priester«, schreibt der Schriftsteller Dietrich Schwanitz, »gegen die Heiterkeit des Gesellschaftsspiels setzen sie das Recht auf Unglück durch Identifikation mit verfolgten Völkern und bedrohten Tierarten.« Der Glaube, dabei einer progressiven und verfolgten Minderheit anzugehören, verhindert erfolgreich, daß man mit Veränderungen bei sich selbst anfängt. Und da sie alle nicht jünger geworden sind, haben wir es heute mit einem bemerkenswerten Fundamentalismus erfolgreicher Senioren zu tun, die sich in der Pose moralischer Punktrichter gefallen.

Die erste Welle des Umweltschutzes hat viel erreicht. Aber sie ist unwiederbringlich vorbei. Die Protagonisten drehen sich im Kreise. Sie suchen nach immer neuer Bestätigung alter Weltbilder. Auf der nächsten Ereigniskarte in diesem »Gesellschaftsspiel« sollte ein erlösender Satz stehen: Gehe zurück auf Feld eins!

An die Stelle der heutigen Umweltbewegung wird etwas Neues treten. Zu groß sind die offensichtlichen inneren Widersprüche in den Argumentationsmustern. Wer einen Atomausstieg will, kann nicht zugleich gegen ein atomares Endlager sein. Wer saubere und intelligente Zukunftstechnik will, kann nicht gleichzeitig für die subventionierten Stahlarbeiter auf die Straße gehen. Wer Gerechtigkeit für die Dritte Welt predigt, kann nicht die Globalisierung verfluchen und die Abschottung Europas fordern. Er sollte besser lernen, die Konkurrenz aufstrebender Entwicklungsländer auf dem Weltmarkt zu ertragen. Wer in der Landwirtschaft einen Verzicht auf Pestizide und Kunstdünger fordert, kann nicht die Gentechnik tabuisieren (diese könnte sich nämlich als ein Weg erweisen, um die ersten beiden Ziele zu erreichen). Wer die Regenwälder erhalten will, sollte keinen Tropenholzboykott propagieren. Denn nicht der Wert der Wälder, sondern ihre vermeintliche Wertlosigkeit führt zu ihrer Zerstörung. Wer mehr Nationalparks und Naturreservate will, kann nicht den Tourismus verteufeln.

Die Zukunft gehört ganz neuen, überraschenden Koalitionen – und es werden auch neue Konflikte auftauchen. Schon heute geht es ja oft nicht mehr um den Kampf für den Umweltschutz als solchen, sondern um die Abwägung verschiedener ökologischer Optionen (die Auseinandersetzung um die Windkraft zeigt es bereits). Wir müssen in den Köpfen Platz für das Neue schaffen und eine Menge alten Ballast abwerfen. Und dazu möchte dieses Buch einen kleinen Beitrag leisten. Wie sagte der Dichter Wolf Biermann so schön: »Nur wer sich ändert, bleibt sich treu!«

Dieses Buch ist größtenteils eine Sammlung von Fakten und Befunden, die andere erkundet haben. Unser Dank gilt diesen scharfsichtigen Umweltexperten, Wissenschaftlern, Naturschützern und Fachjournalisten.

Außerdem danken wir Andrea Bischhoff und Sabine Maxeiner für geduldiges Gegenlesen und skeptisches Fragen, dem Eichborn Verlag und der Lektorin Susanne Warmuth für die sorgfältige und kritische Betreuung unserer Manuskripte.

Augsburg, im Januar 2000

Energie

Oft gehört, gern geglaubt

»Die natürlichen Ressourcen für Energie werden immer knapper«
»Wir verbrauchen immer mehr Energie«
»Weltweit wird die Atomkraft immer mehr ausgebaut«
»Der Protest gegen Castor-Transporte beschleunigt den Atom-Ausstieg«
»Castor-Transporte gefährden Menschenleben«
»In der Nähe von Atomanlagen häufen sich die Leukämiefälle«
»Durch den Tschernobyl-GAU starben über 100 000 Menschen«
»Förderung der Atomenergie behindert die Einführung alternativer Energien«
»Regenerative Energiequellen sind grundsätzlich gut für die Umwelt«

Perspektiven

Oft gehört, gern geglaubt

»Ein Planet wird verheizt«, schreibt die »B. Z.« und hat auch gleich entsprechende Daten bei der Hand: 40 Jahre – dann ist das Erdöl alle. 60 Jahre – dann ist der Hahn beim Erdgas zu. 120 Jahre – dann sind die Weltvorräte an Stein- und Braunkohle erschöpft. »Spätestens dann heißt es«, so das Blatt, »warm anziehen.«[1] Dahinter steckt eine sinistre Verschwörung von Klimakillern, Ölscheichs und Atommafia, die nur ein Ziel kennen: den wirtschaftlichen Durchbruch von Solarstrom oder Windenergie zu verhindern. Im Verein mit korrupten Politikern schanzen sie der Atomindustrie Milliarden zu und lassen die regenerativen Technologien am ausgestreckten Arm verhungern. Dafür nehmen sie über 100000 Tschernobyl-Tote ebenso in Kauf wie Leukämie-Epidemien im Umkreis deutscher Atomkraftwerke. Und keiner behaupte, er hätte nichts gewußt: Der Zukunftsforscher Robert Jungk prophezeite schon vor 20 Jahren, daß die technische Entwicklung auf dem Energiesektor unweigerlich in »eine Art Technofaschismus« münde, der mit der Parole »Plutonium über alles« jeden Kritiker zermalmen werde. Die beliebte Horrorvision ist somit über viele Jahre gereift – und wir halten den Zeitpunkt für gekommen, die Fakten ein wenig zu aktualisieren.

1 Die Berliner Tageszeitung B. Z. vom 10. 10. 1997.

»Die natürlichen Ressourcen für Energie werden immer knapper«

Dennis Meadows prophezeite 1972 in einem Bericht des Club of Rome die »Grenzen des Wachstums« und das Ende unserer Energievorräte. Schon zur Jahrtausendwende sollten Erdöl, Kohle und Uran erschöpft sein. Nichts ist weiter von der Realität entfernt als diese Vorhersage. Wenn es derzeit ein ökologisches Problem gibt, dann ist es nicht die Knappheit der konventionellen Energievorräte, sondern – ganz im Gegenteil – ihre reichliche und billige Verfügbarkeit. Die bekannten Vorkommen aller Energieträger sind so hoch wie nie zuvor, zumindest seitdem sie systematisch erfaßt werden. »Wir finden die Reserven schneller, als wir sie verbrauchen«, hebt Paul Appleby, Chefökonom des Mineralölkonzerns BP, hervor. Die Reichweite der Erdölvorräte beträgt, wenn man den derzeitigen Verbrauch zugrunde legt, 43 Jahre.

»Das heißt nicht, daß Öl innerhalb von 43 Jahren ausgeht, mit Sicherheit werden bis dahin neue Reserven nachgewiesen«, sagt Paul Appleby.[1] In der Tat wurde die Reichweite der Erdölreserven schon 1960 mit etwa 40 Jahren angegeben. Seitdem schieben die Prognostiker dieses Reichweitenpolster vor sich her – und es will einfach nicht weniger werden. Der technische Fortschritt beim Energiesparen und beim Aufstöbern und Erschließen neuer Rohstoffvorkommen macht es möglich. Das muß nicht immer so bleiben, derzeit sieht der BP-Chefökonom jedoch keine Knappheit: »In absehbarer Zeit ist dies äußerst unwahrscheinlich.«

Eine Energiestudie, die 1997 im Auftrag der Rheinbraun AG erstellt wurde, ermittelte die Reichweiten der verschiedenen fossilen Energien. Erdöl reicht danach, wie erwähnt, noch 43 Jahre, Erdgas 65 Jahre, Steinkohle 150 Jahre und Braunkohle 550 Jahre.[2] Die Fachleute unterscheiden darüber hinaus sogenannte konventionelle Reserven, die sich heute schon ohne weiteres erschließen lassen, und unkonventionelle Vorräte, deren Gewinnung heute nur mit unvertretbarem Aufwand oder noch gar nicht möglich wäre. Die Bundesanstalt für Geowissenschaften und Rohstoffe gibt die derzeitigen Reserven in Milliarden Tonnen Steinkohleeinheiten (SKE) so an:[3]

Vorräte	sichere Reserven	zusätzliche Reserven
Erdöl, konventionell	204	113
Erdöl, unkonventionell	120	360
Erdgas, konventionell	173	262
Erdgas, unkonventionell	2	2130
Kohle	566	7044

(Unter »zusätzlichen« Reserven sind solche zu verstehen, die noch nicht entdeckt sind, von denen man aber annimmt, daß es sie gibt. Dagegen handelt es sich bei »unkonventionellen« Reserven um entdeckte Vorkommen, deren Erschließung im Augenblick aber noch zu schwierig oder unrentabel ist.)

Gemittelt über alle fossilen Energieträger ergäbe sich bei einem Weltenergieverbrauch von 14 Milliarden Tonnen Steinkohleeinheiten (SKE) Ende der neunziger Jahre eine Reichweite von 76 Jahren. Nimmt man die unkonventionellen Vorräte hinzu, ergibt sich eine rein rechnerische Reichweite von 783 Jahren. Das ist natürlich Unsinn, weil die Menschen in 500 Jahren sicherlich nicht mehr auf die Verbrennung von Kohle angewiesen sein werden. Die Zahlen zeigen, daß nichterneuerbare Ressourcen zwar in großem, aber nicht in unbegrenztem Maße zur Verfügung stehen. Deshalb werden die Preise irgendwann ansteigen, und zwar um so drastischer, je knapper eine Ressource wird: Der Preis entwickelt sich exponentiell und liegt schließlich bei unendlich – nämlich dann, wenn die Ressource aufgebraucht ist. **[Grafik Seite 25]** Doch dazu wird es vermutlich nie kommen, weil steigende Energiepreise zu einer intensivierten Suche nach Ersatz führen – und bislang verwendete Rohstoffe für die Energiegewinnung zurückdrängen, überflüssig oder gar wertlos machen. »Kein Rohstoff ist jemals wirklich aufgebraucht worden«, sagt Jane Shaw vom Forschungszentrum für politische Ökonomie in Bozeman, Montana.[4]

Das Argument, man müsse fossile Energieträger für kommende Generationen bewahren, entlarvt sich so als gutgemeinte Rhetorik. In einem statischen System wäre das vernünftig, nicht aber in einem dynamischen Prozeß voller Wechselwirkungen. Jede Generation überläßt der ihr nachfolgenden stets ein »Paket« aus materiellen und geistigen

Der Übergang auf erneuerbare Energie

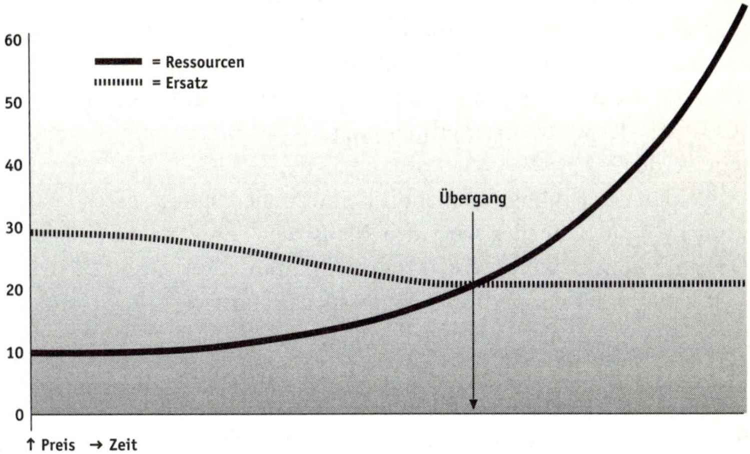

Der Preis für Ressourcen steigt an, wenn die Nachfrage das Angebot überschreitet und die Erschließungs- bzw. Beschaffungskosten höher werden. Früher oder später kreuzt sich dieser Preispfad mit den bis dahin teureren Ersatzstoffen, und es findet ein Übergang auf Alternativen statt. Diese historische Erfahrung werden wir auch mit der fossilen Energie machen. **(Quelle: D. Oesterwind 1996)**

»Ressourcen«. Aus diesen Stoffen wird dann die Energie der Zukunft »destilliert«. Durch die Kombination dieser Hinterlassenschaften wird aus einem bislang wertlosen Stoff plötzlich womöglich eine Ressource – und umgekehrt. Die eigentliche Energie des Menschen steckt in seinem Kopf und wird »vererbt«. So konnten sich vorangegangene Generationen sicher kein Atomkraftwerk vorstellen, überließen ihren Nachkommen aber das Wissen für die Entwicklung dieser (zunächst allgemein bejubelten) Energie. Nur zur Erinnerung: Uran wurde vor 50 Jahren überhaupt erst zum Rohstoff – dank der Fortschritte in der Physik. Wer weiß, aus welchem Stoff die gegenwärtige Explosion unserer naturwissenschaftlichen Erkenntnisse den Energievorrat von morgen macht. Wir können diesen Stoff weder schonen noch aufheben, sondern wir müssen ihn in unseren Köpfen schaffen.

So ist sicherlich mehr Energie auf erneuerbarer Basis durch die direkte oder indirekte Nutzung der Sonnenenergie für das nächste Jahrhundert zu erwarten. Derzeit geht beispielsweise Shell davon aus, daß erneuerbare Energien ab 2020 voll konkurrenzfähig sein werden und daß ab Mitte des nächsten Jahrhunderts die Kohlendioxid-Emissionen (CO_2) aus der weltweiten Verbrennung fossiler Brennstoffe rückläufig sein werden.[5]

So paradox es klingt: Je eher die herkömmlichen Ressourcen knapp werden, desto schneller wird den Menschen etwas Neues einfallen. Dennoch können wir unsere Vorräte nicht munter verheizen: Die Umwelt leidet unter der Verbrennung fossiler Brennstoffe – insbesondere wenn dies in technisch veralteten Anlagen geschieht. Luft, Wasser, Boden, Menschen, Tiere und Pflanzen werden direkt oder indirekt beeinträchtigt und geschädigt. Wir sollten es wirklich nicht übertreiben. Energiesparen gebietet derzeit die Vernunft, nicht aber die Rohstoffknappheit. Auch könnten die Preise, die derzeit eher sinken, unerwartet wieder ansteigen.

Im Moment versucht man in Deutschland, den Energiepreis beispielsweise durch eine ökologische Steuerreform künstlich zu verteuern. Daß künstliche Knappheit – wenn sie denn alle Länder treffen würde – den Erfindungsgeist beflügelt, zeigt die 1973 von den ölexportierenden Ländern ausgelöste Energiekrise: Weltweit einsetzende, drastische Sparmaßnahmen ließen das Ölkartell alsbald brüchig werden, und der Ölpreis fiel in den Keller. Also Vorsicht: Eine wirklich konsequente Energiesteuer würde eventuell nicht nur den Verbrauch, sondern in der Folge auch die Steuereinnahmen auf Tiefststände bringen.

1 Frankfurter Rundschau vom 31. 7. 1996. **2** Presseblick IZE, Juni 1997. **3** Shell, Fakten und Argumente 1997. **4** G. Easterbrook, A Moment on the Earth, 1995. **5** Shell, Aktuelle Wirtschaftsanalysen, Heft 27, September 1996.

»Wir verbrauchen immer mehr Energie«

In den letzten 25 Jahren nahm der Energieverbrauch weltweit um etwa die Hälfte zu. 1998 ist er allerdings zum erstenmal seit 16 Jahren leicht gesunken. Fossile Energieträger sind am Gesamtenergieverbrauch mit 90 Prozent beteiligt. Die Kernenergie bringt es auf 7,4 Prozent, die Wasserkraft auf 2,6 Prozent. Solarstrom und Windkraft bewegen sich im globalen Maßstab noch nicht in nennenswerten Größenordnungen (Stand 1996).[1]

Für die Zukunft werden zwei Drittel des vermuteten Verbrauchszuwachses in den Schwellen- und Entwicklungsländern erwartet, die Industrieländer werden nur noch wenig zulegen. Dieser Trend ist schon heute zu erkennen. In Deutschland ging der Verbrauch an Primärenergie von 1990 bis 1995 sogar um etwa 5 Millionen Tonnen Steinkohleeinheiten zurück (etwa 1 Prozent). **[Grafik Seite 27]** Von 1996 bis 2020

Produktion und Energieverbrauch in der Industrie (alte Bundesländer)

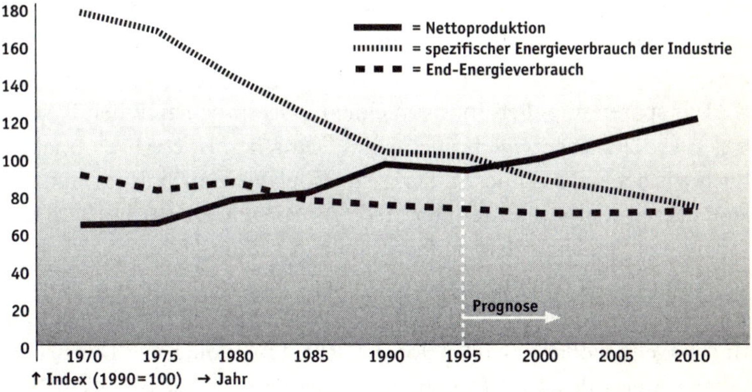

Der Endenergieverbrauch der Industrie ist in den letzten 25 Jahren (1970 bis 1995) um knapp 20 Prozent gesunken, gleichzeitig nahm die Produktion von Gütern um knapp 45 Prozent zu. Der spezifische Energieverbrauch nahm ab.

(Quelle: Esso Energieprognose 1996)

Energieverbrauch gemessen am Bruttosozialprodukt

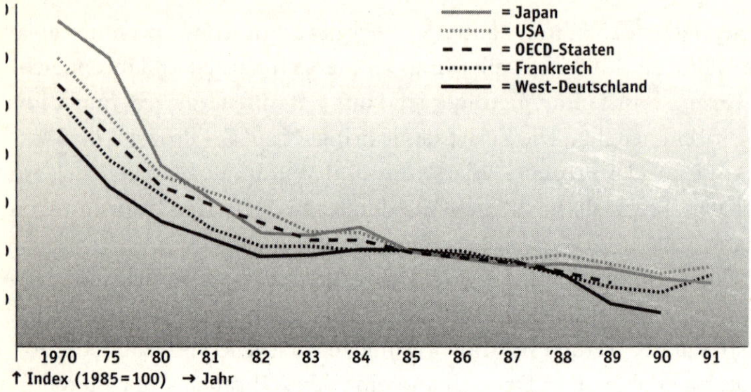

Der spezifische Energieverbrauch in den großen Industrienationen ist stark gesunken. Die freien Marktwirtschaften sparten erheblich erfolgreicher Energie als die ehemaligen Planwirtschaften, in denen dieser Trend nicht zu verzeichnen war. **(Quelle: R. Bailey 1995)**

wird ein weiterer Rückgang um etwa 6,5 Prozent erwartet.[2] 1997 betrug der Rückgang aufgrund der milden Witterung sogar schon 2 Prozent.

Wir sparen uns allerdings von einem ausgesprochen hohen Niveau herunter: Der Energieverbrauch eines Deutschen ist etwa zehnmal so hoch wie der eines Chinesen. Beim Pro-Kopf-Verbrauch liegt Deutschland derzeit weltweit an zehnter Stelle der Spitzenverbraucher[3], im europäischen Vergleich gleichauf mit Holland an fünfter Stelle[4].

Nimmt man den absoluten Verbrauch, so konsumieren die Deutschen 4 Prozent der Weltenergie bei einem Anteil von nur 1,5 Prozent an der Weltbevölkerung. Die globalen CO_2-Emissionen der Deutschen liegen unter 5 Prozent.[5] Innerhalb des Gesamtverbrauchs verschieben sich dabei in Deutschland die Gewichte langsam aber sicher in erfreulicher Weise: Nur das relativ umweltfreundliche Erdgas und die erneuerbaren Energieträger legen mengenmäßig deutlich zu.[6]

Genauso erfreulich ist eine weitere Entwicklung: Wohlstand und

Der Energieverbrauch blieb hinter den Erwartungen zurück

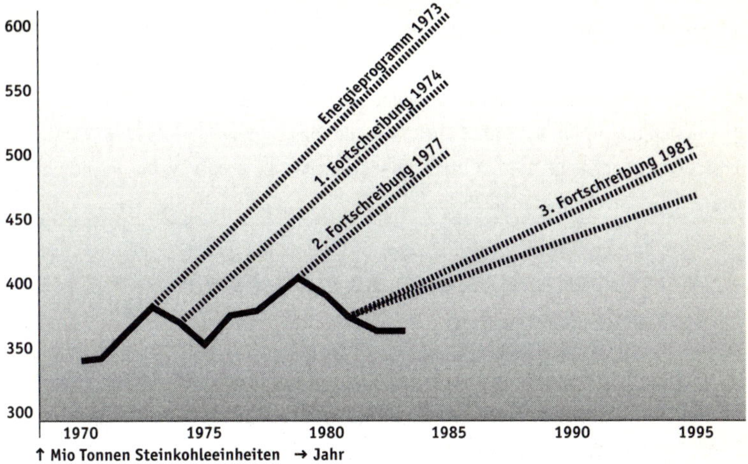

Der tatsächliche Primärenergieverbrauch der Bundesrepublik (Westdeutschland) entwickelte sich in der Vergangenheit erheblich moderater als in den Energieprogrammen der Bundesregierung vorgesehen. **(Quelle: GSF-Forschungszentrum 1991 / Arbeitsgemeinschaft Energiebilanzen)**

Energieverbrauch wurden deutlich voneinander entkoppelt. Dies gilt für alle großen Industrienationen, beispielsweise für die USA, Japan und Frankreich, macht sich aber auch immer stärker in Schwellenländern wie China oder Indonesien bemerkbar. **[Grafik Seite 28]** Deutschland war hier aber besonders erfolgreich, vor allem die Industrie: Mit 27 Kilogramm Steinkohleeinheiten pro 1000 Mark Bruttoinlandsprodukt war der Energieverbrauch in diesem Bereich 1994 nur noch gut ein Drittel so groß wie 1960.[7] Daß sich dies nicht stärker in einem absolut sinkenden Energieverbrauch bemerkbar macht, liegt vor allem an der Zunahme von Individualverkehr und Wohnfläche (die Zahl der Personenkilometer hat sich seit 1960 verdreifacht, die der Wohnfläche pro Kopf verdoppelt). Dem technischen Fortschritt sei Dank entwickelte sich der tatsächliche Energieverbrauch in jedem Fall erheblich moderater als angenommen. So hätten wir den heutigen Energieverbrauch laut dem Energieprogramm der Bundesregierung von 1973 schon vor 20 Jahren erreicht haben müssen. [Grafik Seite 29]

1 BP-Energieprognose 1996. **2** Esso-Energieprognose 1997. **3** Die Zeit vom 15. 4. 1994. **4** Natur und Umwelt Nr. 9/1997. **5** Shell, Aktuelle Themen, November 1997. **6** Wirtschaftswoche vom 4. 12. 1997. **7** Institut der deutschen Wirtschaft iw, Dokumentation »Sustainable Development«, 1996.

Wo ist Energieeinsparen am einfachsten und am effektivsten?

Es gibt keinen Königsweg zum Energiesparen und zur Verringerung von Emissionen. Letztendlich müssen immer auch Wertentscheidungen getroffen werden – und warum nicht mehrere, unterschiedliche Wege einschlagen? Um dies zu verdeutlichen, listen wir hier neun Möglichkeiten auf, mit denen in Deutschland jährlich jeweils zehn Millionen Tonnen weniger Kohlendioxid (CO_2) ausgestoßen würden.[1] Entscheiden Sie selbst:

→ Ersetzen von 22 großen Steinkohlekraftwerken alter Bauart (Leistung je 700 Megawatt, Betriebszeit 4500 Stunden pro Jahr, Netto-Nutzungsgrad 37 Prozent) durch neue, optimierte Steinkohlekraftwerke (Netto-Nutzungsgrad 44 Prozent).

→ Ersetzen von 6 großen Steinkohlekraftwerken (Leistungsdaten wie oben) durch moderne Erdgaskraftwerke (Netto-Nutzungsgrad 55 Prozent).

→ Betrieb eines 1300-Megawatt-Kernkraftwerkes mit einer Betriebszeit von rund 7700 Stunden pro Jahr.*

→ Betrieb von 9000 großen Windkraftanlagen (Leistung je 500 Kilowatt, Betriebszeit 2200 Stunden pro Jahr).*

→ Betrieb von 7 Millionen Photovoltaik-Dachanlagen (Leistung je 2 Kilowatt, Betriebszeit 700 Stunden pro Jahr).*

- → Ersetzen von 50 Millionen Kühlschränken (Energieverbrauch 340 kWh / a = Kilowattstunden pro Jahr) plus 60 Millionen Waschmaschinen (200 kWh / a) durch heutige Spitzen-Spargeräte (100 bzw 130 kWh / a).
- → Nachrüsten von 1,3 Millionen mit Heizöl beheizten Altbau-Einfamilienhäusern (Durchschnittswohnfläche 140 m^2, durchschnittlicher Jahresenergieverbrauch 225 kWh / m^2 = Kilowattstunde pro Quadratmeter) vom heutigen durchschnittlichen Wärmedämmungsstandard auf den Standard für Neubauten (90 kWh / m^2).
- → Ersetzen von rund 17 Millionen Personenautos (durchschnittliche Fahrleistung 11 000 km pro Jahr, durchschnittlicher Benzinverbrauch 9 Liter auf 100 Kilometer) durch Fahrzeuge, die 20 Prozent weniger Treibstoff brauchen (7,2 Liter auf 100 Kilometer).
- → Freiwillige Selbstverpflichtung von 17 Millionen Autofahrern, ihre Kilometerleistung dauerhaft um 20 Prozent zu senken.

[Grafik Seite 32]

* Gerechnet gegen eine Stromerzeugung von 10 Mrd. Kilowattstunden aus Stein- und Braunkohle (je 50 Prozent). **1** VDEW-Information, Aktenzeichen Hof 76 / 96.

»Weltweit wird die Atomkraft immer mehr ausgebaut«

Weltweit produzieren 437 Kernkraftwerke etwa 17 Prozent des insgesamt erzeugten Stroms.[1] 109 Werke entfallen auf die USA, 21 auf Kanada. In Europa liegt Frankreich mit 56 Anlagen vor Großbritannien mit 35 und Deutschland mit 19. Schweden hat zwölf, Spanien neun, Belgien sieben, die Schweiz fünf, Finnland vier und Holland zwei Werke. In Osteuropa und den GUS-Staaten arbeiten 67 Anlagen, in Japan 51.

Sparpotentiale bei Elektrogeräten

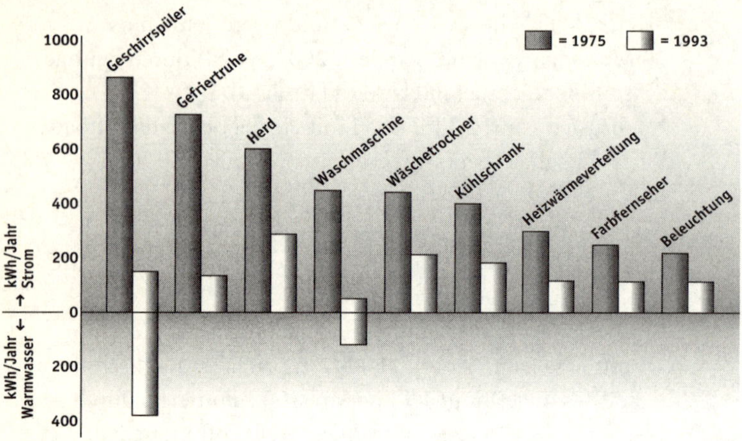

Der Stromverbrauch technischer Geräte läßt sich ohne Komfortverlust erheblich senken. Würden alle Haushalte diese Sparpotentiale voll ausschöpfen, ließe sich im privaten Verbrauch eine ähnliche Effizienzsteigerung erreichen, wie sie die Industrie bereits erzielt hat. **(Quelle: TUI/Ökom 1993)**

Beim Bau von neuen Atomkraftwerken herrscht jedoch weltweit Flaute. In den Vereinigten Staaten wurde der letzte Reaktor 1978 geordert, in Deutschland 1982. Selbst im atomfreundlichen Frankreich wurde der letzte Kernreaktor vor über zehn Jahren bestellt.[2] In den USA ist kein neues AKW mehr im Bau oder geplant, und nur zwei Prozent der Energieerzeuger würden nach eigenem Bekunden überhaupt wieder eines bauen.[3] In Deutschland will die Industrie bis mindestens 2010 auf den Bau neuer Anlagen verzichten[4], was danach kommt, steht in den Sternen. Die Schweden wollen laut Parlamentsbeschluß vom Sommer 1997 bis zum Jahr 2010 ihre zwölf Atommeiler abschalten.

Weltweit sind derzeit noch 34 Atomkraftwerke im Bau, vor allem in Asien, einige auch in Osteuropa. Vor einem Jahrzehnt waren es fünfmal so viele. Indien besitzt zehn, China drei Atommeiler. Beide Länder wollen ihren steigenden Energiebedarf mit zusätzlichen Anlagen decken.

Taiwan und Nordkorea planen ebenfalls weitere Anlagen. Die größte Baustelle betreiben jedoch derzeit die Südkoreaner, die zu ihren zehn laufenden Meilern noch einmal dieselbe Zahl errichten lassen. Finanzielle Schwierigkeiten lassen einige Projekte in Asien jedoch inzwischen gefährdet erscheinen.

Japan, das mit 51 Reaktoren an dritter Stelle in der Welt steht, hat seine hochfliegenden Pläne reduziert. Von den 15 neuen Reaktoren, die bis zum Jahr 2010 geplant waren, wird vermutlich keiner gebaut.[5] Das Erdbeben von Kobe und eine Reihe von Störfällen ließen bei der Bevölkerung Zweifel an der Sicherheit von Atomanlagen aufkommen. Vertuschungsversuche der Betreiber brachten die Menschen zusätzlich auf.

Die Brütertechnologie ist weltweit praktisch zum Stillstand gekommen – die insgesamt fünf schnellen Brüter sind meist außer Betrieb. Der deutsche Brutreaktor in Kalkar wird zum Freizeitpark umfunktioniert. Für die Industrie wird die Entwicklung von Atomkraftwerken zusehends zum Geschäft ohne Grundlage, und sogar der Nachwuchs bleibt aus. Adolf Birkhöfer, ein führender Kernkraftexperte aus München klagt, er habe statt früher 20 bis 30 nur noch fünf bis sechs Studierende auf seinem Gebiet.

Die Flaute hat freilich nicht nur politische, sondern auch handfeste ökonomische Gründe: Die neue Generation von kleinen und höchst effizienten mit Erdgas betriebenen Kraftwerken liefert Strom zu einem halb so hohen Preis wie die großen Atomkraftwerke.[6]

1 Forschungszentrum Karlsruhe, Lexikon Kernenergie, 1997. **2** Die Zeit vom 19. 4. 1996. **3** Der Spiegel Nr. 24/1996. **4** die tageszeitung vom 6. 3. 1997. **5** Die Zeit vom 19. 4. 1996. **6** Der Spiegel Nr. 24/1996.

Rettet Atomenergie das Klima?

Die Hoffnungen der Betreiber und Hersteller von Atomkraftwerken ruhen derzeit paradoxerweise auf den Umweltschützern. Je dramatischer das Szenario vom Treibhauseffekt an die Wand gemalt wird, desto besser für die Atomkraft. Seit dem Klimagipfel von Kioto ist es zumindest in der europäischen Gemeinschaft amtlich: Wer viel Atomstrom produziert, schadet dem Klima weniger. In Frankreich liegt die Emission von Kohlendioxid (CO_2) mit 6,5 Tonnen pro Kopf und Jahr nur etwa halb so hoch wie in Deutschland – vor allem dank des hohen Nuklearanteils beim Strom.[1] Atomkraftwerke verursachen durch ihren Betrieb selbst praktisch keine CO_2-Emissionen. Aus diesem Grund brauchen die Franzosen zur in Kioto verabredeten CO_2-Reduktion der EU praktisch nichts beizutragen, sondern können so weitermachen wie bisher. Der starke Ausbau der Atomenergie zahlt sich damit für unsere Nachbarn klimapolitisch aus. Deutsche Umweltschützer haben diesen Umstand stillschweigend zur Kenntnis genommen, befinden sie sich doch in einer argumentativen Zwickmühle: Sollte die These vom menschengemachten Treibhauseffekt stimmen, gibt es in der Tat Argumente, zumindest an der Option Kernenergie festzuhalten und neue, sicherere Reaktoren zu entwickeln.

Sollte die These vom Treibhauseffekt jedoch nicht oder nur sehr begrenzt zutreffen (siehe Kapitel »Klima«), bräuchte man auf absehbare Zeit zwar keine neuen Atomkraftwerke – das Horrorszenario von der Klimakatastrophe hätte dann allerdings ebenfalls ausgedient.

1 Die Zeit vom 20. 12. 1996.

»Der Protest gegen Castor-Transporte beschleunigt den Atom-Ausstieg«

Es ist sicherlich legitim und auch verständlich, wenn Menschen in ihrer näheren Umgebung kein Atomendlager haben wollen. Die Nachbarn des geplanten Endlagers im ehemaligen Salzstock von Gorleben protestieren mit der gleichen Berechtigung, wie sich andernorts Bürger ebenfalls gegen ungeliebte öffentliche Bauprojekte wehren.

Es ist jedoch ein Trugschluß zu glauben, hiermit beschleunige man zugleich den Ausstieg aus der Atomenergie: Das Gegenteil ist der Fall. Auf diesen Widerspruch machte Ende 1996 der engagierte Atomkritiker Michael Sailer vom Darmstädter Öko-Institut aufmerksam. »Euer Widerstand gegen die Castor-Transporte nach Gorleben sponsert die Plutoniumwirtschaft«, hielt Sailer den Blockierern entgegen.[1] Wird eine End- oder zumindest Zwischenlagerung in Gorleben unmöglich gemacht, so heißt die Alternative für die Betreiber der Atomkraftwerke Wiederaufarbeitung der Brennstäbe im Ausland. Dort, in den Anlagen von La Hague in Frankreich und Sellafield in Großbritannien, findet dann die unheimliche Vermehrung des Problems statt. Denn es entsteht letztendlich eine vielfache Menge dessen an radioaktivem Material, was ursprünglich angeliefert wurde.

In den Anlagen werden Plutonium und Uran aus dem strahlenden Abfall isoliert und zu neuen sogenannten MOX-Brennstäben verbakken – wobei große Mengen einer Spaltproduktbrühe entstehen. Das Verfahren belastet die Umwelt erheblich stärker mit radioaktiver Strahlung als etwa ein deutsches Atomkraftwerk. Wiederaufarbeitung führe, so Michael Sailer, »zu mehr Freisetzung von Radioaktivität in die Atmosphäre, zu acht- bis zehnmal mehr Strahlenmüll und zu einem Anwachsen des Plutoniumberges«.[2] Vor allem aber entsteht der Brennstoff für Reaktoren der Zukunft – einem Ausstieg aus der Atomenergie dient dies mit Sicherheit nicht.

Die deutsche Atomwirtschaft mußte Pläne für eine eigene Wiederaufarbeitungsanlage in Wackersdorf unter dem Eindruck des massiven Protests schon 1989 aufgeben. 1992 ließen die damaligen Chefs der Stromriesen RWE und Veba verlauten, auch die Wiederaufarbeitung im Ausland werde zum »frühestmöglichen Termin beendet«. Einige Betreiber von Atomkraftwerken hatten dann 1994 erste Verträge mit den britischen Wiederaufbereitern gekündigt – das Ende des problematischen Verfahrens schien näher gerückt. Sollte Gorleben nun für eine endgültige – oder zumindest vorübergehende – Lagerung von abgebrannten Brennelementen ausfallen, wären die Folgen für die Atomkraftgegner letztlich absurd: den Wiederaufbereitungsanlagen würde neues Leben eingehaucht. Deren Betreiber freuen sich natürlich über die verloren geglaubte lukrative Kundschaft, die ihnen ausgerechnet von Atomkraftgegnern zugetrieben wird. Dies belegt ein Schreiben der Betreiber des baden-württembergischen Atomkraftwerkes Neckarwestheim. Darin heißt es, bei einer weiteren Verzögerung der Transporte nach Gorleben sei »eine langfristige Bindung an die Plutoniumwirtschaft« die unvermeidliche Folge.[3] »Der Spiegel« resümiert: »Damit tut sich die verführerische Möglichkeit auf, das heftig umstrittene Lagerproblem zumindest vorläufig konfliktarm nach Frankreich zu exportieren.«

Wer wie die 1999 amtierende rot-grüne Regierung aus der Atomkraft aussteigen will, muß letztendlich ein Endlager in Deutschland möglich machen. »Ein Endlager ist und bleibt der Schlüssel zum Ausstieg aus der Atom- und Plutoniumwirtschaft«, schreibt Klaus-Peter Klingelschmitt, Frankfurter Korrespondent der nicht eben atomfreundlichen »taz«.[4]

So verständlich der lokale Protest gegen Gorleben ist, so opportunistisch mutet er bei Leuten an, die vorgeben, global zu denken. Kein Wunder, daß der Streit das Öko-Institut und sogar Greenpeace spaltet. Während beispielsweise deutsche Greenpeace-Aktivisten auf den Castorzug aufsprangen, sehen ihre ausländischen Kollegen die Sachlage völlig anders. »Im Moment«, kommentierte Shaun Burnie, Plutonium-Experte bei Greenpeace International in Amsterdam, »exportieren die Deutschen das Müllproblem ins Ausland. Das ist nicht zu akzeptieren.«[5] Der 1999 amtierende grüne Umweltminister Trittin kündigte denn auch an: »Wir werden den in Frankreich lagernden deutschen Atommüll zurücknehmen.«

1 Der Spiegel Nr. 9/1997. **2** Die Zeit vom 27. 12. 1996. **3** Der Spiegel Nr. 9/1997. **4** die tageszeitung vom 6. 8. 1996. **5** Die Zeit vom 27. 12. 1996.

»Castor-Transporte gefährden Menschenleben«

»Castor« ist die Abkürzung für »cask for storage and transport of radioactive material« – zu deutsch: »Behälter für den Transport und die Zwischenlagerung von radioaktivem Material«. Viele Umweltschützer sind der Meinung, die fahrenden Atommülleimer seien nicht sicher. »Eine ausreichende Sicherheitsprüfung fand nicht statt«, sagt Wolfgang Neumann von der Gruppe Ökologie in Hannover, die im Auftrag von Greenpeace eine Expertise über den Castor-Behälter erstellte – so seien Stoßsicherheit und Feuerfestigkeit nicht getestet, sondern anhand der Daten älterer Typen errechnet worden. »Wer sich nur wenige Stunden in der Nähe eines Behälters aufhält, bekommt soviel Strahlung ab wie ein AKW-Arbeiter im ganzen Jahr«, behauptet der Marburger Nuklearmediziner Horst Kuni.[1] Seiner Meinung nach sei die biologische Wirkung der Neutronenstrahlen 30- bis 60mal intensiver als bisher angenommen.

Die Gerichte mochten diesen Positionen nicht folgen, weil sie fachlichen Qualitätsprüfungen nicht standhielten. Die Kritiker konnten sich nicht durchsetzen. So widersprachen sie vor dem Oberverwaltungsgericht Lüneburg dem Sachverhalt nicht, daß die an Modellen gemessenen Prüfergebnisse auf größere Behälter ebenso übertragbar seien wie ingenieursmäßige Computersimulationen und daß diese Prüfverfahren von der Internationalen Atomenergiebehörde ausdrücklich zugelassen seien.[2]

Die derzeitigen Castor-Behälter erhielten ihre Zulassung vom Bundesamt für Strahlenschutz aufgrund von Testergebnissen ihrer Vorgänger-Modelle. Mehr als 70 Belastungsproben wurden an 13 verschiedenen Bautypen durchgeführt. Die Behälter müssen folgenden Extremsituationen standhalten: einem Fall aus neun Metern Höhe auf einen Betonsockel, einem halbstündigen 800 Grad heißen Feuer, einem simulierten Zusammenprall mit einem abstürzenden Flugzeug.[3]

Nach den Messungen des Bundesamtes für Strahlenschutz entspricht die Dosis bei einem sechsstündigen Einsatz unmittelbar neben dem Behälter etwa der kosmischen Strahlung bei einem Flug in die Vereinigten Staaten und zurück. Die Strahlendosis, die beim Castor nach außen tritt, darf 0,1 Millisievert (Einheit für die biologische Wirkung von Radioaktivität) nicht überschreiten. »Im Schnitt liegen wir bei 40 Prozent der zulässigen Grenzwerte«, sagt Wilhelm König vom Castor-Hersteller aus Essen.[4]

Gleichwohl sind einige Atomtransporte 1998 durch Grenzwertüberschreitungen aufgefallen. Die Oberflächenkontamination stammte allerdings nicht aus dem Inneren der Behälter, sondern wurde wahrscheinlich beim Be- oder Entladen aufgebracht. Nach Auskunft des Bundesamtes für Strahlenschutz und des Bundesumweltministeriums war die Strahlung so gering, daß sie »während des Transports nicht meßbar war«. Andererseits erschüttert die Tatsache, daß Fälle von radioaktiven Verunreinigungen offensichtlich seit längerem bekannt waren, die Glaubwürdigkeit der Verantwortlichen bis ins Mark. Gegen eine Strahlengefahr für deutsche Polizisten, Begleitpersonal oder Bevölkerung spricht dennoch folgende Tatsache: Polizisten und Begleitpersonal trugen während der Transporte Dosimeter, die keine erhöhte Strahlenbelastung ausgewiesen haben. Nach französischen Angaben haben auch die Arbeiter in der Endladestation keine unzulässige Strahlendosis erhalten.

1 Die Woche vom 28. 2. 1997. **2** Frankfurter Allgemeine Zeitung vom 17. 2. 1997.
3 Forschungszentrum Karlsruhe, Lexikon Kernenergie, 1997. **4** Focus Nr. 9/1997

»In der Nähe von Atomanlagen häufen sich die Leukämiefälle«

Dieser Vorwurf wird seit vielen Jahren erhoben. In Deutschland spitzte er sich im Zusammenhang mit dem Kernkraftwerk Krümmel an der Elbe zu. Tatsächlich wurden in der Elbmarsch seit 1989 elf Leukämiefälle bei Kindern und Jugendlichen gemeldet. Wegen der politischen Brisanz gehören die Vorfälle heute wohl zu den am besten untersuchten ihrer Art. Die bisherigen Ergebnisse kann man wie folgt zusammenfassen:

→ Regionale Häufungen von Leukämieerkrankungen, sogenannte »Cluster«, sind nicht ungewöhnlich und kommen auch weit abseits von Atomkraftwerken vor. In Norddeutschland ist dies beispielsweise in Sittensen und in einer kleinen Gemeinde bei Elmshorn der Fall. Diese Cluster können nichts mit einem Atomkraftwerk zu tun haben, weil nämlich keines in der Nähe ist.[1]

→ Prinzipiell ist es problematisch, aus Clustern mit so geringer Fallzahl wie in Norddeutschland allgemeine Rückschlüsse zu ziehen – hier kann nämlich der Zufall eine große Rolle spielen.

→ Jörg Michaelis, der Leiter des Kinderkrebsregisters in Mainz, konnte bei einer großangelegten Vergleichsuntersuchung von 20 Atomkraftwerkstandorten in Deutschland kein erhöhtes Krebsrisiko feststellen. Die Studie wurde vom Bundes-Umweltministerium in Auftrag gegeben.[2]

→ Krebsspezialisten weisen darauf hin, daß die Art der um Krümmel aufgetretenen Leukämieerkrankungen normalerweise nicht durch Strahlung, sondern durch andere Faktoren ausgelöst wird. Krebsärzte der Universität Kiel gehen davon aus, daß bei zu hoher Strahlung eine auffällige Häufung von Schilddrüsenkrebs die Folge sein müßte. Dieser sei ein weit empfindlicherer biologischer »Alarmgeber« als die in der Elbmarsch aufgetretene Leukämieart. In den Ländern der ehemaligen Sowjetunion konnte jedoch selbst nach dem Unfall von Tschernobyl kein erhöhtes Leukämierisiko festgestellt werden, wohl aber Schilddrüsenerkrankungen.[3]

→ Mit der Messung der Emissionen des Kraftwerks Krümmel wurde das nicht eben als atomfreundlich bekannte Öko-Institut beauftragt. Es kommt zu dem Schluß, »daß aus den Ergebnissen der Emissionsüberwachung keine leukämierelevante Dosis durch Emissionen aus dem Kernkraftwerk Krümmel in der Elbmarsch und in den anderen Bereichen der Umgebung ableitbar ist«.[4] Die Strahlenbelastung durch die natürliche Umwelt ist über 200mal stärker als die Strahlenexposition aus dem Normalbetrieb eines Kernkraftwerkes.

→ Professor Horst Jung vom Hamburger Universitäts-Krankenhaus rechnet die Belastung durch sogenannte »Niedrigstrahlung« vor,

> deren biologische Effekte mit der Maßeinheit »Sievert« erfaßt werden. Das im Umkreis des Reaktors aufgefangene Regenwasser hat 0,015 Becquerel, das heißt, pro Sekunde finden 0,015 radioaktive Zerfälle darin statt. Pro Minute sind das 0,9 Zerfälle. Würde ein Kind 250 Liter von diesem Regenwasser trinken, entspräche dies einer Strahlendosis von 0,035 Mikrosievert. »Um die aufgetretenen Leukämien zu verursachen, hätte jedes Kind in der Elbmarsch aber eine Dosis von mehr als 200 000 Mikrosievert erhalten müssen«, resümiert der Direktor des Instituts für Biophysik und Strahlenbiologie.[5]

Jörg Michaelis vom Mainzer Kinderkrebsregister, der Ende 1997 eine Studie zu den Leukämiefällen veröffentlichte, vermutet andere Ursachen für die tragischen Erkrankungen. So diskutieren Epidemiologen vor allem die sogenannte »Greaves Hypothese«. Blutkrebs tritt danach besonders bei Kindern auf, deren Immunsystem im frühen Kindesalter nicht genügend trainiert wurde. Entsprechende Hinweise fand Michaelis in den Lebensumständen und in den Familiengeschichten der erkrankten Kinder. Auffällig war allerdings auch ein Zusammenhang mit dem Einsatz von Pflanzenschutzmitteln in den Gärten der betroffenen Familien.

Das Ergebnis der zahlreichen Untersuchungen formulierte der ehemalige Hamburger Umweltsenator Fritz Vahrenholt (SPD) und Autor des Buches »Seveso ist überall« so: »Wenn etwas als Ursache für die Leukämie-Häufungen in der Elbmarsch ausgeschlossen werden kann, so ist es das Kernkraftwerk Krümmel.«[6]

Unterdessen geht der Streit weiter – wobei sich im Hintergrund längst alles um Politik dreht. Das Land Schleswig-Holstein (SPD/Die Grünen) läßt sich die Auseinandersetzung um Krümmel Ende der neunziger Jahre noch einmal 5,8 Millionen Mark für eine neuerliche Fall-Kontrollstudie kosten. Viel herauskommen wird nach Ansicht führender deutscher Krebsexperten nicht: »Diese Studie ist Unsinn.«[7] Unter Wissenschaftlern schüttele man nur noch den Kopf, sagt beispielsweise Horst Jung von der Hamburger Universitätsklinik. Die Wochenzeitschrift »Die Zeit« bedauert, daß die knappen Mittel für epidemiologische Studien »vorsichtig gesagt, unangemessen« ausgegeben werden, denn gleichzeitig fehle es an Geld für Untersuchungen ungleich größerer Krebsrisiken, beispielsweise an Arbeitsplätzen in Industrie und Handwerk. Das Resümee des »Zeit«-Wissenschafts-Redakteurs Gero von Randow: »Für SPD und Grüne, ehemalige Arbeiterpartei die einen und habituell linksstehend die anderen, ist die symbolische Ausstrahlung eines AKW längst bedeutsamer als das Risiko derer geworden, die täglich acht Stunden lang ihre Haut zu Markte tragen.«[8]

1 Presseerklärung des Hamburger Senats vom 24. 9. 1996. **2** Gemeinsame Presseerklärung der Universität Mainz und des Bundesumweltministeriums vom 27. 11. 1997. **3** Mitteilung, Universität Mainz/Klinikum, Juni 1996. **4** Presseerklärung des Hamburger Senats vom 24. 9. 1996. **5** Frankfurter Allgemeine Zeitung vom 4. 2. 1997. **6** Presseerklärung des Hamburger Senats vom 24. 9. 1996. **7** Frankfurter Allgemeine Zeitung vom 4. 2. 1997. **8** Die Zeit Nr. 47/1996.

Aus welchen Quellen stammt die Radioaktivität, mit der wir belastet werden?

Die durchschnittliche Strahlenbelastung eines Bundesbürgers beträgt etwa 4 Millisievert (mSv) pro Jahr. Davon gehen etwa 60 Prozent auf natürliche Quellen wie die kosmische Strahlung, die natürliche Strahlung aus Boden und Gestein sowie auf natürlich vorkommende radioaktive Stoffe in der Nahrung zurück. Den weitaus größten Anteil am natürlichen Strahlungsaufkommen hat das radioaktive Gas Radon, das in verschiedenen Regionen – beispielsweise im Erzgebirge – in relativ hohen Konzentrationen vorkommen kann. Das Einatmen radonhaltiger Luft über einen längeren Zeitraum hinweg, zum Beispiel bei der Arbeit in Bergwerken oder beim Aufenthalt in belasteten Wohnungen, ist gesundheitlich bedenklich.

Der Löwenanteil der künstlichen Strahlung entfällt auf das Röntgen zu diagnostischen Zwecken, der Beitrag der anderen künstlichen Strahlungsquellen zur Gesamtbelastung ist verschwindend gering.[1] **[Grafik Seite 43]**

1 Bundesumweltministerium, Broschüre »Wir und unsere Umwelt«, 1/1996.

»Durch den Tschernobyl-GAU starben über 100000 Menschen«

Die Reaktorkatastrophe, die am 26. April 1986 im Atomkraftwerk von Tschernobyl in der Ukraine ihren Lauf nahm, hat den Ruf der Atomenergie gründlich ramponiert. Tschernobyl zeigte, daß Vorbehalte gegen die Atomkraft nicht aus der Luft gegriffen sind. Die Folgen für die Menschen in der Ukraine waren Krankheit, seelisches Leid und wirtschaftliche Not. Menschen starben, erkrankten, mußten umgesiedelt werden. Dies alles ist schlimm genug. Es muß nicht noch schlimmer gemacht werden.

Und doch geschieht es. Bedenkenlos werden im Sinne der vermeintlich guten Sache gigantische Opferzahlen kolportiert. So verlas der Sprecher der »Tagesthemen« 1995, daß bis 1994 125000 Menschen den Strahlenfolgen zum Opfer gefallen seien. Kritiklos wurde die Zahl landauf, landab in Kommentaren und Berichten übernommen – und geistert noch heute durch die Spalten und Berichte. Die Angaben haben (zum Glück) einen kleinen Haken: Sie stimmen nicht. Die Zahl von 125000 Toten geht auf den Gesundheitsminister der Ukraine zurück. Professor Albrecht Kellerer vom strahlenbiologischen Institut der Universität München hat nachrecherchiert: Mit 125000 Toten nannte der ukrainische Minister schlicht und einfach die Gesamtzahl der in den betroffenen Gebieten seit 1986 verstorbenen (meist alten) Menschen. Die Formulierung, die der Gesundheitsminister wählte, war zugegebenermaßen mißverständlich. (Auf die Bevölkerungszahl umgerechnet,

Woher Umweltradioaktivität kommt

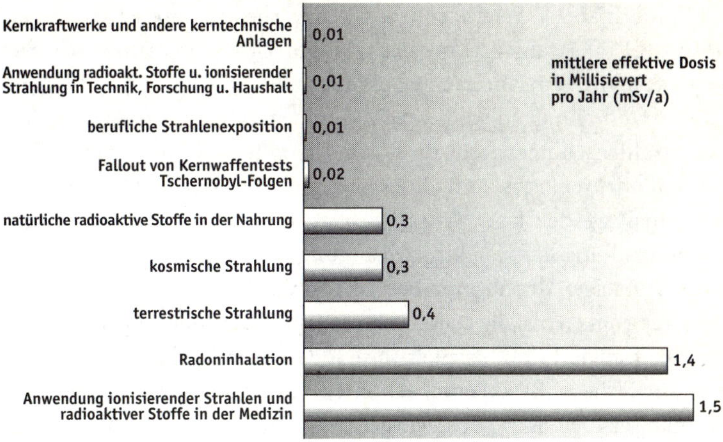

Die Strahlenbelastung des einzelnen Bundesbürgers beträgt 4 Millisievert (mSv) pro Jahr – eine Gesundheitsgefährdung kann dabei praktisch ausgeschlossen werden. Als internationaler Standard zum Schutz vor Radioaktivität gilt ein Wert von 50 Millisievert, der jährlich an einem Arbeitsplatz nicht überschritten werden darf. **(Quelle: Umweltministerium 1996)**

liegen 125 000 Verstorbene im übrigen sogar noch etwas unter den deutschen Vergleichswerten.[1])

Bislang bezahlten vor allem Menschen aus der Gruppe der sogenannten »Liquidatoren« ihren Einsatz mit dem Leben. Ein Heer von 152 000 Helfern führte nach dem Unglück – oft völlig unzureichend geschützt – Rettungs- und Schutzmaßnahmen durch. 31 Helfer starben bereits 1986 an den Folgen ihres Einsatzes, bis 1993 erlagen weitere 14 Personen aus dieser Gruppe den Strahlenfolgen.[2]

Dokumentiert ist außerdem ein Ansteigen der Fälle von Schilddrüsenkrebs, vor allem bei Kindern. Sie haben bei gleicher Dosis ein fünffach höheres Risiko, an Strahlenkrebs zu erkranken, als Erwachsene. Während die Zahlen bis 1989 auf dem Niveau anderer Länder lagen, stiegen sie danach kontinuierlich an. Bis 1995 wurden in der Ukraine über den gesamten Zeitraum insgesamt 763 und in Weißrußland 696 Fälle von Schilddrüsenkrebs bekannt.[3] Derzeit wächst die Zahl von Jahr zu Jahr linear an. Dr. Peter Jacob, Leiter der Arbeitsgruppe Risikoanalyse am Institut für Strahlenschutz des GSF-Forschungszentrums, erwartet in etwa fünf bis zehn Jahren einen Höhepunkt der Tumorerkrankungen. Bisher sind drei Jugendliche an Schilddrüsenkrebs gestorben. Der Berliner Strahlenschutzexperte Professor Klaus Becker weist darauf hin, daß Schilddrüsenkrebs zum Glück mit einer Quote von 92 bis 95 Prozent geheilt werden kann (vorausgesetzt die entsprechende medizinische Behandlung steht auch zur Verfügung).[4]

Ein Ansteigen der allgemeinen Leukämierate ist in den ehemaligen Sowjetrepubliken bislang statistisch nicht greifbar. Meldungen, wonach es in Deutschland und beispielsweise in Griechenland im Zusammenhang mit Tschernobyl zu einer erhöhten Leukämierate bei Kindern gekommen sei, hielten wissenschaftlichen Überprüfungen nicht stand. In Deutschland sind aufgrund der geringen Strahlenexposition bisher keine strahlenbiologischen Effekte bei Menschen, Tieren und Pflanzen beobachtet worden und auch in Zukunft nicht zu erwarten.[5]

In den am stärksten kontaminierten Gebieten der Ukraine erkrankten in den Jahren 1988 bis 1993 insgesamt 15 Kinder an Leukämie, während statistisch – nach den Erfahrungen der vorangegangenen Jahre – 13 Fälle zu erwarten waren.[6] Unter den 152 000 Liquidatoren ist eine Erhöhung der Fälle ebenfalls bislang nicht wissenschaftlich dokumentiert. Es gibt aber mündliche Berichte, die von einer Verdoppelung der Leukämiefälle (52 statt 26 erwarteten) berichten.[7] Die Gefahr zusätzlicher Leukämieerkrankungen durch die fortdauernde Strahlenexposition, anderer Krebserkrankungen und möglicher Erbgutschäden bleibt bei den unmittelbar vom Unglück betroffenen Menschen aber weiterhin bestehen.

Die Ukraine zählt – im Gegensatz zu Rußland – zu den Todesursachen, die dem Reaktorunfall zuzurechnen sind, nicht nur die unmittelbare Strahlung, sondern auch Veränderungen der Lebensbedingungen wie zum Beispiel Streß. Unter Einbeziehung von Unfällen, Herzversagen oder Selbstmord nennen die Behörden eine Zahl von 2 500 Todesopfern.[8] Doch selbst unter Berücksichtigung großer Dunkelziffern bewegt sich die eingangs erwähnte Zahl von 125 000 Tschernobyl-Toten fernab der Realität – sie gehört ausgemustert. Wer Atomenergie für gefährlich hält, dem liefert Tschernobyl auch mit der Wahrheit genügend Argumente.

1 B. Müller-Ulrich, Medienmärchen, 1996, und A. Keller, 10 Jahre nach Tschernobyl, Elektrizitätswirtschaft Nr. 17 / 18, 1995. **2** GSF-Forschungszentrum, Presseinformation, April 1996. **3** GSF-Forschungszentrum, Mensch + Umwelt, Dezember 1997. **4** Deutschlandradio, Landwirtschaft & Umwelt, 26. 3. 1995. **5** GSF-Forschungszentrum, Presseinformation, April 1996. **6** A. Keller, 10 Jahre nach Tschernobyl, Elektrizitätswirtschaft Nr. 17 / 18, 1995. **7** GSF-Forschungszentrum, Presseinformation, April 1996. **8** A. Keller, 10 Jahre nach Tschernobyl, Elektrizitätswirtschaft Nr. 17 / 18, 1995.

»Die Förderung der Atomenergie behindert die Einführung alternativer Energien«

Billiger (weil staatlich subventionierter) Atomstrom behindert nach Ansicht vieler Umweltschützer gleichsam durch unlautere Konkurrenz die technische Entwicklung und die Durchsetzung alternativer Formen der Energiegewinnung. Das Argument scheint zunächst aus zwei Gründen plausibel. Erstens: Die Atomenergie wurde in der Bundesrepublik seit 1956 vom Bund mit der stattlichen Summe von etwa 30 Milliarden Mark gefördert.[1] Zweitens: Energie ist so billig, daß sich die alternative Stromerzeugung oft wirtschaftlich noch nicht lohnt. »Ein Ausbau der Atomenergie dürfte die angebotsorientierten Strukturen unserer Energiewirtschaft stabilisieren«, schreibt beispielsweise das Umweltbundesamt 1997 in einer Studie und meint, diese seien »ein Haupthemmnis für die zur Erreichung des Klimaschutzzieles unabdingbaren Effizienzverbesserungen«.

Doch das Amt strickt hier an einer Legende mit, die kaum haltbar ist. So wird das Niveau der Energiepreise nicht von der Atomenergie bestimmt, sondern vom Erdölpreis. Und der ist – nicht zuletzt aufgrund weltweit erfolgreicher Sparmaßnahmen – sehr niedrig. Die großen künftigen Energieeinsparungspotentiale in der Bundesrepublik liegen zudem eher beim Individualverkehr und der Wohnraumheizung. In beiden Bereichen spielt der Strom – und damit die Atomenergie – nur eine Nebenrolle.

Auch auf den Sparwillen von Nationen hat die Atomenergie offenbar keinen negativen Einfluß. So zeigt sich, daß bekennende »Atomaussteiger« wie Dänemark, Österreich oder Schweden beim Sparen keineswegs mehr erreicht haben als die »Atomstaaten« Frankreich, Japan und Deutschland. So sank der Primärenergieverbrauch je 1 000 Dollar Bruttoinlandsprodukt in diesen Ländern seit der ersten Ölkrise 1973 bis 1995 um folgende Werte:[2]

Staaten mit Atomkraft:	**Ersparnis**
Deutschland (nur West)	- 31,0 %
Japan	- 24,8 %
Frankreich	- 14,3 %

Atomkraft-»Aussteiger«:	**Ersparnis**
Dänemark	- 31,1 %
Österreich	- 24,8 %
Schweden	- 8,6 %

Auch die genaue Betrachtung der Fördermittel ergibt ein differenzierteres Bild. In der Tat beträgt die Fördersumme für die Atomenergie (etwa 30 Milliarden Mark) von 1956 bis heute etwa das Vier- bis Fünffache der für erneuerbare Energien bereitgestellten Gelder (etwa 7,5 Milliarden Mark). Die regenerativen Energien werden seit 20 Jahren gefördert. Nimmt man diese Zeitspanne als Grundlage, so erhielt die Atomkraft mit 8,1 Milliarden Mark in den ersten 20 Jahren keine dramatisch höhere Summe (selbst wenn man den Geldwertunterschied berücksichtigt).

Die Atomenergie produzierte in ihren ersten 20 Jahren insgesamt etwa 34,3 Milliarden Kilowattstunden Strom, die erneuerbaren Energien brachten es in ihren ersten 20 Förderjahren dagegen nur auf 9,2 Milliarden Kilowattstunden in Form von Strom und 8,4 Milliarden Kilowattstunden in Form von Wärme.[3] In den letzten Jahren gab der

Bund für die regenerativen Energien mehr Geld aus als für die Atomenergie. Das deutsche Stromeinspeisungsgesetz sicherte die Konkurrenzfähigkeit der Erzeuger regenerativer Energien gegenüber dem Normaltarif darüber hinaus mit direkten oder indirekten Subventionen von Ende der neunziger Jahre etwa 400 Millionen Mark pro Jahr, die nicht in den oben genannten Summen enthalten sind.[4]

Fazit: Ein Ausstieg aus der Atomenergie ist letztendlich eine Wertentscheidung, die eine Gesellschaft treffen kann. Dies hat aber keineswegs zwangsläufig zur Folge, daß regenerative Energien zum Zuge kommen und Sparmaßnahmen besser greifen als in Nationen, die diese Entscheidung nicht treffen. So kommt eine Legende ins Wanken, denn Erfolg oder Mißerfolg von alternativen Energien haben mit dem Vorhandensein der Atomenergie wenig zu tun. Hierfür sind andere Faktoren ausschlaggebend: vor allem der Energiepreis. Und der wird mit der Liberalisierung des Strommarktes in den kommenden Jahren voraussichtlich kräftig sinken. Man sollte deshalb nicht vergessen, daß nur die Freude an der Innovation und technische Kreativität die notwendigen Durchbrüche für regenerative und alternative Energien bringen können. Erfindungsreichtum ist aber übers Subventionieren und Abschalten nur in begrenztem Maße stimulierbar.

1 VDEW-Information, Aktenzeichen HU Ga 7/1996. **2** Internationale Energieagentur und Statistisches Bundesamt. **3** J. Grave, Vortrag bei der Mitgliederversammlung des Wirtschaftsverbandes Kernbrennstoff-Kreislauf am 26. 11. 1996. **4** Frankfurter Allgemeine Zeitung vom 4. 9. 1997.

»Regenerative Energiequellen sind grundsätzlich gut für die Umwelt«

Es war nur eine Frage der Zeit: Zwei Tage vor Weihnachten 1997 wurde in der Nähe des Eifelstädtchens Prüm der erste Sabotageanschlag auf ein Windrad verübt. Die Kripo sucht nun den Missetäter, der das unterirdische Kabel zerstörte.

Die Windkraft hat in Deutschland in den letzten Jahren einen beispiellosen Aufschwung genommen: Fast 5000 Windräder drehen sich an Küsten und auf Höhenzügen – und spalten die Nation. Bürgerinitiativen gegen die Windkraft schießen wie Pilze aus dem Boden und verteilen Aufkleber mit dem Slogan »Windanlagen, nein danke«. Der Streit um die Windkraft geht sogar mitten durch die Umweltschützer. Prominente Ökologen wie der Journalist Horst Stern beklagen die Zerstörung der Landschaft. Professor Christoph Binswanger, der geistige Vater der Ökosteuer, urteilt: »Der ökologische Nutzen der Anlagen ist äußerst gering und der ökologische Schaden dafür um so größer.« Kritiker, wie Professor Otfried Wolfrum vom Geodätischen Institut der Technischen Universität Darmstadt, fassen die Nachteile der Windkraft so zusammen:[1]

- → Die Windkraft zerstört die letzten intakten deutschen Landschaften durch die hohen Strommasten (»Verspargelung«) und macht das Land zu einem Industriepark.
- → Die Windkraft beeinträchtigt die Menschen in ihrer Nähe durch Lärm, Schattenwurf und Blendeffekte der Rotoren (»Discoeffekt«).
- → Die Windkraft hat 1996 in Deutschland zwei Milliarden Kilowattstunden erzeugt. Dies sind 0,8 Promille des deutschen Energieverbrauches, die den Bürger bislang drei Milliarden Mark – aus Steuergeldern und über Strompreissubventionen – gekostet haben. Nach Berechnungen des Öko-Instituts wird im Vergleich dazu schon gut das Doppelte an Kilowattstunden mit Stand-by-Schaltungen an Computern und elektrischen Geräten verschleudert. Anstatt erst einmal solchen Unsinn ohne große Kosten abzustellen, vergeudet man über die Öko-Ikone Windkraft riesige Summen des Volksvermögens.
- → Über zehn Jahre summiert sich die Bezuschussung der Windkraft auf 30 Milliarden Mark. Diese Summe wird dafür verwandt, gerade mal vier Prozent des Energiebedarfs zu decken. Der Bedarf fällt aber unregelmäßig an und die Windkraft ebenfalls – nur eben nicht immer gleichzeitig. Deshalb ersetzt die Windkraft kein einziges konventionelles Kraftwerk, denn diese müssen zur Sicherung der Grundlast weiterbetrieben werden. Es entsteht so in den

vorhandenen Kraftwerken bestenfalls zeitweise Leerlauf.
Soweit die Argumente der Windkraft-Kritiker.

Letztendlich zeigt sich an dem Streit, daß auch regenerative Energien ihre Haken haben. Solange die Windkraft ein vergleichsweises Schattendasein führte, blieben jedoch auch diese verborgen. Um eine einzige Standardlokomotive der deutschen Bahn mit Strom zu versorgen, müßten im Binnenland 34 Windturbinen laufen (und zwar ständig). Da fragt man sich in der Tat, ob es nicht vernünftiger, billiger und ökologisch unbedenklicher wäre, ein paar neue, energiesparende Lokomotiven anzuschaffen.

Mit dem »Trend zum Abschreibungswindpark« (»taz«) verkehrt sich die an und für sich gute Sache vielerorts vollends ins Gegenteil – und lädt zum Abzocken ein. Windräder können regional durchaus sinnvoll und auch akzeptabel sein, doch als flächendeckende Subventionsparks werden sie zu Geldvernichtungsmaschinen. Die Form der Förderung von Windenergie legt fatale Ähnlichkeiten mit den unheilvollen Mechanismen der EG-subventionierten Landwirtschaft an den Tag. Mit einer möglichst effizienten Nutzung der energetischen und finanziellen Ressourcen der Gesellschaft hat dies aber nichts mehr zu tun.

Windenergie darf nicht pauschal verdammt werden, es geht lediglich darum, sie vernünftig und mit Augenmaß einzusetzen. Ob man ihr Landschaftszerstörung vorwerfen kann, ist auch eine Frage des persönlichen Empfindens. Unsere Landschaft ist eben schon lange keine »unberührte Natur« mehr, sondern ein Produkt unserer Kultur. Und die unterliegt dem Wandel: Einstmals hochmoderne Fabriken und Bergwerke werden heute unter Denkmalschutz gestellt, weil wir sie als romantisch empfinden. Nicht bestätigt haben sich übrigens Befürchtungen, die Windräder würden Vögeln zum Verhängnis. Unsere gefiederten Freunde fliegen einfach darum herum.

Auch andere regenerative Energien haben ihre Nachteile. Zum Beispiel die Wasserkraft. Das fällt uns häufig nur deshalb nicht auf, weil Mühlbäche und Wehre oft schon vor Jahrhunderten gegraben wurden und inzwischen als wildromantisch angesehen werden. Es macht durchaus Sinn, alte Wasserkraftwerke wieder zu aktivieren – die ökologischen Grausamkeiten wurden bereits von unseren Vorfahren begangen. Heute sollten wir in Deutschland die wenigen fließenden Gewässer bewahren, und sie nicht mit neuen Anlagen verbauen. Auch große Stauseen, die in Österreich oder Skandinavien vergleichsweise umweltfreundlichen Strom liefern, wären heute vielfach nicht mehr durchsetzbar.

Von großen Dammprojekten in den Entwicklungsländern zieht sich heute mitunter selbst die Weltbank zurück – zu groß scheint der Verlust an Arten und Naturvielfalt. Auf der anderen Seite kann billiger Strom den vielerorts aus Gehölz, Abfall oder Tierdung bestehenden Hausbrand der armen Menschen ersetzen. Rauch und Abgase der meist offenen Feuerstellen zählen zu den größten Gesundheitsrisiken in diesen Ländern. Atemwegserkrankungen gehören beispielsweise bei Kindern zu den häufigsten Todesursachen. Und die Nutzung von Holz als Brennstoff führt vielerorts ebenfalls zur Zerstörung von Lebensräumen. Es gilt also abzuwägen.

Aber auch die CO_2-Bilanz der Wasserkraft hält nicht immer, was sie verspricht: Je nach der Menge der unter Wasser verrottenden Vegetation können Wasserkraftwerke größere Mengen Kohlendioxid und Methan freisetzen als vergleichbare Öl- oder Kohlekraftwerke. Das Kraftwerk am Balbina-Staudamm in Brasilien hat in den ersten acht Jahren seines Betriebes 16mal soviel dieser Gase entlassen wie ein Erdölkraftwerk gleicher Leistung, berichtet das englische Wissenschaftsmagazin »New Scientist«.[2]

Selbst die Sonnenenergie spendet kein Licht ohne Schatten. Einerseits ist ein erhöhter Anteil der Solarenergie mit Sicherheit wünschenswert und aufgrund des technischen Fortschrittes auch zu erwarten. Der Gedanke, mit ihrer Hilfe beispielsweise Einfamilienhäuser weitgehend energieautark zu machen, kann langfristig kaum falsch sein. Dies heißt aber noch lange nicht, daß eine großmaßstäbliche Anwendung der Solarzellen derzeit Sinn machen würde. Zwar ließen sich nach heutigem Entwicklungsstand damit rein theoretisch schon drei bis 57 Prozent des Stroms (nicht der Gesamtenergie) in Deutschland erzeugen. Dafür müßten aber nicht nur sämtliche Hausdächer, sondern auch sämtliche stillgelegten Landwirtschaftsflächen mit Solarzellen bedeckt werden. Das ergäbe dann ein »Modulflächenpotential« von 3500 Quadratkilometern – und in der Tat ziemlich viel Schatten.[3]

Der Anbau von Pflanzen zur Energiegewinnung mag wohl in dem ein oder anderen Fall Sinn machen. Flächendeckende Biosprit-Kulturen oder Schilfgras statt Atomenergie sind für Arten- und Landschaftsschützer jedoch der pure Horror (siehe auch Kapitel »Landwirtschaft«). Hinzu kommt, daß Monokulturen den Einsatz von Dünger und Pestiziden geradezu herausfordern – mit den bekannten Nebenwirkungen. Der Schaden wäre womöglich größer als der Nutzen. Der Historiker Edward Tenner spricht bei solchen »ironischen Wendungen« von technischen »Racheeffekten«.[4] Der Anbau beispielsweise von Raps als Ersatz für Dieselkraftstoff ist nach einer umfangreichen Ökobilanz des Umweltbundesamtes in Deutschland denn auch »nicht zu befürworten«.

1 Frankfurter Allgemeine Zeitung vom 18. 9. 1997. **2** Der Spiegel Nr. 20/1996. **3** GSF-Forschungszentrum, Regenerative Energien – die umweltfreundliche Lösung, 1995. **4** E. Tenner, Die Tücken der Technik, 1997.

Perspektiven

Es werden vermutlich die Ingenieure sein, die das Menschheitsproblem Energieversorgung lösen und nicht die Ideologen. Die Energiezukunft heißt Vielfalt und basiert auf der erneuerbaren Ressource Intelligenz.

Dabei sind die Möglichkeiten der mit fossilen Brennstoffen betriebenen Kraftwerke noch nicht einmal annähernd ausgeschöpft. So revolutionieren moderne Gaskraftwerke mit einem Wirkungsgrad von bis zu 60 Prozent derzeit die Energietechnik. Wird zusätzlich die Abwärme als Heizenergie verwendet, ist eine Energieausnutzung von bis zu 90 Prozent möglich.[1] Die Konstruktionen arbeiten dreimal wirkungsvoller als ein altes Kohlekraftwerk – und um Zehnerpotenzen sauberer.

Im Osten Deutschlands ersetzen solche Konstruktionen gerade reihenweise die alten Kraftwerke. Die kompakten Anlagen können gleichsam am Fließband gebaut werden. Und sie machen nebenbei der

Atomkraft den Garaus: Die Gasanlagen kosten nämlich nur etwa ein Drittel eines vergleichbaren Atomkraftwerkes. Der Boom der Gaskraftwerke und die Flaute bei der Atomenergie sprechen gegen die weitverbreitete Auffassung, daß die deutschen Energieversorger gleichsam ideologisch auf die Atomkraft festgelegt seien. (Sie sind lediglich aufs Geldverdienen festgelegt.)

Die fossilen Energien sind noch lange nicht am Ende, und es könnten sogar neuartige Reserven hinzukommen: So lagern am Meeresboden massenhaft eisähnliche Hydrate verschiedener Gase, insbesondere Methan, das auch Hauptbestandteil des Erdgases ist. Fachleute schätzen, daß die dort gespeicherten Energievorräte größer sind als sämtliche bekannten Erdöl-, Erdgas- und Kohlevorkommen zusammen.[2] Es ist heute aber weder technisch möglich noch lohnend, diese Quelle anzuzapfen.

Doch der Energiehunger der aufstrebenden Nationen wird die derzeit besonders leicht und billig zu gewinnenden Brennstoffe wie Erdöl über kurz oder lang teurer machen. In gleichem Maße wird das Sparen, das Erschließen neuer Vorräte und das Einführen alternativer Technologien attraktiver werden. Wenn man die Kohlendioxid-Emissionen als Indikator nimmt, dann werden die technischen Einsparpotentiale beispielsweise bei Gebäuden auf 80 Prozent und bei Autos auf über 50 Prozent geschätzt.[3] Mittlerweile machen schon erste Energietechnik-Dienstleister das Sparpotential zu Geld: Die Rheinischen Kliniken in Bonn übertrugen ihren kompletten Energiehaushalt der Firma ROM-Contracting – und sparen jährlich 400 000 Mark. Große Energieversorger wie RWE gründen ebenfalls Tochterunternehmen, die eine warme Stube verkaufen und nicht möglichst viel Strom.[4]

Intelligente Energieerzeugung bzw. -nutzung ist eine nachhaltige Geschäftsidee: So gehen immer mehr Industriebetriebe dazu über, den Strom mit kleinen Blockheizkraftwerken zu erzeugen – und ihre Nachbarn nebenbei mit Strom und Wärme zu versorgen. 1995 stammten 3,5 Prozent unseres Stromes aus 2 150 solchen Anlagen, 2005 sollen 10 000 Anlagen bereits zehn Prozent des Stromes liefern.[5] Alle möglichen Betreiber von Feuerungseinrichtungen – bis hin zur Müllverbrennungsanlage – entdecken diesen bislang verschenkten Nebenerwerb. Die Li-

Erdgas und erneuerbare Energien legen zu

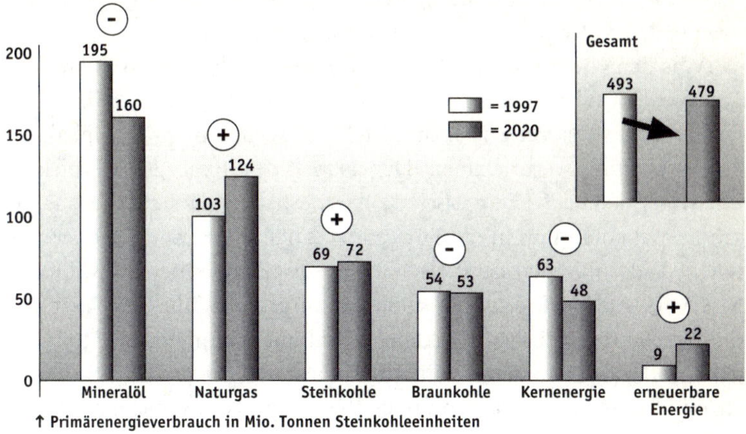

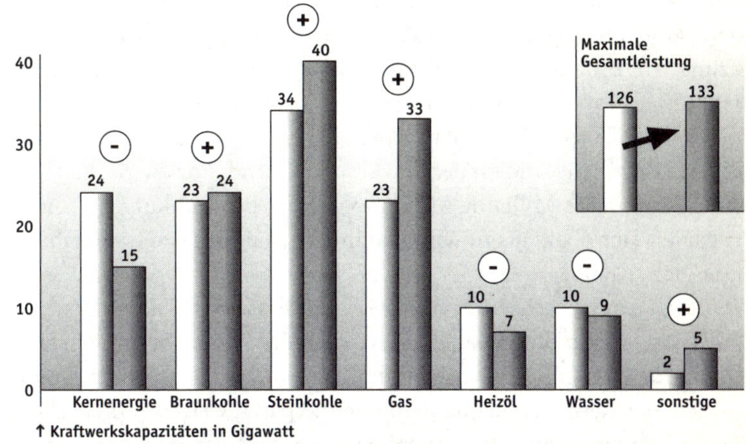

Beim Primärenergieverbrauch und bei den Kapazitäten der Kraftwerke wird in Deutschland eine Verschiebung innerhalb der verschiedenen Energiearten stattfinden. Der Verlust an Kernkraftwerkskapazität wird durch relativ sauberes Erdgas ersetzt. Auch die erneuerbaren Energien gewinnen.

(Quelle: Wirtschaftswoche/ Esso Energieprognose 1997)

beralisierung des Strommarktes mit stark sinkenden Preisen könnte hier zwar zu einem Rückschlag führen, der aber nichts an den langfristig positiven Perspektiven solcher Konzepte ändert.

Was den Großen recht ist, soll den Kleinen billig sein: 150 Freiburger Familien werden künftig in kleinen Kraftwerken wohnen. Ihre modernen Reihenhäuser erzeugen mittels Solarzellen mehr Strom, als die Hausbewohner verbrauchen. Der Name des Expo-2000-Projektes: Plus-Energiehaus.[6] Die großen Konzerne haben da sicherheitshalber schon mal einen Fuß in die Tür gesetzt; Shell, RWE und Bayer errichten in Gelsenkirchen und Alzenau für insgesamt über 50 Millionen Mark Solarzellen-Produktionsanlagen im großen Stil. Der Staat und die Länder fördern die Projekte mit Millionensummen (seit 1974 hat der Bund die Photovoltaik mit 1,3 Milliarden Mark gefördert).[7] Solarstrom könnte in zehn Jahren um ein Drittel preiswerter sein als heute.

Regenerative Energien – von Sonnenenergie über Wind bis Biomasse – bieten sich für Länder, in denen es noch kein dichtes Leitungsnetz gibt, als kleine, dezentrale Stromerzeuger geradezu an. Selbst China will bis zum Jahr 2000 für seine entlegenen Gebiete immerhin 1000 Megawatt aus Windkraft gewinnen.[8] Die Global Player bereiten sich jedenfalls vor: Shell will in seinen neuen Geschäftsbereich »Erneuerbare Energien« (Solarenergie, Biomasse und Forstwirtschaft) bis 2002 knapp eine Milliarde Mark investieren. Die Konkurrenz von BP engagiert sich ebenfalls zunehmend im Geschäft mit den erneuerbaren Energien. **[Grafik Seite 53]**

Auch ein Sprecher der Vereinigung deutscher Elektrizitätswerke (VDEW) glaubt, daß Solarstrom, Wind, Wasser und Biomasse »langfristig zur vierten Säule des Energiesystems neben den fossilen Brennstoffen, der Kernenergie und dem Energiesparen werden«. In Deutschland könnten regenerative Energien nach heutiger Einschätzung auf einen Anteil von gut zehn Prozent kommen – sollten technische Durchbrüche erfolgen, ist auch mehr drin. So befaßt sich etwa die Grundlagenforschung in Deutschland mit der Entschlüsselung der Photosynthese. Seit über drei Milliarden Jahren basiert alles irdische Leben auf dieser unerschöpflichen Energiemaschine.

Neue Atomkraftwerke sind derzeit in Deutschland nicht und welt-

Die Zeit der fossilen Energie als erdgeschichtliche Episode

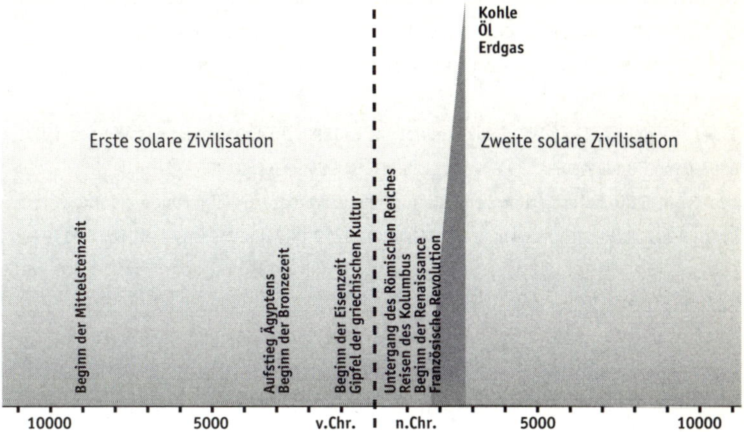

Betrachtet man den Einsatz fossiler Energie auf einer längeren erdgeschichtlichen Zeitachse, so erscheint er wie ein kurzes Aufflackern. Genauso schnell wie die Nutzung der fossilen Energien die Welt eroberte, wird sie auch wieder verschwinden und dereinst als kurze Episode erscheinen wie etwa die Bronzezeit.
(Quelle: TU-Clausthal/ M. Hubbert 1975)

weit nur wenige in Sicht. Neben Wirtschaftlichkeitserwägungen ist hierfür der beispielsweise auch in Japan zunehmende gesellschaftliche Widerstand verantwortlich. Dies könnte sich aber wieder ändern. Sollten sich die Befürchtungen um das Weltklima und den Ausstoß von Emissionen aus fossiler Energie bewahrheiten, wird niemand unseren Kindern verbieten können, die Atomkraft neu zu bewerten. Neue Reaktoren, bei denen eine Kernschmelze physikalisch ausgeschlossen ist, könnten ihre Chance bekommen. Dr. Diethard Schade, Vorstand der Akademie für Technologiefolgenabschätzung in Baden-Württemberg, sieht das so: »Mit welcher Begründung sollten wir kommende Generationen daran hindern, das Klimaproblem nicht mit Konsumverzicht und Energiesparen, sondern mit Konsumzuwachs und Kernenergienutzung lösen zu wollen?«[9]

Wie immer es auch kommt: Die Menschheit wird in 100 Jahren wohl nur noch in beschränktem Maße auf die Verbrennung fossiler Brennstoffe angewiesen sein. Diese werden deshalb auch nicht ausgehen, sondern mit der Zeit einfach uninteressant werden. **[Grafik Seite 55]**

1 Der Spiegel Nr. 29/1997. **2** Die Zeit vom 4. 7. 1997. **3** Enquete-Kommission des deutschen Bundestages 1994. **4** Wirtschaftswoche vom 11. 9. 1997. **5** Focus Nr. 22/1996. **6** die tageszeitung vom 20. 1. 1998. **7** Frankfurter Allgemeine Zeitung vom 5. 11. 1997. **8** Wirtschaftswoche vom 4. 12. 1997. **9** Bild der Wissenschaft Nr. 6/1997.

Gentechnik

Oft gehört, gern geglaubt

»Gentechnik ist widernatürlich«
»Die Gentechnik bringt Monster hervor«
»Genpflanzen auf dem Acker sind eine ökologische Gefahr«
»Gentechnisch veränderte Lebensmittel bedrohen die Gesundheit«

Perspektiven

Oft gehört, gern geglaubt

Eine sieben mal sieben Meter große, zähnefletschende Monster-Tomate kugelt durch Deutschland, aufgeblasen vom BUND und den neuform-Reformhäusern. Das Horrorgemüse ist Teil einer Angstkampagne gegen Gentechnik, die die Meinungshoheit zu diesem Thema erfolgreich erobert hat. Greenpeace erhob Ende 1996 den Kampf gegen Gen-Food zum Umweltthema Nummer eins und bewies damit wieder einmal sicheres Gespür für die Stimmung im Volk: Drei Viertel der Deutschen lehnen Gentech-Nahrung ab, ermittelte die Gesellschaft für Konsumforschung (GfK).[1]

Mit grellen Farben wird das drohende Verderben ausgemalt: Auf dem Acker wächst ein »Super-Unkraut«[2] heran, das ganze Landstriche überwuchern wird. Im Supermarkt wird der Kunde zum Versuchskaninchen gemacht. Demnächst droht »das Hähnchen mit Nougatgeschmack«[3]. Sorgenvoll runzelt der Geschäftsführer des Demeter-Bundes die Stirn: »Gentechnik verändert die innere Qualität der Nahrungsmittel.«[4] Da möchte auch Feinschmecker Wolfram Siebeck nicht abseits stehen und fordert: »Nieder mit dem Technofraß!«[5]

Zahlreiche Nahrungsmittelfirmen haben sich gegenüber Greenpeace verpflichtet, auf Gensoja zu verzichten. Doch die Gendetektive der Zeitschrift »Öko-Test« kamen ihnen auf die Schliche. Sie fanden Gentech-Lezithin in Nuß-Nougat-Cremes von Herstellern, die gentechnikfreie Ware zugesichert hatten.[6] Auch bei anderen Naschwaren wurden Genfahnder fündig. Prompt rief ein Konzern mehrere Hundert Tonnen seiner sündhaften Süßigkeiten zurück.[7] Fragt sich, ob das Lezithin aus genverändertem Soja der Gesundheit mehr geschadet hätte als genetisch unverdächtiger Zuckerkleister, der die Zähne attackiert.

1 Süddeutsche Zeitung vom 6. 2. 1997. **2** BUND-Presseinformation, 6. 3. 1996. **3** BUND-Argumente, Tomaten aus dem Designer-Studio, 1993. **4** Natur Nr. 9/1997. **5** Der Spiegel Nr. 15/1997. **6** Die Zeit vom 26. 9. 1997. **7** Der Spiegel Nr. 15/1997.

»Gentechnik ist widernatürlich«

Das Prinzip der Neukombination von Genen ist die natürlichste Sache der Welt. Immer wenn zwei Lebewesen Nachkommenschaft zeugen, vermischt sich ihr gesamtes Erbgut. Was dabei herauskommt, ist unvorhersehbar (Eltern können das bestätigen). Gentransfer und Mutationen sind die Triebfedern der Evolution. Sogar Bakterien, die sich nur durch Zellteilung (das heißt ohne Genvermischung) vermehren, können die DNS (Desoxyribonukleinsäure), also das Erbgut, toter Artgenossen in sich aufnehmen.[1] Unnatürlich ist es jedoch, wenn Menschen gezielt das Genom von Pflanzen und Tieren manipulieren, um aus ihrer Sicht die Natur zu verbessern. Das tun sie allerdings schon seit zirka 10000 Jahren. Seither versuchen Ackerbauern und Viehzüchter, durch gezielte Zuchtauswahl die Gene von Pflanzen und Tieren neu zu kombinieren. Sehr bald entdeckten die Menschen auch, daß Biotechnologie mit Mikroorganismen neue Möglichkeiten zur Veredelung von Lebensmitteln eröffnet: Sie züchteten Hefestämme und Bakterienkulturen, um Brot, Bier, Wein und Joghurt herzustellen.

Die Erfolge traditioneller Züchtung veränderten die ursprünglichen Wildformen oft bis zur Unkenntlichkeit. Der Wolf wurde vom Menschen zu Pekinesen, Möpsen und Bernhardinern verformt. Blumen-, Rot- und Rosenkohl, Brokkoli und Kohlrabi gab es nie in der Natur. Sie alle stammen von ein und derselben Wildform ab, die eher an Raps erinnert. Wäre Blumenkohl durch Gentechnik entstanden, würden die leckeren, weißen Röschen vermutlich als »Krebsgeschwür« verteufelt.[2] Mit herkömmlichen Züchtungsmethoden konnte sogar die Artgrenze zwischen Weizen und Roggen überwunden werden. Das Ergebnis ist ein Getreide namens Triticale.[3] Selbst wilde Pflanzen und Tiere halten sich nicht immer an Artgrenzen, wie sie im Biologiebuch definiert sind, und mixen schamlos ihr Erbgut durcheinander (siehe auch »Was sind eigentlich Arten?«, Seite 329). »Alles, was wir essen, wurde bereits seit Tausenden von Jahren genetisch manipuliert«, kommentierte das britische Wissenschaftsmagazin »New Scientist« die Diskussion um Gentechnik. »Sogar der Apfel, ein Symbol für Gesundheit, hat kaum noch etwas mit seinen wilden Ursprüngen zu tun.«[4]

»Die Angst vor der Gentechnik«, schreibt der Ernährungswissenschaftler Udo Pollmer, »beruht auf der irrigen Überzeugung, unser Getreide, Obst und Gemüse bestünde aus durchweg natürlichen Pflanzen, die jetzt auf unkontrollierbare Weise manipuliert würden. Über die bisherigen Veränderungen haben wir uns jedoch keine Gedanken gemacht. Wir haben die Produkte einfach freigesetzt und gegessen.«[5]

Dabei ist es gerade ein großer Vorteil der neuen gentechnischen Verfahren, daß Veränderungen gezielter und kontrollierter vorgenommen werden können als bisher. Während früher wie wild drauflosgekreuzt wurde, um nachher zu schauen, was herausgekommen ist, können heute erwünschte Eigenschaften im Erbgut isoliert und dann von einer Pflanze auf die andere übertragen werden. Gentechnisch veränderte Nutzpflanzen durchlaufen toxikologische und allergologische Tests, Fütterungsversuche an Tieren und Eiweißanalysen. Gensoja ist die am intensivsten erforschte neue Pflanzensorte. »Müßten wir so aufwendig prüfen wie die Gentechniker, könnten wir unseren Laden dichtmachen«, gestand ein konventioneller Pflanzenzüchter dem »Spiegel«.[6]

Die Methoden der herkömmlichen Zucht sind alles andere als sanft und natürlich. Seit den sechziger Jahren beschießt man die Pflanzen mit radioaktiven Strahlen oder setzt erbgutverändernde Chemikalien ein, um möglichst viele Mutationen hervorzurufen, unter denen sich vielleicht verwertbare Eigenschaften finden.[7] So entstand beispielsweise die Nektarine.[8] Mit Hilfe solcher Mutationszüchtungen wurden 1800 neue Pflanzensorten auf den Markt gebracht. 70 Prozent der Hartweizengräser für Nudeln in Italien sind künstlich erzeugte Mutanten, ebenso fast alle in Europa angebauten Gerstensorten für Bier. Sie alle tragen Gensequenzen in ihrem Erbgut, die so in der Natur nicht vorkommen.[9]

1 Discover Nr. 6/1992. **2** Natur Nr. 9/1997. **3** Bundesministerium für Ernährung, Landwirtschaft und Forsten (BMELF), Die grüne Gentechnik, 1997. **4** New Scientist vom 7. 3. 1998. **5** Natur Nr. 9/1997. **6** Der Spiegel Nr. 15/1997. **7** ebd. **8** BMELF, Die grüne Gentechnik, 1997. **9** Der Spiegel Nr. 15/1997.

»Die Gentechnik bringt Monster hervor«

Mit gentechnischen Methoden werden zumeist wenige Gene (manchmal nur ein einziges) von einem Lebewesen auf ein anderes übertragen. Höhere Pflanzen, zu denen alle unsere Kulturpflanzen zählen, besitzen etwa 25000 Gene, das menschliche Genom enthält mindestens 80000. Jedes davon ist ein Steuerungsimpuls, der präzise wirken muß. Die Gentechnik zielt darauf, einzelne dieser Steuerungseinheiten exakt zu lokalisieren und zu übertragen. Würde jeder genetische Transfer etwas völlig Neues hervorbringen, wäre man wieder auf der Stufe der zufälligen Mutation angelangt, den die Gentechniker gerade überwinden wollen. Die unverhoffte Geburt von Ungetümen, die sich aus dem Labor befreien und die Welt erobern, ist also eher unwahrscheinlich. »Ich halte es für falsch, bei den Leuten Panik zu schüren«, sagte Manuel Kiper, Molekularbiologe und forschungspolitischer Sprecher der Grünen im Bundestag. »Auf den Feldern wachsen keine Horrorpflanzen heran.«[1]

Der Beweis, daß Menschen Ungeheuer schaffen können, wurde allerdings lange vor der ersten Genübertragung (sie fand 1973 statt) erbracht. Nicht teuflische Technik, sondern überspannter Ehrgeiz erschuf jämmerliche Geschöpfe mit deformiertem Knochenbau (wie etwa Perserkatzen) oder Tiere mit erblichen Verhaltensstörungen (zum Beispiel Kampfhunde). Und auch früher waren Züchter vor bösen Überraschungen nicht sicher. So entstand 1956 in Brasilien durch die Kreuzung europäischer Immen mit afrikanischen Wildbienen eine extrem aggressive neue Rasse, die sich seither von selbst ausbreitet und wegen ihrer Angriffslust als »Killerbiene« bezeichnet wird.[2] Die Chancen, daß Gentechnik solche Fehlschläge hervorbringt, sind wahrscheinlich geringer als bei der traditionellen Methode, die mehr dem Zufall überläßt.

Bei der Veränderung landwirtschaftlicher Nutztiere kamen die Forscher bisher langsamer voran als bei den Pflanzen. Schweine, denen man ein menschliches Wachstumsgen eingebaut hatte, damit sie schneller schlachtreif werden, litten unter körperlichen Schäden. Erfolgreicher waren die Wissenschaftler bei Fischen. In verschiedenen Ländern werden versuchsweise Speisefische (zum Beispiel Lachse) gezüchtet, die durch ein fremdes Wachstumsgen extrem schnellwüchsig sind.

Ende 1997 wurde bekannt, daß es Forschern in Europa und in den USA gelungen war, ein Gen zu isolieren, das bei bestimmten Rinderrassen (Weißblaue Belgier und Piemontesen) monströse Muskelberge wachsen läßt. Die Experten hoffen, daß Rinder, Schweine oder Hühner, denen dieses Gen übertragen wird, bei gleicher Futtermenge noch mehr Fleisch ansetzen.[3] Fraglich ist, ob die heutigen Nutztiere ein noch üppigeres Muskelwachstum überhaupt verkraften können. Denn die konventionelle Züchtung hat sie bereits in malade Fleischhaufen verwandelt.

Die größten Erfolge der Genübertragung bei Tieren waren bisher im medizinisch-pharmazeutischen Bereich zu verzeichnen. Wissenschaftler bauten Gene in Säugetiere ein, die bewirken, daß die Milch der Weibchen Arzneimittel enthält. Diese Schafe, Ziegen, Schweine und Kaninchen sehen jedoch ganz normal aus und haben sich nicht in grausige Untiere verwandelt. An der Universität von Virginia wurden Menschen- und Mäusegene auf Schweine übertragen, die seither einen menschlichen Gerinnungsfaktor produzieren, der bluterkranken Menschen helfen kann.[4] Schottischen Biologen gelang es, menschliche Erbinformation in Schafe einzupflanzen, die dadurch mit ihrer Milch eine Substanz namens AAP (Alpha-1-Antitropease) abgeben, einen Stoff, der gegen eine erbliche Lungenkrankheit eingesetzt wird.[5]

Die häufigsten gentechnisch veränderten Tiere sind jedoch Mäuse, die eigens für die medizinische Forschung gezüchtet werden. Das Erbgut dieser Labortiere ist so verändert, daß sie an Diabetes, Bluthochdruck, Immunschwäche, Fettleibigkeit oder bestimmten Krebsarten leiden. Solche transgenen Tiere sollen Wissenschaftlern bei der Suche nach Behandlungswegen für menschliche Krankheiten helfen.

Ein neuer Zweig der Gentechnik versucht, das Erbgut von Pflanzen so zu verändern, daß sie Arzneien und Impfstoffe für Menschen bilden. Amerikanische Forscher wollen Bananen erzeugen, die gegen Hepatitis immunisieren.[6] Im US-Bundesstaat Kentucky wachsen bereits Tabakpflanzen auf Versuchsfeldern, aus denen man ein Antibiotikum und einen möglichen Malariaimpfstoff gewinnen kann.[7] Sollte die Herstellung lebensrettender Arzneien mit Hilfe von einfachen Nutzpflanzen gelingen, könnten Medikamente und Impfstoffe für viele Menschen in Entwicklungsländern endlich erschwinglich werden.

1 Der Spiegel Nr. 15/1997. **2** Natur Nr. 9/1997. **3** Die Zeit Nr. 41/1997. **4** Frankfurter Allgemeine Zeitung vom 22. 10. 1997. **5** Stern Nr. 47/1994. **6** Kosmos Nr. 1/1997. **7** Focus Nr. 12/1997.

»Genpflanzen auf dem Acker sind eine ökologische Gefahr«

Bis Mitte 1997 wurden weltweit zirka 70 verschiedene gentechnisch veränderte Pflanzen in mehr als 3600 Freilandversuchen an über 15000 Standorten ausgebracht (die weitaus meisten davon in den Vereinigten Staaten).[1] Raps, Sojabohnen, Mais und andere Kulturpflanzen werden inzwischen im großen Maßstab angebaut. Auf keinem dieser Felder ist ein alles überwucherndes Superkraut entstanden. **[Grafik Seite 64]**

Die bisher gemachten Erfahrungen sind natürlich keine Garantie dafür, daß sich nicht eines Tages eine Genpflanze mit unerwünschten Eigenschaften ausbreiten könnte. Sie wäre allerdings nicht der erste Neuling, der durch menschliches Zutun in fremden Biotopen grünt. Dank ihrer unermüdlichen Mobilität haben Menschen immer wieder Pflanzen von Kontinent zu Kontinent geschleppt. Deshalb gibt es schon seit vielen Jahren eine »Ausländerfrage« im Naturschutz: Soll man fremde Gewächse als Teil einer natürlichen Dynamik (zu der auch der Mensch gehört) akzeptieren oder mit Stumpf und Stiel ausrotten (was zumeist ohnehin unmöglich ist)? In Mitteleuropa breiten sich zahllose Fremdlinge munter aus: Kanadische Goldrute, Späte Traubenkirsche, Wasserpest, Drüsiges Springkraut, Riesenbärenklau und viele andere.[2] In Nordamerikas Wildnis wachsen über 2 000 importierte Pflanzen.[3] Dies führte zu vielfältigen ökologischen Veränderungen, aber bisher nicht zum botanischen Super-GAU.

Im März 1996 wurde bekannt, daß es in einer dänischen Versuchsanstalt gelungen war, die gentechnisch erzeugte Toleranz gegen ein Un-

Kommerzieller Anbau genmanipulierter Pflanzen

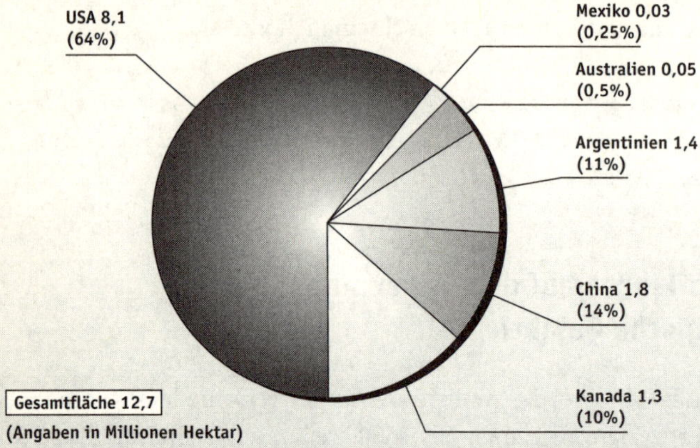

Art der genetischen Veränderung

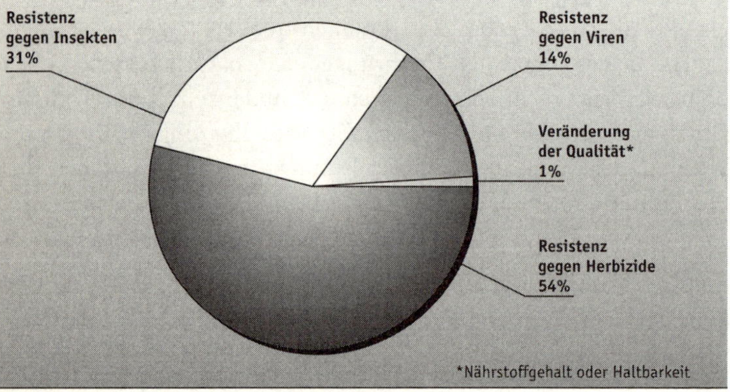

Weltweit wurden 1997 auf 12,7 Millionen Hektar genmanipulierte Pflanzen angebaut. Besonders in den USA waren Gen-Pflanzen bereits ein ganz normaler Bestandteil des Ackerbaus. In Europa gab es 1997 nur Versuchsfelder. 45 Prozent der gentechnischen Veränderungen machen die Pflanzen resistent gegen Insekten und Viruskrankheiten, damit werden etliche Spritzmittel überflüssig.

(Quelle: Spiegel 1998/C. James/ISAAA)

krautvernichtungsmittel von Raps auf den eng verwandten Rübsen zu übertragen. Der Bund für Umwelt und Naturschutz Deutschland (BUND) warnte vor einem »Super-Unkraut«, das durch die Übertragung verschiedener Resistenzen auf die gleiche Wildpflanze entstehen könnte.[4] Zeitungen machten Horrorschlagzeilen daraus.

Auch in Deutschland gingen künstlich eingeführte Gene auf unveränderte Rapspflanzen von Nachbarfeldern über. Das Niedersächsische Landesamt für Ökologie schrieb, man könne davon ausgehen, »daß transgener Pollen in erheblichem Ausmaß verbreitet wird«[5].

Sogenannte Auskreuzungen von Kulturpflanzen auf verwandte Wildkräuter kommen zustande, wenn etwa eine Biene beide Arten nacheinander bestäubt und so Pollen überträgt. Was kann passieren, wenn Wildpflanzen gegen ein Unkrautvernichtungsmittel resistent werden? In freier Natur bleibt diese Veränderung bedeutungslos. Da dort kein Bauer Gift spritzt, bringt die neue Eigenschaft der Pflanze keinen Vorteil gegenüber anderen Gewächsen. Aber was ist, wenn sich die Pflanze auf dem Acker breit macht? Dann wird der Landwirt das tun, was er auch vor Einführung der Gentechnik getan hat. Er rückt dem unerwünschten Kraut mit einem anderen chemischen Mittel zu Leibe. Man wäre mit der veränderten Kulturpflanze also wieder dort angelangt, wo man vor Einführung der Gentechnik war: beim Wettlauf zwischen den Pestizidentwicklern und der Natur.

Die Gefahr, daß plötzlich Superpflanzen ganze Landstriche überwachsen, scheint relativ gering, da auch die Kulturpflanzen, die der Mensch seit Jahrtausenden hegt und pflegt, die Natur nicht überwuchert haben. Sie sind den robusteren Wildformen unterlegen.[6]

Gentechnik kann sogar dabei helfen, daß in Zukunft weniger Agrargifte versprüht werden. »Es ist nicht einzusehen, weshalb ökologische Landwirtschaft und Gentechnologie nicht zusammengehen können«, schreibt Dr. Klaus Amman, Direktor des botanischen Gartens der Universität Bern.[7] Einigen Pflanzen, wie Mais, Reis und Baumwolle, wurden gentechnisch Abwehrstoffe gegen Schadinsekten eingepflanzt, die den Einsatz von Gift überflüssig machen. So lassen sich Millionen von Litern Pestizide einsparen.[8] Bei einigen dieser Entwicklungen wurden den Pflanzen Gene des Bacillus thuringensis (kurz BT) übertragen. Dieser

Gen-Pflanzen: Wer bringt was auf den Markt?

Pflanzenart	Merkmal	Hersteller	Zulassung	
			Nordamerika	Europa
Tomaten	Reifeverzögerung	Calgene, USA	1994	1996 (Tomatenmark)
		Zeneca, GB	1995	
Zucchini	Virusresistenz	Asgrow, USA	1994	
Kartoffeln	Insektenresistenz	Monsanto, USA	1994	
	Stärkezusammensetzung	Avebe, NL	-	Antrag
Raps	veränderte Fettsäuren	Calgene, USA	1995	
	kontrollierte Bestäubung + Herbizidresistenz	PGS, B	1996	1996
	Herbizidresistenz	AgrEvo, D	1995	Antrag
	Herbizidresistenz	Monsanto, USA	1995	Antrag
Sojabohnen	Herbizidresistenz	Monsanto, USA	1995	1996 Import
	Herbizidresistenz	AgrEvo, D	Antrag	
Mais	Insektenresistenz	Ciba-Geigy, Sandoz (Novartis), CH	1995	1997
		Monsanto, USA	1995	
		Mycogen, USA	1995	
	Herbizidresistenz	AgrEvo, D	1996	Antrag
	Insektenresistenz	NorthrupKing, USA	1996	Antrag
		Pioneer-Hybrids	-	Antrag
Tabak	Herbizidresistenz	SEITA, F		1995
Radicchio	kontrollierte Bestäubung + Herbizidresistenz	Bejo Zaaden, NL		1996

Herbizidresistenz bedeutet, daß der Landwirt zu Beginn der Saison alle Wildkräuter auf dem Acker mit einem Totalherbizid abtötet. Die dagegen resistente Nutzpflanze wächst dennoch. Diese Methode verringert den Gifteinsatz erheblich. **(Quelle: Bundeslandwirtschaftsministerium 1997)**

Mikroorganismus ist ein Insektenkiller, den auch Öko-Bauern seit vielen Jahren einsetzen. Vielversprechende Resistenzgene fanden Forscher außerdem gegen Fadenwürmer, die Rüben befallen[9], gegen Schleimpilze an Kohlwurzeln[10] und gegen ein Virus, das die Wurzelbärtigkeit bei Zuckerrüben[11] hervorruft. [Tabelle Seite 66]

Übrigens gibt es bei der gentechnisch eingeschmuggelten Verteidigung keine Garantie, daß Insekten, Pilze oder Viren nicht doch eines Tages die Abwehr der Pflanze überwinden, genauso wie sie gegen herkömmliche Pestizide immun werden können. Der Einbau des BT-Toxins in Pflanzen könnte es Schadinsekten sogar einfacher machen, resistent zu werden. Denn während beim Spritzen das Bacillusgift nur kurz in der Umwelt verweilt, produzieren es die manipulierten Pflanzen über die gesamte Vegetationszeit hinweg. Die US-Umweltbehörde EPA (Environmental Protection Agency) hat die Hersteller bereits aufgefordert, Maßnahmen gegen diese Gefahr zu ergreifen. Farmer sollen verpflichtet werden, einen bestimmten Prozentsatz ihrer Felder mit unveränderten Pflanzen zu besetzen. So bleiben immer noch genug Schadinsekten übrig, die nicht resistent sind. Mit deren Hilfe könnte dann die Vererbung einer möglicherweise entstehenden Resistenz unterdrückt werden.[12]

Ein anderer unerwünschter Nebeneffekt wurde bereits nachgewiesen. So starben auf manchen gentechnisch aufgerüsteten Kulturpflanzen nicht nur solche Insekten ab, die die Bauern loswerden wollten (wie etwa Blattläuse), sondern auch nützliche Tiere (zum Beispiel Marienkäfer).[13] Diese Auswirkung ist ebenfalls keine Besonderheit der Gentechnik, sondern von herkömmlichen Agrargiften wohlbekannt.

Und was ist mit der verrufensten gentechnischen Hammermethode im Pflanzenschutzbereich: der Herbizidresistenz? Selbst diese ist in ökologischer Hinsicht kein Rückschritt, sondern ein kleiner Fortschritt hin zu weniger Chemiegift in der Landwirtschaft. Herbizidresistenz wird in Pflanzen (zum Beispiel Soja und Raps) eingebaut, damit der Landwirt ein sogenanntes Totalherbizid sprühen kann, ein Mittel, das alle anderen Pflanzen vernichtet. Diese Totalherbizide sind trotz ihrer martialischen Namen (zum Beispiel »Basta«) umweltverträglicher als frühere Unkrautvernichtungsmittel, denn sie bauen sich im Boden rasch ab. Außerdem wird bei dieser Methode zirka 20 Prozent weniger Gift eingesetzt. Die Greenpeace-Herbizidexpertin Dieke Bobbink räumte ein, daß die Totalherbizide immerhin ökologisch weniger bedenklich seien, als konventionelle Gifte.[14]

1 Natur Nr. 9/1997. **2** Natur Nr. 2/1991. **3** St. Budiansky, Nature's Keepers, 1995. **4** BUND-Presseinformation, 6. 3. 1996. **5** Der Spiegel Nr. 2/1998. **6** Bundesministerium für Ernährung, Landwirtschaft und Forsten (BMELF), Die grüne Gentechnik, 1997. **7** Natur Nr. 9/1997. **8** ebd. **9** Frankfurter Allgemeine Zeitung vom 19. 2. 1997. **10** Frankfurter Allgemeine Zeitung vom 11. 9. 1996. **11** BMELF, Die grüne Gentechnik, 1997. **12** New Scientist vom 21. 2. 1998. **13** Der Spiegel Nr. 2/1998. **14** Der Spiegel Nr. 15/1997.

»Gentechnisch veränderte Lebensmittel bedrohen die Gesundheit«

Für Allergiker könnte es Probleme geben, da Gentechniker in der Lage sind, das Erbgut völlig verschiedener Organismen zu kombinieren. So soll, laut einem »Spiegel«-Bericht, in eine Kartoffel ein »Anti-Frost-Gen« aus einer arktischen Flunder eingebaut werden, damit die Knollen auch bei Kälte wachsen. Wer unter Fischeiweißallergie leidet und ahnungslos in die veränderte Kartoffel beißt, ist dadurch möglicherweise gefährdet.[1] Daher sind Allergiker auf eine Kennzeichnung von Gen-Lebensmitteln angewiesen. Soja beispielsweise ist in etwa 30000 Lebensmitteln enthalten. Wenn eine genetische Veränderung der Sojabohnen Allergiegefahren für bestimmte Verbraucher birgt, würde deren Speisezettel dadurch drastisch eingeschränkt.

Da die neuartigen Lebensmittel aber überaus gründlich getestet werden, ist die Chance gering, daß so etwas passiert. Die Hersteller haben ein starkes Eigeninteresse, solche Gefahrenquellen zu entdecken, denn sie haften für ihre Produkte. Insbesondere in den USA sind Schadensersatzanprüche immens hoch. Das genetisch veränderte Soja, das seit 1996 in die EU eingeführt werden darf, wurde unter anderem vom Robert-Koch-Institut in Berlin auf mögliche Allergiepotentiale untersucht. Die Tests erbrachten keinen Unterschied zu herkömmlichen Sojabohnen.

Es gibt jedoch Berichte über einen Fall, wo die Sicherheitsprüfungen ein Produkt wegen Allergiegefahr rechtzeitig stoppten. Die amerikanische Firma Pioneer Hi-Bred wollte ein zusätzliches Eiweiß in die Sojabohne einbauen. Gentechniker isolierten dieses Eiweiß aus Paranüssen. Der Gentransfer gelang, doch es stellte sich heraus, daß das erwünschte Eiweiß auch der Auslöser für Paranuß-Allergie war. Das veränderte Soja kam nie auf den Markt. Als nützlicher Nebeneffekt wurde das zuvor unbekannte allergieauslösende Gen der Paranuß aufgespürt (siehe auch »Die Umweltverschmutzung ruft Asthma und Allergien hervor«, Seite 84).[2]

Diese Möglichkeit der Gentechnik, Allergieauslöser zu ermitteln und zu isolieren, wird sich vielleicht als Segen für Allergiker erweisen. Denn so könnte es möglich werden, bei wichtigen Lebensmitteln den Allergiefaktor unwirksam zu machen.

Wenn gentechnisch veränderte Nahrung gekennzeichnet wird, geht von ihr keine größere Allergiegefahr aus, als von allen anderen neu entwickelten Lebensmitteln. Jede neue Komponente kann eine Allergie auslösen, egal ob sie durch Gentransfer oder klassische Kreuzung in die Pflanze gelangte. Auch jede neue exotische Frucht, die auf den Markt kommt, ist potentiell allergieauslösend. Das erfuhren viele Menschen am eigenen Leib, als die Kiwifrüchte in Europa eingeführt wurden.

Grundsätzlich ist der Verzehr genetischen Materials kein besonderes Risiko. Mit jeder Zelle eines Steaks verspeisen wir den gesamten Bauplan des Rindes. Menschen essen bei jeder Mahlzeit das Erbgut anderer Lebewesen: zirka ein Gramm DNS (Desoxyribonukleinsäure) täglich. Doch wir bauen die Gene von Rindern, Rüben und Rhabarber nicht in unser Erbgut ein.

In Schriften gegen die Gentechnik wird immer wieder vor einer möglichen Antibiotika-Resistenz gewarnt, die durch die veränderten Lebensmittel in den Körper geschleust werden könnte. Der Grund: Gentechniker verwenden häufig ein bestimmtes Markierungsgen, das ihnen hilft zu erkennen, in welchen Versuchspflanzen die Übertragung des gewünschten Gens gelungen ist. Das Markierungsgen vermittelt eine Resistenz (Unempfindlichkeit) gegen ein bestimmtes Antibiotikum.

Wissenschaftliche Untersuchungen haben sich mit der Möglichkeit befaßt, daß das Markierungsgen menschliche Darmbakterien antibiotikaresistent machen könnte. Sie kamen zu dem Schluß, daß eine Übertragung dieser Antibiotika-Resistenz extrem unwahrscheinlich ist. Das betreffende Gen wird, wie andere Pflanzengene auch, im menschlichen Verdauungstrakt zersetzt.[3] Doch selbst diese potentielle Gefahr lauert nicht allein in gentechnisch veränderten Speisen. Der Mensch, so der Molekularbiologe Walter Doerfler, nehme beim Essen täglich Millionen von Bakterien auf, die gegen bestimmte Antibiotika resistent sind.[4] Viel naheliegender (und sogar höchst bedrohlich) ist die Gefahr von Resistenzbildungen gegen Antibiotika durch die falsche und zu häufige Anwendung dieser Medikamente sowie durch ihren Mißbrauch in der Tiermast.

Antibiotika-Resistenzen sind als Markierungsfaktor in der Gentechnik jedoch nicht unabdingbar. Forschergruppen in mehreren Ländern entwickelten Ende der neunziger Jahre andere Wege, um transgene Zellen unter den Hunderttausenden unveränderter Zellen einer Versuchskultur zu finden. Als neues Markierungselement wurde unter anderem ein wachstumsförderndes Pflanzenhormon eingesetzt.[5]

1 Der Spiegel Nr. 15/1997. **2** Bundesministerium für Ernährung, Landwirtschaft und Forsten (BMELF), Die grüne Gentechnik, 1997. **3** ebd. **4** Der Spiegel Nr. 15/1997. **5** Frankfurter Allgemeine Zeitung vom 10. 11. 1999.

Perspektiven

Schon heute werden wichtige Bereiche der Gentechnik von der großen Mehrheit der Bevölkerung akzeptiert oder zumindest stillschweigend hingenommen. So sind bereits rund 20000 Nahrungsmittel im Handel, bei denen eine Komponente mit Hilfe gentechnischer Verfahren hergestellt wurde. In den meisten Fällen handelt es sich um Hilfs- und Zusatzstoffe (beispielsweise Enzyme, Aminosäuren, Vitamine, Süßstoffe).[1]

Gentech-Medikamente, etwa Insulin oder Betaferon, werden allgemein akzeptiert. Doch viele Menschen, die bedenkenlos genmanipulierte Arzneien einnehmen, grausen sich vor Nahrungsmitteln, die mit solchen Methoden hergestellt wurden. Die meisten Deutschen finden Gentechnik zur Herstellung von Medikamenten und Impfstoffen in Ordnung, lehnen sie in Nahrungsmitteln jedoch ab.[2]

Die Debatte um genmanipuliertes Essen nimmt vermutlich einen ähnlichen Verlauf wie die Diskussion um Gentechnik in anderen Bereichen: Nach anfänglich übertriebenen Befürchtungen kehrt kritische Sachlichkeit ein. Der alltägliche Gebrauch wird die gentechnisch veränderte Nahrung ebenso entmystifizieren wie einst die Computertechnik.

Zur Erinnerung: Auch Computer galten noch Mitte der achtziger Jahre in der deutschen Bedenkenträger-Elite als Teufelszeug. Computertechnik wurde als allmächtiges Überwachungsinstrument dargestellt, mit dem Staat und Konzerne die Bürger durchleuchten und bevormunden wollen. Die Grünen faßten damals den offiziellen Beschluß, Computer- und Gentechnik zu bekämpfen.

Besonders abwegig ist die pauschale Ablehnung der Gentechnik durch den organisierten Öko-Landbau. Hier wird an einem Mythos gestrickt: Unverfälschte Natur gegen Kunstfraß aus dem Labor. Doch die Kulturpflanzen der Biobauern sind ebenfalls Produkte menschlicher Technik. Sie entstanden durch vielfache Kreuzungen mit heftigstem Gentaustausch. Öko-Landwirte bekämpfen schädliche Insekten mit dem Bacillus thuringensis, dessen Eigenschaften die Genforscher nutzen. Vermutlich werden die dogmatischen Positionen in ein paar Jahren aufweichen, oder dem organisierten Öko-Landbau steht eine Spaltung bevor. Sollten sich in Zukunft Getreide- oder Gemüsesorten bewähren, die eingebaute Abwehrkräfte gegen Insekten, Pilze oder Viren besitzen, entsteht eine neue Situation. Nicht alle Biobauern werden auf ewig akzeptieren, daß sie diese Sorten nicht anbauen dürfen.

In den Vereinigten Staaten hat diese Diskussion bereits begonnen, als Anfang 1998 die US-Landwirtschaftsbehörde USDA (US-Department of Agriculture) allgemein verbindliche Regeln für den Öko-Landbau formulieren wollte. Die Prüfer fanden, daß gentechnisch veränderte Pflanzen den Kriterien des Öko-Landbaus entsprechen, denn schließlich kämen sie weder mit Kunstdünger noch mit Pestiziden in Berührung. Öko-Landbau, so kommentierte das britische Wissenschaftsmagazin »New Scientist«, stehe für gesunde Nahrungsmittel, für die weder Tiere gequält noch die Umwelt geschädigt werde. Mit anderen Worte für Essen, das man ohne Sorgen und schlechtes Gewissen kaufen könne. Doch Gentechnik ändere an diesen Kriterien nichts.[3]

Allerdings werden auch die hochtrabenden Visionen der Gentechnik-Befürworter mit der Zeit auf Normalmaß schrumpfen. Sie ähneln zu sehr den utopischen Erwartungen, die einst an die friedliche Nutzung der Atomenergie geknüpft wurden. Die Erde wird auch mit Hilfe von Gen-Food und Gen-Medizin kein Himmelreich. Allzu selbstlos klingen die Versprechungen der Hersteller. Natürlich wollen die Firmen nicht edelmütig die Menschheit beglücken, sondern in erster Linie Produkte verkaufen und neue Märkte erschließen. Viele Entwicklungen sind so angelegt, daß die Bauern in Zukunft Pakete aus Saatgut und Unkrautvernichtungsmitteln kaufen müssen, wenn sie die neuen Sorten anbauen wollen. Wenn Konzerne die Rezepturen für besonders ertragreiche Kombinationen besitzen, können sie die Preise diktieren. Diese schädliche Entwicklung könnte jedoch am wachsenden Protest von Bauern in aller Welt scheitern. 1999 erklärte der US-Konzern Monsanto seinen Ausstieg aus der sogenannten »Terminator-Technologie«, die die Landwirte zum stetigen Neukauf der Samen unfruchtbar gemachter Pflanzen zwingt.

Besonders blauäugig klingen die Hymnen der Befürworter, wenn sie versprechen, mit Hilfe der Gentechnik den Hunger abzuschaffen. Menschen hungern jedoch nicht, weil es zu wenige Nahrungsmittel auf der Welt gibt. Es ist genug für alle da, doch nicht alle kriegen etwas ab. Menschen hungern, weil sie arm sind und sich nichts zu essen kaufen können, weil Krieg ihr Land zerstört hat oder sie durch Vertreibung und Terror von den Nahrungsressourcen abgeschnitten wurden. Dagegen hilft auch der fruchtbarste Genweizen nicht.

Wenn es den Gentechnik-Unternehmen wirklich so wichtig ist, armen Bauern in Afrika zu helfen, gäbe es aber durchaus ein paar Möglichkeiten, dies unter Beweis zu stellen. Sie könnten ihr Wissen einsetzen, um Ackerpflanzen zu entwickeln, die auf trockener und salzbelasteter Erde wachsen, keinen Mineraldünger benötigen und erodierende Böden besser stabilisieren. Das Saatgut dafür müßte erschwinglich sein und Samen hervorbringen, die wieder ausgesät werden können. Einige dieser Eigenschaften sind bereits einsatzbereit oder im Versuchsstadium. Die Saatgutindustrie kann – wenn sie will – damit viel Gutes bewirken.

Unterdessen bröckelt in den Vereinigten Staaten bereits die anfängliche Begeisterung vieler Farmer. Nach einer Untersuchung des US-Landwirtschaftsministeriums, die 1999 bekanntgemacht wurde, blieben die Erträge der neuen gentechnisch veränderten Ackerpflanzen unter den Erwartungen.[4]

Nüchtern betrachtet wird die Gentechnik vermutlich weitere hilfreiche Medikamente und ein paar verbesserte Lebensmittel hervorbringen. Sie könnte zu geringerem Gifteinsatz in der Landwirtschaft führen und obendrein – wie viele neue Techniken – eine Menge überflüssigen Plunder erzeugen.

1 Focus Nr. 47/1996. **2** Future, Biotechnologie Spezial, Nr. 2/1997. **3** New Scientist vom 7. 3. 1998. **4** New Scientist vom 10. 7. 1999.

Gesundheit

Oft gehört, gern geglaubt

»Das Leben ist heute ungesunder als früher«
»Wir sind stärker mit Schadstoffen belastet als unsere Eltern«
»Moderne Arzneimittel schaden mehr als sie nutzen«
»Alternative Heilverfahren sind besser als die Schulmedizin«
»Die Umweltverschmutzung ruft Asthma und Allergien hervor«
»Pseudokrupp ist auf die Luftverschmutzung zurückzuführen«
»Infolge der Umweltverschmutzung nimmt die Fruchtbarkeit ab«
»Chemikalien verursachen ein Spermiensterben«
»Wegen der Umweltbelastung steigt die Krebshäufigkeit«
»Formaldehyd löst Krebs aus«
»Chemie in der Nahrung bedroht unsere Gesundheit«
»Hollandtomaten sind besonders stark mit Agrargiften belastet«
»Das Verbot des Pestizids DDT hat Menschenleben gerettet«
»Agrarchemikalien in der Babynahrung bedrohen die Gesundheit unserer Kinder«
»Amalgam schadet der Gesundheit«
»Asbestsanierung dient dem Gesundheitsschutz«
»Elektrosmog gefährdet die Gesundheit«
»Omas Küche war gesünder«
»Körner essen ist gesund«
»Vegetarier leben länger«
»Bioprodukte sind gesünder als konventionelle Lebensmittel«
»Mit Bioware wird oft gemogelt«
»Vor den größten Gefahren fürchten sich die Menschen am meisten«
»Die schlimmsten Umweltkrankheiten gibt es in den Industrieländern«

Perspektiven

Oft gehört, gern geglaubt

Die Deutschen sind ein bedrohtes Volk und leben im ökologischen Notstandsgebiet. »Wo Öl und Jauche fließen« überschrieb die trendige Frauenzeitschrift »Amica« 1996 eine Gesundheitsreportage. »Zigtausende von kleinen Umweltkatastrophen verderben die Heimat von Millionen«, heißt es dort, »alltäglich und flächendeckend.« Kinder unter dem Inhalationsgerät schauen uns mit flehenden Augen an, und aus dem Wasserhahn fließt die Krebsgefahr. Es wimmelt nur so von Giften, Strahlen – und zwar überall. Der aufgeklärte Bürger weiß heute: Die Gefahr lauert in der Luft und in der Zahnfüllung, in der Sonne und im Babybrei. Allergien und Krebs, Pseudokrupp und Asthma: Die Deutschen werden immer kränker, Kinder unter fünf Jahren dürfte es eigentlich gar nicht mehr geben. Ob bei Sonnenbrand oder Leberzirrhose – die Diagnose steht stets von vornherein fest: Die steigende Umweltverschmutzung ist schuld. »Die Umweltsituation wird immer schlimmer« titelte die »Augsburger Allgemeine« 1997 politisch korrekt[1], leistete sich aber eine unbeabsichtigte Pointe. Direkt über der Schreckensmeldung prangte eine bunte Grafik mit folgender Aussage: »Deutschland wird älter.« Wir reiben uns verwundert die Augen: Wie konnte es mitten in der Umwelt- und Gesundheitskatastrophe geschehen, daß sich unsere Lebenserwartung in den letzten 100 Jahren verdoppelte?

1 Augsburger Allgemeine vom 28. 1. 1997.

»Das Leben ist heute ungesünder als früher«

Die durchschnittliche Lebenserwartung beträgt in Deutschland heute für Frauen 80 Jahre und für Männer 74 Jahre.[1] Damit hat sie sich in den letzten 100 Jahren glatt verdoppelt. **[Grafik Seite 77]** Dies ist auf die Verbesserung der Ernährung und auf gesündere Wohn- und Hygieneverhältnisse zurückzuführen. Eine große Rolle spielt darüber hinaus die wesentlich bessere medizinische Versorgung der Bevölkerung.

Weltweit steigt die durchschnittliche Lebenserwartung ebenfalls. Für die Industriestaaten lag sie 1995 bei 77 Jahren, für alle Länder der Welt im Schnitt bei 65 Jahren. Die Menschen in den ärmsten

Lebenserwartung von Frauen und Männern in Deutschland

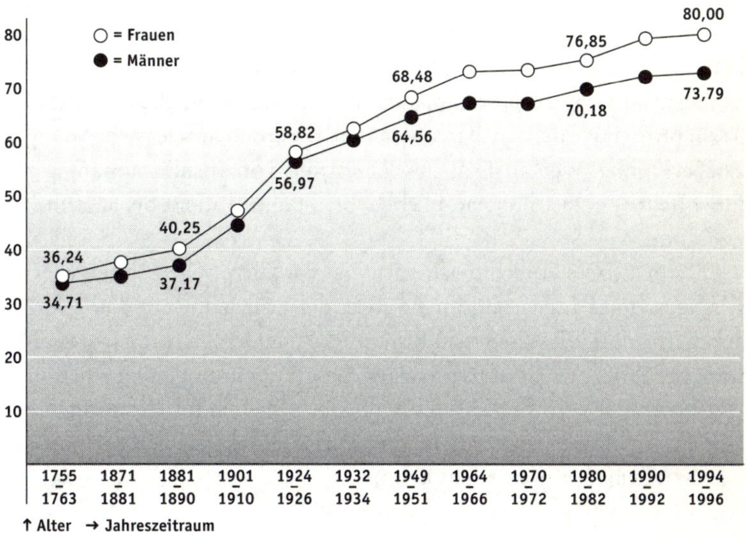

Die durchschnittliche Lebenserwartung von Männern und Frauen in Deutschland hat sich in den letzten 100 Jahren glatt verdoppelt. Die romantisierende Sicht, daß früher alles besser und obendrein gesünder war, wird von dieser positiven Entwicklung widerlegt. **(Quelle: Statistisches Bundesamt, Wiesbaden)**

Entwicklungsländern werden statistisch nur 52 Jahre alt. Insgesamt steigt die Lebenserwartung aber auch in den armen Ländern an, und die Unterschiede zu den wohlhabenden Nationen werden allmählich geringer.[2] Die »Gesundheitsexplosion« steht übrigens in direktem Zusammenhang mit der sogenannten »Bevölkerungsexplosion«. Die Weltbevölkerung wächst nicht, weil mehr Kinder geboren werden (die Geburtenrate sinkt), sondern in ganz wesentlichem Maße weil die Kinder, die zur Welt kommen, bessere Überlebenschancen haben. Die Säuglingssterblichkeit liegt vielerorts zwar immer noch viel zu hoch, insgesamt geht sie aber zurück. Grundsätzlich gilt: Je wohlhabender ein Land, desto gesünder die Menschen.

Doch wie kommt es, daß man immer wieder hört, es gebe mehr Kranke als früher? Dahinter steckt ein Paradox: Je besser und ausgereifter die medizinische Versorgung wird, desto mehr Behandlungsbedürftige gibt es. Ein Beispiel: Heute leben in Deutschland bei vergleichbarer Bevölkerung rund zehnmal mehr Zuckerkranke als zur Jahrhundertwende, aber nicht weil die moderne Medizin versagt hätte, sondern weil vor 70 Jahren das Insulin erfunden wurde. Ohne dieses Arzneimittel würden die Betroffenen früh sterben, und es gäbe weniger Zuckerkranke. Wer an Diabetes leidet und von Insulin abhängig ist, führt heute ein fast normales Leben, bleibt aber Patient bis an sein Lebensende.

Ein britisches Forschungsinstitut hat vor kurzem berechnet, wieviel wir heutzutage für Gesundheit aufwenden würden, wäre die Medizin auf dem Stand des Wissens zu Bismarcks Zeiten eingefroren worden. Es wäre ein Prozent (!) unserer jetzigen Gesamtrechnung, oder mit anderen Worten: 99 Prozent unserer heutigen Ausgaben für Gesundheit gehen auf das Konto von Gütern und Dienstleistungen, die wir vor 100 Jahren überhaupt noch nicht kannten.[3]

1 Statistisches Bundesamt, Wiesbaden; Frankfurter Allgemeine Zeitung vom 24. 11. 1997.

2 Stiftung Entwicklung und Frieden, Globale Trends, 1997. **3** J. Dormann, Vortrag »Strukturwandel im weltweiten Pharmamarkt«, 17. 2. 1997.

»Wir sind stärker mit Schadstoffen belastet als unsere Eltern«

1856 starb der große deutsche Dichter Heinrich Heine in Paris im Alter von 59 Jahren. Eine moderne labortechnische Untersuchung einer Haarlocke des Dichters ergab: Verdacht auf Bleivergiftung. Heinrich Heine könnte das Blei über Wasser aus bleihaltigen Rohrleitungen oder aus dem Geschirr aufgenommen haben. Luft, Boden, Wasser und Wohnungen waren zu Urgroßvaters Zeiten häufig erheblich belasteter als heute. Wandfarben enthielten damals häufig Blei in Form von Bleiweiß.

Die Belastung der Luft mit Schwermetallen ging in der Bundesrepublik im Zeitraum von 1985 bis 1995 geradezu dramatisch zurück. Die vom Autoverkehr verursachten Bleiemissionen wurden nach Angaben des Umweltbundesamtes um 93 Prozent verringert, die aus den übrigen Quellen um 72 Prozent. Nickel (-63 Prozent), Chrom (-65 Prozent), Arsen (-85 Prozent), Quecksilber (-77 Prozent) und Cadmium (-76 Prozent) wurden ebenfalls in sehr viel geringerem Maße in die Luft gepustet. Bei der Untersuchung von Pflanzen und Tieren ist dieser abnehmende Trend bereits nicht mehr zu übersehen. Aber auch beim Menschen wurde erheblich weniger Blei im Blut oder Cadmium im Urin gefunden.[1] **[Grafik Seite 80]**

Als guter Indikator für die Schadstoffbelastung der Menschen gilt die Muttermilch. Da sie Schadstoffe ebenso speichert wie das normale Körperfett, kann der Mediziner daraus Rückschlüsse auf die Belastung der Allgemeinbevölkerung ziehen. »Es besteht kein Grund, aus Angst vor Chemie in der Muttermilch zum Fläschchen zu greifen. Zwar gibt es immer noch Schadstoffe in der Muttermilch, aber die Belastung sinkt«, so heißt es in einer gemeinsamen Presseerklärung[2] des Bundes für Umwelt und Naturschutz Deutschland (BUND) und der Deutschen Angestellten-Krankenkasse (DAK) vom Dezember 1995. Nach Untersuchungen des Chemischen Landesuntersuchungsamtes in Münster geht nicht nur die Belastung mit Pestiziden, sondern auch die mit langlebigen Substanzen wie Dioxinen und Polychlorierten Biphenylen (PCBs) zurück. So sei die Dioxinbelastung in den letzten fünf Jahren um die Hälfte gesunken. Ähnliches fand das Landesuntersuchungsamt

Belastung mit Schadstoffen

Blei im Blut

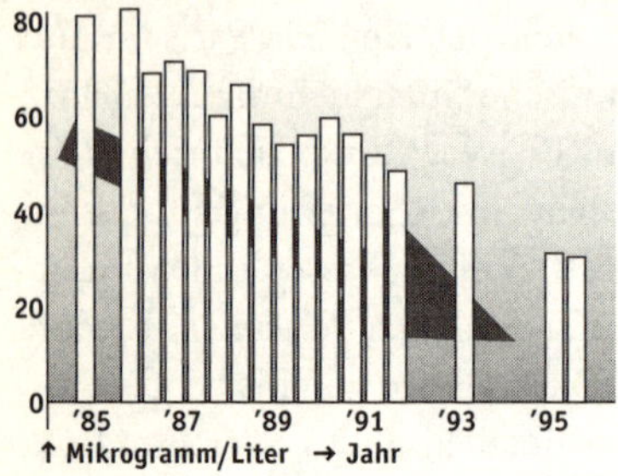

PCP im Blut

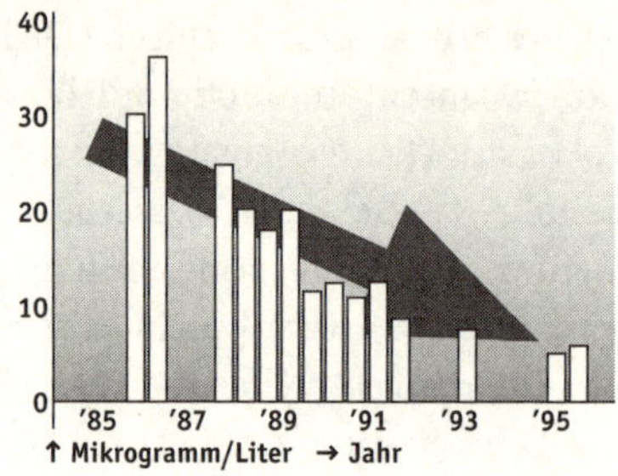

Dioxin in der Muttermilch

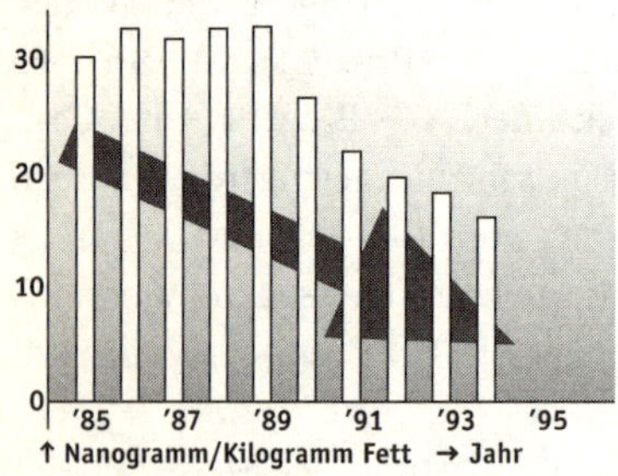

DDT in der Muttermilch

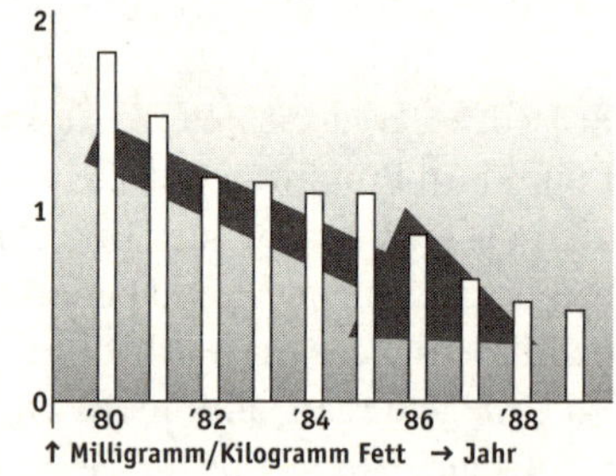

Cadmium im Urin

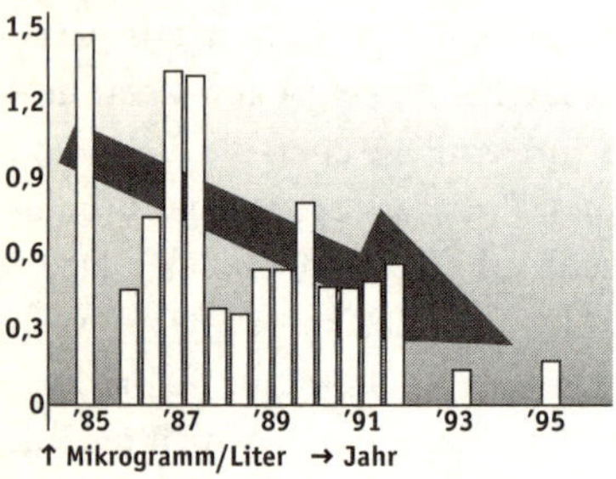

Die Belastung der Menschen mit bekannten Schadstoffen sinkt auf breiter Front. Während sich diese Grafik noch alleine auf die Entwicklung in Westdeutschland bezieht, zeigt sich inzwischen auch in den neuen Bundesländern eine ähnliche Tendenz. **(Quelle: Stern 1996 / Umweltprobenbank Münster)**

Südbayern heraus: Dort wurden 80 Prozent weniger Pestizide, 50 Prozent weniger PCBs und 30 Prozent weniger Dioxine gemessen. Die heutigen Mütter und Väter sind damit erheblich weniger belastet als noch die Generation ihrer Eltern. Fritz Vahrenholt, der Autor des Buches »Seveso ist überall« (erschienen 1978), bezeichnet das Dioxinproblem inzwischen als »gelöst«.[3]

1 Stern Nr. 30/1996. **2** Pressemitteilung der Deutschen Angestellten-Krankenkasse (DAK) und des Bundes für Umwelt- und Naturschutz Deutschland (BUND), 15. 12. 1995. **3** die tageszeitung (Hamburg-Teil) vom 25. 3. 1997.

»Moderne Arzneimittel schaden mehr als sie nutzen«

Selbstverständlich erzeugen moderne Arzneimittel häufig Nebenwirkungen. Der Mainzer Pharmakologe Gustav Kuschinsky formulierte das Problem so: »Arzneimittel, von denen behauptet wird, sie hätten keine Nebenwirkungen, besitzen vermutlich auch keine Hauptwirkung.«[1] Wie bei jedem biologischen oder ökologischen System, in das der Mensch regulierend eingreift, erzeugt auch die Behandlung des eigenen Organismus Nebenwirkungen, die nicht immer voraussehbar und oft unerwünscht sind. Die Art solcher Effekte wird vor der Zulassung eines Medikamentes intensiv untersucht. Bevor das Medikament verschrieben werden darf, wird es in der letzten Phase an einigen tausend (freiwilligen) Kranken erprobt. Dennoch müssen Arzt und Patient auch weiterhin Haupt- und Nebenwirkungen eines Medikaments gegeneinander abwägen und sich dann für das geringere Übel entscheiden. Das ist in der Medizin nicht anders als in anderen Lebensbereichen auch – und bleibt ein grundsätzliches Dilemma der menschlichen Existenz.

Die Entwicklung der allgemeinen Lebenserwartung deutet in jedem Fall darauf hin, daß die positiven Auswirkungen der modernen Pharmazeutika ihre negativen Begleiterscheinungen bei weitem übertreffen. Dafür genügt ein einfacher historischer Exkurs: So ist es gelungen, früher gefürchtete Infektionskrankheiten durch den Einsatz von Antibiotika und Sulfonamiden zurückzudrängen.

Wie viele Leben moderne Medikamente retten

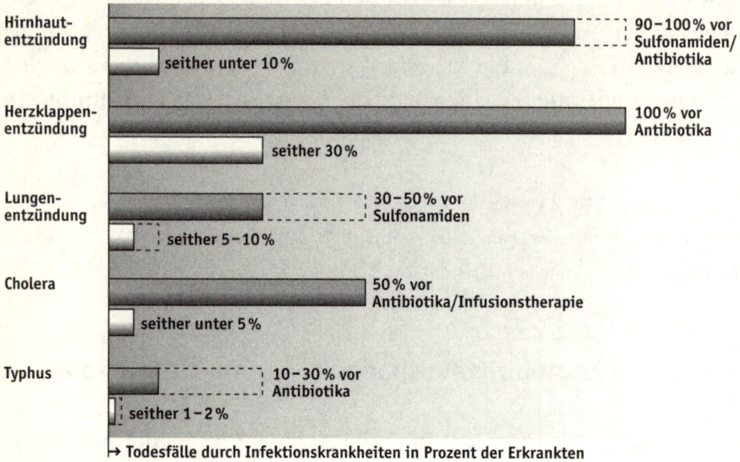

Aufgrund der segensreichen Wirkung moderner Medikamente sind die Überlebenschancen bei zahlreichen Infektionskrankheiten drastisch gestiegen. Während dieser Umstand in den Industrieländern allzu leicht vergessen wird, können sich Menschen in armen Nationen solche Mittel leider oft immer noch nicht leisten.
(Quelle: Bundesverband der pharmazeutischen Industrie)

Die Persönlichkeiten aus der folgenden kleinen Liste[2] hätten medikamentöse Nebenwirkungen sicherlich gerne in Kauf genommen, wenn ihnen dadurch ein längeres Leben vergönnt gewesen wäre:

Person	**Beruf**	**Geburtsjahr**	**Todesalter**
Todesursache			
Raffael	Maler	1483	37
plötzliches Fieber			
Wolfgang Amadeus Mozart	Komponist	1756	35
hitziges Fieber			
Franz Schubert	Komponist	1797	31
Typhus			

Person *Todesursache*	Beruf	Geburtsjahr	Todesalter
Robert Schumann *Syphilis*	Komponist	1810	46
Frédéric Chopin *Syphilis*	Komponist	1810	39
Paul Gauguin *Syphilis*	Maler	1848	55
George Orwell *Tuberkulose*	Schriftsteller	1903	47

1 H.Hug, Der tägliche Öko-Horror, 1997. **2** H. J. Quadbeck-Seeger, Chemierekorde, 1997.

»Alternative Heilverfahren sind besser als die Schulmedizin«

Nach einer Umfrage des Allensbacher Instituts für Demoskopie glauben 70 Prozent der Deutschen an die Kraft der »sanften Medizin«.[1] Gleichzeitig mißtrauen immer mehr Menschen der sogenannten Schulmedizin. Sie vermuten – mitunter zu Recht –, daß zuviel diagnostiziert und therapiert werde. So entsteht bei vielen Patienten der Eindruck, daß der Arzt vor lauter Apparaten den Menschen nicht mehr sieht.

Andererseits werden über dem Schlagwort von der »Apparatemedizin« allzu leicht die Verdienste der Schulmedizin vergessen: Millionen von Menschen verdanken ihr das Leben. Spätestens bei einem Herzanfall oder einer akuten Blinddarmentzündung beginnt der Mensch im allgemeinen, das Können der Schulmediziner (und auch ihrer Apparate) in höchstem Maße zu schätzen. Doch nicht nur in Notfällen, sondern auch bei den meisten anderen schweren Erkrankungen geht es nicht ohne Schulmedizin und moderne Medikamente. Die Menschen in den Industrienationen verdanken den Anstieg der Lebenserwartung der Schulmedizin – und nicht den alternativen Heilverfahren. Das heißt freilich nicht, daß alternative Methoden nicht auch ihre Berechtigung haben. Das ist schon daran zu erkennen, daß viele Schulmediziner heute ihr Behandlungsspektrum mit alternativen Methoden ergänzen und erweitern.

Aber die Alternativmedizin hat zahlreiche Schul- und Glaubensrichtungen, manche Verfahren können meßbare Erfolge vorweisen, andere sind in ihrer Wirksamkeit umstritten. Man darf dabei jedoch nicht außer acht lassen, daß Heilung auch immer etwas mit Glauben zu tun hat: Der Glaube an einen bestimmten Arzt oder ein bestimmtes Heilverfahren kann tatsächlich Besserung bringen – auch wenn es dafür keinen wissenschaftlichen Nachweis gibt.

Dennoch sollte man alternativen Heilverfahren nicht kritiklos begegnen. Wer gegenüber der Schulmedizin skeptisch ist, sollte diese Skepsis nicht an der Garderobe des Alternativmediziners abgeben; denn leider tummeln sich auf diesem Gebiet nicht wenige Kurpfuscher und Scharlatane.

Ein weitverbreiteter Irrtum ist außerdem, daß alternative Heilverfahren harmlos seien – so sanft sind sie oft gar nicht: Naturheilmittel können ebenso Nebenwirkungen hervorrufen wie synthetisch hergestellte Medikamente. Überaus problematisch wird es schließlich, wenn wegen der Behandlung mit »sanften«, »alternativen« Methoden dringend erforderliche Vorsorge- oder Behandlungsmaßnahmen unterbleiben oder ausgesetzt werden. Zu trauriger Berühmtheit kam der Fall eines krebskranken Mädchens aus Österreich, dessen Eltern von den Behörden die Erziehungsberechtigung entzogen wurde, damit das Kind schulmedizinisch behandelt werden konnte.

1 Spiegel Nr. 21/1997.

»Die Umweltverschmutzung ruft Asthma und Allergien hervor«

In den siebziger und achtziger Jahren wurde oft ein direkter Zusammenhang zwischen hoher Umweltverschmutzung und der Häufigkeit von Asthma und Allergien hergestellt; das erscheint heute zunehmend unplausibel. Besonders augenfällig macht dies eine Untersuchung aus dem Jahre 1992. Damals verglich man anhand der Schwefeldioxidkonzentrationen die Luftqualität von Erfurt mit der von Hamburg und stellte dem dann die Zahl der jeweiligen Asthmaerkrankungen gegenüber. Ergebnis: Während die winterliche Schwefeldioxidbelastung in Erfurt bis zu fünfmal höher war, verhielt es sich mit der Zahl der Asthmaanfälle genau umgekehrt. Die lag in Hamburg bis zu dreimal höher.[1] **[Grafik Seite 87]** Inzwischen sind auch in der ehemaligen DDR Luft und Trinkwasser sauberer geworden – und die Allergien nehmen zu. In Rußland, Tschechien und der Slowakei leiden »nur« zehn Prozent der Bevölkerung an Allergien (in Deutschland sind es nach Angaben des Allergiker- und Asthmatikerbundes 30 Prozent).

Deshalb rücken andere Ursachen mehr und mehr ins Blickfeld der Mediziner. »Das Immunsystem hat freie Valenzen«, so formuliert es Barbara Laubstein, Leiterin des Allergie-Testlabors der Charité in Berlin.[2] Wo klassische Infektionen weitgehend besiegt sind, wo auch Dreck und Keime peinlichst entfernt werden, da hat die Körperabwehr offenbar nicht mehr genug zu tun. Das Immunsystem wendet sich der Milbe, den Pollen und dem Milcheiweiß zu.

Kinder in der ehemaligen DDR wuchsen meist mit mehreren Geschwistern auf, waren in Krippe und Kindergarten reichlich mit ansteckenden Infekten konfrontiert, lebten in kaum isolierten Plattenbauten, die schlichtweg besser belüftet sind. Auch Teppichböden und Plüschtiere waren wenig verbreitet. Die Allergologin Renate Bergmann vom Berliner Virchow-Klinikum berichtet: »In Freiburg, in der Welt der Einfamilienhäuser, haben wir das Zehnfache an Allergie auslösenden Hausstaubmilben gefunden wie in Berliner Hochhäusern.«

In der Wissenschaftszeitschrift »Science« publizierten Mediziner unlängst eine Studie[3], die in die gleiche Richtung weist. Ihre Schlußfolgerung: Heuschnupfen und Asthma haben sich ausgebreitet, »weil in der modernen Lebensumwelt etwas fehlt«. Eine Schlüsselrolle spiele dabei die in den Industriestaaten weitgehend verschwundene Tuberkulose. Aufgrund der dadurch verschobenen Abwehrbalance haben Asthma oder Heuschnupfen plötzlich eine Chance. Allergien könnten so ein Preis der Zivilisation sein.

Die Atemwegsstudie der EU kommt hingegen – auf Asthma bezogen – zu dem Schluß: »Asthma ist zu einem überwiegenden Teil genetisch bedingt.« Kinder, deren Eltern beide Asthmatiker sind, haben ein siebenfach höheres Risiko.[4]

Die meisten Allergieauslöser sind wohl, wie der Münchner Kinderarzt Carl Peter Bauer sagt, »hausgemacht«: »Eine Allergie hängt eindeutig mit dem Allergengehalt der Wohnung zusammen.« Die wenigsten Allergien, so der Mediziner, könnten auf allgemeine Luftverschmutzung zurückgeführt werden. Dies ergab eine Studie mit 1300 Kindern.[5] (Die Forderungen nach weiteren Anstrengungen zur Luftreinhaltung sind selbstverständlich dennoch berechtigt.) Meist spielen natürliche Stoffe in der Luft oder in der Nahrung eine Rolle. Besonders aufsehenerregend ist hier eine neue Studie der meteorologischen Anstalt in Zürich und der Allergie- und Asthmaklinik in Bad Lippspringe. Demnach nimmt die Zahl vieler Baumpollen (wahrscheinlich aufgrund früherer Blüte) seit Jahren stark zu (teilweise bis zum sechsfachen). Dies könnte eine Hauptursache für steigende Allergiehäufigkeit sein.[6]

Lebensmittelallergien kommen viel seltener vor, als in der Öffentlichkeit allgemein angenommen wird. Allergische Reaktionen im engeren Sinne, die immunbiologisch nachweisbar sind, findet man bei etwa zwei Prozent der Erwachsenen und bis zu fünf Prozent der Kinder.[7] Nach subjektiver Einschätzung liegt die Zahl freilich viel höher. Jeder dritte Erwachsene gibt an, daß ihn eine Lebensmittelallergie plagt. Die wichtigsten Nahrungsmittelallergene kommen in Ei, Kuhmilch, Fisch, Nüssen, Soja, Sellerie und Früchten vor.

Werden solche natürlichen Lebensmittel nun auf gentechnischem Wege verändert, zeigt sich sehr schnell, wie berechtigt die Forderung nach einer nachvollziehbaren Deklarierung gerade für Allergiker ist. Als Allergiker bei Vorabtests in den USA auf eine mit Genen von Paranüssen veränderte Sojabohne mit Anfällen reagierten, wurde diese Neuzüchtung sofort eingestellt. Der (positive) Nebeneffekt: Die Mediziner kennen jetzt ein Hauptallergen der Paranuß.[8]

Vergleich der Luftqualität zwischen Erfurt und Hamburg

Schwefeldioxid-Mittelwerte im jeweiligen Stadtgebiet

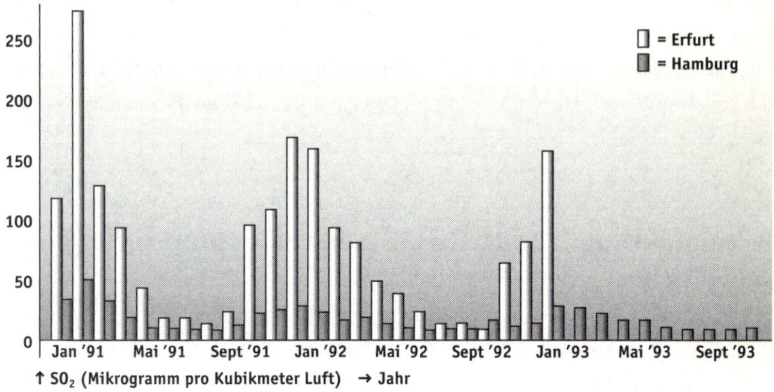

Vergleich der Angaben zum Asthma

Ergebnisse der Befragung von jeweils 4 500 Einwohnern

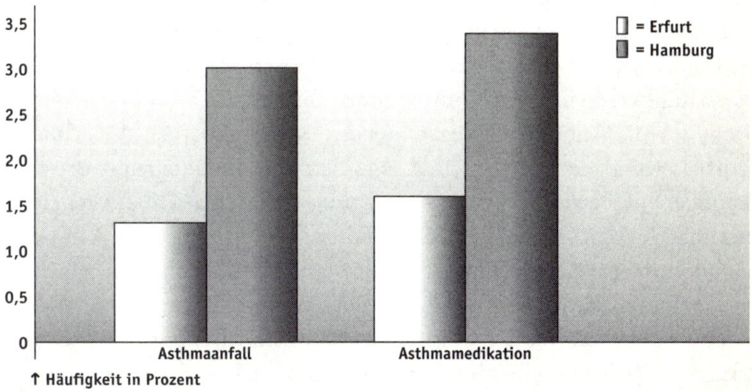

Am Beispiel Schwefeldioxid zeigt sich in den Jahren 1991 bis 1992 in Erfurt eine bis zu fünfmal höhere Belastung als in Hamburg. Der Vergleich der Häufigkeit von Asthmaerkrankungen im gleichen Zeitraum weist das genau umgekehrte Verhältnis auf. Zwischen Umweltsituation und Asthmahäufigkeit besteht kein Zusammenhang. **(Quelle: G. de Haan 1996/ GSF 1992)**

1 H. E. Wichmann, Die Verbreitung von Atemwegssymptomen in Erfurt und Hamburg, GSF-Forschungszentrum, Jahresbericht 1992. **2** Wochenpost vom 16. 3. 1995. **3** Der Spiegel Nr. 5/1997. **4** GSF-Forschungszentrum, Presse-Information »Wird Asthma in die Wiege gelegt?«, 4. 2. 1998. **5** Augsburger Allgemeine vom 7. 5. 1997. **6** Frankfurter Allgemeine Zeitung vom 13. 5. 1998. **7** Frankfurter Allgemeine Zeitung vom 15. 6. 1996. **8** Europ. Institut für Lebensmittel- und Ernährungs-Wissenschaften, EU.L.E.n-Spiegel 24. 1. 1997.

»Pseudokrupp ist auf die Luftverschmutzung zurückzuführen«

Mitte der achtziger Jahre wurde das verstärkte Auftreten von Pseudokrupp in der öffentlichen Diskussion der Luftverschmutzung angelastet. Großangelegte Studien haben diesen Verdacht nicht bestätigt. Vor allem amerikanische Mediziner wiesen frühzeitig auf einen Zusammenhang zwischen Viruserkrankungen und Pseudokrupp hin. Auch Untersuchungen in Deutschland deuteten schon Ende der achtziger Jahre darauf hin, »daß ein großer Teil der Pseudokruppfälle viral ausgelöst wird« – so der Mediziner Heinz Erich Wichmann vom GSF-Forschungszentrum für Umwelt und Gesundheit.[1] Eine erhebliche Rolle für die Anfälligkeit gegenüber der Krankheit spielt die erbliche Vorbelastung, denn in solchen Familien trat Pseudokrupp dreimal häufiger auf. Ferner ergab die Auswertung der in Deutschland gemachten Studien, daß »in keinem der Studienorte von einem starken oder gar dominierenden Schadstoff-Einfluß auf Pseudokrupp auszugehen ist«. Sehr viel stärker war der Einfluß des Wetters: Bei naßkalter Witterung zeigten sich stets erhöhte Krankheitszahlen. Heute ist Pseudokrupp als Viruskrankheit identifiziert. »Seitdem ist es um die Krankheit ruhig geworden«, so der Münchner Kinderarzt Dr. Keudel, »die Hysterie ist weg.« Gegen einige Formen des Pseudokrupp können Kinder inzwischen geimpft werden.

1 H. E. Wichmann, Kindliche Atemwegserkrankungen und Luftschadstoffe, GSF-Forschungszentrum, 1990.

»Infolge der Umweltverschmutzung nimmt die Fruchtbarkeit ab«

Ungewollt kinderlos. Da ist der Schurke schnell ausgemacht: Es muß an der Umweltverschmutzung liegen. Bis vor kurzem galten bis zu 15 Prozent der Paare als ungewollt kinderlos.[1] Bei einer Ausstellung im Gesundheitsamt der Stadt Frankfurt am Main erfuhren die Betrachter sogar: In bis zu 20 Prozent erfülle sich der Kinderwunsch nicht.[2] Forscher aus Rostock, Hamburg, Halle-Wittenberg, Tübingen und Freiburg beteiligten sich daraufhin an der »Europäischen Studie zu Infertilität und Subfäkundität (ESIS)«. Es wurden mehr als 1500 Frauen in drei städtischen und drei ländlichen Bezirken in Deutschland befragt. Das Ergebnis: Gerade mal 2,2 Prozent aller befragten Frauen waren tatsächlich unfruchtbar, für beide Partner zusammen dürfte der Wert bei etwa sechs Prozent liegen.

Die Studie konnte auch die Ursachen für die bisher zu großen Zahlen klären. Der Gruppe wurden bislang auch die gewollt kinderlosen Ehepaare sowie enthaltsam lebende Frauen zugeschlagen. Auch Paare, die empfängnisverhütende Mittel verwendeten, fanden sich in der Statistik. Zudem wurde Unfruchtbarkeit schon dann angenommen, wenn bei Kinderwunsch nach einem Jahr noch keine Schwangerschaft eingetreten war. Tatsächlich dauert es aber in jedem fünften Fall länger als ein Jahr, bis eine Schwangerschaft eintritt. Auch die Befragung vermeintlich unfruchtbarer Paare auf der Warteliste für eine Fertilitätsbehandlung brachte eine Überraschung: Oft hatte sich der Nachwuchs schon vor Beginn der Therapie (fast) ganz von selbst eingestellt.

Die Analyse der Umwelteinflüsse zeigte vor allem einen statistisch signifikanten Faktor: Raucherinnen müssen länger auf eine Schwangerschaft warten als Nichtraucherinnen.

1 die tageszeitung vom 7. 8. 1995. **2** Frankfurter Allgemeine Zeitung vom 9. 8. 1995.

»Chemikalien verursachen ein Spermiensterben«

»Endlich! Dioxin verweiblicht Männer«, titelte 1994 die Berliner »taz«. »Du bist nur noch halb soviel Mann wie dein Vater« – mit diesem Plakat wurden im Juni 1995 die Teilnehmer der 4. Internationalen Konferenz zum Schutz der Nordsee im dänischen Esbjerg von Umweltschützern empfangen. Seitdem macht die Schlagzeile vom »Spermiensterben« die Runde. Einige Chemikalien stehen tatsächlich im Verdacht, das Hormonsystem von Menschen und Tieren zu beeinflussen und damit die Fortpflanzungsfähigkeit zu gefährden. Diese sogenannten endokrin wirksamen Substanzen kommen in Kunststoffen, in Schiffsanstrichen, aber auch in der Natur vor.

Was den Nachweis von Schädigungen angeht, steht die Wissenschaft zum großen Teil noch am Anfang. Nur bei Wasserlebewesen wurden bislang deutliche Veränderungen festgestellt. Hormonforscher, wie Professor Hermann Bolt, Leiter des Instituts für Arbeitshygiene an der Universität Dortmund, warnen jedoch davor, solche Beobachtungen ohne weiteres auf den Menschen zu übertragen.[1] Säuger – der Mensch eingeschlossen – können weibliche Hormone erheblich besser neutralisieren als Fische oder Reptilien. Hinzu kommt, daß Industriechemikalien oft vorschnell verdächtigt werden. Für Veränderungen, die bei Fischen im Mündungsgebiet von britischen Kläranlagen auftraten, wurden Stoffe aus anderen Quellen als Ursachen identifiziert: Es waren Östrogene aus den Ausscheidungen von Menschen (zum Beispiel die Abbauprodukte der Anti-Baby-Pille) und Tieren.

Die zur Zeit am häufigsten publizierte Hypothese ist die Herabsetzung der Spermienzahl des Mannes – sie soll in den letzten 20 bis 30 Jahren stark gesunken sein. Doch auch hier ist Vorsicht geboten. Es finden sich ebensoviele Studien, die einen Rückgang belegen, wie solche, die keinerlei Veränderung gefunden haben. Eine der jüngsten und aufwendigsten Spermienzählungen in den USA (1996) bescheinigt amerikanischen Männern eine in den letzten 25 Jahren unveränderte Spermienqualität.[2]

Vor allem sind die Untersuchungen nicht untereinander vergleichbar: So scheinen Finnen aufgrund unterschiedlicher Lebensumstände eine höhere Spermiendichte zu haben als Engländer, New Yorker eine höhere Dichte als Kalifornier. Selbst die Jahreszeit, zu der eine Spermienprobe genommen wird, oder der bevorzugte Unterhosentyp wirkt sich auf die Spermiendichte aus. Liebhaber von legeren Boxershorts können mehr Spermien vorweisen als die Träger von hodenquetschenden Minislips – Spermien sind nämlich hitzeempfindlich.[3]

Zu den starken regionalen oder durch Gewohnheiten bedingten Schwankungen kommen unterschiedliche Zählverfahren. Moderne computergestützte Zählungen führen zu niedrigeren Zahlen als die alten Analysen unter dem Mikroskop. Stichproben ergaben darüber hinaus, daß die gleichen Proben von verschiedenen Labors mit einer Abweichung von bis zu 70 (!) Prozent ausgezählt wurden.[4]

Das niederländische Forschungsinstitut für Gesundheit und Umwelt prüfte 19 der bedeutendsten Spermauntersuchungen seit 1979 und kommt zu dem Schluß, Berichte, wonach sich die Qualität des menschlichen Spermas verschlechtert habe, seien verfrüht. Anfang 1998 kommentierten die Forscher ihre Analyse: »Für die meisten Studien gilt, daß die Schlußfolgerungen – gelinde gesagt – zweifelhaft sind.«[5]

Das Bundesumweltministerium hat 3,5 Millionen Mark für neue Forschungen auf diesem Gebiet vergeben, um keine Maßnahmen ins Blaue hinein zu treffen.[6] Das bei der Gesellschaft deutscher Chemiker angesiedelte Beratergremium für Altstoffe legte Anfang 1998 seinen ersten Sachstandsbericht vor: Zwar sei noch keine abschließende Beurteilung möglich, industriell genutzte Chemikalien gefährdeten aber vermutlich nicht die Fruchtbarkeit.[7] Wie schnell ein voreiliger Sch(l)uß nach hinten losgehen kann, zeigt nämlich die leidvolle Erfahrung des amerikanischen Toxikologen John McLachlan. Der Forscher zog 1997 seine vielbeachtete Studie über angeblich synergistische Wirkungen von hormonähnlichen Substanzen zurück. Die sich gegenseitig angeblich bis zum Tausendfachen verstärkenden Wirkungen von östrogenartig wirkenden Pestiziden konnten von Kollegen nicht reproduziert werden.

Die Publikation hatte die Debatte um die endokrinen Substanzen maßgeblich angeschürt. Sie schienen schon in kleinsten Mengen erheblich gefährlicher zu sein, als bis dahin angenommen. Das vom amerikanischen Vizepräsidenten Al Gore geförderte Buch »Die bedrohte Zukunft« hatte in den USA für Aufsehen gesorgt – und McLachlans Arbeit war einer der Kronzeugen der Anklage. »Die Schreckensvision einer Erde ohne Menschen könnte schneller zur Realität werden, als wir uns vorstellen«, heißt es auf dem Umschlag der deutschen Ausgabe. Der amerikanische Kongreß verabschiedete ein verschärftes Gesetz über die Chemikalien – ebenfalls im wesentlichen auf McLachlans Studien gestützt. Die Frankfurter Allgemeine schreibt: »Der Widerruf dürfte den Glauben der Politik in die Forschung gewiß nicht fördern.«[8]

1 Bild der Wissenschaft Nr. 2/1997. **2** Frankfurter Allgemeine Zeitung vom 8. 5. 1996. **3** Bild der Wissenschaft Nr. 2/1997. **4** ebd. **5** die tageszeitung vom 3. 2. 1998. **6** Bundesumweltministerium, Pressemitteilung, 3. 7. 1997. **7** Frankfurter Allgemeine Zeitung vom 28. 1. 1998. **8** Frankfurter Allgemeine Zeitung vom 6. 8. 1997.

»Wegen der Umweltbelastung steigt die Krebshäufigkeit«

Die beiden größten Killer in der industrialisierten Welt sind heute Herz-Kreislauf- und Krebserkrankungen. Sie sind allein für etwa zwei Drittel aller Todesfälle verantwortlich, die auf Krankheiten zurückgehen. Das liegt einerseits daran, daß die Menschen schlicht älter werden und so »mehr Gelegenheit haben«, altersbedingte oder Verschleißerkrankungen zu entwickeln. Andererseits rächt sich nun langfristig übermäßiger Konsum. Er bringt die Menschen aber nicht über den Umweg von Umweltbelastungen in Luft, Wasser oder Lebensmitteln um, sondern ganz direkt: Rauchen, Übergewicht, falsche Ernährung sowie zu wenig Bewegung gehören zu den Hauptursachen. Den mit Abstand größten Gesundheitsrisiken setzt sich der Mensch also ganz freiwillig aus, vom Individuum unbeeinflußbare Umweltfaktoren spielen kaum eine Rolle. Weise Selbstbeschränkung ist daher die wirksamste Waffe gegen Krebs und Herz-Kreislauf-Erkrankungen – und ein probates Mittel für ein langes, gesundes Leben.

Chemikalienproduktion und Krebserkrankungen

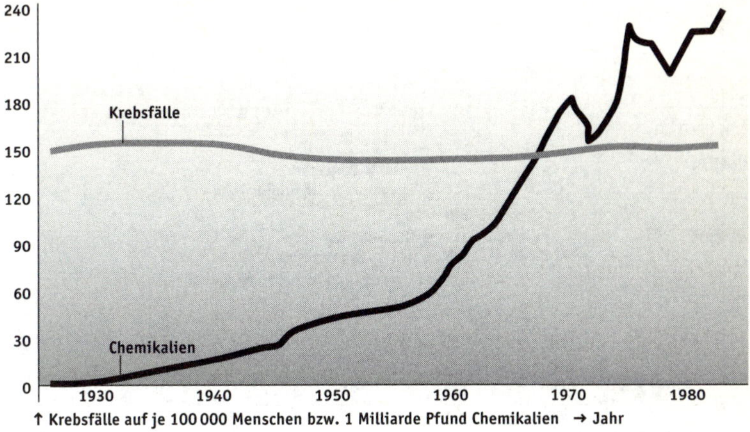

Die seit 1930 stark steigende Chemikalien-Produktion in USA hat sich nicht auf die dortige Krebshäufigkeit ausgewirkt. Die Anzahl der Krebsfälle zeigt keine wesentliche Veränderung. **(Quelle: H. Hug 1997/ Texas Institute for Advancement of Chemical Technology)**

Wenn man den Alterseffekt herausrechnet, sinken bei den Herz-Kreislauf-Erkrankungen seit 1970 die Todesraten wieder. Auch beim Krebs gibt es einen geringfügigen Rückgang. Doch alles in allem ist die Krebsbilanz immer noch erschütternd, insbesondere, weil 50 bis 60 Prozent aller Krebserkrankungen durch einen veränderten Lebensstil abgewendet werden könnten. 20 Prozent aller Krebsfälle könnten durch Nichtrauchen vermieden werden (Lungenkrebs sogar zu 87 Prozent). Gesündere Ernährung – also mehr Obst und Gemüse statt Fett – würde 20 bis 42 Prozent aller Krebsfälle vorbeugen. **[Grafik Seite 94]**

Von geringerer Bedeutung sind berufsbedingte Erkrankungen (vier bis acht Prozent aller Krebsfälle, künftig aufgrund verbesserter Schutzmaßnahmen voraussichtlich sinkend), krebserregende Viren (fünf Prozent, viele dieser Viren werden sexuell übertragen), erbliche Vorbe-

Fleischkonsum und Dickdarmkrebs

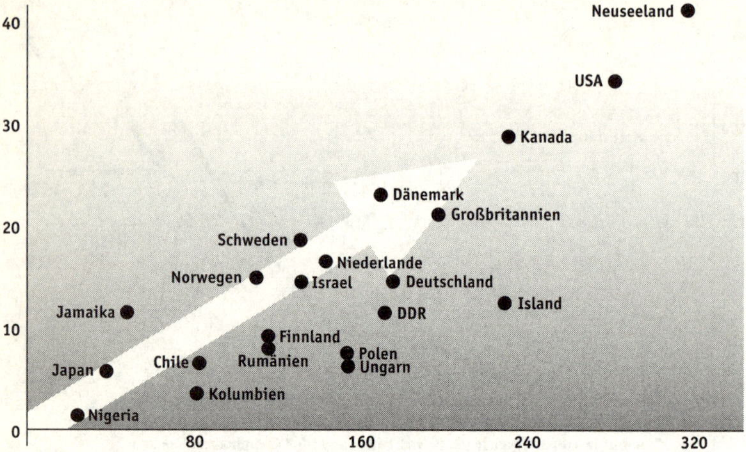

Zwischen Fleischverzehr und Dickdarmkrebs besteht ein linearer Zusammenhang. Als Ursache gelten beim Braten und Grillen entstehende Stoffe. **(Quelle: O. Strubelt 1996)**

lastung (fünf Prozent) und Alkoholmißbrauch (drei Prozent). Schadstoffbelastungen der Umwelt spielen nur in zwei Prozent der Fälle eine Rolle.[1] **[Grafik Seite 93]**

1 Die Zeit Nr. 45/1997.

Was heißt eigentlich »krebsverdächtig«?

Um festzustellen, wie gefährlich ein Stoff ist, müssen die Experten zunächst klären, wo er vorkommt und welche unerwünschten Wirkungen er besitzt. Darüber hinaus müssen sie wissen, wieviel von dem Stoff in einer bestimmten Situation aufgenommen wird bzw. wie oft und wie lange Menschen damit in Berührung kommen. Einen großen Unterschied macht es auch, ob der

Stoff durch die Haut, die Lunge oder den Magen in den Körper gelangt. Aus diesen Untersuchungen versuchen Mediziner und Toxikologen, eine regelhafte Beziehung zwischen den aufgenommenen Dosen und der erzielten Wirkung zu entdecken und zu beschreiben. Grafisch umgesetzt, handelt es sich dabei häufig um eine stetig ansteigende Gerade. Ein in kleinen Dosen harmloser Stoff kann in größerer Menge sehr gefährlich sein.

[Grafik Seite 96]

Besonders schwierig ist die Beurteilung der sogenannten kanzerogenen Stoffe, weil die Mediziner keine Schwellenwerte angeben können.[1] Das heißt, unter Umständen können schon allerkleinste Mengen schwere Gesundheitsschäden hervorrufen. Auch wenn die Wahrscheinlichkeit noch so gering ist – die Mediziner wollen und können eine Gefahr nicht mit letzter Sicherheit ausschließen. Deshalb bezeichnen sie solche Stoffe als »krebsverdächtig«. Damit ist freilich auch die Möglichkeit gegeben, Panik zu schüren. Der Vorwurf, ein Stoff sei »krebsverdächtig« oder »krebserregend« (was ja nicht dasselbe ist!) wird in der Umweltdiskussion mittlerweile inflationär verwendet (und häufig auch mißbraucht).

In den meisten Fällen gründet sich der Verdacht auf Tierversuche mit Mäusen oder Ratten. Was die alarmierte Öffentlichkeit dabei nicht weiß: In diesen Tierversuchen erweisen sich 59 Prozent (!) aller künstlichen und 57 Prozent (!) aller natürlichen Stoffe als krebserregend.[2] Der Hintergrund: Bei solchen Tests werden die Tiere mit höchsten Dosen eines Stoffes belastet. So kommt es zu einem chemischen Streß mit fatalen Folgen. Ständig sterben Zellen ab, und benachbarte Zellen teilen sich vermehrt, um die abgestorbenen zu ersetzen. Wenn sich eine Zelle teilt, können andere Mutagene jedoch leichter angreifen. Schon deshalb wirkt jede zweite Substanz im Langzeitversuch kanzerogen.

Dazu ein Beispiel: Im Sommer 1995 hatte eine amerikani-

Wie unterschiedliche Gifte wirken

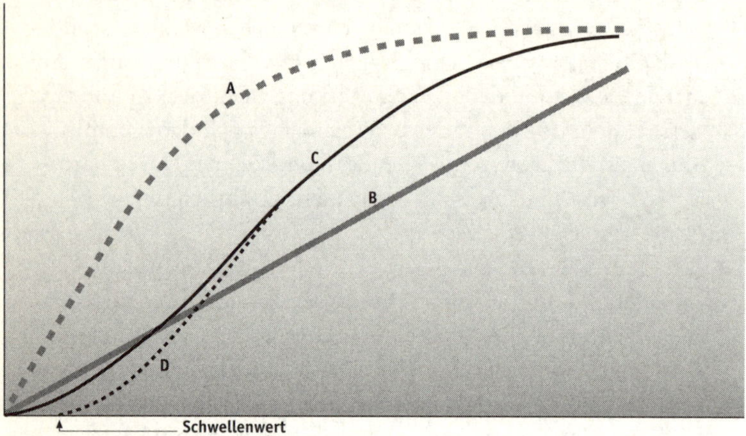

Wie unterschiedlich Stoffe wirken, zeigt die Kurve der Beziehung zwischen Dosis und Wirkung: Während Stoff A bereits bei kleinsten Mengen starke Wirkungen hervorruft, wächst die Wirkung bei B gleichmäßig. Stoff C entfaltet zunächst wenig Wirkung, nimmt ab einer bestimmten Dosis dann aber stark zu. D schließlich hat bis zu einem bestimmten Schwellenwert überhaupt keine Wirkung.

(Quelle: H. Needleman/P. Landrigan 1996)

sche Studie an Mäusen ergeben, Bodenozon könne sogar Krebs erzeugen. Die Akademie für Technikfolgenabschätzung Baden-Württemberg überprüfte daraufhin über 200 Ozonstudien und widersprach heftig. Die amerikanische Studie wurde von den Stuttgartern regelrecht auseinandergenommen: Erstens waren die Tiere Ozonbelastungen ausgesetzt, die um ein Vielfaches höher lagen als jene bei starkem Sommersmog, und zweitens wurden auch noch besonders empfindliche Testmäuse eingesetzt, die selbst unter gewöhnlichen Bedingungen besonders häufig an Krebs erkrankten.

Hinzu kommt: Die Nager dürfen während der Tests grundsätzlich soviel fressen, wie sie wollen. Neben der Chemikalie erhalten die Ratten somit etwas, was ganz sicher Krebs erregt: Futter im Übermaß. Das Wissenschaftsmagazin »Science« berichtete von entsprechenden Versuchen mit Ratten. In der einen Gruppe stieg nicht nur die Anzahl der Tumore, sondern auch das Körpergewicht der Tiere. Sie wurden nur zu sieben Prozent zwei Jahre alt. Eine schlanke Vergleichsgruppe erreichte hingegen zu 72 Prozent dieses Alter.[3]

Aus diesen Gründen ist es voreilig, die Ergebnisse von Krebstests von Nagern auf Menschen zu übertragen. Sie sind lediglich ein kleines Element im Puzzle der schwierigen und lückenhaften Risikobewertung. Für sich allein genommen, sagen sie nur bei extrem starken Giften etwas aus. Viele künstliche und natürliche Stoffe, die mit dem Etikett »krebsverdächtig« versehen werden können, bedeuten für den Menschen keine über das normale Lebensrisiko hinausgehende Gefahr. Oder umgekehrt: Wollte man diese Stoffe komplett aus der Umwelt entfernen (was gar nicht geht), würde die Menschheit dadurch nicht gesünder.

1 Gesellschaft für Umweltrecht, Dokumentation zur 16. Tagung 1992. **2** Die Zeit vom 28. 2. 1997. **3** Die Zeit vom 3. 11. 1995.

»Formaldehyd löst Krebs aus«

Formaldehyd heißt auch Methanal und ist ein stechend riechendes Gas.[1] Für die Gesundheit gilt der toxische Stoff nicht gerade als zuträglich. Er kann bei unsachgemäßer Anwendung Allergien, Haut- oder Augenreizungen verursachen. Als Formalinlösung wird Formaldehyd zum Haltbarmachen von medizinischen und biologischen Präparaten eingesetzt. In der Industrie findet es beispielsweise Anwendung bei der Herstellung von Kunstharzen und Farbstoffen, bei der Textilveredelung und in Pharmaka.

Fomaldehyd kommt auch ganz normal in der Natur vor, beispielsweise in Äpfeln oder Weintrauben. Im menschlichen Körper wird Formaldehyd als normales Zwischenprodukt des Zellstoffwechsels in einer Menge von etwa 50 Gramm pro Tag gebildet.[2] Im Blut finden sich pro Liter zwei bis drei Milligramm Formaldehyd.[3] Beim Rauchen entsteht ebenfalls Formaldehyd und schwebt dann in nicht unerheblicher Konzentration durch den Raum.

Ins Gerede gekommen ist Formaldehyd in den achtziger Jahren vor allem im Zusammenhang mit der Herstellung von Spanplatten, aus denen häufig Reste des Gases ausgedünstet sind und Reizungen von Augen und Atemwegen hervorriefen. Um die Belastung der Raumluft zu vermeiden, sind inzwischen überall formaldehydfreie Spanplatten im Handel erhältlich.

Die Behauptung, Formaldehyd löse Krebs aus, basiert auf Tierversuchen aus den achtziger Jahren, bei denen man Ratten über Jahre hinweg Luft mit hohen Formaldehyd-Konzentrationen in die Nase blies. Auf Menschen übertragbar sind diese Ergebnisse nicht. Der Direktor des Heidelberger Krebsforschungsinstituts, Dietrich Schmähl, sah schon damals keinen Hinweis darauf, »daß die unter schweren Krebsverdacht gestellte Chemikalie bei Menschen bösartige Geschwulste erzeugt«.[4] (Siehe auch »Was heißt eigentlich ›krebsverdächtig‹?«, Seite 94.) Bei Chemiearbeitern, Pathologen oder Tierpräparatoren, die ihr Leben lang mit hohen Konzentrationen von Formaldehyd umgehen, wurde in zahlreichen epidemiologischen Untersuchungen kein erhöhtes Krebsrisiko festgestellt.

Inzwischen ist es um den Stoff wieder ruhig geworden. Formaldehyd muß in der EG auch von den Herstellern von Kosmetika oder Haarwaschmitteln deklariert werden – viele verzichten deshalb ganz darauf. Manchmal macht die Natur aber dennoch einen Strich durch die Rechnung. Dies fand kürzlich eine schwedische Untersuchung heraus. Ausgerechnet besonders hautfreundliche Tenside in Haarwaschmitteln bildeten in Verbindung mit Sauerstoff ganz von alleine Formaldehyd.[5] Der Anteil stieg mit jedem Tag, nachdem die Flasche geöffnet worden war. Deshalb wird ein Haltbarkeitsdatum für Kosmetika und Waschmittel diskutiert (ironischerweise dient Formaldehyd häufig als

Konservierungsstoff, wird also zur Haltbarmachung zugesetzt – es hemmt die Vermehrung von Keimen). Fazit: Formaldehyd ist ein alltäglicher, aber gesundheitlich problematischer Stoff. Einen Krebsverdacht halten Mediziner jedoch nicht für schlüssig.

1 J. Emsley, Parfum, Portwein, PVC, 1997. **2** O. Strubelt, Gifte in Natur und Umwelt, 1997. **3** H. Hug, Der tägliche Öko-Horror, 1997. **4** E. Wiedemann, Die deutschen Ängste, 1990. **5** die tageszeitung vom 15. 12. 1997.

»Chemie in der Nahrung bedroht unsere Gesundheit«

In der EU sind derzeit etwa 100 000 Industriechemikalien erfaßt und 70 000 im täglichen Gebrauch.[1] Die Stoffe befinden sich insgesamt in mehr als einer Million Rezepturen auf dem Markt.[2] Deren Eigenschaften sind teilweise bekannt, teilweise aber auch nicht. Ganz besonders wenig wissen wir über die Wechselwirkungen zwischen den verschiedenen Substanzen. Deshalb ist es richtig, daß Chemikalien immer wieder überprüft und kontrolliert werden. Es ist auch richtig, daß Umweltschützer auf Risiken und Nebenwirkungen hinweisen. Chemiegefahren sind keine Phantomgefahren.

Dasselbe gilt allerdings auch für Mutter Naturs Chemielabor. Die Natur hat teilweise die gleichen bedenklichen Stoffe auf Lager, und manchmal verzehren wir diese sogar in sehr viel größeren Mengen. Pflanzen produzieren Gifte als Abwehrstoffe gegen Pilze und Fraßräuber. Andere natürliche Substanzen dienen ihnen als Wachstumsregulatoren, Farb- und Ballaststoffe. »Die Gleichsetzung von ›natürlich = gesund‹ und ›künstlich-chemisch = gefährlich‹ läßt außer acht, daß auch Tiere und Pflanzen aus chemischen Substanzen bestehen und eine Fülle von Giften herstellen, die durchaus an die Toxizität synthetischer Gifte heranreichen und diese manchmal sogar weit übertreffen«, schreibt der Lübecker Toxikologe Otfried Strubelt.

Man schätzt, daß alleine die sogenannten sekundären Pflanzenstoffe mehr als eine Million verschiedener Verbindungen umfassen. Darunter sind auch etwa 1500 chlororganische Verbindungen (vom

Menschen geschaffene giftige Substanzen wie die polychlorierten Biphenyle [PCBs], Dioxine und Furane gehören zur gleichen Stoffgruppe).[3] Nach heutigem Kenntnisstand gehen die Wissenschaftler allerdings davon aus, daß sich natürliche Gifte weniger dauerhaft im Körper oder in der Umwelt ablagern als synthetische und deshalb ein geringeres Problem darstellen. Sie sind besser biologisch abbaubar.

Naturstoffe werden jedoch sehr viel seltener systematisch hinsichtlich ihres Umweltverhaltens untersucht als synthetische Substanzen. Das hat einen einfachen Grund: Menschengemachte Pestizide müssen sich vor ihrer Zulassung aufwendigen Krebsrisiko-Studien unterziehen, natürliche Gifte aber kann man weder zulassen noch verbieten. Werden solche Nachforschungen jedoch angestellt, dann lauern meist faustdicke Überraschungen. Die amerikanischen Wissenschaftler Bruce N. Ames und Louis L. Gold testeten eine Reihe von natürlichen Stoffen an Nagetieren und gingen der Frage nach, ob diese Krebs auslösen können.[4] Ergebnis: 27 von 52 pflanzlichen Abwehrstoffen wirkten karzinogen.

Im folgenden eine Liste von Nahrungsmitteln, in denen diese Stoffe vorkommen: Ananas, Anis, Apfel, Aubergine, Banane, Basilikum, Birne, Blumenkohl, Brokkoli, Endiviensalat, Erdbeere, Estragon, Fenchel, Gewürznelke, Grapefruit, Himbeere, Honigmelone, Kaffee, Kakao, Karotte, Kirsche, Kopfsalat, Kümmel, Mango, Meerrettich, Muskatnuß, Orange, Pastinak, Petersilie, Pfeffer, Pfirsich, Pflaume, Pilze, Rettich, Rosenkohl, Rosmarin, Salbei, Sellerie, Senf, Sesamsamen, Thymian, Weintraube, weiße Rübe, Weißkohl, Zimt, Zuckermelone, Zwetschge.

Ein US-Bürger nimmt täglich 1,5 Gramm natürliche Pestizide mit der Nahrung zu sich. Das ist 10 000mal mehr als das Gesetz bei synthetischen Pestiziden erlaubt.[5] Bruce Ames, ein vielfach ausgezeichneter Biomediziner, veranschaulicht dies am Beispiel einer Tasse Kaffee: Über 1000 chemische Verbindungen haben die Forscher bisher in diesem Naturprodukt entdeckt. Nur 26 von ihnen wurden seither im Tierversuch getestet – und mehr als die Hälfte davon löste bei den Versuchstieren Krebs aus. Mit einer einzigen Tasse Kaffee, so erklärt der Biomediziner, nehmen wir mehr Karzinogene auf als die Summe aller im Verlauf eines Jahres mitverzehrten synthetischen Pestizide.[6] Dennoch dürfen wir wohl weiterhin Kaffee trinken. (Siehe »Was heißt eigentlich ›krebsverdächtig‹?«, Seite 94.)

99,99 Prozent (!) aller Pestizide, die wir zu uns nehmen, sind laut Bruce Ames natürliche Bestandteile von Pflanzen, mit denen diese Schädlinge abwehren. Der menschliche Körper habe dafür gut entwikkelte Abwehr- und Reparaturmechanismen, die keinen Unterschied zwischen synthetischen und natürlichen Pestiziden machen. Der Homo sapiens kommt also seit Adam und Eva mit einer großen Anzahl von im Tierversuch krebserregenden Stoffen in Berührung, allerdings liest er erst seit etwa 30 Jahren davon in der Zeitung.

Grundsätzlich gilt: Die chemischen Inhaltsstoffe von Pflanzen haben genau wie die synthetisch hergestellten Chemikalien positive und negative Wirkungen: Es kommt wie immer auf die Dosierung an. Hierauf sind letztendlich widersprüchliche Meldungen zurückzuführen, nach denen der Verzehr von ein und demselben Gemüse krebshemmend oder krebsfördernd sein kann. Das in Pflanzen vorkommende Indol-3-Carbinol beispielsweise gilt Medizinern in den üblichen Konzentrationen als Anti-Krebs-Wirkstoff, wird bei den Tierversuchen mit hohen Dosierungen aber als krebserregend eingestuft.[7]

Bruce Ames läßt sich davon nicht irre machen und empfiehlt als beste Krebsvorsorge nach wie vor den Genuß von reichlich frischem Obst und Gemüse. Darin enthalten sind die Vitamine C und E, die Oxidationsprozesse im Körper hemmen. Solche Prozesse seien im wesentlichen für die Krebsentstehung verantwortlich. Eine Unterversorgung mit Antioxidantien ist laut Ames für das Erbgut genauso riskant wie eine direkte radioaktive Bestrahlung.

1 GSF-Forschungszentrum, Bioaktive Naturstoffe und Xenobiotika, Tagungsbericht ecomed 1997. **2** Focus Nr. 21/1996. **3** GSF-Forschungszentrum, Bioaktive Naturstoffe und Xenobiotika, Tagungsbericht ecomed 1997. **4** Science Vol. 249, 1990, Seite 970. **5** Thema, Ernährung, März 1995. **6** Die Zeit vom 28. 2. 1997. **7** Thema, Ernährung, März 1995.

»Hollandtomaten sind besonders stark mit Agrargiften belastet«

Die Tomaten aus den großen Gewächshäusern Hollands und Belgiens haben in vielerlei Hinsicht einen schlechten Ruf. Sie gelten als geschmacklich fad. Auch stammen sie aus einer ökologisch fragwürdigen Produktionsweise, die große Mengen Energie verbraucht. Doch besonders giftbelastet sind sie nicht. Im Gegenteil: In den Mittelmeerländern (Spanien, Marokko, Israel beispielsweise) wird beim Anbau von Tomaten und anderem Gemüse wesentlich mehr Gift eingesetzt.

Nach einer vergleichenden Studie des Forschungsinstituts für Agrarwirtschaft in Den Haag (die übrigens nicht schönfärberisch ist, denn in anderen Feldern kommt der holländische Gemüseanbau nicht gut weg) setzen die Tomatengärtner in unserem Nachbarland weniger als ein Drittel der Wirkstoffmenge ein, die ihre Konkurrenten im Süden versprühen. Bei den Insektengiften liegen die Holländer mit durchschnittlich 1,8 Kilogramm Wirkstoff pro Hektar bei einem Zehntel dessen, was in den mediterranen Tomatenländern auf die Pflanzen gespritzt wird (je nach Land ist es das Fünf- bis Dreizehnfache).[1]

Der Grund: Nahezu alle holländischen und belgischen Gewächshausbetriebe haben auf biologische Schädlingsbekämpfung umgestellt. Die Gärtner setzen Marienkäfer, Raubmilben, Gallmücken, Blumenwanzen, Schlupfwespen und anderes Getier in ihren Glashäusern aus, damit sie Blattläuse, Weiße Fliegen und sonstige unerwünschte Insekten vertilgen. So kommt die Giftspritze nur noch in Ausnahmefällen zum Einsatz. Unternehmen, wie die Firma Biobest im belgischen Westerlo, züchten und verschicken die Feinde der kleinen Tomatenfresser. Diese biologischen Systeme eroberten Anfang der neunziger Jahre die Glaspaläste der Großgärtner, weil sie effizienter und billiger sind als Insektengift. Sowohl im Norden als auch im Süden werden Fungizide (Antipilzmittel) eingesetzt. Doch auch bei diesen Wirkstoffen spritzen die Holländer weniger als die Hälfte der Menge, die in südeuropäischen und nordafrikanischen Ländern zum Einsatz kommt. Für die Bekämpfung von Pilzerkrankungen des Gewächshausgemüses gibt es noch keine erfolgreiche biologische Lösung.[2]

Auch wenn der Gifteinsatz in den neunziger Jahren drastisch zurückgegangen ist, so sind die gängigen Anbaumethoden in Holland (und in den anderen Gemüseländern) dennoch kein ökologischer Landbau. Tomatenpflanzen wachsen auf Steinwollequadern, die über Rohrsysteme mit Wasser, Nährstoffen und Düngemitteln versorgt werden.

Energetisch stehen die Holländer schlechter da als ihre südlichen Konkurrenten. Denn der längere Transport wiegt den hohen Energieaufwand für Heizung nicht auf. In Spanien, Marokko und Israel findet der Gemüseanbau in ungeheizten oder nur zeitweise beheizten Gewächshäusern statt. So wird für das Kilo Hollandtomaten durchschnittlich zehnmal soviel Energie aufgewendet, wie für die südliche Ware.[3]

1 A. P. Verhaegh, Efficiëntie van Energie en Gewasbeschermingsmiddelen Tomaten en Rozen in Kassen, 1996. **2** ebd. **3** ebd.

»Das Verbot des Pestizids DDT hat Menschenleben gerettet«

1962 veröffentliche Rachel Carson ihr aufsehenerregendes Buch »Der stumme Frühling«. Der Bestseller warnte vor einer Welt, in der keine Vögel mehr singen. Carson machte die Menschen darauf aufmerksam, daß sie durch den Einsatz von Chemikalien die Welt und auch sich selbst irreversibel schädigen könnten. Im Mittelpunkt ihrer Besorgnis standen chlorhaltige Verbindungen wie das Pestizid DDT. Dieser Stoff ist äußerst langlebig und reichert sich im Boden, aber auch im tierischen und menschlichen Fettgewebe über Jahrzehnte an. Besonders See- und Greifvögeln, die sich von stark belasteten Nagern und Fischen ernährten, wurde das Mittel zum Verhängnis: Sie produzierten aufgrund der Vergiftung so dünnschalige Eier, daß immer öfter Nachwuchs ausblieb. Einige Arten standen dadurch kurz vor dem Aussterben.

Rachel Carsons Buch und der sich beschleunigt verbreitende Umweltschutzgedanke löste politische Aktivitäten aus, die schließlich zu einem DDT-Verbot in den meisten Industriestaaten führten. In 72 Ländern darf das Mittel heute nicht mehr in der Landwirtschaft angewandt werden, 34 Staaten – darunter die Bundesrepublik – haben den Gebrauch und die Produktion gänzlich verboten. Die Greifvogelbestände erholen sich wieder, woran das DDT-Verbot einen Anteil hat. Auch in der Muttermilch gehen die Spuren von DDT beruhigenderweise zurück. Für die Umweltbewegung gilt die Ächtung des Insektengifts als einer ihrer größten Erfolge.

Doch der ökologische Fortschritt hat eine tragische Kehrseite: Denn nicht nur die Chemie, sondern auch die Natur hat zwei Gesichter. In den Tropen erwies sich DDT nämlich als wirksamste Waffe gegen die Ausbreitung der Malaria. Die Anopheles-Mücke, die die Krankheit überträgt, konnte nahezu ausgerottet werden (aber natürlich haben auch andere Tierarten unter dem Einsatz des Mittels gelitten). Rachel Carson hatte mit ihren Befürchtungen durchaus recht; unberücksichtigt blieb jedoch, daß DDT für viele Menschen lebensrettend war. Dies zeigt eine Statistik der Malariafälle in Sri Lanka vor und nach dem DDT-Verbot im Jahre 1963.[1]

Jahr	**Malariafälle**
1946	2800000
1961	110
1962	31
1963 (DDT-Gebrauch eingestellt)	**17**
1964	150
1965	308
1966	499
1967	3466
1968/69	2500000

Es dauerte geraume Zeit, bis aufgrund von Berichten der Weltgesundheitsorganisation (WHO) und Protesten der betroffenen Staaten wieder DDT zur Malariabekämpfung eingesetzt werden konnte. Mittlerweile waren die Stämme der Anopheles aber teilweise gegen diesen

Stoff resistent geworden. Dennoch gilt sein Einsatz in Asien oder Südamerika heute noch als Hilfsmittel zur Eindämmung der Malaria. Im Herbst 1994 wurde DDT beispielsweise in großen Mengen in einigen von Malaria bedrohten Regionen Indiens ausgebracht.

Diese Entscheidung zwischen zwei Übeln ist nicht erfreulich, aber möglicherweise tolerabel: Nicht die Giftigkeit, sondern die Beständigkeit und die Ausbreitung waren im wesentlichen die Gründe dafür, das Nervengift zu verbieten. Die akute toxische Wirkung ist bei verschiedenen Lebewesen ganz unterschiedlich. Die unmittelbare Gefahr für den Menschen ist jedenfalls so gering, daß diese Eigenschaft ursprünglich als einer der großen Vorzüge des Mittels galt. Nach Aussagen von Fachleuten der Weltgesundheitsorganisation (WHO) gibt es auch »keinen überzeugenden Beweis« dafür, daß das Mittel bei gelegentlicher Exposition langfristig die Gesundheit schädigt.[2]

Während eine Ächtung von DDT als Landwirtschaftsgift völlig richtig ist, erscheint der voreilige Verzicht auf den Malaria-Killer DDT aus heutiger Sicht problematisch. Insbesondere deshalb, weil die davon betroffenen Menschen so gut wie keinen Einfluß auf diese Entscheidung hatten. Der Verzicht auf DDT hat unter dem Strich wahrscheinlich mehr Menschenleben gekostet als gerettet.

1999 haben sich die zuständigen Gremien der Vereinten Nationen darauf verständigt, DDT in Entwicklungsländern zur Malariabekämpfung weiter zuzulassen, bis wirksame Alternativen gefunden worden sind.

Die sich ausbreitende Malaria konfrontiert heute auch immer mehr europäische und amerikanische Touristen mit dem Fluch der guten Tat. »Die Malaria ist weltweit längst außer Kontrolle«, sagt Hermann Feldmeier, Professor für Tropenmedizin an der Freien Universität Berlin. Er erwartet, daß 300 bis 500 Millionen Menschen jährlich daran erkranken.[3] Langfristig hoffen die Menschen in den betroffenen Ländern auf einen wirksamen und erschwinglichen Impfstoff gegen die Malaria (und damit wieder auf die Chemie).

1 Römpp Chemielexikon (Stichwort DDT), 9. Auflage, 1990. **2** Frankfurter Allgemeine Zeitung vom 3. 7. 1997. **3** Augsburger Allgemeine vom 14. 10. 1997.

»Agrarchemikalien in der Babynahrung bedrohen die Gesundheit unserer Kinder«

Unstrittig (und überhaupt nicht neu) ist zunächst einmal die Tatsache, daß Kinder und Säuglinge gegenüber Schadstoffen emfindlicher sind als Erwachsene. Sie atmen schneller und nehmen, bezogen auf ihr Körpergewicht, mehr Nahrung zu sich. Zudem sind bei kleinen Kindern das Immunsystem und die Entgiftungsorgane Leber, Nieren und Darm noch nicht voll funktionsfähig. Aus diesem Grund hat die moderne Gläschenkost für die Kleinen (und für ihre Eltern) nicht zu unterschätzende Vorzüge: Selbstgemachte Kindernahrung aus frischem Obst und Gemüse kann bis zu 500mal mehr Rückstände von Pestiziden aufweisen als die Fertiggerichte.[1] Ein Erwachsener braucht seinen Obstsalat dennoch nicht zu fürchten, das Beispiel zeigt lediglich, wie hoch die Sicherheitsmarge bei Babykost liegt. In der Bundesrepublik – und nur hier – muß sie den Vorschriften der Diät-Verordnung entsprechen. Und diese setzt als Grenzwert den Bereich der chemisch-analytischen Nachweisbarkeit.

Die Tatsache, daß die winzigen Belastungen im Babybrei überhaupt feststellbar sind, verdanken wir nicht einem Anstieg der Stoffe, sondern immer genaueren Analysemethoden. Der letzte große Babykost-Skandal von 1993 war bei genauer Betrachtung keiner: In einigen Proben spanischer Produkte wurden äußerst geringe Rückstände eines Pestizids gefunden. Der Wert lag aber immer noch etwa um einen Faktor 1000 unterhalb der Grenze, von der an Toxikologen eine Aussage über eine Wirkung machen könnten (womit auch die Sicherheitsmarge der Grenzwerte klar wird). Die Gläschen wurden dennoch sofort aus dem Regal genommen.

1 H. Hug, Der tägliche Öko-Horror, 1997.

»Amalgam schadet der Gesundheit«

Amalgam, der Füllstoff für kariöse Zähne, besteht aus Silber, Zinn, Kupfer und Quecksilber. Es wird seit 150 Jahren angewendet und zählt zu den verträglichsten Materialien, die die Medizin kennt. Doch seit den achtziger Jahren schüren Heilpraktiker, Verbraucherschützer und Boulevardblätter die Angst vor einer Amalgamvergiftung. Nach Warnungen einzelner Toxikologen schien dann 1996 eine vom Bund für Umwelt und Naturschutz Deutschland (BUND) in Auftrag gegebene Studie endgültig das Aus für den Plombenstoff zu besiegeln: An einer erhöhten Quecksilberbelastung von Amalgampatienten könne nicht mehr gezweifelt werden, verlautbarten die Initiatoren der Studie und forderten ein sofortiges Amalgamverbot.

Wissenschaftler des Arbeitskreises für Umweltanalytik und des Instituts für organische Chemie der Universität Tübingen hatten bei 18000 Testpersonen den Quecksilbergehalt des Speichels ermittelt und bezeichneten die Ergebnisse als »erschreckend«[1]: Bei 43 Prozent der Untersuchten seien die von der Weltgesundheitsorganisation (WHO) empfohlenen Grenzwerte für die tägliche Quecksilberdosis überschritten worden. Gefährdet seien vor allem das zentrale Nervensystem, die Nieren und das Gehirn. Ferner seien nach Auswertung der verteilten Fragebögen Symptome wie Zahnfleischbluten, Magen-Darm-Beschwerden und verstärkter Haarausfall signifikant häufiger feststellbar.

Der BUND und die Tübinger Wissenschaftler mußten aber schon bald darauf herbe Kritik einstecken. Die Deutsche Gesellschaft für Zahn-, Mund- und Kieferheilkunde, der 10000 Ärzte angehören, bezeichnete die Studie als wissenschaftlich unhaltbar und reine »Panikmache«. In der Tat enthält die Studie schwere methodische Fehler: So wurde der Quecksilbergehalt im Speichel gemessen. Doch aus dem Speichel, so die Kritiker, wird das Material überhaupt nicht vom Körper aufgenommen, vielmehr scheide der Körper die abgeriebenen metallischen Partikel unverändert über den Verdauungstrakt aus. Diesem Einwand schloß sich auch die Weltgesundheitsorganisation (WHO) in Genf an. Inzwischen haben sich international praktisch alle Fachgremien und wissenschaftlichen Vereinigungen hinter die Amalgambefürworter gestellt.[2]

Hier nur einige davon: Deutsche Gesellschaft für Pharmakologie und Toxikologie, Canadian Dental Association, Food and Drug Administration (USA), U.S. Public Health Service, Fédération Dentaire International (FDI). Die zentrale Aussage: Für Gesundheitsgefährdungen gibt es keine wissenschaftlichen Nachweise.

»Verurteilt aus Mangel an Beweisen«, kommentiert der Lübecker Toxikologe Ottfried Strubelt die trotz allem anhaltende Amalgam-Angstkampagne. Dabei müßte die Amalgamkritiker eigentlich stutzig machen, daß der Mensch alleine mit der Nahrung jeden Tag eine doppelt so hohe Menge Quecksilber zu sich nimmt, wie aus den Plomben austreten könnte (und er erfreut sich dabei bester Gesundheit).[3] Die Quecksilberdosis sagt mehr aus, wenn sie im Blut oder im Urin festgestellt wird. Doch diese Werte liegen – so die Gesellschaft für Zahn-, Mund- und Kieferheilkunde – bei Trägern von Amalgamfüllungen weit unter den von der WHO angegebenen Grenzwerten.[4]

Dennoch ist natürlich nicht auszuschließen, daß Amalgam in manchen Fällen unverträglich sein kann und Allergien oder andere Erkrankungen hervorruft. Dies gilt freilich genauso für die als Alternative empfohlenen Kunststoffüllungen.

1 Frankfurter Rundschau vom 17. 5. 1996. **2** O. Strubelt, Gifte in Umwelt und Natur, 1997. **3** Der Spiegel Nr. 39/1995. **4** Augsburger Allgemeine vom 18. 5. 1996.

»Asbestsanierung dient dem Gesundheitsschutz«

Der Name »Asbest« gilt als Sammelbezeichnung für fasrige Minerale aus der Gruppe der Magnesiumsilikate. Es handelt sich um einen Naturstoff. Er ist in Felsgestein enthalten und wird schon seit dem Altertum abgebaut. Bereits vor 2 000 Jahren webten die Römer das Material in Kleidungsstücke ein, um sie unbrennbar zu machen. Aus dieser Zeit stammen auch die ersten Berichte über Gesundheitsprobleme in Zusammenhang mit Asbest: Plinius der Jüngere (61–113 n. Chr.) berichtet vom bedauernswerten Gesundheitszustand der Sklaven, die in den Asbestgruben schuften mußten.

Asbestfasern sind äußerst reißfest und isolieren stark. Besonders zwischen 1940 und 1980 wurde Asbest in großem Stil für Textilien, Bremsbeläge, Baustoffe und als Brandschutzmaterial verwendet. Erste fundierte medizinische Warnungen über Lungenkrankheiten durch den direkten Umgang mit Asbest stammen aus dem Jahre 1924.[1] Ein britischer Arzt hatte bei Textilarbeitern, die Asbeststaub direkt ausgesetzt waren, eine auffällige Häufung von unheilbaren Lungenkrankheiten festgestellt. Er gab der Krankheit den Namen »Asbestose«.

Die Maßnahmen zum Schutz von Arbeitern wurden bis in die siebziger Jahre hinein sträflich vernachlässigt. Erst 1978 schlugen die Gesundheitsbehörden in den USA Alarm. Daraufhin wurden die Schutzmaßnahmen am Arbeitsplatz verbessert. Während in Deutschland in den siebziger Jahren 1,5 Millionen Arbeitnehmer direkt oder indirekt mit Asbest zu tun hatten, sind es heute nach Schätzungen der Berufsgenossenschaften noch 30 000.[2] Als Spätfolge sterben derzeit nach Auskunft der Berufsgenossenschaften jährlich etwa 1000 ehemalige Arbeitnehmer aufgrund des damals gedankenlosen Umgangs mit dem Faserstoff an Krebs.

Asbest wurde inzwischen in vielen Produkten durch andere Stoffe ersetzt. In amerikanischen Turnhallen hatten entsetzte Eltern festgestellt, daß beim Basketballspielen Asbeststaub von den Decken rieselte. Der Skandal war da. Daraufhin brach besonders in den USA und in Deutschland eine regelrechte Asbesthysterie aus. Die allzu lange praktizierte Sorglosigkeit schlug ins Gegenteil um.

Mit riesigem Aufwand wurden asbesthaltige Baustoffe aus öffentlichen Gebäuden und Schulen gerissen. Diese Vorgehensweise wird schätzungsweise alleine in Deutschland 20 Milliarden Mark kosten.[3] Leider dürfte ein nicht unbeträchtlicher Teil dieser Gelder kontraproduktiv eingesetzt sein. Fest hinter Wandverkleidungen oder in Zwischendecken eingebaut, gelangen Asbestfasern praktisch nicht in die Raumluft. Insbesondere dann nicht, wenn sie beispielsweise in Beton fest gebunden sind.

Ein Bericht der American Health Foundation konstatiert, daß vor der Sanierung vieler Gebäude hinsichtlich der Asbestbelastung praktisch kein Unterschied zur Außenluft bestand.[4] Danach ist er häufig um so größer: Die Fasern werden bei der Sanierung oft überhaupt erst freigesetzt und bleiben dann Monate und Jahre in der Luft. Die Arbeiter sind während der Sanierungsarbeiten womöglich erheblich stärkeren Gefährdungen ausgesetzt, als die vermeintliche ökologische Entlastung gut machen kann. Doch Asbestsanierung ist inzwischen zu einem florierenden Geschäft geworden – das sich nicht selten vom realen Gesundheitsproblem gelöst und verselbständigt hat. Die amerikanischen Wissenschaftler Richard Wilson und Ralph D'Agostino kalkulierten die Asbestbelastung verschiedener Bevölkerungsgruppen in den achtziger Jahren so:[5]

Person	**Asbestfasern pro Milliliter Raumluft**
Arbeiter im Dämmstoffbereich	50–500
Textilarbeiter	30
Asbestminenarbeiter	10
Asbestzementarbeiter	6–60
Büroarbeiter	0,003
Schulkind	0,0005

Die hypothetische Gefahr, beim Schulsport ums Leben zu kommen, ist rein statistisch 2000mal höher, als sich in Schulräumen durch Asbest Lungenkrebs zu holen. In den USA quantifizierten Mediziner das Risiko im Verhältnis zum Rauchen: So gehen sie davon aus, daß von heute 100 000 Rauchern 21 000 im Alter von 65 Jahren an Lungenkrebs durch Rauchen sterben könnten. Durch Asbest wird statistisch vermutlich nur ein Schüler von 100 000 an Lungenkrebs sterben.

Der Präsident des Bundesverwaltungsgerichts Dr. Everhardt Franßen, juristisch mit Auseinandersetzungen um die Bewertung von Risiken vertraut, sagt: »Anti-Raucherkampagnen erreichen ihre Zielgruppe, besonders Jugendliche, kaum noch; sie haben in ihrer Wirkung nachgelassen, nachdem die Diskussion um das im Verhältnis zum Rauchen praktisch belanglose Asbest als Verursacher von Lungenkrebs die allgemeine Aufmerksamkeit und damit die der Politik in Anspruch genommen hat.«[6] »Der Spiegel« resümiert kurz und bündig: »Für die Gesundheit der Bevölkerung bringt eine Asbestsanierung keinen Nutzen.«

1 A. Wildawsky, But is it True?, 1995. **2** Frankfurter Allgemeine Zeitung vom 18. 11. 1979. **3** Der Spiegel vom 25. 9. 1995. **4** ebd. **5** A. Wildawsky, But is it True? 1995. **6** Gesellschaft für Umweltrecht, Dokumentation, 16. Fachtagung 1992.

»Elektrosmog gefährdet die Gesundheit«

Elektromagnetische Strahlung ist allgegenwärtig. Und zwar schon immer: Die Sonne sendet solche Strahlen beispielsweise in Form von Licht zu uns. Und das statische Magnetfeld der Erde wirkt sogar mit noch weit höherer Feldstärke auf Menschen ein als jede Starkstromleitung. Damit sind wir beim Thema: Seit der Entdeckung der Elektrizität sind wir zusätzlich elektromagnetischer Strahlung durch Glühbirnen, Heizdecken, Toaster, Stereoanlagen, Hochspannungsleitungen oder Fernsehtürme ausgesetzt. Der moderne Mensch spricht von »Elektrosmog«. Der ist menschengemacht, unsichtbar und deshalb besonders bedrohlich.

Allein 800000 Deutsche, so behauptet ein Münchner »Selbsthilfeverein für Elektrosensible«, leiden als Folge an Schlaf- und Gedächtnisstörungen.[1] Und das sind nur die harmloseren Symptome: Das elektrische Wabern soll auch grauen Star, Allergien, Bluthochdruck und Leukämie auslösen. Die mittlerweile über 10000 wissenschaftlichen Arbeiten zu diesem Thema konnten solches bislang nicht ernsthaft bestätigen. Der Medizinprofessor Eduard David von der Universität Witten-Herdecke sieht hinsichtlich der angeblichen Gesundheitsgefahren »keine einzige glaubhafte Darstellung«.[2]

Die Amerikanische Physikalische Gesellschaft kritisierte 1995 den Aufwand für die Elektrosmog-Forschung, weil sie lediglich dazu geführt habe, daß »weit ernsthaftere Umweltprobleme« zu wenig Beachtung fänden. Das amerikanische Energieministerium zog sich 1997 dann ganz aus der Erforschung der angeblichen Gesundheitsgefahren zurück.[3] Das Ministerium bezog sich dabei auf einen entsprechenden Bericht der National Academy of Science, der amerikanischen Akademie der Wissenschaften.

Das National Cancer Institute und Leukämie-Experten der renommiertesten amerikanischen Kliniken wollten es 1997 noch einmal ganz genau wissen und kamen in einer besonders sorgfältig geplanten und ausgewerteten Studie zu dem Ergebnis: Ein Zusammenhang zwischen elektromagnetischen Feldern von Stromleitungen und Leukämie ist nicht zu erkennen.[4] Sie widersprachen damit vorausgegangenen Studien in Schweden und den USA, denen jeweils schwere methodische Mängel nachzuweisen waren. In Schweden war die Zahl der erfaßten Krebsfälle so gering, daß die jeweilige Abweichung von der Norm den natürlichen Schwankungen entsprach. Auch in der ersten US-Studie war die Zahl der beobachteten Personen gering, und die elektromagnetische Belastung wurde nicht gemessen, sondern im nachhinein geschätzt.

Eine aufsehenerregende amerikanische Studie, die 1992 die Angst vor Elektrosmog so richtig in Schwung gebracht hatte, wurde 1999 als folgenschwere Fälschung entlarvt. Der Autor Dr. Robert Liburdy »hat wissenschaftliches Fehlverhalten gezeigt, er hat offensichtlich Daten gefälscht und fabriziert«, urteilt das »Office of Research Integrity« des US-Gesundheitsministeriums.

Das Thema wird uns aber erhalten bleiben: Die Ausbreitung des Handys sorgt für neuen Stoff und neue Befürchtungen. So wollen australische Forscher 1997 bei Mäusen ein erhöhtes Krebsrisiko festgestellt haben, nachdem diese einer Strahlung ausgesetzt worden waren, die der von Mobiltelefonen ausgesandten vergleichbar ist. Ein Nachweis für ein Krebsrisiko beim Menschen sei dies nicht, betonen die Australier, auch werde der Krebs bei den Mäusen nicht ausgelöst, sondern lediglich bei einer Gruppe von bereits an Krebs erkrankten Tieren gefördert (siehe auch »Was heißt eigentlich ›krebsverdächtig‹?«, Seite 94). Für den Elektrosmog-Experten des Bundes für Umwelt und Naturschutz (BUND), Bernd-Rainer Müller, war dennoch klar: »Die Studie ist ein ernst zu nehmender Beleg, daß durch elektromagnetische Strahlung schwere Krankheiten begünstigt werden können.«[5] Eine Münchner Anti-Handy-Initiative will den Gebrauch der Handys längst ganz verbieten. Die beiden Autoren dieses Buches schließen sich dieser Forderung an – allerdings nicht aus gesundheitlichen Gründen.

1 Der Spiegel vom 25. 9. 1995. **2** ebd. **3** Süddeutsche Zeitung Nr. 88/1997. **4** Frankfurter Allgemeine Zeitung vom 16. 7. 1997. **5** Die Tageszeitung vom 7. 5. 1997.

»Omas Küche war gesünder«

Moderne Konservierungsstoffe und strenge Hygienevorschriften bei der Herstellung von Lebensmitteln haben in den Industrieländern die Gefahr von Erkrankungen und Vergiftungen gegenüber der »guten alten Zeit« drastisch reduziert. Durch das Gift von Mutterkornpilzen, mit denen das Getreide verunreinigt war, wurden in vergangenen Jahrhunderten ganze Landstriche entvölkert. Noch in den Jahren 1943 bis 1947 starben in Rußland über 5000 Menschen an einer Vergiftung mit diesen sogenannten Mykotoxinen (Pilzgifte); einige von ihnen sind bis zu 30 000mal giftiger als Pflanzenschutzmittel.

Eine der segensreichsten Erfindungen der Menschheit ist der Kühlschrank. Verursachten doch alte Konservierungsmethoden, wie Pökeln und Räuchern, bis in unsere Zeit hinein häufig Magenkrebs. Die langjährige Nutzung eines Kühlschrankes geht nach internationalen Vergleichen auffällig mit einem Rückgang der Magenkrebshäufigkeit einher. Frische Lebensmittel verdrängen heute das problematische Räuchern und Pökeln. Fachleute sprechen laut »Die Zeit« von einem »ungeplanten Triumph«.[1]

1 Die Zeit vom 31. 10. 1997.

»Körner essen ist gesund«

Mit der Öko-Welle fanden auch verschiedene »natürliche« Ernährungsweisen eine breite Anhängerschaft. Die erfolgreichste war die Vollwertkost, eine Ernährungsform, die außer auf frisches Obst und Gemüse auf die heilsame Wirkung naturbelassener Getreidekörner baut. Kern der Theorie ist die Ansicht, daß Lebensmittel gesünder sind, wenn sie nicht verarbeitet werden – je voller das Korn, desto besser also.

Weit über den engen Kreis der Vollwert-Anhänger hinaus sind Vollkornbrot, Frischkornmüsli und Getreidebratlinge bis heute in Mode. Als Elemente einer insgesamt abwechslungsreichen Kost sind Vollkornspeisen gesund und werden von vielen Ernährungsexperten empfohlen. Doch eine einseitige Vollkornernährung kann durchaus zu Problemen führen.

Alle Kulturen haben Methoden entwickelt, um ihre Nahrungsmittel zu verarbeiten: Kochen, Braten, Backen, Fermentieren und anderes mehr. Dies mag nicht viel bedeuten, denn auch Krieg und andere soziale Fehlentwicklungen lassen sich in allen Kulturen beobachten. Doch es gibt eine ganz handfeste biologische Begründung dafür, warum Bäkker und Köche einem gesundheitsfördernden Handwerk nachgehen.

Da Pflanzen nicht davonlaufen können, haben sie im Laufe der Evolution chemische Abwehrstoffe gegen ihre Freßfeinde entwickelt. Durchschnittlich etwa fünf Prozent der Trockenmasse einer Pflanze bestehen aus solchen Abwehrstoffen. Einige davon sind gegen Säugetiere gerichtet, zu denen auch der Mensch gehört. Sie hemmen das Wachstum, stören die Verdauung oder bremsen die Aufnahme von Mineralstoffen. Die Randschichten des Weizens enthalten beispielsweise Enzymblocker, die die Verdauungssäfte außer Gefecht setzen, so daß die Nahrung teilweise unverdaut in den Dickdarm gelangt, was zu heftigen Blähungen, aber auch zu Getreideallergien führen kann.[1] Viele Ärzte raten davon ab, Kinder vor dem ersten Lebensjahr mit den schwerverdaulichen Vollkornspeisen zu füttern. Auch Menschen mit einer Allergie auf Gräserpollen (»Heuschnupfen«) können beim Verzehr von ungekochtem Getreide Probleme bekommen, da Weizen, Roggen, Gerste, Hafer, Mais, Dinkel (Grünkern) und Hirse ebenfalls zur Gräserfamilie gehören. Durch Kochen, Backen oder Braten werden die allergieauslösenden Eiweißstoffe dieser Pflanzen zerstört.

Experten halten daher eine langfristige Ernährung mit unverarbeiteten Körnern für gesundheitsschädlich. Sie schädige die Darmwand und führe zur Bildung von toxischen Gasen im Verdaungstrakt, erklärt der Mediziner Karl Pirlet, emeritierter Professor der Universität Frankfurt. Wer sich konsequenter Vollkorndiät unterwerfe, warnt Pirlet, dem drohe nach zehn bis zwanzig Jahren der gesundheitliche Zusammenbruch.[2]

Katharina Dokoupil, Ernährungsexpertin an der Münchner Universitäts-Poliklinik, warnt ebenfalls vor Darmproblemen, die auftreten können, wenn man kaum noch andere Kost zu sich nimmt. Für besonders schädlich hält sie selbstgeschrotetes Frischkornmüsli, denn in dem lang eingeweichten Brei können sich darmbelastende Keime vermehren.

Professor Claus Leitzmann von der Universität Gießen untersuchte junge Vollwert-Köstlerinnen, die sich möglichst roh und vegetarisch ernährten. Jede Dritte hatte keine Monatsregel mehr.[3] (Die Periode ist gewichtsabhängig, und Vegetarier sind häufiger untergewichtig als der Durchschnitt der Bevölkerung.)

Ein gesundheitlicher Vorteil der Vollwertkost sei, so ihre Befürworter, das langsamere Ansteigen des Blutzuckers nach einer Mahlzeit. Der Lebensmittelchemiker Udo Pollmer sagt dagegen, daß korrekt gesäuertes und gebackenes Vollkornbrot keine andere Wirkung auf den Blutzucker habe als Weißbrot. Im übrigen sei das Fett auf der Butterstulle entscheidend für den Blutzuckerspiegel und die Insulinausschüttung.[4]

1 Natur Nr. 2/1997. **2** U. Pollmer u. a., Prost Mahlzeit!, 1994. **3** Natur Nr. 2/1997. **4** U. Pollmer u. a., Prost Mahlzeit!, 1994.

»Vegetarier leben länger«

Diese Behauptung trifft zwar zu, ist aber vermutlich nicht allein mit den Eßgewohnheiten zu begründen. Wissenschaftliche Langzeitstudien in verschiedenen Ländern, die Vegetarier über viele Jahre hinweg untersuchten, kamen zu dem Ergebnis, daß die Anhänger fleischloser Kost gesünder sind als der Bevölkerungsdurchschnitt und daß sie länger leben.

Doch in teilweise den gleichen Studien wurde ermittelt, daß Menschen, die wenig Fleisch und Fisch verzehren, noch fitter sind als die strikten Vegetarier.[1] Seit langem steht übermäßiger Konsum von Fleisch und Fett in dem Verdacht, Darmkrebs, Herz-Kreislauf-Erkrankungen und viele andere gesundheitliche Schäden zu bewirken. In geringem Maße genossen, sind Tierprodukte der Gesundheit jedoch zuträglich.

Die gute Verfassung der Vegetarier hat aber auch noch andere Gründe: Der Fleischverzicht geht oft mit anderen relevanten Verhaltensänderungen einher. Viele Vegetarier rauchen und trinken nicht, womit zwei weitere wichtige Auslöser für Krebs und Herz-Kreislauf-Erkrankungen wegfallen. Eine Studie des Krebsforschungszentrums Heidelberg brachte noch andere wichtige Unterschiede zum Bevölkerungsdurchschnitt zutage. Vegetarier sind in der Regel schlanker, das wirkt ebenfalls lebensverlängernd. Auch soziale Faktoren spielen mit. In Vegetarierkreisen sind Handwerker und Arbeiter unterrepräsentiert, technische und soziale Berufe jedoch stark vertreten. Die Lebenserwartung ist in diesen Berufsgruppen ohnehin schon höher.[2]

In den neunziger Jahren machte eine extreme Variante des Vegetarismus, der Veganismus, von sich reden. Veganer lehnen nicht nur Fleisch ab, sondern auch Milch, Eier, Honig und alle anderen von Tieren stammenden Produkte. Doch diese Form der Ernährung ist auf Dauer ungesund und kann für Kleinkinder sogar gefährlich werden. Das Problem ist Vitamin-B_{12}-Mangel. Dieses lebenswichtige Vitamin kommt in pflanzlicher Nahrung nicht vor. Erwachsene haben normalerweise ein Depot an Vitamin B_{12}, von dem sie trotz ihrer Mangelernährung jahre- oder sogar jahrzehntelang zehren können, ohne sich dabei unwohl zu fühlen.

Wenn eine vegan lebende Mutter stillt, enthält ihre Milch B_{12}. Hat sie bereits ein oder zwei Kinder gestillt, ist ihr B_{12}-Depot irgendwann aufgebraucht. Das heißt, beim nächsten Kind kann es zu einer Mangelversorgung kommen. Dies führte in einigen Fällen zu ernsten Schädigungen des Gehirns und der allgemeinen Entwicklung.[3]

1 Thema, Ernährung, März 1995. **2** ebd. **3** Die Zeit Nr. 51/1995.

»Bioprodukte sind gesünder als konventionelle Lebensmittel«

Ökologischer Landbau hat viele Vorteile. Er schont Ackerboden und Grundwasser, quält die Nutztiere nicht und trägt zur Artenvielfalt der wildlebenden Pflanzen und Tiere bei. Das ist an sich schon Grund genug, Bioware zu kaufen.

Ob Biokost tatsächlich gesünder ist als Nahrungsmittel aus konventioneller Landwirtschaft, konnte bisher nicht sicher nachgewiesen werden. Denn es gibt keine Langzeitstudien darüber, ob die Biokostesser weniger krank sind und länger leben als der Rest der Bevölkerung (bisher wurden solche Langzeitvergleiche nur für Vegetarier angestellt). Es gibt jedoch einige Hinweise auf die gesundheitliche Überlegenheit der Biolebensmittel.

Am deutlichsten ist der Unterschied beim Fleisch. Im Ernährungsbericht 1992 weist die Deutsche Gesellschaft für Ernährung (DGE) darauf hin, daß in einem halben Prozent der Fleischproben von konventionell gemästeten Schlachttieren Antibiotika und sonstige Medikamente entdeckt wurden (bei Kälbern waren es sogar zwei Prozent). Auch Hormone (die der Beschleunigung der Mast dienen) werden mit regional unterschiedlicher Häufigkeit immer wieder nachgewiesen.[1] Biofleisch ist frei von solchen Belastungen, denn die Öko-Bauern dürfen nur kranke Tiere mit Medikamenten behandeln. Danach müssen sie lange warten, bis das Tier zur Schlachtung freigegeben wird.

Zur Frage der Pestizidbelastung von pflanzlichen Lebensmitteln berichtet die DGE, daß auch die konventionelle Ware immer weniger Rückstände aufweist. Selbst in Einzelfällen, wo die gesetzlichen Werte um bis zu sechs Prozent überschritten wurden, erreichten sie keine Konzentration, die die menschliche Gesundheit beeinträchtigen könnte.

Der Nitratgehalt von Lebensmitteln hängt, nach Angaben der DGE, im wesentlichen von der Menge des Düngers ab und nicht davon, ob Mist oder Kunstdünger benutzt wurde. Die Belastung mit Schwermetallen hat mehr mit dem Standort eines Landwirtschaftsbetriebes zu tun (etwa neben einer Straße) als mit dessen Produktionsweise. Nach einer Auswertung verschiedener Untersuchungen resümiert die DGE, daß sich »ein Unterschied zwischen alternativem und konventionellem Landbau nicht erkennen« läßt.[2]

Das Bundesamt für gesundheitlichen Verbraucherschutz und Veterinärmedizin (BgVV) wertete 120 Vergleichsuntersuchungen aus den Jahren 1926 bis 1994 aus. Hierbei entdeckten die Verfasser im Gegensatz zur DGE einige Unterschiede zwischen ökologisch und konventionell angebauten Pflanzen. Gemüse, das mineralisch gedüngt wurde, weist demnach einen deutlich höheren Nitratgehalt auf.[3] Nitrat ist eine natürliche Stickstoffverbindung, die selbst nicht toxisch ist. Allerdings kann daraus im Verdauungstrakt Nitrit entstehen, welches als schädlich gilt. Nitrosamine, die sich wiederum aus Nitrit bilden, werden ebenfalls als gesundheitsschädigend eingestuft.

In Sachen Pestizide stellt das BgVV ebenso wie die DGE fest, daß auch bei konventionell erzeugten Produkten die Rückstände fast ausschließlich unter der gesetzlich vorgeschriebenen Höchstmenge liegen. Selbst bei den schwer abbaubaren chlorierten Kohlenwasserstoffen, die seit geraumer Zeit verboten sind, war kein Unterschied zu finden.[4]

Die Stiftung Ökologie und Landbau (SÖL) kritisiert, daß chemische Analyse allein nicht genüge, um Unterschiede zwischen Öko-Produkten und konventionell angebauter Nahrung herauszufinden. Die SÖL fordert daher, daß »alternative Untersuchungsmethoden« einbezogen werden sollten.[5]

Zu erstaunlichen Ergebnissen kamen beispielsweise Wissenschaftlerinnen am Ludwig-Boltzmann-Institut für Biologischen Landbau und Angewandte Ökologie in Wien: Sie gaben Kaninchen und Hühnern die Wahl zwischen Gemüse aus konventionellem und aus Bioanbau. Die Tiere zogen ganz eindeutig die Bioprodukte vor. »Der Grund für diese Bevorzugung ist vorläufig noch unbekannt«, schreiben die Wissenschaftlerinnen, »da die chemische Analyse der Produkte keine Erklärung dafür liefern konnte.«[6] In einem weiteren Versuch erwiesen sich Kaninchen als fruchtbarer, wenn sie mit Öko-Futter aufgezogen wurden. Sie warfen mehr lebende Junge als Vergleichsgruppen, die konventionelles Gemüse erhielten.[7]

Insgesamt kommt bei der Diskussion um Giftstoffe in Lebensmitteln die Tatsache zu kurz, daß auch die Pflanzen selbst eine Vielzahl von

Giften produzieren. Natürliche Stoffe sind keinesfalls grundsätzlich gesund und synthetische Stoffe nicht automatisch schlecht. Das Solanin in grünen oder keimenden Kartoffeln ist giftig, und zehn Bittermandeln können ein Kleinkind in Lebensgefahr bringen.[8]

Bei einem Teilbereich der Bioware gibt es allerdings eine brisante hygienische Schwachstelle: Rohmilch und Rohmilchkäse. Einige Bio-Verarbeiter lehnen das Pasteurisieren (Kurzzeiterhitzen zur Keimabtötung) ab, da es »unnatürlich« sei. Hier besteht beispielsweise die Gefahr einer Infektion mit Ehec-Bakterien. 1997 erkrankten in Deutschland zirka 100 Menschen daran, acht starben. Besonders Kinder sind durch diese Krankheit bedroht, die sich in Bauchkrämpfen und blutigem Durchfall äußert. In schweren Fällen führt sie zum Nierenversagen. Ehec-Bakterien können durch rohes Fleisch und Rohmilch übertragen werden. Ein viel häufigerer Infektionsweg ist jedoch ungenügend gewaschenes Gemüse, das mit Mist oder Gülle gedüngt wurde (dabei spielt es keine Rolle, ob konventionell oder biologisch).[9] Wer Gemüse für Salate und Rohkost zubereitet, sollte es also stets gründlich waschen, selbst wenn es aus Öko-Anbau stammt.

1 Deutsche Gesellschaft für Ernährung (DGE), Ernährungsbericht, 1992. **2** ebd. **3** K. Woese u. a., Bio-Lebensmittel auf dem Prüfstand, 1995. **4** ebd. **5** M. Hoffmann, Lebensmittelqualität, 1997. **6** Zeitschrift für Ökologie und Landwirtschaft Nr. 4/1996. **7** Die Bergbauern Nr. 11/1996. **8** Thema, Ernährung, März 1995. **9** Frankfurter Allgemeine Zeitung vom 4. 9. 1997.

»Mit Bioware wird oft gemogelt«

Nichts Menschliches ist perfekt. Deshalb kommt es leider immer wieder vor, daß konventionelle Ware als Biolebensmittel verkauft wird (Hinweise darauf gibt es etwa bei Eiern). Doch die Reaktion »dann kauf' ich lieber gleich bei Aldi« ist unsinnig. Zu Ende gedacht bedeutet dies, die herkömmlichen Erzeuger mit allen ihren Nachteilen zu unterstützen, um einen winzigen Anteil betrügerischer Bioware zu vermeiden.

Heute können sich Verbraucher sehr sicher sein, nicht mit Pseudo-

Bioware hinters Licht geführt zu werden. Die Zeiten für Bio-Schummel sind schlechter geworden, seit die EG-Verordnung für den ökologischen Landbau in Kraft getreten ist (EG-VO 2092/91). Lebensmittel, die den Eindruck erwecken, aus Bio-Erzeugung zu stammen, und auf dem Etikett Begriffe wie »ökologisch« oder »Bio-« benutzen, müssen seit 1993 ein staatliches Kontrollverfahren durchlaufen.[1]

EU-weit wachen zirka 230 staatlich zugelassene neutrale Kontrollstellen (in Deutschland sind es etwa 50) darüber, daß wirklich auch »Bio« drin ist, wo »Bio« draufsteht. Neben umfangreichen Dokumentationen zum Produktionsablauf sind angemeldete und unangemeldete Betriebsbesichtigungen Pflicht.[2]

Eine einheitliche Verordnung zur ökologischen Tierhaltung wurde von den EU-Agrarministern erst 1999 auf den Weg gebracht. Daher sollten Verbraucher bei Fleisch, Wurst, Milch, Käse und Eiern auf die Markenzeichen des Dachverbandes AGÖL (Arbeitsgemeinschaft ökologischer Landbau) achten. Dies sind: Biopark, Bioland, demeter, Naturland, Gäa, ANOG, Biokreis, Ökosiegel und Eco Vin. Seit 1999 gibt es auch ein gemeinsames Siegel mit der Aufschrift »Öko-Prüfzeichen«.

Darüber hinaus garantieren die Bio-Marken der großen Handelsketten Produktsicherheit, z. B. die Marke »Füllhorn« bei der Rewe-Gruppe (HL, miniMAL, Toom u. a.) oder »Naturkind« bei Tengelmann. Diese Lebensmittel erfüllen ebenfalls AGÖL-Standards. Die Bezeichnungen »integrierter Anbau«, »kontrollierter Anbau« oder »extensiver Anbau« sind dagegen keine klar definierten Produktbezeichnungen, sondern benennen nur unterschiedliche Formen der konventionellen Landwirtschaft.[3]

Mißbräuchliche Bio-Bezeichnungen müssen sich Verbraucher übrigens nicht gefallen lassen. Seit die EG-Verordnung für den ökologischen Landbau verabschiedet ist, gab es mehrere Gerichtsentscheide, die Irreführungen auf dem Etikett untersagten.[4]

1 Ökomarkt Verbraucher- und Agrarberatung e.V., Broschüre, Zukunft leben, 1995.
2 M. Hoffmann, Lebensmittelqualität, 1997. **3** Bio-Nachrichten Nr. 42, Juni 1993.
4 Ökomarkt Verbraucher- und Agrarberatung e.V., Broschüre, Zukunft leben, 1995.

»Vor den größten Gefahren fürchten sich die Menschen am meisten«

Gesundheitlich müßten wir eigentlich das Rauchen, den Alkohol und die Völlerei fürchten, denn hierauf sind in den reichen Ländern die meisten tödlichen Erkrankungen zurückzuführen. Und das größte Risiko, einen tödlichen Unfall zu erleiden, lauert im eigenen Haushalt sowie bei Freizeit, Sport und Spiel auf uns. Die Furcht der Menschen richtet sich jedoch meist nicht nach dem tatsächlichen Risiko, sondern nach den »Schockfaktoren«. Dabei spielen vor allem psychologische Faktoren eine Rolle.

Der Chemie-Nobelpreisträger Roald Hoffmann hat dies mit folgenden Beispielen veranschaulicht[1]:

- → Freiwilligkeit: Ein freiwilliges Risiko akzeptieren die Menschen eher als ein von außen aufgezwungenes, dem sie passiv ausgeliefert sind. Skilaufen macht Spaß, auf einem glatten Brett den Berg hinuntergestoßen zu werden, erzeugt hingegen einen Schock. Das Risiko, sich zu verletzen, ist dabei gleich groß.
- → Moral: Die Gesellschaft in den industrialisierten Ländern steht auf dem Standpunkt, daß Umweltverschmutzung nicht nur schädlich ist, sie ist auch verabscheuungswürdig. Deshalb ist es gefühllos, über Kosten und Nutzen zu reden. Schließlich geht es um eine moralische Frage. Nehmen wir einmal an, eine Person mißhandelt ab und zu ein Kind. Jetzt stellen Sie sich einen Polizisten vor, der meint, dies sei im Vergleich zu der viel größeren Gefahr, im Straßenverkehr verletzt zu werden, ein akzeptables Risiko.
- → Räumliche und zeitliche Ausdehnung: Durch die Gefahr A sterben in jedem Jahr 50 Menschen irgendwo im Lande. Gefahr B könnte mit einer Wahrscheinlichkeit von 1:10 irgendwann in den nächsten zehn Jahren alle 50000 Menschen in der Nachbarschaft umbringen. Eine Risikoanalyse ergibt für beide Gefahren denselben Erwartungswert der jährlichen Mortalität, nämlich 50. Die »Schockbewertung« dagegen sagt, daß Gefahr A vielleicht akzeptabel ist, B ganz sicher nicht.

Man kann sicherlich niemandem vorwerfen, daß er Gefahren nicht nur an der rein technisch-statistischen Risikobewertung, sondern auch an der moralischen Risikowahrnehmung ausrichtet. Dennoch sollten wir die nüchterne Abwägung nicht vollends aus den Augen verlieren. Dafür gibt es drei gute Gründe. Erstens: Weil Bewertung und Wahrnehmung sich mitunter doch bis ins Groteske verzerren. Beispiele dafür finden sich in diesem Buch genügend. Zweitens: Weil die Wahrnehmung und die daraus folgenden Konsequenzen mitunter nur moralisch scheinen, es aber tatsächlich nicht sind (etwa wenn andere Menschen durch falschen Alarm ihren Arbeitsplatz verlieren). Drittens: Weil sich hinter der vorgeblichen Moral mitunter weniger edle Motive verstecken (zum Beispiel handfeste ökonomische Interessen wie das Ausschalten eines Konkurrenten).

1 R. Hoffmann, Sein und Schein, 1997.

»Die schlimmsten Umweltkrankheiten gibt es in den Industrieländern«

»Die schlimmste Umweltverschmutzung ist die Armut«. (Indira Gandhi) Und aus ihr resultieren die schlimmsten Umweltkrankheiten und die wahren Katastrophen. Die Weltgesundheitsorganisation (WHO) schätzte die Zahl der neonatalen Todesfälle 1995 auf mehr als fünf Millionen. Das sind fünf Millionen Kinder, die während der ersten vier Lebenswochen starben. Statistisch ausgedrückt beträgt die Sterberate in den minderentwickelten Ländern 53 pro 1000 Geburten, in den Industrieländern 5 pro 1000 Geburten.[1]

Gründe für die hohe Kindersterblichkeit in den armen Ländern sind schlechte Ernährung, mangelnde medizinische Versorgung, stark verunreinigtes Wasser, verschmutzte Luft sowie schlechte hygienische Verhältnisse. Akute Atemwegsinfektionen, Tuberkulose, Durchfall und Hepatitis sind die Folgen und die häufigsten Todesursachen. Hinzu kommt die sich wieder stark ausbreitende Malaria (siehe auch »Das Verbot des Pestizids DDT hat Menschenleben gerettet«, Seite 103). Dies

Daran starben 1995 die Kinder in den Entwicklungsländern

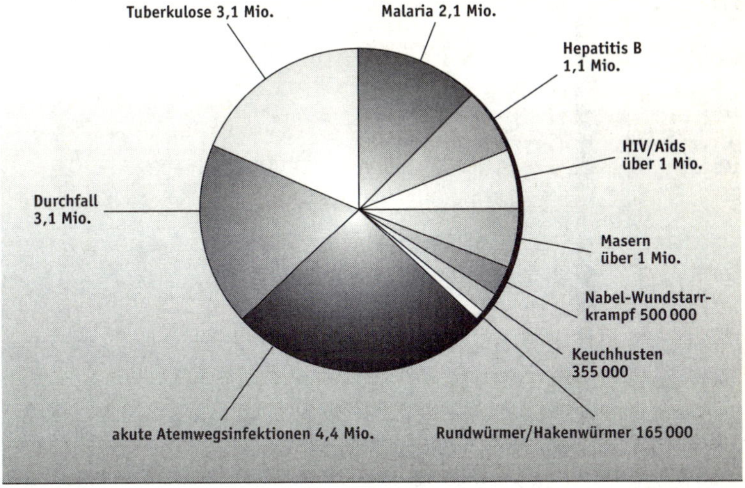

Die schlimmsten Umweltkrankheiten sind nicht Folge von Wohlstand, sondern von Armut: Impfungen, Medikamente, bessere hygienische Verhältnisse und moderne Umwelttechnik für sauberes Wasser und saubere Luft könnten Millionen Menschen das Leben retten. **(Quelle: WHO 1995)**

sind die schlimmsten Umweltkrankheiten (und nicht Amalgamvergiftung oder Elektrosmog). **[Grafik Seite 123]**

Von den 11 Millionen Kindern unter fünf Jahren, die 1995 starben, fielen ungefähr 9 Millionen Infektionskrankheiten zum Opfer, von denen wiederum etwa 25 Prozent durch Impfung vermeidbar gewesen wären. **[Grafik Seite 124]** Die Überlebenschancen der übrigen Kinder hätten mit Umweltschutzmaßnahmen drastisch verbessert werden können. Dazu zählen beispielsweise der Bau von Kläranlagen und Toiletten, der Ersatz von offenen Feuerstellen durch Herde, der Bau von Wasserwerken und die Chlorung von Trinkwasser, saubere Kraftwerke und Katalysatoren, geteerte Straßen (Atemwegserkrankungen durch Staub), hygienisch hergestellte Lebensmittel. Die Mittel gegen die drän-

So viele Kinder sterben vor ihrem 5. Geburtstag

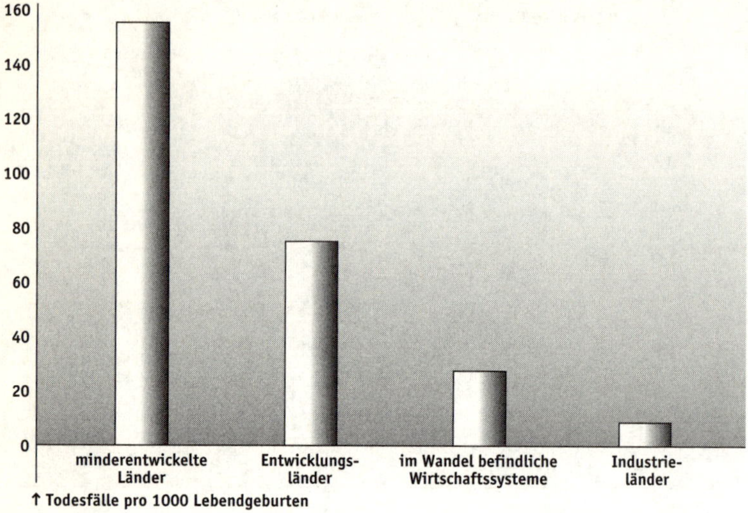

Bei allem Engagement für künftige Generationen sollten wir die heute lebenden nicht vergessen: Je höher entwickelt ein Land, desto drastischer sinkt die Kindersterblichkeit. Das Beste, was die Menschen in aller Welt für ihre Kinder tun können ist das Schaffen von Wohlstand und Bildung.
(Quelle: WHO 1996)

gendsten Umweltkrankheiten sind bekannt. Doch die betroffenen Menschen können sie sich meist nicht leisten.

1 WHO, Weltgesundheitsbericht 1996.

Perspektiven

Akuten Gesundheitsbedrohungen durch Gifte am Arbeitsplatz oder in der Umwelt ist in Deutschland die Spitze genommen. Wir sind heute fast durchgängig weniger belastet als die Generation unserer Eltern. Um-

Lebenserwartung bei der Geburt

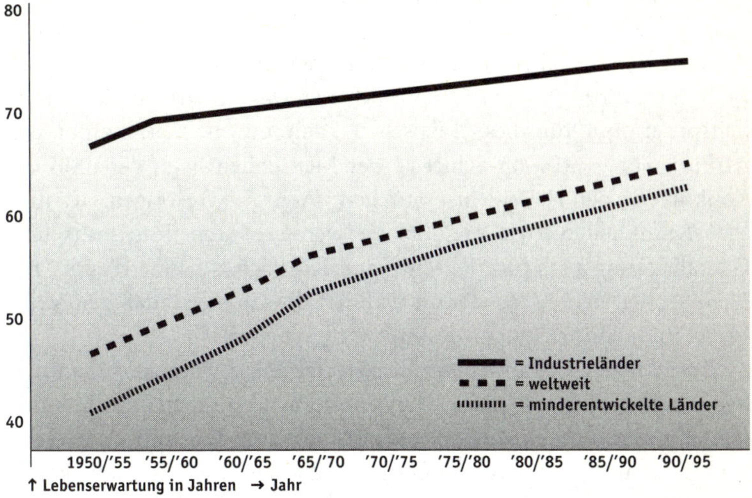

Das 20. Jahrhundert zeigt eine regelrechte Gesundheitsexplosion, die sich weltweit in steigender Lebenserwartung niederschlägt. Treibende Kraft dahinter ist der technische Fortschritt – von der Medizin bis zur Nahrungsmittelproduktion. Minderentwickelte Länder mit wachsendem Wohlstand holen allmählich auf.

(Quelle: R. Bailey 1995)

welteinflüsse rangieren in der Statistik der Krankheitsursachen weit hinten. Bei neuen Krankheitsbildern wie der Überempfindlichkeit gegenüber Chemikalien (MCS) spielt die Psyche oft eine größere Rolle als der Schadstoff selbst. Das ändert freilich nichts daran, daß die daran erkrankten Menschen schwer leiden. Die Anstrengungen, Schadstoffe und Gifte möglichst von vornherein zu vermeiden, dürfen nicht erlahmen.

Aufgrund medizinischer Erfolge wächst der Anteil älterer Menschen an der Bevölkerung überproportional. Im Jahre 1993 stellte die Altersgruppe der 25–35jährigen in Deutschland die größte Bevölkerungsgruppe. Im Jahre 2015 werden es die 50–60jährigen sein. **[Grafik Seite 125]** Die paradoxe Konsequenz des medizinischen Fortschritts wird somit ein steigender Bedarf an Gesundheitsleistungen sein. In den ärmsten Entwicklungsländern liegt die durchschnittliche Lebenserwartung heute bei nur etwa 50 Jahren. Aus der Armut erwachsen auch in Zukunft die wirklichen Umweltkrankheiten, beispielsweise durch Mangelernährung oder verseuchtes Wasser. Das Umwelt- und Gesundheitsprogramm für diese Menschen kann nur heißen: Kampf der Armut. Wem etwas am Schicksal der Menschheit liegt, der muß die Konkurrenz der Habenichtse auf dem Weltmarkt ertragen. »Dritte-Welt-Krankheiten« wie die Malaria werden durch Tourismus und Globalisierung auch für Menschen aus den reichen Ländern zum Problem – aber wenigstens steigen dadurch die Chancen, daß genügend Mittel in die Entwicklung von Impfstoffen fließen.

Trotz aller Durchbrüche in der Medizin sind viele der bekannten Krankheiten bis heute nicht heilbar. Und es werden auch in Zukunft neue hinzukommen, wie es in jüngerer Zeit mit der Immunschwäche Aids geschah. Die anpassungsfähigen Bakterien und Viren, die gegen Antibiotika resistent werden, müssen mit immer neuen, veränderten Stoffen bekämpft werden. Mutter Natur ist eben nicht nur sanft, sondern manchmal auch tödlich. Wissenschaft, moderne Pharmazie und Schulmedizin werden unsere einzigen Waffen im ewigen evolutionären Wettrüsten bleiben. Naturheilverfahren sind schön, aber wenn es darauf ankommt, keine Alternative.

Klima

Oft gehört, gern geglaubt

»Noch nie war die Angst vor einer Klimakatastrophe so groß wie heute«
»Die Erde wird unnatürlich wärmer«
»Die Polkappen schmelzen ab«
»Der Meeresspiegel steigt ungewöhnlich an«
»Die Alpengletscher schmelzen stärker ab«
»Weltweit nehmen die Unwetter zu«
»Kohlendioxid (CO_2) ist der Hauptverursacher des Treibhauseffektes«
»Kohlendioxid ist ein Schadstoff und ein Klimagift«
»Seit der Industrialisierung hat sich das Klima aufgeheizt«
»Der Treibhauseffekt geht auf menschliche Aktivitäten zurück«
»Die Mehrheit der Klima-Experten ist sich einig«
»Einige Klimaforscher sind ›gekauft‹«
»Mit Computern läßt sich das Klima vorausberechnen«
»Der Flügelschlag eines Schmetterlings kann einen Hurrikan auslösen«
»Die Sonne spielt für das Klima eine untergeordnete Rolle«
»Eine Erwärmung wäre für die Erde in jedem Fall eine Katastrophe«
»Wir können das Klima schützen«

Perspektiven

Oft gehört, gern geglaubt

München im Jahr 2050: Die Isar-Metropole ist überschwemmt, nur die Frauenkirche schaut noch aus dem Wasser, denn die Polkappen sind wegen der Klimaerwärmung abgeschmolzen. Mit diesem Motiv gewann ein 17jähriger Münchner 1997 den großen gemeinsamen Graffiti-Wettbewerb von Coca Cola, deutscher Städtereklame, Abendzeitung, tv München und Radio Gong. Die Veranstalter machte die »eher düstere« Vision ganz betroffen (nur die Herren von Coca Cola freuten sich klammheimlich über in Aussicht stehende Hitzerekorde). Kurz zuvor hatte die Klima-Aktionsgruppe »Agenda 21« auf dem Stachus eine »Beachparty« und das »Eintreffen der Weltmeere« gefeiert. Motto: »Der CO_2-Ausstoß macht es möglich!« Die letzten Sandkörner von Sylt wurden symbolisch an die Bevölkerung verteilt, denn die Nordseeinsel »wird demnächst weggeschwemmt«.

Auch Greenpeace hat schlechte Nachrichten und will mit dem Report »Zeitbombe Klima« rechtzeitig Alarm schlagen: »Unsere Dokumentation von mehr als 500 Überschwemmungen, Dürren, Stürmen, Waldbränden, Temperaturrekorden, Korallensterben, schmelzenden Gletschern sowie die Ausbreitung von Schädlingen und Seuchen belegt, daß die Zahl extremer Wetterlagen dramatisch zunimmt.«[1]

Der World Wide Fund for Nature (WWF) ist sich ganz sicher, »daß eine Veränderung des Klimas bereits eingetreten ist und in allen Teilen der Welt zu Beeinträchtigungen der Lebensräume, der Tier- und Pflanzenwelt und der menschlichen Gesundheit sowie zu wirtschaftlichen Einbußen führt«.[2] So seien alleine in Chicago 500 Menschen an den Folgen einer Hitzewelle gestorben. Und es kommt noch viel dicker: »Was heute den Opfern von immer mehr Wirbelstürmen, Überschwemmungen und Dürrekatastrophen vor allem in den armen Entwicklungsländern widerfährt, kann schon für die Generation unserer Kinder zur grausamen Alltagswirklichkeit werden.«[3] Ganz schlimm erwischt es auch den Panda. So schreibt die Umweltorganisation in einem Werbebrief: »Die Vegetation in den Bergwäldern Chinas wird sich so stark verändern, daß dem Symboltier des weltweiten Naturschutzes die Bambus-Nahrung ausgeht.«

Es heißt Abschied nehmen. Die »Frankfurter Rundschau« summierte den Ernst der Lage unter der Überschrift: »Im Jahr 2100 werden weite Teile

der Erde unbewohnbar sein.«[4] Die Berliner »taz« macht den Deckel entschlossen ganz zu: »Endgültig: Menschheit schaufelt sich Klimagrab.«[5] Ein besonders bemerkenswerter Vergleich fiel allerdings dem amerikanischen Vizepräsidenten Al Gore ein (als er noch Senator war): Die Menschheit, so Gore, befinde sich in der »Kristallnacht vor dem Klimaholocaust«.

1 Greenpeace, Zeitbombe Klima, 1994. **2** WWF, Hintergrundinformation, Zeit zu handeln, 1997. **3** WWF-Journal Nr. 4/1997. **4** Frankfurter Rundschau vom 18. 12. 1995. **5** die tageszeitung vom 18. 12. 1995.

»Noch nie war die Angst vor einer Klimakatastrophe so groß wie heute«

Es scheint, als würde nie wieder Schnee unter den Füßen der Menschen knirschen. Die globalen Temperaturen erreichen beängstigende Höhen. In den Küstenstädten geht die Angst vor einem steigenden Meeresspiegel um. G. C. Callandar, ein prominenter Klimatologe, spricht vor der Royal Meteorological Society (der »Königlichen meteorologischen Gesellschaft«) in London und verkündet den Zuhörern: Der vom Menschen verursachte Treibhauseffekt ist da. Die Brandrede wurde schon vor einiger Zeit gehalten. Genau gesagt, im Jahre 1938 – also vor mehr als einem halben Jahrhundert.[1]

Spencer Weart, Leiter des amerikanischen Instituts für die Geschichte der Physik in College Park, Maryland, hat die zeitgenössischen Quellen studiert. Er kommt zu dem Schluß, daß die Treibhaus-Rhetorik in den dreißiger Jahren »exakt die gleiche war, wie wir sie heute wieder hören«.[2] Die Menschheit, so hieß es, überschreite ihre Grenzen in erschreckender Weise, irreversible Schäden seien die unvermeidliche Folge. Der Klimatologe Callandar war sich 1938 in seiner Rede jedenfalls sicher: Die Zukunft kann aufgrund der Treibhausgase nur heißer werden.

Sofort wurde es kälter. Von 1940 bis in die späten siebziger Jahre sanken die globalen Temperaturen. Stephen Schneider, ein prominenter amerikanischer Klimatologe, erläuterte in der Zeitschrift »Science« die Möglichkeit einer vom Menschen verursachten Eiszeit.[3] 1977 bescherte den Amerikanern den kältesten Winter des Jahrhunderts. Umweltschützer geißelten die Wohlstandsgesellschaft und ihre Abgase als Auslöser der kommenden Eiszeit. Der amerikanische Kongreß veranstaltete Fragestunden zur drohenden Erdabkühlung.

Sofort wurde es wärmer. Nun erlebt die Treibhausthese eine Renaissance unter den Wissenschaftlern. Der heutige amerikanische Vizepräsident und damalige Senator Al Gore erklärte schon 1986: »Die Gemeinschaft der Wissenschaftler ist fast einstimmig der Meinung, daß der (menschengemachte) Treibhauseffekt real und bereits unterwegs ist.«[4] Stephen Schneider, der bereits zitierte Eiszeit-Warner, entwickelte sich zu einer in den Medien allgegenwärtigen Treibhaus-Kassandra:

»Die Veränderung (des Klimas) erfolgt so schnell, daß ich nicht zögere, die Auswirkungen als potentiell katastrophisch für die Ökosysteme zu bezeichnen.«[5]

Bevor es womöglich wieder kühler wird (wer weiß!), machen wir lieber einen Ausflug in graue Vorzeit. Denn schon bei den alten Germanen war die Klimakatastrophe aktuell. Allerdings konnten sie sich nicht so richtig zwischen Eiszeit und Treibhaus entscheiden und kombinierten sicherheitshalber beides. Die alten Legenden überliefern uns: Das Erdbeben der Weltesche kündigt den Untergang an. Während die Sonne sich verdunkelt und der ewige Winter anbricht, werden die guten Götter Wotan und Baldur getötet. Der böse Feuerriese Surtr steckt daraufhin die Welt in Brand, und die Erdteile versinken schließlich im Meer.[6] Was den Weltuntergang anbetrifft, gingen die Germanen jedenfalls auf Nummer sicher.

1 G. Easterbrook, A Moment on the Earth, 1995. **2** ebd. **3** Science, Vol. 173, 1971, Seite 138–141. **4** The Economist vom 20. 12. 1997. **5** TV-Interview 1990, Channel 4, Großbritannien. **6** P.-Y. Gaudard, Betrachtungen eines Ethnologen. In: K. Aurand, B. P. Hazard, F. Tretter, Umweltbelastungen und Ängste, 1993.

»Die Erde wird unnatürlich wärmer«

»1995 war weltweit das wärmste Jahr der Geschichte. Insgesamt brachten die neunziger Jahre die weltweit fünf wärmsten Jahre seit Beginn der Temperaturaufzeichnungen vor mehr als einem Jahrhundert«, führt der World Wide Fund For Nature (WWF) Ende 1997 als Beleg für einen unnatürlichen Klimawandel an.[1] Wie gewollt solche Aussagen sind, zeigt eine nähere Analyse.

Richtig ist: In den letzten 100 Jahren stieg die globale Durchschnittstemperatur den meisten Quellen zufolge um etwa 0,5 Grad Celsius.[2] **[Grafik Seite 132]** Richtig ist aber auch: Im Jahrhundert zuvor gab es ähnliche Warmphasen wie heute. Schauen die Wissenschaftler 200 Jahre zurück, können sie keine deutliche Erwärmung der Erde mehr feststellen. Gernot Patzelt vom Institut für Hochgebirgsforschung in Innsbruck meint: »Bezieht man diese [längeren Meßreihen] mit ein, dann läßt sich kein eindeutiger Trend feststellen.« Meßreihen des alpinen Nahbereichs beispielsweise, die bis an den Beginn instrumenteller Temperaturbeobachtungen um 1775 zurückreichen (so etwa auf der ältesten Bergwetterstation der Welt am Hohenpeißenberg im Allgäu), zeigen dies.[3] Über eine der weltweit längsten Aufzeichnungen der Temperatur überhaupt verfügt übrigens die Wetterstation in Berlin-Dahlem: Dort wird seit 296 Jahren über die Temperatur Buch ge-

Jährliche Durchschnittstemperaturen an der Erdoberfläche 1856 – 1989

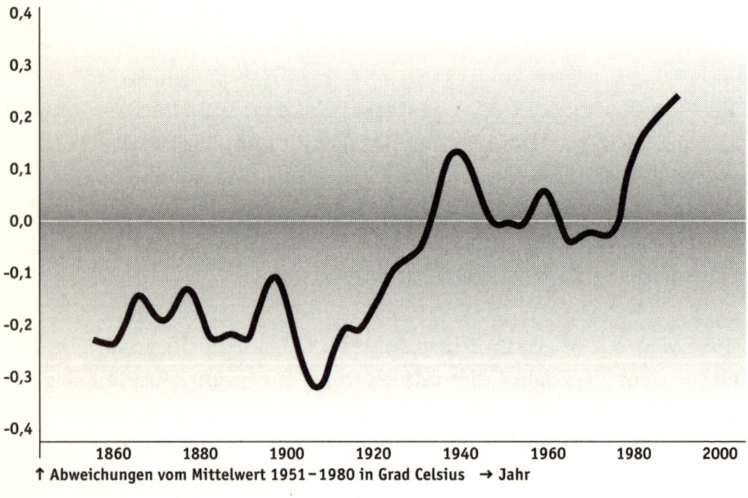

Der zeitliche Verlauf der Temperaturtrends in den letzten 130 Jahren (gemittelt über den Ozeanen und Kontinenten) läßt eine merkliche Erwärmung zwischen 1910 und 1940 erkennen sowie einen weiteren Anstieg zwischen 1975 und 1990. Dazwischen kam es zu einer Abkühlung. Von einer kontinuierlichen Erwärmung, wie sie die Klimamodelle der Computer nahelegen, kann keine Rede sein.

(Quelle: Nach IPCC 1990)

führt. Auch diese Meßreihe läßt keinen Rückschluß auf eine ungewöhnliche Erwärmung im gegenwärtigen Jahrhundert zu.[4] **[Grafik Seite 134/135]** Es gibt somit sehr viel länger Temperaturaufzeichnungen, als manche Umweltschützer glauben.

Außerdem besteht die »Klimageschichte« nicht aus den letzten 100 Jahren. Ein paar wärmere Jahre sagen über die langfristige Klimaentwicklung letztendlich überhaupt nichts aus. Durch raffinierte Analysemethoden lassen sich die Temperaturen heute um Jahrtausende oder Jahrmillionen zurückbestimmen. Diese Untersuchungen zeigen ein erdgeschichtliches Wechselbad mit teilweise sehr viel höheren, aber auch sehr viel tieferen Temperaturen als heute. Auch die Behauptung, in den letzten 10000 Jahren habe sich die Erde niemals so schnell erwärmt wie heute, ist falsch. Wibjörn Karlén von der Universität in Stockholm kann anhand der Untersuchung der Jahresringe von Bäumen nachweisen, daß sich das Klima in dieser Zeitspanne wiederholt rasch verändert hat. So schwankten die Temperaturen im skandinavischen Großraum mehrmals zwischen denen der »kleinen Eiszeit« und zwei Grad über den heutigen.[5]

Nun bilden die Ozeane zwei Drittel der Erdoberfläche. Doch das komplexe Gebilde von sich abwechselnden und ständig verändernden warmen und kalten Strömungen zeigt ebenfalls keinen eindeutigen Erwärmungstrend. Eine Studie des Massachusetts Institute of Technology (MIT) und des British Meteorological Office unternahm den Versuch, wenigstens die Meeresoberflächentemperaturen von 1856 bis 1987 zu rekonstruieren. Ergebnis: praktisch keine Veränderung. Forscher der Scripps Institution of Oceanography in Kalifornien analysierten viele Millionen Messungen, die von 1979 bis 1994 und bis in eine Tiefe von 400 Metern gemacht wurden. Ihre Daten zeigen bis in die achtziger Jahre ein Abkühlen um 0,1 Grad und dann bis 1994 eine Erwärmung von etwa dem gleichen Ausmaß. Das Bundesamt für Seeschiffahrt und Hydrographie (BSH) wertete seit 1968 gewonnene Daten für die Nordsee aus und kommt zu dem Schluß: »Wir stellen zwar Schwankungen mit mehrjähriger Dauer fest. Es gibt aber keinen anhaltenden Trend für eine Zu- oder Abnahme.«[6]

Einfach ausgedrückt, nennt die Wissenschaft Vorgänge von Wochen

Jahresmitteltemperaturen 1701 – 1996 (Berlin-Dahlem)

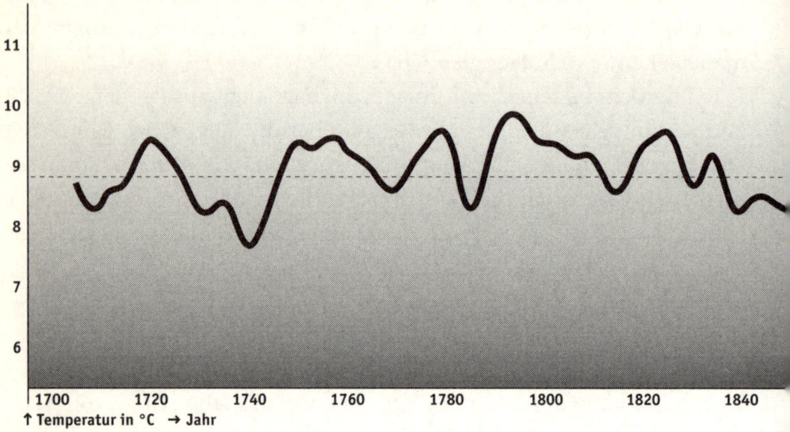

Die Wetterstation in Berlin-Dahlem verfügt über eine der weltweit längsten Aufzeichnungen der Temperatur. Der Verlauf der Kurve in den letzten 296 Jahren zeigt, daß wärmere Zeiten wie heute nichts Ungewöhnliches sind. Historische Meßreihen vom Hohenpeißenberg (Allgäu) und De Bilt zeigen ein ähnliches Auf und Ab und keinesfalls einen eindeutigen Trend.

(Quelle: Amtsblatt des Instituts für Meteorologie, Berlin 1997)

oder Monaten Dauer »Wetter«, erst Entwicklungen über Jahre, Jahrzehnte oder Jahrhunderte rechtfertigen den Ausdruck »Klima«. Klimatisch gesehen, lebt die Menschheit seit etwa 10000 Jahren alles in allem in einer für sie relativ optimalen Warmphase.[7] Das günstige Klima förderte in diesem Zeitraum die Erfindung der Landwirtschaft. Auch in dieser erdgeschichtlich ganz jungen Phase, das ergab die Analyse von Eisbohrkernen in Grönland, lagen die Temperaturen teilweise über den heutigen.[8] Der Landwirtschaft hat dies stets gut getan.

Gegenwärtig legen die von Wetterstationen oder auf Schiffen gemessenen globalen Temperaturen eine durchschnittliche Erwärmung zwischen etwa 0,04 und 0,1 Grad pro Jahrzehnt nahe. Die unterschiedlichen Angaben sind mit der unterschiedlichen Art und der Verteilung

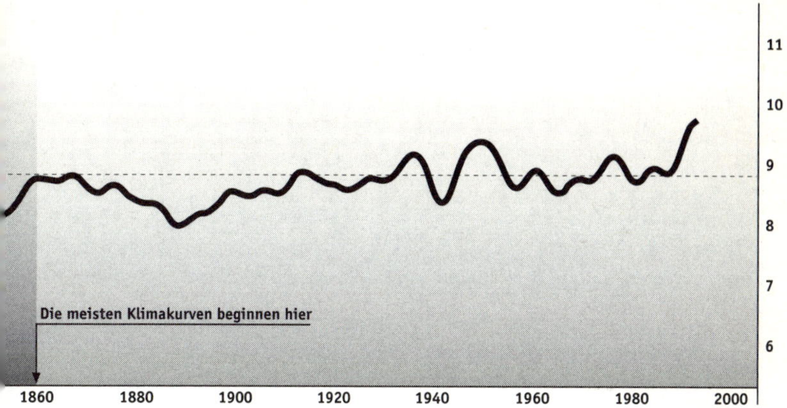

der Messungen zu erklären. So wurden in der Vergangenheit auf den für das Weltklima so immens wichtigen Ozeanen und in abgelegenen Regionen kaum Temperaturen festgehalten. Selbst heute, so wird geschätzt, decken die Temperaturbeobachtungen trotz der relativ großen Zahl von Meßstationen nur etwa 40 Prozent des Globus ab.

Auch haben sich die Umstände der Messungen geändert. Heute sind Schiffe sehr viel höher und die Instrumente weiter vom kühlen Wasser entfernt. Um andere Stationen sind inzwischen Städte entstanden, die sich wesentlich stärker erwärmen als die einstige ländliche Umgebung. Untersuchungen in Kalifornien ergaben: Je dichter besiedelt eine Region ist, desto höher steigen die Temperaturen.

Eine 1996 veröffentlichte Studie aus Südafrika zeigt, daß die dortige Erwärmung der letzten 30 Jahre um bis zu 50 Prozent zu hoch angesetzt wurde.[9] Die Fachleute sprechen bereits vom »Skyline-Effekt«, der für ein höheres Temperaturniveau in der Umgebung von Meßstationen verantwortlich ist. Faktoren wie die wachsende Bebauungsdichte müssen daher mühsam abgeschätzt und aus den Daten »herausgerechnet« werden.

Nach Ansicht von Professor Dr. Aksel Wiin-Nielsen, ehemaliger Generalsekretär der World Meteorological Organisation (WMO), gibt es

Jährliche Durchschnittstemperaturen in der Troposphäre 1978 – 1996

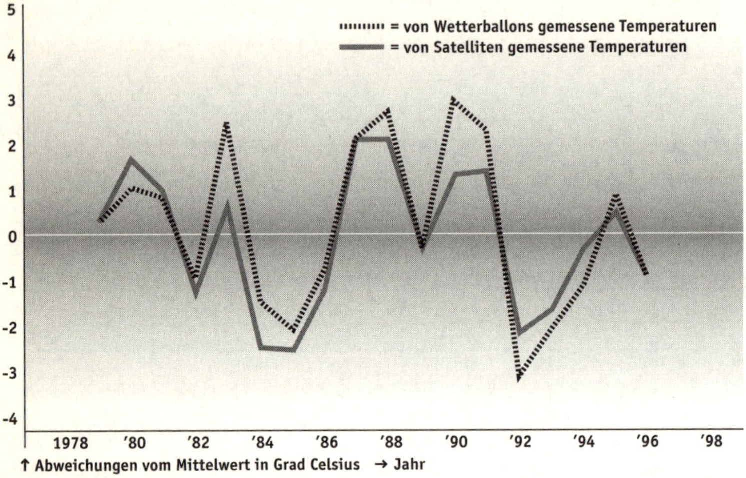

Während die Messungen am Boden auf eine Erwärmung der Erde hindeuten, zeigen die Luftschichten bis fünf Kilometer Höhe (Troposphäre) sogar eine leichte Abkühlung. Die Übereinstimmung von Satellitenmessungen mit den Beobachtungen der Wetterballons sprechen für die Zuverlässigkeit der Temperaturbestimmungen. **(Quelle: Focus 1997 / J. Christi, University of Alabama)**

gemäß dem 30-Jahre-Standard angemessene Globaltemperatur-Schätzungen (siehe Seite 138) für die Periode von 1931 bis 1960 und bessere Schätzungen für den Zeitraum von 1961 bis 1990, der gerade Vergangenheit wurde. Wiin-Nielsen kann daraus nichts Außergewöhnliches ablesen: »Wenn wir beide Perioden vergleichen, liegen die Veränderungen der verschiedenen meteorologischen Parameter, also auch die der Temperatur, im Bereich der natürlichen Klimavariabilität.[10]

Nun stehen heute auch Satellitendaten zur Verfügung, die den ganzen Globus umfassen. Professor John Christi von der Universität von Alabama und Dr. Roy Spencer von der NASA haben diese Meßreihen seit 1979 ausgewertet. Ihr Ergebnis nach einer aktuellen Revision im

Sommer 1998: »Für die untere Troposphäre bis zu 5 Kilometern Höhe ergibt sich seit 1979 eine leichte Abkühlung von 0,01 Grad pro Jahrzehnt.« In dieser Zeit brachen allerdings Vulkane aus, die den Globus außer der Reihe abkühlten. Nur wenn die Wissenschaftler diese Naturereignisse »ungeschehen machen« (sprich: herausrechnen), dann ist die Welt theoretisch wärmer geworden. So wunderbar kann Wissenschaft sein: Es wird wärmer, obwohl es eigentlich kälter geworden ist.

Die Messungen von genaustens geeichten Wetterballons stimmen übrigens mit den Beobachtungen der Satelliten auf frappierende Weise überein.[11] **[Grafik Seite 136]** Möglicherweise zeigen nun sowohl die erdgebundenen als auch die Messungen in luftiger Höhe zwar gegenläufige, aber prinzipiell richtige Temperaturtrends. Es wäre dann also in Bodennähe geringfügig wärmer und in der unteren Troposphäre geringfügig kälter geworden. Doch das darf gemäß den Computermodellen, die eine künftige menschengemachte globale Erwärmung prophezeien, auf keinen Fall sein. Die Troposphäre müßte sich laut den Berechnungen auf jeden Fall erwärmen. Da sie es aber nicht tut, könnten die Computer in einem zentralen Punkt falsch programmiert sein. Möglicherweise enthalten die Modelle ein fundamentales Mißverständnis über den mit Abstand wichtigsten Steuerungsmechanismus des Klimas: den von Ozeanen, Wasserdampf und Wolken.[12]

Die gleichsam offizielle Klimaforschung des Intergovernmental Panel on Climate Change (IPCC) – zu deutsch etwa: »Zwischenstaatliche Abstimmungskommission zum Klimawandel« (siehe auch Seite 164) – traut derzeit lieber den mathematischen Rechenmodellen der Computer als den tatsächlichen physikalischen Messungen der Satelliten. Die große Frage lautet hier: Wirken die Wassermassen ausgleichend – sind sie möglicherweise eine Art selbstregulierende Kühlung – oder schaukeln sie die Temperaturen unter dem Strich sogar weiter hoch? Verfeinerungen der Computermodelle durch Berücksichtigung von Wolkeneinflüssen werden vermutlich zu neuen Prognosen mit weiter reduzierten Temperaturerhöhungen führen.

Grundsätzlich zeichnet sich derzeit jedenfalls keine einheitliche, über die natürliche Klimaschwankung hinausgehende globale Erwärmung ab. »Ich könnte nicht guten Gewissens behaupten, daß es wärmer wird«, sagt Professor Heinz Miller vom Alfred-Wegener-Institut für Meeres- und Polarforschung in Bremerhaven: »Wir kennen die globalen Zusammenhänge des Klimas einfach noch zu wenig.«[13] In Regionen, die derzeit steigende Temperaturen verzeichnen, manifestiert sich dies übrigens in der Regel durch kürzere Winter und weniger kalte Nächte – nicht aber durch extreme Tagestemperaturen. Ob die Menschen dies als Klimakatastrophe empfinden, sei dahingestellt.

1 WWF, Hintergrundinformation »Zeit zu Handeln«, 1997. **2** K. Hasselmann, Science vom 9. 5. 1997. **3** Institut für Hochgebirgsforschung, Innsbruck, Jahresbericht 1996. **4** Amtsblatt des Instituts für Meteorologie, Die Berliner Jahresmitteltemperaturen von 1701 bis 1996. Sonderdruck vom 5. 12. 1997. **5** W. Karlén (Universität Stockholm), Vortrag »Der solare Einfluß auf das Klima des Holozän«, gehalten auf dem Symposium »Klimaveränderungen – Ursachen und Auswirkungen« der Europäischen Akademie für Umweltfragen, Bonn, 10. 11. 1997. **6** Frankfurter Allgemeine Zeitung vom 10. 1. 1996. **7** Enquete-Komission zum Schutz der Erde, Bd. 1, Bonn 1990. **8** G. Easterbrook, A Moment on the Earth, 1995. **9** International Journal of Climatology, Vol. 16, 1996, Seite 935. **10** A. Wiin-Nielsen, Interview, Handelsblatt vom 19. 2. 1997. **11** World Climate Report Chart 1, Christy University of Alabama, Huntsville. **12** New Scientist vom 19. 7. 1997. **13** Welt am Sonntag Nr. 46/1997.

Gibt es überhaupt eine »Globaltemperatur«?

Nein. Es gibt gleich mehrere. Und das kommt so: Verschiedene Institutionen und Forschungseinrichtungen ermitteln auf verschiedene Weise (zwangsläufig) verschiedene Globaltemperaturen. Die Globaltemperatur ist auch keine Temperatur, die irgendwo tatsächlich herrscht, sondern ein Hilfskonstrukt (genau wie beispielsweise das globale Pro-Kopf-Durchschnittseinkommen).

Nach Angaben der World Meteorological Organisation

(WMO) sind es derzeit etwa 1400 Meßstationen in aller Welt, die zur Ermittlung von Globaltemperaturen beitragen. Insgesamt können die Meteorologen sogar auf 9500 Stationen zurückgreifen.[1] Jede Station errechnet aus mehreren Messungen über 24 Stunden eine durchschnittliche Tagestemperatur, diese wird dann über 365 Tage zur Jahresdurchschnittstemperatur gemittelt. Die Werte von Nord- und Südhalbkugel, auf dem Land und über dem Meer, werden zusammengenommen und wiederum gemittelt. Heraus kommt die Globaltemperatur. Als Bezugsgröße für Abweichungen nimmt man den Durchschnitt der Globaltemperaturen aus einem Zeitraum von 30 Jahren, also beispielsweise von 1961 bis 1990. Dieser Durchschnittswert stellt gleichsam die Nullinie der Skala dar. Aber Vorsicht: Nicht immer wird der gleiche Zeitraum zum Vergleich herangezogen!

Über die tatsächliche Höhe der Durchschnittsstemperatur herrscht denn auch Verwirrung. So stellt die Enquete-Kommission des Deutschen Bundestages in ihrem ersten Bericht 1988 »Vorsorge zum Schutz der Erdatmosphäre« fest, daß die durchschnittliche Globaltemperatur 15 Grad Celsius beträgt. Die nachfolgende Kommission erhöhte 1992 sogar auf 15,5 Grad. Die amerikanische Raumfahrtbehörde NASA nennt für 1995 eine durchschnittliche Globaltemperatur von 15,47 Grad. Andererseits gaben die britische Climate Research Unit (CRU) und die Universität von East Anglia 1995 bekannt, daß dasselbe Jahr mit einer Globaltemperatur von 14,84 Grad das wärmste seit 1850 gewesen sei. Als Bezugsgröße wurde von den Briten dabei eine durchschnittliche Globaltemperatur von 14,44 Grad genannt (gemittelt über die 3. Klimaperiode dieses Jahrhunderts 1961 bis 1990).[2]

Historischer Vorläufer der Globaltemperatur war die »Weltmitteltemperatur«, die der Chemiker Svante Arrhenius 1896 einführte. Seine Hypothese lautete, daß die erdgeschichtlichen Schwankungen des Klimas auf die Schwankungen des atmosphärischen Kohlensäuregehaltes (Kohlensäure, in Wasser gelöstes CO_2, wurde früher häufig mit Kohlendioxid gleichgesetzt) zurückzuführen seien. Daher wird er vielfach als »Vater der Treibhaushypothese« bezeichnet. Arrhenius gab seiner Modellerde eine nach den damaligen Möglichkeiten abgeschätzte Weltmitteltemperatur. Sie lag bei 15 Grad.[3] Die jeweils gehandelte Globaltemperatur schwankt somit seit 100 Jahren mehr oder weniger vehement um 15 Grad – was irgendwie schon wieder beruhigend ist.

1 C. D. Schönwiese, Vortrag »Globale und regionale Klimaveränderungen«, gehalten auf dem Symposium »Klimaveränderungen – Ursachen und Auswirkungen« der Europäischen Akademie für Umweltfragen, Bonn, 10. 11. 1997.
2 Medien-Dialog Nr. 8/1997, Seite 23; die tageszeitung vom 8. 1. 1996.
3 Medien-Dialog Nr. 8/1997, W. Thüne.

»Die Polkappen schmelzen ab«

Die Modelle der Klimaforscher sagen für den Bereich der Pole eine bis zu dreimal höhere Erwärmung voraus als in den gemäßigten Zonen. Dies führte zu der Befürchtung, die Polkappen könnten abschmelzen und der Meeresspiegel infolgedessen dramatisch ansteigen. Satellitenmessungen zeigen aber keine eindeutige (und schon gar keine dramatische) Entwicklung in diese Richtung. Während sich die mit Eis bedeckte Fläche in der Arktis von 1978 bis 1996 in der Tat um rund 2,9 Prozent verringerte, hat sie gleichzeitig in der Antarktis um knapp 1,3 Prozent zugenommen. Das ermittelten Wissenschaftler des Goddard Space Flight Center der amerikanischen Raumfahrtbehörde NASA.[1]

Ähnlich widersprüchlich verlaufen die Temperaturkurven. Satellitendaten zeigen für die Arktis eine signifikante Abkühlung von 0,28 Grad Celsius pro Jahrzehnt, in den letzten 50 Jahren ist die Arktis um

0,88 Grad kälter geworden.[2] Auch am Boden kann keinesfalls von einem einheitlichen Erwärmungstrend gesprochen werden. Während es beispielsweise in bestimmten Teilen Sibiriens tatsächlich wärmer geworden ist (teilweise um 0,75 Grad pro Dekade)[3], verhält es sich in anderen Gebieten genau umgekehrt. Temperaturaufzeichnungen, die jetzt für den sowjetischen Teil der Arktis freigegeben wurden, verraten sogar einen Temperatursturz von bis zu 4 Grad Celsius in den letzten 40 Jahren.[4] Prinzipiell sind höhere Temperaturen in den nördlichen Breiten kein Beleg für unnatürliche Vorgänge: So blühte die Vegetation vor nur 1000 Jahren in Grönland (»Grünland«). Aber selbst bei einer Erwärmung von einigen Graden herrscht an den Polen nicht gleich Tauwetter: Schließlich werden in der Arktis bis zu minus 68 Grad, in der Antarktis bis zu minus 89 Grad gemessen!

Dennoch wurde das Abbrechen des riesigen Bering-Gletschers 1997 in Alaska von Umweltschutzorganisationen wie Greenpeace als Beleg für eine Erwärmung angeführt.[5] Dies ist in hohem Maße irreführend: Die drei Wetterstationen, die dem Gletscher am nächsten liegen, können keine Erwärmung nachweisen.[6] Eismassen wie der Bering-Gletscher bauen sich in periodischen Abständen auf und brechen dann ab – wobei sie in zwei Wochen schon mal bis zu 750 Meter zurücklegen. Die Gesetze hinter diesem Vorgang sind noch weitgehend ungeklärt und in jedem Fall sehr komplex. Aus einem regelmäßig »kalbenden« Gletscher Rückschlüsse auf die Globaltemperaturen zu ziehen, ist jedenfalls nicht möglich. Es käme ja auch niemand auf die Idee, den mittleren Meerespiegel in den riesigen Surfwellen vor Hawaii zu bestimmen.

»Die vielfach zitierte Aussage, es wird wärmer, die Polkappen schmelzen, der Meeresspiegel steigt dramatisch, ist falsch«, resümiert Professor Heinz Miller vom Alfred-Wegener-Institut für Polar- und Meeresforschung in Bremerhaven.[7] »Das Gegenteil ist der Fall.« Selbst höhere Temperaturen würden daran zunächst nichts ändern. Professor Miller: »Wenn es in den Polargebieten, insbesondere der Antarktis, wärmer werden sollte, dann wird dort zunächst mehr Niederschlag in fester Form – als Schnee – fallen.«

In der Antarktis läßt sich ein widersprüchlicher Temperaturtrend feststellen. Das Abbrechen des Eisschildes »Larsen A« im Jahr 1995 und Abbrüche am benachbarten Larsen B-Gletscher 1998 deuten auf der schmalen und exponierten antarktischen Halbinsel auf eine Erwärmung hin. Chris Doake vom British Antarctic Survey (zu deutsch etwa: »Britischer Antarktis-Beobachtungsdienst«) ist seit vielen Jahren mit der Region vertraut. Er sieht steigende Temperaturen als lokales Phänomen dieser speziellen antarktischen Region: »Auf der östlichen Seite des Weddel-Meeres gibt es keinen Erwärmungstrend.«[8] Zu einer Meeresspiegel-Erhöhung können solche Abbrüche im schwimmenden Schelfeis übrigens kaum beitragen, da ein großer Teil der Eismassen sich unter dem Meeresspiegel befindet.

Die sich auf dem Festland stapelnden Eismassen würden den Meeresspiegel bei einem Abschmelzen jedoch sehr wohl ansteigen lassen. Die riesigen Eismassen der Westantarktis sind jedoch von kurzfristigen Schwankungen offenbar nicht betroffen. Noch in den achtziger Jahren hatten Wissenschaftler geglaubt, daß der Kollaps des westantarktischen Eisschildes unmittelbar bevorstünde. Als Alarmsignale werteten sie vor allem fünf aktive Strömungen, die Gletschereis aus dem Inneren ziemlich rasch in das nahegelegene Rossmeer zu befördern schienen. Doch inzwischen hat sich die Aufregung wieder etwas gelegt. Wie »Spektrum der Wissenschaft« 1997 in einer Bestandsaufnahme berichtete, sehen die Experten die Situation heute gelassener.[9] Beispielsweise hat sich gezeigt, daß die fünf Eisströme ihre Fracht keineswegs gleichmäßig ins Rossmeer abliefern. Einer der größten stellte sogar schon vor 130 Jahren die Wanderung ganz ein. Die Eisströme sind mehr als einen Kilometer dick. Eis leitet Wärme aber so langsam, daß eine Änderung der Lufttemperatur viele Tausende von Jahren braucht, um bis hinunter ins Strombett zu klettern. Und genau dies scheint bei Betrachtung eines größeren Zeitfensters auch der Fall zu sein.

Eine 1999 in dem Wissenschaftsmagazin »Science« veröffentlichte Studie amerikanischer Geowissenschaftler kommt zu dem Schluß, daß sich die Gletscher seit dem Temperaturanstieg am Ende der letzten Eiszeit vor etwa 10000 Jahren ganz langsam, aber sicher zurückziehen. Diese natürliche Entwicklung werde vermutlich noch etwa 7000 Jahre bis zu einem völligen Verschwinden der Eismassen anhalten. »Was auch immer der Mensch tut, es wird keinen Effekt darauf haben«, meint Brenda Hall von dem Forscherteam. Nur eines, so sagt die Forscherin, könne diese Entwicklung stoppen: »Eine neue Eiszeit.«[10]

1 Frankfurter Allgemeine Zeitung vom 26. 11. 1997. **2** R. Bailey, The True State of the Planet, 1995. **3** Der Spiegel Nr. 34/1997. **4** G. Patzelt, Institut für Hochgebirgsforschung, Innsbruck, Hörfunkinterview, WDR 5, 27. 3. 1995. **5** Der Spiegel Nr. 34/1997. **6** Daten: Alaska Climate Center, Stationen Cordova, Yakutak, Northway, über Internet (http://www.vision.net.au./~daly/stations.htm). **7** H. Miller, Hörfunkinterview, WDR 5, 27. 3. 1995. **8** New Scientist vom 15. 2. 1997. **9** Spektrum der Wissenschaft Nr. 6/1997. **10** New Scientist vom 16. 8. 1999.

»Der Meeresspiegel steigt ungewöhnlich an«

Noch 1983 warnte der amerikanische Klimaforscher Stephen Schneider vor einem Kollaps des westantarktischen Eisschildes und einem Meeresspiegel-Anstieg von 5 bis 8 Metern.[1] Die Forscher des IPCC (Intergovernmental Panel on Climate Change) der UNO haben diese Voraussagen inzwischen drastisch nach unten korrigiert. Sie sprechen in ihrem Bericht von einem Anstieg, der in den nächsten 100 Jahren wegen der globalen Erwärmung etwa einen halben Meter betragen wird.

Tatsächlich steigt der Meeresspiegel derzeit in einer Größenordnung am untersten Ende der Schätzungen. Zu diesem Ergebnis kommen Forscher des Geoforschungszentrums Potsdam, die Satellitendaten von 1992 bis 1995 ausgewertet haben.[2] Der Pegel der Weltmeere hat sich im globalen Durchschnitt jährlich um etwa 2 Millimeter erhöht, wobei die Wassermassen der Ozeane keineswegs gleichmäßig steigen. Während im Zentralpazifik und im Golf von Bengalen der Meeresspiegel pro Jahr um bis zu 1 Zentimeter stieg, gibt es im indischen Ozean und im Südwestpazifik große Bereiche, in denen der Pegel gleichzeitig um 1 Zentimeter abnahm. Die Ozeane unterliegen dabei einem natürlichen Rhythmus von etwa 14 Jahren, der erst einmal vollständig beobachtet werden muß. Physiker der Universität von Toronto kamen sogar zu dem Schluß, daß die starken Schwankungen des Meeresspiegels in

Durchschnittlicher Anstieg des Meeresspiegels

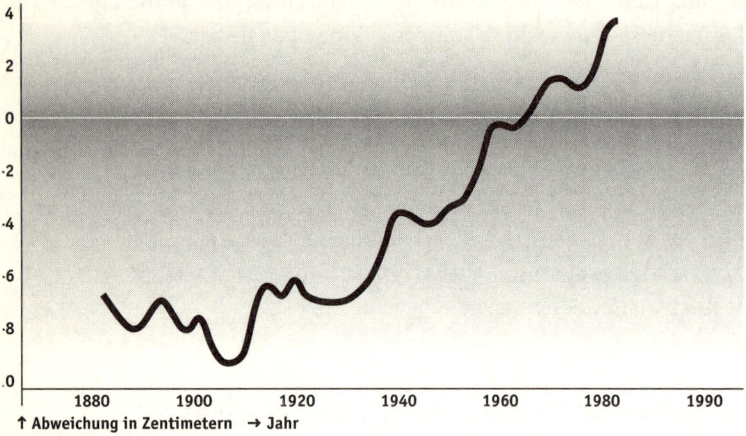

Der Anstieg des Meeresspiegels erfolgte – wie der globale Temperaturanstieg – größtenteils in der ersten Hälfte dieses Jahrhunderts und kann deshalb nicht auf den Treibhauseffekt zurückgeführt werden. Derzeit steigt der Pegel erheblich langsamer an, als noch vor einigen Jahren prognostiziert. **(Quelle: Nach IPCC 1990)**

den vergangenen Jahrmillionen zum Teil eine Illusion seien. Ihrer Meinung nach führen Änderungen im Neigungswinkel der Erdrotationsachse dazu, daß die Meere im Langzeittrend umherschwappen wie in einer Schüssel. Während der Pegel in einer Region der Erde stark ansteige, sinke er andernorts ebenso drastisch.[3] Unklar ist nach Meinung der Wissenschaftler, ob der Meeresspiegel langfristig im gleichen Maß weiter steigt wie bisher. In den letzten 100 Jahren erhöhte er sich gängigen Schätzungen zufolge um 10 bis 25 Zentimeter. **[Grafik Seite 144]**

Auch der Meeresspiegel wird von vielfältigen – und sich teilweise überlagernden – Faktoren bestimmt. Einerseits dehnt sich Wasser durch Erwärmung aus. Andererseits führt eine Erwärmung zu mehr Verdunstung und Niederschlägen. Die Polkappen können durch den Schneefall sogar erheblich dicker werden. Tatsächlich nahm nach Messungen von Ellen Mosley Thompson vom Byrd-Polar-Forschungszentrum der Ohio State University die Schneedecke in der Nähe des Südpols in den vergangenen Jahrzehnten deutlich zu. Auch sollte sich der Packeissaum eher ausdehnen als schrumpfen.[4] »Dies führt eher zu abnehmenden Meeresspiegeln«, sagt der kalifornische Ozeanograph Robert E. Stevenson.

Offensichtlich schwankt der Meeresspiegel von Natur aus viel stärker als bisher angenommen. Wobei es ohnehin die laienhafte Vorstellung einer topfebenen Meeresoberfläche zu korrigieren gilt. Als Ganzes betrachtet, sind die Weltmeere von sanften Hügeln, Tälern und regelrechten Gebirgen durchzogen. Aufgrund der regional schwankenden Anziehungskraft der Erde liegt die Meereshöhe bei Indien 105 Meter unter dem Durchschnitt und nördlich von Australien 90 Meter darüber.

Das Bild von Paradiesen in der Südsee oder im indischen Ozean, die von steigenden Meeresfluten verschlungen werden, gehört zu den populären Mythen der Klimadiskussion. Doch die Atolle bestehen aus Korallen und wuchsen in der allerjüngsten Erdgeschichte recht flott aus dem Meer. Auch heute streben sie ständig weiter in die Höhe. Jörn Thiede vom Geoforschungszentrum Potsdam erklärt: »Die Atolle basieren auf Korallenriffen und wachsen problemlos um einige Millimeter pro Jahr.«[5] Damit erheben sie sich schneller als der derzeit gemessene durchschnittliche Meeresspiegelanstieg von etwa zwei Millimetern pro Jahr. Die Malediven sind also keineswegs verloren, und sogar niedrig gelegene Küstengebiete wie Bangladesh sind nicht akut vom Untergang bedroht. Dazu der Meeresforscher Thiede: »Ein Mündungsdelta hebt sich, dank der angeschwemmten Sedimente, mit vergleichbarer Geschwindigkeit wie der Meeresspiegel.«

Auch die Landmassen sind überraschenderweise einem Auf und Ab unterworfen. So bewegt sich beispielsweise Berlin im Rhythmus von Ebbe und Flut um etwa 40 Zentimeter (!) nach oben und nach unten. »Dieser Wert beschreibt den Tidenhub der Erdkruste hier bei uns«, erklärt Jörg Negendank vom Geoforschungszentrum Potsdam.[6]

Illustrationen, die den Kölner Dom unter Wasser zeigen, sind nach heutigem Erkenntnisstand auf absehbare Zeit pure Fiktion. Selbst Bewohner flacher Küstenregionen müssen sich keine allzu großen Sorgen machen. John G. de Ronde, der für das holländische Verkehrsministerium den Meeresspiegel im Auge behält, hat sich bereits auf alle Eventualitäten eingestellt. Sicherheitshalber nahm er die, nach derzeitigem Stand erheblich zu hohe IPCC-Prognose von etwa einem halben Meter als Grundlage. Sodann errechnete er, welche Investitionen eine Anpassung der Deiche an diesen momentan schlimmsten anzunehmenden Fall erfordern. Ergebnis: Insgesamt seien die Kosten dafür nicht höher als etwa die derzeitigen Ausgaben für den Unterhalt der landesweiten Radwege.[7]

1 St. Schneider, Annual Review of Energie, 1980. **2** M. Anzenhofer, Global Sea Level Analyses, Geoforschungszentrum Potsdam, 1997. **3** New Scientist vom 31. 1. 1998. **4** R. E. Stevenson, Vortrag »Die Treibhaus-Story aus der Sicht eines Ozeanographen«, Del Mar, 1997. **5** Die Zeit vom 28. 11. 1997. **6** ebd. **7** Spektrum der Wissenschaft Nr. 6/1997.

»Die Alpengletscher schmelzen stärker ab«

Die Alpengletscher rückten bis zur Mitte des 19. Jahrhunderts über 40 Jahre lang stark vor. Seither nahmen Gletscherflächen und -masse im Alpenraum wieder um etwa 50 Prozent ab – zwischendurch ist ihre Masse aber wieder angewachsen. Der Rückzug erfolgte somit nicht kontinuierlich, sondern in Schüben. In Skandinavien dringen die Gletscher derzeit teilweise stark vor.

Die Untersuchung von Gletschern und Vegetationsfunden zeigen überdies, daß es in prähistorischer Zeit mehrfach lang andauernde Perioden gab, in denen die Gletscher kleiner waren als heute, und die Waldgrenze höher lag. So sind in den Ötztaler Alpen gut erhaltene Baumstämme aus dem Eis aufgetaucht, die zwischen 50 und 370 n. Chr. in 2300 Meter Höhe wuchsen, bevor sie der vorrückende Gletscher umgestoßen hat. Dieser römerzeitliche Baumbestand ist ein guter Beleg dafür, daß damals über 300 Jahre lang Klimaverhältnisse herrschten, die den heutigen ähnlich oder noch »gletscherfeindlicher« waren. Auch »Ötzi«, die freigeschmolzene Mumie eines Alpenbewohners, zeigt, daß der Fundort zu seinen Lebzeiten, 5200 v. Chr., eisfrei war. Gletscherforscher Georg Patzelt resümiert: »Die Klimagegenwart ist durchschnittlich, das heißt, normalen Verhältnissen näher als einer extremen Abweichung.«[1]

1 Institut für Hochgebirgsforschung, Innsbruck, Jahresbericht 1996.

Zahl der beobachteten Wirbelstürme im Atlantik

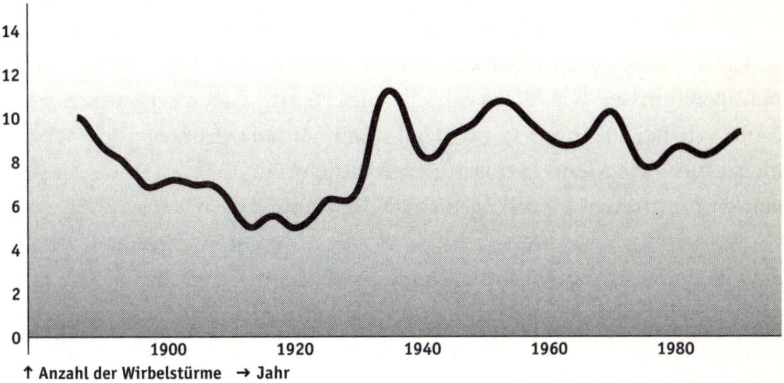

Die Zahl der Wirbelstürme im Atlantik zeigt im Verlauf der letzten 100 Jahre keinen steigenden Trend. Eine Häufung extremer Witterungsereignisse aufgrund des Treibhauseffektes wird zwar häufig behauptet, kann aber wissenschaftlich nicht nachgewiesen werden. **(Quelle: Nach IPCC 1990)**

»Weltweit nehmen die Unwetter zu«

Es hat sich vielfach eingebürgert, Unwetter oder Überschwemmungen sogleich dem Treibhauseffekt zuzuschreiben. Doch selbst der Vorsitzende des Intergovernmental Panel on Climate Change (IPCC), unter dessen Dach sich bei der UN die Klimawarner der Welt versammelt haben, tritt dem entgegen. Der Schwede Dr. Bert Bolin sagte, es sei Unsinn, derzeit jegliche Überflutungen, Dürren, Wirbelstürme oder andere extreme Wetterereignisse steigenden Temperaturen anzulasten. »Ein solcher Zusammenhang kann nicht hergestellt werden«, meinte Bolin auf einer Diskussion 1997 in Stockholm und fügte hinzu: »Umweltaktivisten, die dies dennoch tun, traue ich deshalb nicht.«[1] Auch der deutsche Treibhauswarner und Klimaforscher Klaus Hasselmann sagt: »Es erscheint fraglich, ob diese Ereignisse, falls eine Zunahme der Häufigkeit wirklich statistisch belegbar ist, auf eine anthropogene Klimaänderung zurückzuführen sind.«[2] Eine Gruppe von IPCC-Forschern berichtet darüber hinaus, daß bei Hurrikanen und Wirbelstürmen derzeit eher eine abnehmende Tendenz zu beobachten sei.[3] Auch in der Nordsee konnte keine Zunahme der Sturmhäufigkeit festgestellt werden. Dürren oder Überschwemmungen sind auf Wetterlaunen oder Naturereignisse, wie die zyklisch auftretende Meereserwärmung El Niño, zurückzuführen – nicht aber auf einen Klimawandel. Wobei allerdings viele Menschen irrtümlich annehmen, El Niño und sein verstärktes Auftreten seien Folgen des Klimawandels.

Andere vermeintliche Indikatoren für häufigere Unwetter erweisen sich bei näherer Betrachtung ebenfalls als übertrieben. So diente eine spektakuläre Schadensmeldung der Münchner Rückversicherung vielfach als Beleg für den verhängnisvollen menschlichen Eingriff in das Klima. Danach war 1995 durch Naturkastrophen ein ungewöhnlich hoher volkswirtschaftlicher Schaden von 180 Milliarden Dollar entstanden. Was verschwiegen wurde: Alleine 100 Milliarden dieser Summe entfielen auf das Erdbeben in Kobe.[4] Das Versicherungsunternehmen äußert sich inzwischen zurückhaltender. Gerhard Berz, Leiter der Forschungsabteilung der Versicherung, führt die steigenden Schadenssummen in erster Linie auf die dichtere Besiedlung, den steigenden Lebensstandard und die wachsende Bevölkerung zurück. Einfach gesagt: Wo früher ein Hurrikan über unbesiedelte Klippen hinwegfegte, nimmt er heute womöglich eine Siedlung von Luxusferienhäusern huckepack. Der Meteorologe Berz glaubt dennoch, daß ein Teil der Klimaänderung anzulasten sei.[5] Andere große Rückversicherungs-Unternehmen mögen dies nicht bestätigen.

1 Öffentliche Diskussion vor Wissenschaftlern und Journalisten zum Thema »Klimawandel« in Stockholm, 2. Juni 1997. **2** K. Hasselmann, Deutsches Klima-Rechenzentrum, Internet-Homepage, Mitteilung vom 19. Juni 1995. **3** Scientific American, Mai 1997. **4** H. Hug, Der tägliche Öko-Horror, 1997. **5** Die Berliner Tageszeitung B. Z. vom 5. 11. 1997.

»Kohlendioxid (CO_2) ist der Hauptverursacher des Treibhauseffektes«

Vor allem anderen gilt es einen grundlegenden Irrtum auszuräumen: Der Treibhauseffekt ist nichts Unnatürliches, sondern Voraussetzung für das Leben auf der Erde. Ohne diesen Effekt würden hier statt im Schnitt etwa 15 Grad plus arktische 18 Grad minus herrschen.

Wie kommt der Treibhauseffekt zustande? Wasserdampf, aber auch Spurengase wie CO_2 lassen die kurzwellige Sonnenstrahlung fast vollständig durch die Atmosphäre zur Erdoberfläche dringen. Die von der Erde reflektierte, langwellige Strahlung wird hingegen nicht mehr vollständig hinaus gelassen und gleichsam eingefangen. Ergebnis ist ein für den Menschen wohltemperierter blauer Planet, der wahrscheinlich ziemlich einmalig ist. Die atmosphärische Hülle der Erde wirkt, kurz gesagt, wie die Scheiben eines Gewächshauses – daher der Ausdruck »Treibhaus«. Der Hauptteil dieses natürlichen Treibhauseffektes geht auf den Wasserdampf in der Atmosphäre zurück. Wenn die Erde also statt minus 18 Grad (ohne Treibhauseffekt) plus 15 Grad warm ist, ergibt sich durch den Treibhauseffekt insgesamt eine Erwärmung von 33 Grad. Der Wasserdampf und die verschiedenen Spurengase sind daran wie folgt beteiligt:[1]

Substanzen	**Anteil am Treibhauseffekt**
Wasserdampf	20,6 Grad
Kohlendioxid (CO_2)	7,2 Grad
Ozon	2,4 Grad
N_2O (Lachgas)	1,4 Grad
Methan	0,8 Grad
andere Spurengase	0,6 Grad
zusammen	**33,0 Grad**

Wie kann aber unter diesen Umständen CO_2 zum »Hauptverursacher des Treibhauseffekts« werden? Der »volkspädagogische Trick«, so der Chemiker und Buchautor Dr. Heinz Hug, besteht nun darin, daß man in der Klimadiskussion den Effekt des Wasserdampfes einfach mit Null(!) ansetzt und von einem *zusätzlichen* Treibhauseffekt spricht. Das sieht in Zahlen dann so aus:

Spurengas	**allgemeiner Treibhauseffekt**	**zusätzlicher Treibhauseffekt**
Wasserdampf	62,0 %	0 (!)%
Kohlendioxid	22,0 %	57,9 %
Ozon	7,0 %	18,4 %
N_2O (Lachgas)	4,0 %	10,5 %
Methan	2,5 %	6,6 %
andere Spurengase	2,5 %	6,6 %

Die separate Betrachtung eines zusätzlichen Treibhauseffektes läßt den Einfluß des CO_2 optisch von 22 auf 57,9 Prozent steigen (dabei wird der Hinweis »zusätzlich« nicht selten einfach weggelassen). Der entscheidende Einfluß des Wasserdampfes wird von den Klima-Modellierern oft unter dem Begriff »Wolken-Rückkoppelungs-Mechanismus« geführt. Und dahinter steckt eine der großen Fragen der Klimadiskussion: Verstärkt er die Wirkung des CO_2, oder schwächt er sie ab? Der Zusammenhang ist bis heute weder richtig verstanden worden, noch kann er in den Klimamodellen zufriedenstellend simuliert werden. Das heißt, der Wasserdampf hat bei weitem den größten Einfluß auf den Treibhauseffekt und ist in seinen Wechselwirkungen mit den anderen Treibhausgasen zugleich die größte Unbekannte.

1 H. Hug, Der tägliche Öko-Horror, 1997.

»Kohlendioxid ist ein Schadstoff und ein Klimagift«

Kohlendioxid (CO_2) ist ein farbloses, schwach säuerliches und nicht brennbares Gas, welches in der Atmosphäre vorkommt. CO_2 entsteht vor allem bei Verbrennungsprozessen, also beispielsweise wenn ein Mensch die Kalorien seines Frühstücks in Energie umsetzt. Im Laufe

Globale jährliche CO_2-Emissionen

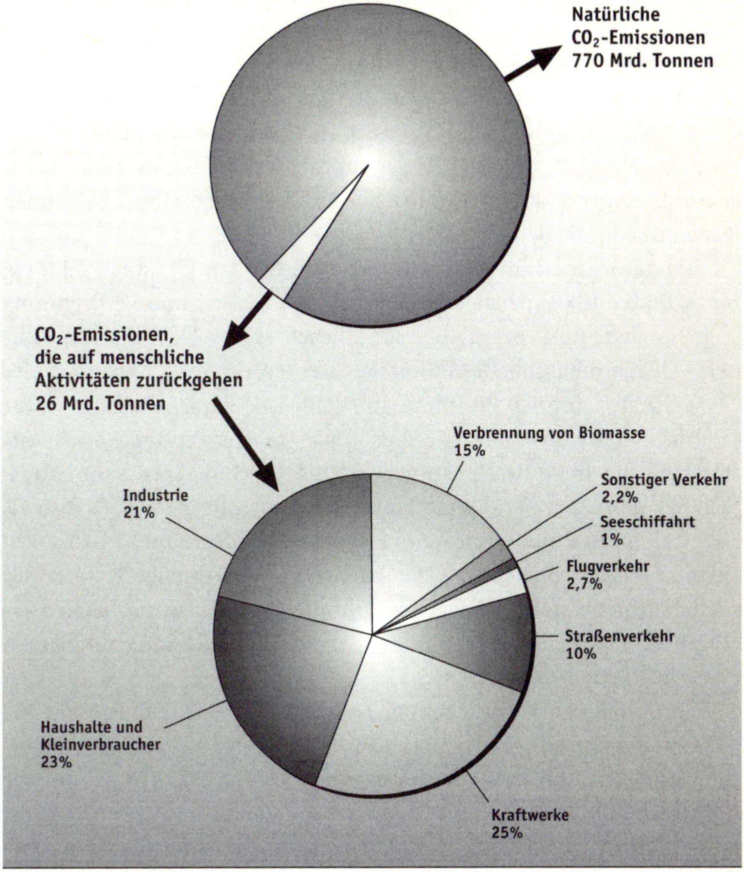

Wenn in der Klimadiskussion um den Kohlendioxidausstoß (CO_2) gestritten wird, dann geht es um den vom Menschen verursachten Anteil. Im Verhältnis zum Anteil der Natur entspricht dieser etwa drei Prozent der Kohlendioxidemissionen auf dem Globus. Derzeit verbleibt aber nur etwa die Hälfte davon in der Atmosphäre, der Rest wird vermutlich von verstärkt wachsenden Wäldern und Ozeansedimenten aufgenommen. **(Quelle: Volkswagen Umweltbericht 1996/ OECD/IEA)**

eines etwa 70jährigen Lebens nimmt jeder von uns etwa 56 Tonnen Wasser, 19 Tonnen Kohlenhydrate, Eiweiß und Fett (als Trockensubstanz gerechnet) zu sich.[1] Der Chemiker Hans Hug hat daraus ermittelt, daß ein Mensch jährlich knapp eine halbe Tonne Kohlendioxid ausatmet.[2] Fährt er mit seinem Mittelklassewagen im Jahr 15000 Kilometer, strömen durch dessen Auspuff noch einmal etwa 4,4 Tonnen Kohlendioxid – also etwa die zehnfache Menge. Alle Segnungen der Zivilisation zusammengenommen, gehen auf das Konto eines Bundesbürgers etwa 12,0 Tonnen Kohlendioxid jährlich.[3]

Die natürliche Emission von Kohlendioxid aus Ozeanen (43 Prozent), Böden (28 Prozent), Vegetation (28 Prozent) und Verbrennung von Biomasse (1 Prozent) beträgt jährlich etwa 770 Milliarden Tonnen.[4] Durch menschliche Aktivitäten werden derzeit schätzungsweise 26 Milliarden Tonnen emittiert. Im Verhältnis zum Anteil der Natur (770 Milliarden Tonnen) sind dies also etwa drei Prozent. **[Grafik Seite 151]** Und um diese drei Prozent wird in der Klimadiskussion hauptsächlich gestritten. Während die Kohlendioxidbilanz der Natur als »neutral« bezeichnet wird, weil beispielsweise Meere und Pflanzen in einem Kreislauf über kurz oder lang die gleiche Menge Kohlenstoff wieder aufnehmen wie abgegeben, gilt die Bilanz der menschlichen Zivilisation als negativ (unsere eingangs erwähnte Atmung zählt noch zum natürlichen Neutralposten).

Der Anteil von natürlichem CO_2 macht nur etwa 0,03 Prozent des Gesamtvolumens der Atmosphäre aus[5] – würde man es als Mantel konzentriert um die Erde legen, hätte diese Schicht eine Höhe von nur 2,9 Metern. Ohne Kohlendioxid gäbe es auf der Erde kein Leben, denn es ist Nahrung für die Pflanzen. Die verwandeln es bei der Photosynthese zu Biomasse, wie beispielsweise Holz, und spendieren den anderen Organismen im Gegenzug den Sauerstoff. Pflanzen sind geradezu gierig nach Kohlendioxid. Laborversuche ergaben, daß sie in der Natur eigentlich in einer Kohlendioxid-Mangelsituation vegetieren.[6] Ihr Appetit ist erst bei einer fünfmal so hohen Kohlendioxid-Konzentration gestillt, wie er heute in der Atmosphäre herrscht. In Gewächshäusern wird daher sogar künstlich ein höherer Kohlendioxidgehalt in der Luft geschaffen, damit das Gemüse schneller wächst.

Wir verbrennen, erdgeschichtlich gesehen, in kürzester Zeit große Kohlenstoffmengen, die sich über Jahrmillionen als Kohle oder Erdöl abgelagert haben. Dies ist aus vielen Gründen nicht besonders vernünftig. Die Natur kann diese Mengen, so wird von vielen Klimaforschern befürchtet, nicht im gleichen Tempo wieder verarbeiten.

Seit 1870 ist der Anteil des Kohlendioxids in der Atmosphäre von 270 Teilen pro Million Luftmoleküle (meist abgekürzt als ppm, entsprechend der englischen Bezeichnung »parts per million«) auf heute 364 Teile pro Million angestiegen. Der jährliche Anstieg beträgt derzeit zwischen 0,5 und 2,2 Teilen pro Million. Dazu trägt zweifellos das Verbrennen von fossilen Energieträgern durch den Menschen bei. Wie hoch unser Anteil daran genau ist, wissen wir allerdings nicht. Ob dies schon eine Auswirkung auf das Klima hat, ist ebenfalls Gegenstand einer (bislang nicht entschiedenen) wissenschaftlichen Debatte.

Es wird jedoch befürchtet, daß sich der Anteil des Kohlendioxids bei weiter steigendem Energieverbrauch bis zum Jahr 2030 verdoppeln könnte. Ob sich das Kohlendioxid überhaupt im befürchteten Ausmaß anreichern kann, hängt allerdings von vielen Fragen ab. Zunächst einmal: Wie lange bleibt ein Kohlenstoffmolekül in der Atmosphäre? Über diese sogenannte Verweildauer streiten sich die Fachleute. Es existieren Schätzungen zwischen wenigen Jahren und mehreren Jahrhunderten. Beträgt die Abbaudauer beispielsweise nur ein paar Jahrzehnte, kann es – zumindest aufgrund des menschlichen Tuns – womöglich gar nicht zu der prognostizierten Verdoppelung des Anteils kommen. Die nächste Unbekannte: Mit zunehmendem Verbrauch könnten auch bald die Preise für unsere Brennstoffe erheblich ansteigen, weil Ware knapper, und die Förderung schwieriger wird. Dadurch setzt nach Ansicht vieler Fachleute schon aus rein ökonomischen Gründen ein Abflachen der Verbrauchskurve – und in der Folge der menschengemachten CO_2-Konzentration – ein.

Hinzu kommt die Frage, inwieweit die Vegetation auf einen erhöhten Anteil von Kohlendioxid mit erhöhtem Wachstum und gesteigertem CO_2-Verbrauch reagiert. Fest steht, daß von den 26 Milliarden Tonnen, die die Menschheit gegenwärtig in die Luft bläst, nur etwa die Hälfte in der Atmosphäre bleibt. Professor Ranga Myneni von der

Boston University glaubt, daß die verstärkt sprießenden Wälder der nördlichen Hemisphäre bereits einen Teil davon aufzehren.[7] Diesem Wachstum kommen außerdem teilweise längere Vegetationszeiten mit milden Temperaturen zugute. Die Kalziumkarbonatschicht auf dem Meeresboden ist ebenfalls im Wachstum begriffen; sie legt in einem Jahrtausend um etwa 3,5 Zentimeter zu. Dabei wird Kohlendioxid in Kalk umgewandelt.

Im großen und ganzen ist der Kohlenstoffkreislauf nach wie vor ein Rätsel. Riesige Mengen Kohlendioxid verschwinden in sogenannten »Senken«, von denen wir nur die wenigsten kennen. Große Anteile verschwinden in den Ozeanen, aber auch die Böden sind nicht zu unterschätzen: Alleine in den Mooren Finnlands lagert in etwa soviel Kohlenstoff wie in der gesamten Atmosphäre.[8] Diese Senken nehmen – erdgeschichtlich gesehen – mal mehr, mal weniger Kohlendioxid auf, scheinbar ganz wie es ihnen paßt. In der Zeit der Dinosaurier war der Anteil des Kohlendioxids in der Atmosphäre auch ohne Zutun des Menschen drei- bis fünfmal so hoch wie heute. Deshalb fragen viele Wissenschaftler: Werden beim Zusammenhang von Kohlendioxid und Temperatur möglicherweise sogar Ursache und Wirkung vertauscht?

Man stelle sich die Ozeane einmal wie eine große Sprudelflasche vor. Wer eine (offene!) Sprudelflasche erhitzt, sieht, daß mehr und mehr CO_2 aufsteigt. »In der Erdgeschichte kann man feststellen, daß mit höheren Temperaturen auch der CO_2-Spiegel stark ansteigt«, erklärt Professor Negendank, Geophysiker am Geoforschungszentrum Potsdam, und stellt die delikate Frage: »Wer verursacht hier eigentlich was?« Bohrkernanalysen im grönländischen Eis verraten uns bis zu 160 000 Jahre zurück die jeweiligen Temperaturen und Kohlendioxid-Konzentrationen. Werden beide Kurven übereinander gelegt, so zeigt sich: Erst kam die Erwärmung, dann der Kohlendioxidanstieg. Historisch gilt diese Abfolge inzwischen als weitgehend gesichert.

Im aktuellen Bezug läßt uns hier eine Beobachtung im Zusammenhang mit dem Ausbruch des Vulkans Pinatubo stutzen: So sanken Anfang der neunziger Jahre die Temperaturen infolge der abschirmenden Wirkung der gewaltigen Eruptionswolken. Und mit den sinkenden Temperaturen nach dem Vulkanausbruch ging erstaunlicherweise auch die Zunahme des Kohlendioxids in der Atmosphäre auffallend zurück (von 2,5 Teilen pro Million 1987/88 auf 0,6 Teile pro Million 1991/92). Dies geschah, obwohl die menschliche Zivilisation unverdrossen weiter Kohlendioxid in die Luft pustete.

Die Kardinalfrage in der Klimadiskussion lautet auch hinsichtlich des Kohlendioxids: Haben wir es mit einem eher dämpfenden und sich selbst regulierenden Prozeß zu tun? Oder könnte es sein, daß der Mensch trotz seines relativ kleinen Anteils am Gesamt-CO_2 eine Art Domino-Effekt in Gang bringt und sich das System aufschaukelt? Denkbar wäre folgender Ablauf: Ein steigender Kohlendioxidanteil zieht etwas höhere Temperaturen nach sich – höhere Temperaturen setzen mehr Kohlendioxid (beispielswiese aus Ozeanen und Dauerfrostböden) frei – mehr Kohlendioxid bewirkt mehr Treibhauseffekt – und so weiter und so fort. Kommt eine solche Spirale in Gang, ist es letztlich egal, was ursprünglich Ursache und was Wirkung war.

Ein solcher Kippeffekt ist nie mit letzter Sicherheit auszuschließen. Wasser kann man sehr lange folgenlos erhitzen – aber plötzlich fängt es an zu kochen. Anlaß für große Veränderungen können sehr kleine Ereignisse am Anfang der Kausalkette sein – sowohl aufgrund menschlichen Handelns als auch aufgrund natürlicher Geschehnisse (beispielsweise eines Vulkanausbruches). Die bisherige Erfahrung zeigt jedoch, daß Vulkanausbrüche oder plötzliche Meeresströmungen wie El Niño sehr viel klarere Signale im Klimageschehen hinterlassen als die noch nicht einmal eindeutig als klimabestimmend identifizierte Kohlendioxid-Konzentration.

Neue Zweifel an der Vorstellung vom Kohlendioxid als Klimagift nähren aufsehenerregende Ergebnisse der sogenannten Spektroskopie. Jack Barret, Physiker am Imperial College in London, ist Spezialist für dieses Verfahren, welches uns erlaubt, das Treibhauspotential eines Gases zu messen. Danach absorbiert eine 100 Meter dicke Luftschicht mit dem derzeitigen Kohlendioxidanteil 72,8 Prozent der Wärmestrahlung. Wird der Anteil des Kohlendioxids verdoppelt, erhöht sich der Anteil der absorbierten Wärmestrahlung nur auf 73,5 Prozent.[9] Das würde heißen: Die maximale Treibhauswirkung von CO_2 ist bei der heutigen Zusammensetzung der Atmosphäre praktisch schon zu 100 Prozent erreicht. Mehr ginge dann gar nicht. Wird ein Treibhaus von einer Scheibe abgeschlossen, so ist es egal, ob diese aus Panzer- oder Fensterglas besteht.

Messungen, die der deutsche Chemiker Heinz Hug Ende 1997 durchgeführt und in der »Chemischen Rundschau« sowie der wissenschaftlichen Fachzeitschrift »Chemkon« veröffentlicht hat, stützen die These des Engländers. »Die maximale Treibhauswirkung von Kohlendioxid liegt bereits bei einer Konzentration von 280 Teilen pro Million vor«, sagt Hug und fügt hinzu: »Im Klartext heißt das, CO_2 ist ein so wirksames Treibhausgas, daß es bereits zu Goethes Zeiten alles tat, was es tun kann.«[10]

Auch Forscher, die sich dieser Meinung nicht anschließen, beurteilen die tatsächliche Treibhauswirkung von Kohlendioxid zunehmend vorsichtiger. Ein britisch-norwegisches Wissenschaftlerteam beispielsweise korrigiert sie in den »Geophysical Research Letters« immerhin schon um 15 Prozent nach unten (gegenüber den Annahmen des IPCC). Eine solche Größenordnung macht die gängigen Computer-Prognosen, die auf diesen übertriebenen Annahmen der Kohlendioxidwirkung beruhen, höchst fragwürdig.[11]

Aufhorchen lassen auch 1999 veröffentlichte Untersuchungen von Meeressedimenten. Erdgeschichtlich scheint es trotz gleicher oder niedrigerer Kohlendioxid-Konzentrationen als heute teilweise um bis zu sechs Grad wärmer gewesen zu sein. Diese Entkoppelung von Kohlendioxidanteil in der Atmosphäre und Lufttemperaturen spricht gegen den angenommenen einfachen Wirkungsmechanismus. Dies führt zu der Vermutung, daß es – zumindest zeitweise – andere entscheidende Einflußgrößen auf das Klima geben muß.[12]

Wir dürfen also weiterhin gespannt sein. Was unser Wissen um die Wirkung des Kohlendioxids und den Kohlenstoffkreislauf anbetrifft, befindet sich die Wissenschaft wohl eher am Anfang als am Ende. Dies gilt auch für Wirkungen und Wechselwirkungen anderer Treibhausgase wie Methan, Lachgas, Ozon oder Stickstoffdioxid.

1 S. M. Rapoport, Medizinische Biochemie, 7. Auflage, 1972. **2** H. Hug, Der tägliche Öko-Horror, 1997. **3** BUND und Misereor, Zukunftfähiges Deutschland, 1996. **4** Volkswagen,

Umweltbericht 1996 (unter Berufung auf Angaben der Organisation für wirtschaftliche Zusammenarbeit und Entwicklung, OECD, sowie der Internationalen Energieagentur, IEA). **5** GSF-Forschungszentrum, Hintergrundinformation »Kohlendioxid«, Februar 1997. **6** Naturwissenschaftliche Rundschau Nr. 2/1997. **7** Focus Nr. 19/1997. **8** GSF-Forschungszentrum, Mensch & Umwelt, Juni 1997. **9** J. Barret, Vortrag »Die spektroskopischen Eigenschaften des CO_2«, gehalten beim Symposium »Klimaveränderungen – Ursachen und Auswirkungen« der Europäischen Akademie für Umweltfragen, Bonn, 10. 10. 1997. **10** Chemische Rundschau vom 20. 2. 1997 und Chemkon Nr. 1/2000. **11** Geophysical Research Letters vom 15. 7. 1999. **12** Science, Bd. 284, Seite 1824. Paleoceonography, Bd. 14, Seite 273.

»Seit der Industrialisierung hat sich das Klima aufgeheizt«

Eine beliebte journalistische Floskel, die den verderblichen Einfluß des Menschen auf das Weltklima verdeutlichen soll, heißt: »Seit der Erfindung des Automobils ist die bodennahe Luft um rund einen halben Grad Celsius wärmer geworden.«[1] Schaut sich der Skeptiker die Zeit seit der Erfindung des Automobils an, dann stellt sich die Lage differenzierter dar: 0,37 Grad dieser Erwärmung – also 70 Prozent – erfolgten in der ersten Hälfte des etwa 100 Jahre umfassenden Zeitraums.[2] Der Löwenanteil des vom Menschen produzierten Kohlendioxids (CO_2) wurde durch Industrialisierung und Massenmotorisierung aber erst in den letzten 50 Jahren in die Luft gepustet. Ein Zusammenhang zwischen dem Beginn des Temperaturanstiegs seit etwa 1880 und der Erfindung des Automobils klingt schlüssig, ist es aber nicht. Die Temperaturkurve des Planeten könnte genauso mit der Erfindung des Telefons oder der Verbreitung des Kondoms in Zusammenhang gebracht werden. **[Grafik Seite 158]**

Treibhausgase wie CO_2 mögen ja viele unangenehme Eigenschaften haben, aber eines können sie noch nicht: Die Atmosphäre rückwirkend erwärmen. Der Hund muß also – zumindest teilweise – woanders begraben sein. Gernot Patzelt vom Institut für Hochgebirgsforschung in Innsbruck hilft beim Ausgraben: »Man läßt diese Temperaturreihen zu

Abweichungen von der jährlichen Durchschnittstemperatur (1850 – 1980)

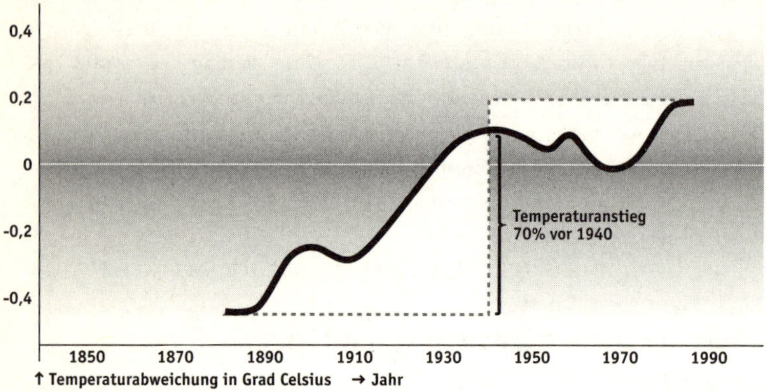

Kohlendioxidgehalt der Luft

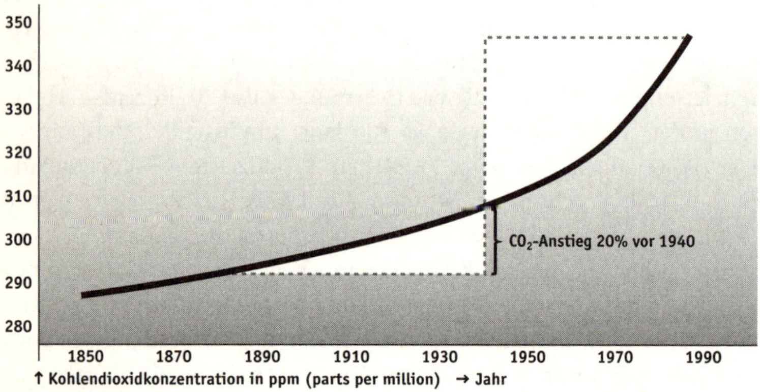

Der gleichmäßige Anstieg der Kohlendioxidkonzentration müßte nach der Theorie vom menschengemachten Treibhaus eigentlich in einen ebenso kontinuierlichen Temperaturanstieg münden. Tatsächlich trat der größte Teil der Erwärmung aber auf, als noch wenig Kohlendioxid emittiert wurde. Die Kurven zeigen keinen schlüssigen Zusammenhang. **(Quelle: H. Hug 1996/Spektrum der Wissenschaft 1989/ R. Bailey 1995)**

einem Zeitpunkt beginnen, der deutlich einen Tiefpunkt der (Temperatur-)Entwicklung zeigt.« Oder anders ausgedrückt: Wenn man sich die Klimaschwankungen als Wellenbewegung vorstellt, dann lag die Zeit um 1880 in einem tiefen Tal. Wer die Klimakurve 200 statt nur 100 Jahre zurückverfolgt, stellt rasch fest: Opa erlebte auch ohne Volkswagen und Daimler-Benz, Bayer und Siemens so warme Zeiten wie wir heute.

1 Der Spiegel Nr. 31/1997. **2** R. Bailey, The True State of the Planet, 1995.

»Der Treibhauseffekt geht auf menschliche Aktivitäten zurück«

Große natürliche Schwankungen machen es extrem schwierig, den menschlichen Einfluß auf das Klima herauszufiltern. Halbwegs unumstritten ist eigentlich nur, daß der Anteil des Kohlendioxids in der Atmosphäre seit 1870 von 270 Teilen pro Million Luftmoleküle auf heute 364 Teile pro Million angestiegen ist – und der Mensch daran einen Anteil hat. An Versuchen, einen direkten Zusammenhang mit einer Erderwärmung nachzuweisen, fehlt es nicht. NASA-Forscher James Hansen vom Goddard Institute for Space Studies gab sich bei einer Anhörung vor dem amerikanischen Senat schon 1988 »zu 99 Prozent sicher«, daß das warme Wetter der achtziger Jahre eine Folge des vom Menschen gemachten Treibhauseffektes sei (einen Nachweis blieb Hansen freilich bis heute schuldig).[1]

Klaus Hasselmann, der Chef des deutschen Klima-Rechenzentrums in Hamburg, gab 1995 die Ergebnisse seiner Computerberechnungen bekannt. Denen zufolge seien die Klimaänderungen der vergangenen Jahrzehnte »mit einer geschätzten Wahrscheinlichkeit von 95 Prozent durch den Menschen hervorgerufen«.[2] Als Nachweis diente ihm die sogenannte Fingerabdruck-Methode. Hierbei werden von Forschern in den großen Rechenzentren schematische Farbdarstellungen (rot ist ganz heiß und blau ganz kalt) der Atmosphäre oder der Kontinente verwendet. Die Forscher gehen davon aus, daß verschiedene Ursachen auch verschiedene räumliche Muster einer Erwärmung ergeben.

Stark vereinfacht erklärt funktioniert die Methode dann so: Erst wird im Computer ein vom angenommenen menschlichen Einfluß bereinigtes Bild erstellt. Dieses Muster ist gleichsam der Naturzustand. Dann zeichnet der Computer ein Bild des, nach Meinung der Forscher, rein vom Menschen verursachten Treibhauseffektes. Schließlich kommt eine dritte Grafik hinzu, die auf den tatsächlich gemessenen Temperaturen beruht.[3] Wenn das Muster der tatsächlichen Erwärmung mit dem Muster einer Temperaturveränderung durch Treibhausgase übereinstimmt, ist die Wahrscheinlichkeit eines menschlichen Einflusses auf das Klima relativ groß. Der »Fingerabdruck« paßt. Nach dem Abgleich der verschiedenen Flickenteppiche glauben die Forscher, den Menschen als Täter überführt zu haben. Ein Richter müßte den Angeklagten aufgrund dieser Fingerabdrücke allerdings freisprechen. Die Computergrafiken zeigen zwar durchaus Ähnlichkeiten, aber auch grobe Abweichungen. Hinzu kommt: Die Fingerabdrücke werden ja nicht an der Natur »abgenommen«, sondern von einem Computer, unter durchaus umstrittenen Annahmen, errechnet. Interessant ist das Verfahren dennoch.

Auch das Team von Benjamin Santer vom Lawrence Livermore National Laboratory in Kalifornien meinte, auf diese Art und Weise einen menschlichen Einfluß nachweisen zu können. Santer ist zugleich federführender Autor des Berichts des Intergovernmental Panel on Climate Change (IPCC) zum UN-Klimagipfel 1995 in Berlin. Der Bericht soll für die Politiker den Stand der Wissenschaft formulieren. Dort heißt es: »Bei Abwägung aller wissenschaftlichen Erkenntnisse scheint ein merklicher menschlicher Einfluß auf das Klima erkennbar.«

Wer diesen Satz auf seinen tatsächlichen Gehalt überprüft, entdeckt im Grunde nur eine Selbstverständlichkeit: Mit Sicherheit hat eine Zivilisation von sechs Milliarden Menschen, die Teile der Erde durch Städte, Industrie und Landwirtschaft verändert, einen Einfluß auf das Klima. Auch unsere Vorfahren, die beispielsweise die iberische Halbinsel abholzten, beeinflußten das Klima. Wie groß dieser Einfluß ist, ob er bestimmend ist, ob er gefährlich ist, darüber wissen wir wenig. Und darüber sagt auch das IPCC in dem zitierten Schlüsselsatz nichts. Im übrigen beachte man die Einschränkung »scheint ... erkennbar«. Aber wer tut das schon.

Erstaunlicherweise wurde diese relativ banale Erkenntnis zu einem wissenschaftlichen Beweis der Treibhausthese uminterpretiert. Ob des überführten Missetäters bricht medialer Jubel aus: Von »Focus« (»Beweis erbracht«) bis »taz« (»Endgültig: Menschen schaufeln sich Klimagrab«). Umweltschützer sehen das kommende Treibhaus bestätigt – und zwar durch eine »überwältigende Mehrheit« der Wissenschaftler.[4] Die betreffenden Forscher nehmen den Rummel billigend in Kauf.

Zwei Jahre später bemühen sich die Urheber des »Beweises« dann deutlich um eine Relativierung des in Medien und Öffentlichkeit entstandenen Eindrucks. Klaus Hasselmann schreibt in der Zeitschrift »Science«: »Die Frage, ob der Anstieg der Temperaturen im letzten Jahrhundert tatsächlich von Menschen verursacht wurde, oder ob es sich einfach um eine natürliche Variabilität des Klimas handelt, bleibt kontrovers.«[5] Eine Woche später kommt David Rind, ein enger Mitarbeiter des eingangs erwähnten Klimaforschers James Hansen, ebenfalls in »Science« zu Wort: »Ich persönlich bin nicht überzeugt, daß wir in den letzten Jahren mehr Vertrauen in unsere Voraussagen zur Treibhaus-Erwärmung gewonnen haben.«[6] Im gleichen Zusammenhang äußert sich schließlich auch noch Benjamin Santer. Und er gibt zu Protokoll: »Die Zweifel sind da.« Auch sei die Beweisführung keineswegs abgeschlossen, diese Meinung verträten nur »wenige Wissenschaftler«. So schnell schwinden »überwältigende Mehrheiten«.

Das klimatische Geschehen ist voller Rückkoppelungen und Überlagerungen, die von der Forschung grob in natürliche und menschengemachte Effekte eingeteilt werden.[7]

Natürliche Einflüsse auf das Klima:	**Menschengemachte Einflüsse:**
– Vulkanismus	– Stadtklima-Effekte (Aufheizung)
– Sonnenaktivität	– Smog-Effekte (Abkühlung durch Aerosole)
– wechselnde Meeresströmungen (wie El Niño)	– Treibhausgase
– Zufallsprozesse	– stratosphärischer Ozonabbau

Jährliche Durchschnittstemperatur in der oberen Troposphäre

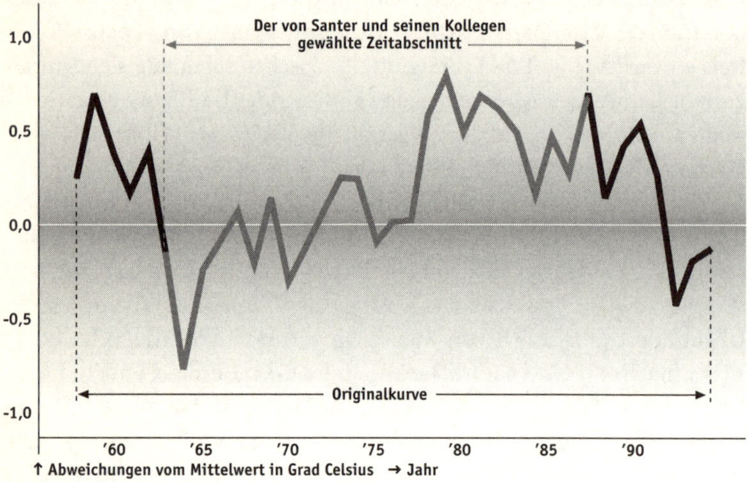

Der Klimaforscher Benjamin Santer und einige Kollegen versuchten 1996, einen vielbeachteten Nachweis des menschlichen Einflusses auf das Klima unter anderem anhand dieser Kurve zu führen. Sie wählten nach Ansicht von Kritikern freilich willkürlich einen Zeitraum mit steigender Temperaturtendenz aus. Die gesamte zur Verfügung stehende Meßreihe der Wetterballons zeigt eine solche Tendenz nicht. **(Quelle: John Daly webside/Nature 1996)**

Je mehr die Wissenschaftler die Kompliziertheit der Zusammenhänge entschlüsseln, desto unschlüssiger werden sie. Doch da die Politik für ihre Forschungsmillionen klare Aussagen erwartet, wird das Dilemma mit doppelbödiger Rhetorik umschifft. Auf Pressekonferenzen tut man so, als sei die Faktenlage klar, und danach werden die Aussagen in – praktisch unter Ausschluß der Öffentlichkeit erscheinenden – Fachaufsätzen still und leise relativiert. Schließlich hat man einen Ruf zu verlieren.

Welche Verwirrung die Forscher stiften, illustrieren aktuelle Unterrichtsmaterialien, die das Deutsche Klima-Rechenzentrum für Schulen herausgibt. Unter der Überschrift »Der Nachweis einer anthropogenen

Klimaänderung«[8] heißt es in der Einleitung (hinsichtlich der Temperaturentwicklung der letzten 100 Jahre): »Anzunehmen ist, daß der Temperaturveränderung natürliche und anthropogene Ursachen zugrunde liegen, *auszuschließen ist nicht, daß sie möglicherweise sogar gänzlich naturbedingt ist.*« (Hervorhebungen durch die Autoren) Am Ende desselben (!) Textes, nur zwei Blatt später, erfährt der verwirrte Schüler dann: »Der Gegensatz von Abkühlung in der Stratosphäre und Erwärmung in Bodennähe sowie das geographische Muster der Temperaturveränderungen *verdichten sich zu dem Indizien-Beweis, daß die Temperaturerhöhung von 0.5 Grad in den letzten 100 Jahren menschengemacht ist.*« Ja, was denn nun? Wir lernen hier vor allem eines: Wer so argumentiert, hat zwangsläufig immer recht.

Hinter den Kulissen entspinnt sich zunehmend eine heftige wissenschaftliche Kontroverse – und diese kann die Klimaforschung nur voranbringen. Der Teufel steckt dabei wie immer im Detail. So wird – um nur ein Beispiel zu nennen – die Datenauswahl von Benjamin Santers »Fingerabdruck«-Nachweis heftig kritisiert.[9] Die Klimaforscher Patrick Michaels und Dr. Paul Knappenberger veröffentlichen im Wissenschaftsmagazin »Nature« eine aus den Daten von Wetterballons erstellte Temperaturkurve.[10] Die Zackenlinie reicht von 1958 bis 1995 und zeigt über diesen Zeitraum keinen signifikanten Erwärmungstrend. Santer und Kollegen hatten diese Kurve als Grundlage für ihren Treibhaus-Nachweis herangezogen – allerdings nur den Zeitraum von 1963 bis 1986. Und was zeigt dieser willkürliche Ausschnitt? Wir ahnen es: eine klare Erwärmung. Die selektierten Daten stimmen mit dem vom Computer errechneten Temperaturanstieg überein. **[Grafik Seite 162]** Die Kritiker Michaels und Knappenberger resümieren: »Wenn wir die ausgewählte Periode mit der vollständigen Kurve vergleichen, kommen wir ... zu dem Schluß, daß die Erwärmung größtenteils ein durch die Auswahl des Zeitraums geschaffenes Artefakt ist.«

1 R. Bailey, Eco-Scam, 1993. **2** K. Hasselmann, Deutsches Klima-Rechenzentrum, Internet-Homepage, Mitteilung vom 15. 2. 1995. **3** N. Calder, The Manic Sun, 1997. **4** WWF, Presseinformation, 15. 12. 1995. **5** Science, Vol. 276, 1997, Seite 915. **6** Science, Vol. 276, 1997, Seite 1040. **7** C. D. Schönwiese, Vortrag im Rahmen des Symposiums

»Klimaveränderungen – Ursachen und Auswirkungen«, Bonn, 10. 11. 1997. **8** D. Kasang, Deutsches Klima-Rechenzentrum, Internet-Homepage, Mitteilung vom 23. 1. 1997. **9** Nature, Vol. 382, 1996, Seite 39–46. **10** Nature, Vol. 384, 1996, Seite 522.

»Die Mehrheit der Klima-Experten ist sich einig«

Wenn von durch die Mehrheit der Wissenschaftler abgesicherten Klima-Erkenntnissen die Rede ist, so bezieht sich diese Aussage stets auf die Stellungnahmen des IPCC. Hinter der Abkürzung verbirgt sich das »Intergovernmental Panel on Climate Change«, eine zwischenstaatliche Abstimmungskommission zum Klimawandel. Dieses Gremium wurde Ende der achtziger Jahre von der UNO ins Leben gerufen, um den Politikern eine wissenschaftliche Grundlage für Entscheidungen zur Klimapolitik zu geben. 170 Staaten und ihre Regierungen – von Albanien bis Zimbabwe – rangeln um Stimmen im IPCC. Wie der Name »panel« (»Kommission«, »Schiedsgericht«) schon sagt, handelt es sich dabei nicht um ein Forschungsprojekt im eigentlichen Sinne, sondern um eine Verhandlungsrunde. Diese Klima-Behörde soll versuchen, den wissenschaftlichen Sachverstand aus aller Welt zusammenzutragen und eine einheitliche Aussage daraus zu kondensieren.

Zum Bericht von 1996 trugen etwa 2100 Personen bei. Dazu gehörten Wissenschaftler, politische Beamte, Funktionäre von Umweltorganisationen und Angehörige anderer Interessengruppen. Die meisten IPCC-Mitglieder sind Sozialwissenschaftler, dann erst folgen die Naturwissenschaftler, darunter viele Landwirtschafts-, Wald- und Meeresexperten. Klimaforscher, die tatsächlich die Physik der Atmosphäre entschlüsseln, stellen nur einen kleinen Teil der IPCC-Wissenschaftler.[1]

Während sich viele in den Berichten erwähnte Forscher schlichtweg mit der Erwähnung ihrer Arbeiten zufrieden geben, ist der aktive Einfluß staatlich geförderter Klimaforschungszentren in Großbritannien, den USA und in Deutschland besonders groß. Das Max-Planck-Institut für Meteorologie in Hamburg wurde zum »Deutschen Klima-Rechenzentrum« hochgerüstet, das britische Meteorological Office nennt seine Spezialtruppe »Hadley Centre for Climate Prediction and Research«

(»Zentrum für Klima-Forschung und Vorhersage«). In den USA gibt es gleich mehrere solcher Großforschungseinrichtungen.

Seit 1990 kamen mehrere offizielle IPCC-Berichte heraus, meist im Vorfeld internationaler Klima-Konferenzen. Die mehrere tausend Seiten umfassende Langfassung wird von etwa 80 Autoren geprägt – und von kaum jemandem gelesen. Entscheidend ist vielmehr die zusammenfassende Kurzfassung für die Politiker. Dieses Schlüsseldokument wird von einer Handvoll Wissenschaftler koordiniert. Die Formulierung eines wissenschaftlichen Konsenses liegt also in der Hand ganz weniger Personen.

Doch das eigentliche Problem besteht darin, daß es einen Konsens in einer noch weitgehend unerforschten Sache gar nicht geben kann. Im Interesse einer eindeutigen politischen Handlungsanweisung werden aus diesem Grund zahlreiche Zweifel an der These vom menschengemachten Treibhaus in Fußnoten versteckt. Selbst die Satellitendaten, die seit Ende der siebziger Jahre keine nennenswerte Erwärmung in der unteren Troposphäre zeigen, werden in der politischen IPCC-Kurzfassung nicht zur Kenntnis genommen. Zahlreiche – auch namhafte – Wissenschaftler beschwerten sich, daß zwar ihre Namen, nicht aber ihre Zweifel in den IPCC-Schlußdokumenten auftauchen. Und selbst angesehene Wissenschaftsmagazine wie »Nature« melden Bedenken am IPCC-Verfahren an.

Das IPPC-Vorgehen ist ein gut gemeintes, aber letztendlich – vom Standpunkt der wissenschaftlichen Erkenntnis her – äußerst zweifelhaftes Verfahren. Wissenschaft lebt von der Auseinandersetzung mit und dem Hinterfragen von Hypothesen. Aber genau dies ist einer Mehrheitsfindung à la IPCC hinderlich. Der Stockholmer Physik-Professor Thor Ragnar Gergholm, Mitglied der Königlichen Akademie der Wissenschaften, beurteilt das Vorgehen gegenüber dem Berliner »Tagesspiegel« so: »Das IPCC wurde eingesetzt, um einen Konsens in der Klimafrage zu liefern. Doch wird nahezu jedes Glied der Argumentationskette in dem wichtigen Bericht von Wissenschaftlern in Frage gestellt. Die Frage ist nicht, ob die Zweifler recht haben oder nicht. Der Punkt ist, daß sie ohne jeden Zweifel bewiesen haben, daß es keinen derartigen Konsens in der Klimafrage gibt. Die offenen Fragen müssen durch die traditionellen Mittel der empirischen Wissenschaft gelöst werden. Das IPCC-Verfahren hat sich als Fehlschlag erwiesen.«

Wissenschaftliche Erkenntnis ist grundsätzlich keine Frage der Mehrheit. Galileo Galilei war zu seiner Zeit genauso wenig mehrheitsfähig wie Einstein. Als der Nazi-Propagandist Goebbels forderte: »100 deutsche Wissenschaftler müssen gegen Einstein aufstehen«, ließ Einstein müde ausrichten: »Einer würde genügen.« Auch der deutsche Forscher und Begründer der modernen Physik Max Planck (in dessen Namen das Deutsche Klima-Rechenzentrum forscht) galt Zeit seines Lebens als Außenseiter. In der Wissenschaft kann ein Außenseiter recht haben, es kann die Mehrheit recht haben, es können aber auch alle unrecht haben. Genau daher ist die ständige Hinterfragung von Hypothesen ein unabänderliches Prinzip wissenschaftlichen Fortschrittes.

Eine im August 1996 von der »Meteorologischen Zeitschrift«, einem Organ der deutschsprachigen Wetter- und Klimaforscher, durchgeführte Befragung zeigt jedenfalls ein völlig anderes Bild der wissenschaftlichen Diskussion als die IPCC-Stellungnahmen. Die These, daß die vom Menschen verursachten Emissionen bereits Auswirkungen auf das Klima hätten, hielten jeweils nur zehn Prozent der Forscher für »sicher richtig« oder »sicher falsch«. Knapp 40 Prozent der Befragten glaubten »eher nicht« daran.[2]

Im Trend das gleiche Ergebnis erbrachte eine Umfrage, die der Hamburger Dennis Bray vom Deutschen Klima-Rechenzentrum und Hans von Storch vom GKSS Forschungszentrum in Geesthacht durchgeführt haben. Sie interviewten mehr als 200 deutsche, 150 amerikanische und 35 kanadische Kollegen. Auf die Frage, ob man sicher sein könne, daß die Klimaerwärmung bereits im Gange ist, waren dann überraschend viele Forscher unschlüssig. Lediglich ein Drittel der Befragten war sich »absolut« oder »ziemlich sicher«.[3]

1 Wall Street Journal vom 25. 7. 1997. **2** Profil Nr. 48/1997. **3** Frankfurter Allgemeine Zeitung vom 3. 12. 1997.

»Einige Klimaforscher sind ›gekauft‹«

Beim Thema Klima geht es um viel Geld. Forscher des Eduard-Pestel-Institutes in Hannover glauben, den Betrag sogar beziffern zu können: 40 Billionen Mark. Diese Summe wäre notwendig, um die Kohlendioxid-Emissionen durch einen Umbau der Industriegesellschaft weltweit um drei Viertel zu verringern.[1] Wie immer in solchen Fällen rechnen sich dabei manche Interessengruppen Gewinne und andere Verluste aus. Die Erdöl exportierenden Länder und die Autoindustrie lieben das Thema naturgemäß weniger als beispielsweise die Atomindustrie, die plötzlich Umweltpluspunkte sammeln kann.

Die wissenschaftlichen Argumente, die in diesem Konflikt vorgetragen werden, sind deshalb häufig vermischt mit Anschuldigungen und Zweifeln an der Integrität der jeweiligen Kontrahenten. So wird einigen amerikanischen Klimaforschern, die Zweifel an der These vom menschengemachten Treibhaus artikulieren, vorgeworfen, für ihre Forschungen Gelder von der Automobil-, Öl- oder Kohleindustrie zu erhalten. In der Tat fließen solche Gelder, und dies wird von den betreffenden Wissenschaftlern meist auch gar nicht bestritten.

Umgekehrt läßt sich auch nicht leugnen, daß die Forschungen der Befürworter der Treibhausthese mit Geldern von interessierter Seite finanziert werden. Auch hier nur ein Beispiel: Die bis dahin als Umweltschützerin nicht weiter aufgefallene britische Premierministerin Margaret Thatcher stellte viele Millionen Mark für das britische IPCC-Engagement und das »Hadley«-Klimaforschungszentrum bereit. Sie tat dies zu einem Zeitpunkt, als die Atomanlagen von Sellafield die britische Atomindustrie wieder einmal in Mißkredit brachten. Interessant auch: Seit längerem gärte ein Konflikt mit den britischen Bergarbeiter-Gewerkschaften wegen der Schließung von Kohlegruben. Kohlendioxid als »Klimagift« kam Margaret Thatcher nicht ungelegen.

Der außenstehende Betrachter sollte realistischerweise davon ausgehen, daß die meisten Klimaforscher in Interessenlager eingebunden sind – und auch eigene Karriereziele verfolgen. Unter dem Strich kürzen sich diese Faktoren aber letztendlich weg. Damit sollte der Blick eigentlich frei sein für die Frage: Wer hat – unabhängig von seinen Geldgebern – die überzeugendere wissenschaftliche Arbeit geleistet?

1 Die Woche vom 10. 2. 1994.

»Mit Computern läßt sich das Klima vorausberechnen«

Die Idee, die Zukunft berechnen zu können, fasziniert die Wissenschaftler seit langem. Die erste große Euphorie entstand in den sechziger Jahren. Der Mathematiker John von Neumann, einer der Erfinder des amerikanischen Computers, war der festen Überzeugung, bestimmte Vorgänge in der Zukunft ließen sich mit Formeln exakt berechnen – beispielsweise das Wetter vom nächsten Monat. Die amerikanischen Militärs investierten Unsummen in Neumanns Computerexperimente, doch die Operation verlief im Sande.

Auch die heutigen Computerspezialisten »arbeiten an Formeln, mit denen sich der Zustand des Planeten in 100 Jahren errechnen läßt«, so die »Süddeutsche Zeitung« über das Deutsche Klima-Rechenzentrum in Hamburg. Die Wissenschaftler versuchen, einfach gesagt, anhand von Daten der Vergangenheit und mit Hilfe von Computersimulationen einen Blick in die Zukunft zu werfen. Sie arbeiten mit sogenannten »general circulation models« (GCM), was wir salopp mit »Kreislaufmodell« übersetzen können. Zunächst werden dafür die physikalischen und chemischen Naturgesetze, die geographische Beschaffenheit der Erde, ihre Umlaufbahn um die Sonne und vieles mehr als Formeln in den grauen Rechner gegeben. Das Elektronengehirn wird dann solange getrimmt, bis es den Austausch von Luft und Wasser, Sommer und Winter, kurz den Wetter- und Klimakreislauf halbwegs vernünftig imitiert. Der Computer soll ein Modell des globalen Geschehens schaffen, das möglichst gut mit der Wirklichkeit übereinstimmt.

Und hier liegt das Problem: Die Faktoren, die das Klimageschehen beeinflussen, reichen von der planetarischen Größenordnung des Erdumfangs (40 000 Kilometer) hinab bis zum kleinsten Staubpartikel, der nur den Bruchteil eines millionstel Millimeters ausmacht. Die besten

Europa im Computermodell

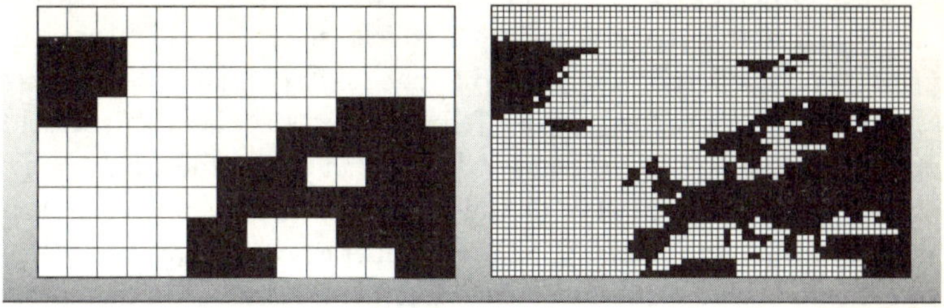

So grob sehen Computer Europa: Die besten Klimarechner der Welt können den Globus maximal in Quadraten mit 300 Kilometer Seitenlänge darstellen. Links ein »T 21«-Netz aus der Klimaforschung, rechts ein »T 106«-Netz aus der Wetterbeobachtung. **(Quelle: H. Hug 1997/ Physikalische Blätter 1995)**

Rechner können die Welt aber derzeit höchstens als Raster mit Planquadraten von etwa 300 Kilometern Seitenlänge abbilden (90 000 Quadratkilometer). Für jeden Kreuzungspunkt werden Temperatur, Feuchte, Wind und Luftdruck bestimmt. Ein ganzes Bundesland stellt demnach eine Durchschnittsfläche mit gleicher Luftfeuchtigkeit, Luftverschmutzung, Temperatur und Wolkendecke dar (ganze Gewitter- und Wolkenfronten verschwinden in dem schwarzen Quadrat). Die Atmosphäre wird grob in Quader aufgeteilt, so daß die Welt im Computer aussieht wie ein Fußball, um den herum ein Mantel aus Legosteinen gebaut wurde. Das komplexe Geschehen auf der Erde wird also ungeheuer vereinfacht dargestellt. **[Grafik Seite 169]**

Dennoch sind diese Computersimulationen eine technische und wissenschaftliche Leistung und prinzipiell auch zum besseren Verständnis des Klimas sinnvoll. Funktioniert so eine mathematische Welt einigermaßen, erhöhen die Klimaforscher beispielsweise den CO_2-Gehalt auf ihrem virtuellen Planeten und lassen sich ausrechnen, was in den nächsten 50 Jahren passiert. Sie erhalten ein »Szenario«, das in Verbindung mit den anderen Disziplinen und Methoden der Klimatologie zu einem verbesserten Verständnis des Klimas führen kann. Der Computer ist bis dato ein wunderbares Forschungshilfsmittel, aber ein nur sehr beschränkt taugliches Prognose-Instrument. 1997 wurden auf einer Fachkonferenz der Amerikanischen Meteorologischen Gesellschaft die 14 wichtigsten derzeitigen Klimamodelle auf Herz und Nieren geprüft. Experten verglichen die Vorhersagen mit Meßdaten der Wettersatelliten. Bei der Vorhersage der Temperaturen für die untere Schicht der Erdatmosphäre lagen alle Modelle um 75 Prozent zu hoch.[1]

Konkrete Aussagen über den tatsächlichen Einfluß des Menschen sind derzeit überaus gewagt. Prognosen über einen Temperaturanstieg (möglichst noch bis auf eine Stelle hinter dem Komma) in den nächsten 50 oder 100 Jahren sind gar reine Spekulation. Die amerikanische Wissenschaftszeitschrift »Science« nennt vor allem zwei Gründe für die Beschränktheit des Rechnerhorizontes.[2] Erstens: Die Abbildung der Wirklichkeit ist viel zu grob. Zweitens: Wir wissen viel zu wenig darüber, wie die Wirklichkeit überhaupt aussieht und das Klima tatsächlich funktioniert, sprich, welchen Einfluß Sonne, Wolken, Winde, Blitze, Meere oder Moore tatsächlich haben.

Die Wissenschaft verfügt zwar über eine Beschreibung des Klimas im großen Maßstab, in Details reicht sie aber nur etwa 50 Jahre zurück. Für die Zeit davor gibt es nur wenige genaue Angaben, meistens ist man auf Schätzungen und Rekonstruktionen angewiesen. Keine Theorie erklärt, warum in den vergangenen 100 000 Jahren die Temperaturen dutzendfach innerhalb kürzester Zeit um drei bis zehn Grad schwankten. Keine Theorie erklärt, warum wir unter anderem in Skandinavien und Deutschland die kleine Eiszeit (1250 bis 1850) hatten. Es ist kein Mechanismus bekannt, warum die Temperaturmittel von 1940 bis 1979 absanken. Hinsichtlich der großen Eiszeiten gibt es zwar einen Hauch von Vermutungen, aber eben auch keine genaue Formel, die man etwa in einen Rechner einspeisen könnte. Die Computersimulationen gleichen so einem fahrenden Auto, von dem niemand weiß, wie der Motor oder die Bremsen funktionieren. »Je mehr wir lernen, desto mehr verstehen wir, daß wir nichts verstehen«, bekennt im »Science«-Magazin ein Computermodellierer.[3]

Hinzu kommt (wie an anderer Stelle in diesem Kapitel gezeigt), daß die einfachsten Daten, beispielsweise Temperaturen, oftmals schon auf Schätzungen und Spekulationen beruhen. Werden die Modelle nun falsch gefüttert, spucken sie zwangsläufig auch Unsinn aus. »Garbage in, garbage out« – »Müll rein, Müll raus«, sagen die Amerikaner dazu salopp.

Der kleinste Fehler potenziert sich im Computer mitunter schon nach kurzer Zeit zu komplettem Unsinn, der Rechner rechnet sich ins »deterministische Chaos« (das nicht umsonst von einem Meteorologen entdeckt wurde). Unsere Wetterfrösche wissen, daß ihre Computer spätestens bei einem Vorhersagezeitraum von mehr als sieben Tagen anfangen, grob aus dem Ruder zu laufen. Die Zahl der Möglichkeiten, wie sich das Wettergeschehen weiterentwickeln könnte, explodiert und überfordert selbst den stärksten Computer. Aksel Wiin-Nielsen, ehemaliger Generalsekretär der World Meteorological Association ist sich sicher: »Dieses Prinzip werden wir niemals schlagen.« Das Gesetz dahinter: Chaotische Systeme sind schon per definitionem unberechenbar, sonst gäbe es sie nicht.

Die Klimamodellierer versuchen dem nun auszuweichen, indem sie nur bedingte Prognosen auf der Basis von wechselnden Anfangsbedingungen eines Systems machen. Motto: Uns kommt es nicht auf den absoluten Endzustand an, sondern nur auf die verschiedenen Trends. Doch selbst diese reduzierte Herangehensweise ist von vielfältigen Unsicherheiten geprägt. So machen die Computerspezialisten sogenannte »Flußkorrekturen«. Zu deutsch: Sie »frisieren« Programme und Daten, um ein »Kreislaufmodell« überhaupt zum Funktionieren zu bringen. Dies geschieht in der Regel keineswegs in manipulativer Absicht. Es zeigt aber, daß das Bild von »mathematisch exakten« Computerberechnungen letztlich ein Mythos ist – zumindest wenn damit »wirklichkeitsgetreu« gemeint ist.

Ein weiteres grundsätzliches Problem: Meteorologen werden immer wieder von den »rückkoppelnden Wechselwirkungen« in »komplexen Systemen« verblüfft: Geringe lokale Veränderungen können eine instabile Wetterlage zum Kippen bringen und globale Veränderungen der Großwetterlage auslösen. Der Zufall ist schlichtweg unberechenbar. Andererseits muß man zugeben, daß die Meteorologen und auch die Klimaforscher mit ihren Computermodellen Fortschritte machen. So leisteten sie zusammen mit einer Armada von Meßbojen,

Schiffen, Flugzeugen und Satelliten bei der frühzeitigen Erkennung der Unwetter verheißenden Meeresströmung El Niño wertvolle Dienste. Auch in vielen anderen Bereichen entwickeln sich Simulationen rapide zu einem zusätzlichen Standbein wissenschaftlichen Arbeitens. So können beispielsweise Autos heute im Computer konstruiert und sogar erprobt werden. Doch auch diese »Virtual Reality«, wie die Scheinwelt neudeutsch genannt wird, hat ihre Fallstricke. Daimler-Benz beispielsweise erlebte mit seiner im Computer tadellos sicheren A-Klasse ein Debakel: In natura kippte das Auto bei bestimmten Ausweichmanövern einfach um. Das Phänomen wird wohl unter dem Stichwort »Elchtest« in die Geschichte des Automobils eingehen.

Das zeigt anschaulich, warum sich auch Klimarechner vor Selbstüberschätzung hüten sollten. Voraussagen über das Weltklima in 100 Jahren und die bis dahin steigenden Temperaturen sind selbst dann nicht akzeptabel, wenn sie mit bester Absicht die Umweltmoral stärken sollen. Eine Nagelprobe dafür lieferte 1991 der Golfkrieg gegen Saddam Hussein. Damals prophezeiten zahlreiche Klimaforscher eine Art nuklearen Winter für den Fall, daß Saddam sämtliche Ölquellen anzünden würde. Das »CSIRO«-Computermodell australischer Klimatologen präzisierte im Vorfeld des Krieges: Schwarzer Rauch würde bis in 25 Kilometer Höhe aufsteigen, eine weiträumige regionale Kältewelle auslösen, möglicherweise würde der Monsun in Asien ausbleiben und Millionen Menschen müßten verhungern.[4]

Dann passierte tatsächlich das Ungeheuerliche: Saddam zündete alle Quellen an. Es blieb jedoch bei einer leichten lokalen Abkühlung in Kuwait selbst, nur 150 Kilometer weiter, in Dharan oder Bahrain, blieben die Temperaturen fast unverändert. Der Rauch stieg nicht 25 Kilometer auf, sondern »nur« fünf. Der Monsun in Asien kam und ging wie immer. That's life.

1 LTU-Magazin 1997. **2** Science, Vol. 276, 1997, Seite 1040. **3** ebd. **4** New Scientist vom 12. 1. 1991.

»Der Flügelschlag eines Schmetterlings kann einen Hurrikan auslösen«

Die chaotische Struktur der Erdatmosphäre zeigt sich Tag für Tag an der Ungenauigkeit der Wettervorhersage. Auf diese Tatsache hatte bereits 1902 Henri Poincaré hingewiesen: »Ein zehntel Grad mehr oder weniger an einem beliebigen Punkt … ein Wirbelsturm bricht hier aus und nicht dort.«[1] Der Meteorologe Edward Lorenz war es schließlich, der 1972 das berühmte deterministische Chaos entdeckte, das sich denn auch prompt in allen Bereichen der Wissenschaft auswirkte und in der Klimaforschung eine zentrale Rolle spielt. Um deutlich zu machen, daß schon eine winzige Störung ein System chaotisch werden lassen kann, hielt Lorenz einen Vortrag, der gegen seinen Willen den Titel trug: »Kann der Flügelschlag eines Schmetterlings in Brasilien einen Tornado in Texas auslösen?« Seitdem ist der Siegeszug des Schmetterlingseffektes in der populären Lebensbetrachtung unaufhaltsam.

Während Mathematiker und Physiker ihn inzwischen eher mit der Pinzette anfassen, haben sich Umweltschützer des Effektes umso vehementer angenommen. Motto: Der zarte Flügelschlag eines Falters löst in Borneo eine Kettenreaktion aus und bringt Regen in die Sahelzone, während in Europa die Eiszeit wiederkehrt und Nordamerika im Meer versinkt. Daraus folgt: Wenn schon ein zierlicher Flattermann zu so desaströsem Anstoß fähig ist, was können da erst die Flügelschläge der menschlichen Zivilisation anrichten?

Der Gedanke ist nicht ganz falsch, aber leider auch nicht ganz richtig. Denn bevor das Flattern der Zivilisation das Klima durcheinanderbringt, sind erst einmal die kräftigen Schwingen des Kosmos an der Reihe. Da sind doch gewaltige Energien im Spiel: Ein Tausendstel der die Oberfläche der Erde erreichenden Sonnenenergie entspricht dem Energieverbrauch der gesamten Menschheit.[2] Auch kleinere regionale Wellenbewegungen wie die sporadisch einsetzende Meeresströmung El Niño pumpen ganz schön kräftig: Es wird Wärme in der Dimension von 450 Millionen Megawatt freigesetzt – das entspricht der Kraft von 300 000 Atommeilern.[3] Selbst ein ganz gewöhnlicher Blitz hat noch eine Stromstärke von durchschnittlich 36 000 Ampere. Das Lawrence Livermore National Laboratory in Kalifornien zählte jüngst, daß 70 bis 100 Blitze pro Sekunde auf die Erde niederzucken.[4] (Dabei entstehen, nebenbei bemerkt, jährlich ein drittel bis halb soviel Stickoxide wie bei der Verbrennung aller fossilen Rohstoffe.)

Wer sich dennoch ständig vor vom Menschen in Gang gesetzten Schmetterlingseffekten fürchtet, dem kann die andere (und meist verschwiegene) Seite des Effektes Trost spenden. So machte Edward Lorenz in seinem historischen Vortrag deutlich: Einerseits kann ein Schmetterling durch seinen Flügelschlag einen Wirbelsturm auslösen. Umgekehrt birgt sein Flattern aber auch die Möglichkeit, daß die Entstehung eines Wirbelsturmes verhindert wird und statt dessen die Sonne scheint.

1 S. Ortoli, N. Witkowski, Die Badewanne des Archimedes, 1997. **2** Blick in die Wissenschaft Nr. 7/1995. **3** Der Spiegel Nr. 42/1997. **4** Der Spiegel Nr. 6/1997.

Der Wert von Prognosen

Die Prognosen der Klimaforscher kennzeichnet ein rasches Verfallsdatum. Wer ganz an die Anfänge der Aktivitäten des Intergovernmental Panel on Climate Change (IPCC) zurückgeht[1], findet noch Erwärmungsprognosen von bis zu acht Grad Celsius für die nächsten 100 Jahre. Auf dem Umweltgipfel von Rio im Jahr 1992 betrug die erwartete Erwärmung infolge des vom Menschen gemachten Treibhauseffektes dann zwischen 4,5 und 3 Grad Celsius. Und anläßlich des Berliner Klimagipfels von 1995 wurden die Prognosen auf Werte zwischen 3 und 1 Grad Celsius weiter zurückgenommen (Durchschnitt 2 Grad).

Da diese Szenarien zugleich als Entscheidungsgrundlage für die Politiker der Welt gedacht sind, verbirgt sich hinter solchen Korrekturen erheblicher Zündstoff. Wer die vom IPCC 1990 und

1995 vorgelegten Klimaszenarien miteinander vergleicht[2], stellt erstaunt fest, daß 1990 eine Erwärmung um zwei Grad bis zum Jahre 2100 fast noch als erstrebenswert galt. Um dieses Ziel (»Szenario B«) zu erreichen, so hieß es damals, seien drastische Maßnahmen erforderlich: Ein vollständiger Übergang von Kohle auf Erdgas, ein Stop jeglicher Abholzungen sowie eine weltweite Halbierung des CO_2-Ausstoßes. Und 1995 wird das gleiche Ergebnis für den Fall prognostiziert, daß die Menschheit mehr oder weniger so weiterwurstelt wie bisher.

Die schwächste IPCC-Trendvorhersage von einem Grad wird derzeit durch Satellitenmessungen bestätigt und korrespondiert mit der natürlichen Klimavariabilität. Die Aussagekraft für den menschlichen Einfluß auf das Klima tendiert für diesen Fall naturgemäß gegen Null. Grundsätzlich läßt sich bei den Computervorhersagen feststellen: Verbesserte Modelle produzieren meist geringere Erwärmungsprognosen.

Der Grund für die letzte Rücknahme 1995: Der Smog der Zivilisation und die Rauchfahnen brennender Wälder schirmen in Form sogenannter »Sulfataerosole« die Sonne ab. Das kühlt die Erde. Die Temperaturkurve wurde daraufhin um ein Drittel nach unten korrigiert. Doch inzwischen stellte sich heraus: Die kühlende Wirkung der Partikelchen liegt nicht bei 30 Prozent, sondern höchstens bei zehn Prozent. Damit liegt das mühsam austarierte Rechengebilde wieder schief: Weniger Kühlung heißt laut Computer höhere Temperaturen – aber die gibt es in Wirklichkeit nicht. Ergo: Die Klimamodellierer haben ein Problem.

Mit den zurückgenommenen Vorhersagen wächst jedoch auch die Chance auf eine Verständigung mit den Kritikern der Modellprognosen und der IPCC. Professor Pat Michaels von der University of Virginia – ein bekannter Treibhaus-Skeptiker – sieht durchaus eine gemeinsame Schnittmenge. Für den Fall einer Verdoppelung des CO_2-Gehaltes in der Atmosphäre hält auch er einen Temperaturanstieg in den nächsten 100 Jahren von 1 bis 1,5 Grad Celsius für möglich. Aber er fügt hinzu: »Das wäre dann allerdings keine Klimakatastrophe mehr.«[3]

1 A. Wiin-Nielsen, Interview, Brennstoffspiegel Nr. 1/1997. 2 N. Calder, The Manic Sun, 1997. 3 New Scientist vom 19. 7. 1997.

»Die Sonne spielt für das Klima eine untergeordnete Rolle«

Ganz im Gegenteil: Unser Zentralgestirn rückt wieder mehr und mehr ins Blickfeld der Klimaforscher. Eine steigende Zahl von Wissenschaftlern räumt ihr einen großen bis bestimmenden Einfluß auf unser Klima ein. Dies schließt einen menschengemachten Treibhauseffekt nicht aus, aber es relativiert ihn stark. Selbst vehemente Treibhaus-Warner wie Klaus Hasselmann vom Deutschen Klima-Rechenzentrum sprechen von der Sonne als »Joker«, den man »in der Hinterhand behalten müsse«. Man sei bisher allerdings nicht gezwungen gewesen, »diese Karte mangels anderer stichhaltiger Trümpfe auszuspielen«.[1] Wenn nicht alles täuscht, ist der Zeitpunkt jedoch gekommen. Die nächsten Jahre könnten einen Paradigmenwechsel in der Klimaforschung bringen. Astronomen und Physiker verweisen auf zahlreiche Einflußfaktoren, die höchst auffällig mit Klimaänderungen auf der Erde einhergehen:

→ Die Sonne selbst steht nicht – wie vielfach angenommen – fest und unverrückbar in unserem Planetensystem. Ihr Drehimpuls variiert genauso wie ihre Bahn um das Massezentrum des Planetensystems. Astronomen glauben, aus den periodischen Vorgängen unmittelbar Klimaänderungen auf der Erde ableiten zu können.[2]
→ Die Erde bewegt sich nicht gleichmäßig um die Sonne, sondern schlingert leicht auf Bahnen, die sich nach Tausenden von Jahren wiederholen. Dabei verschiebt sich die Position der Nord-Süd-

Sonnenflecken-Aktivität und jährliche Durchschnittstemperatur

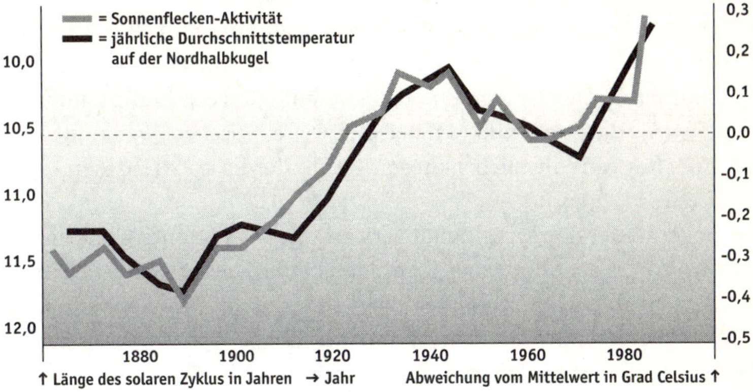

Wolkendecke und kosmische Strahlung

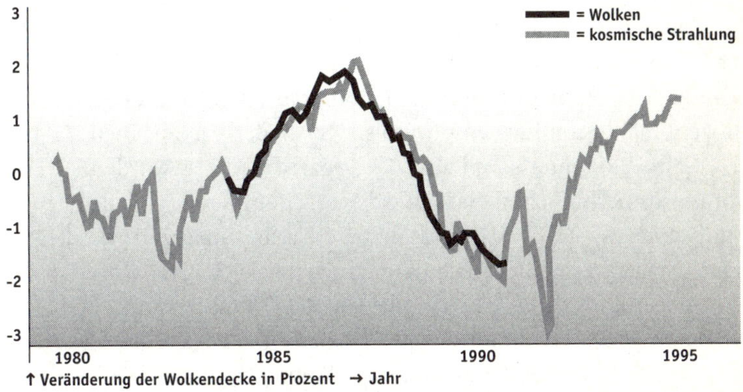

Die verblüffende Übereinstimmung zwischen der Länge der Sonnenfleckenzyklen und jährlichen Mitteltemperaturen spricht für einen dominanten Einfluß der Sonne. Dafür könnte ein Einfluß der kosmischen Strahlung auf die Wolkenbildung verantwortlich sein (untere Grafik). Die physikalischen Zusammenhänge sollen jetzt in einer Wolkenkammer im europäischen Forschungszentrum »Cern« untersucht werden. **(Quelle: N. Calder 1997/ Svensmark/Friis-Christensen 1997)**

Achse der Erde zur Sonne. Diese Zyklen könnten beispielsweise die Ursache für die wiederkehrenden Eiszeiten sein.[3]

→ Die Sonne wird heller. Sie »häutet« sich gleichsam in einem Rhythmus von 9 bis 15 Jahren, was mit dem Auftreten der sogenannten Sonnenflecken und einer veränderten Strahlung einhergeht. Als die Sonnenflecken beispielsweise zwischen 1640 und 1720 fast ganz ausblieben, herrschte auf der Erde extrem kaltes Wetter.[4]

→ Bei erhöhter Sonnenaktivität verstärkt sich der Sonnenwind, ein Strom von der Sonne ausgesandter elektrisch geladener Teilchen. Der Partikelstrom beeinflußt möglicherweise die Wolkenbildung und damit eine Schlüsselfunktion des Klimas.[5]

→ Mit der Sonnenaktivität nimmt die ultraviolette Strahlung zu. Stratosphärisches Ozon fängt das energiereiche Licht ein und erwärmt sich. Dieser Mechanismus verändert die Energiebilanz der Erde.

Satellitendaten zufolge wächst die Leuchtkraft der Sonne mit jedem ihrer Fleckenzyklen. Richard Wilson vom Zentrum für Klimasystemforschung der Columbia University fand heraus, daß die Erde 1996 0,036 Prozent mehr Strahlung empfing als 1986. In den vergangenen 100 Jahren wäre die Sonne somit um 0,3 Prozent heller geworden.[6] Damit könnte immerhin schon die Hälfte der angenommenen globalen Erwärmung von etwa 0,5 Grad Celsius in diesem Zeitraum erklärt werden (als menschengemacht blieben dann maximal noch 0,25 Grad übrig).

Den Einfluß des Sonnenwindes auf das Klima erkannte hingegen ein Team von Meteorologen und Physikern des meteorologischen Instituts in Kopenhagen.[7] Funkamateure können vom Wüten dieser solaren Winde und störenden Radiowellen ein Lied singen. Wenn es die Sonne ganz wild treibt, drehen sogar Kompasse durch, und Stromnetze brechen zusammen. Sichtbare Boten der Strahlung sind die Polarlichter, die beinahe wie solare Discolights am Himmel stehen. Die Länge der Fleckenzyklen und die Heftigkeit der solaren Aktivitäten korrespondieren in frappierender Weise mit Temperatur- und Wetteränderungen auf der Erde. Die dänischen Forscher glauben inzwischen auch den Mechanismus dahinter gefunden zu haben: Teilchen der kosmischen Strahlung dringen in die Atmosphäre ein und dienen als Kondensationskerne für Wolken. Während des letzten Sonnenfleckenzyklus beobachteten die Dänen, wie sich die Wolkendecke im Gleichklang mit der solaren Strahlung um 3 Prozent veränderte. Die Erde wird im Durchschnitt zu 63 Prozent von Wolken bedeckt, hinter der scheinbar kleinen Veränderungsrate von 3 Prozent der Bewölkung steckt daher ein ganz erheblicher Effekt. Sollten sich die Beobachtungen im Verlauf weiterer Untersuchungen bestätigen, müßten künftige Klimaforscher von einem dominierenden Klimaeinfluß der Sonne ausgehen. **[Grafik Seite 177]**

Die Meteorologin Karin Labitzke von der Freien Universität in Berlin entdeckte ebenfalls einen Gleichklang von Wetter- und Fleckenzyklus. »Während die Dänen die ganz große Klimaskala im Auge haben«, sagt die Meteorologin, »zoomen wir uns näher an das Wettergeschehen heran.« Mit neuen Daten konnte sie 1996 einen lang gehegten Verdacht bestätigen: Nord- und Südhalbkugel zeigen spiegelbildlich die gleichen Wetteränderungen im Zyklus der Sonnenflecken.[8] »Das ist schon fast ein Beweis«, sagt Karin Labitzke. »Da muß ein Zusammenhang sein, auch wenn wir den Mechanismus nicht verstehen.« Die Meteorologin will das Kind nicht mit dem Bade ausschütten: »Es geht nicht darum, die Treibhausthese wegzuwerfen«, meint sie, »aber der Einfluß der Sonnenvariabilität ist so offensichtlich, daß man wirklich nicht mehr so tun kann, als gäbe es ihn nicht.«

Der Geograph Dirk Wollesen von der Universität Gießen suchte einen weiteren Zugang zum Thema. Zusammen mit chinesischen Kollegen gab er Tausende chinesischer Wetteraufzeichnungen, die teilweise bis zu 3000 Jahre zurückreichen, in eine Datenbank ein. »In unseren Datenreihen ist nicht zu erkennen«, so Wollesen, »daß der menschliche Einfluß zu einer Zunahme von Dürren oder Überschwemmungen geführt hat.« Statt dessen glauben die Forscher, daß die Sonnenaktivität an den Naturkatastrophen beteiligt war: »Wir haben da einen verblüffenden Zusammenhang entdeckt.« Die Häufigkeit von Dürren und Überschwemmungen schwankte im gleichen Takt wie die Zahl der Sonnenflecken.[9]

1 K. Hasselmann, Die Zeit Nr. 32/1997. 2 Th. Landscheidt (Schroeter Institute, Nova Scotia), Vortrag »Global warming or little Ice Age?«, gehalten auf dem Symposium »Klimaveränderungen – Ursachen und Auswirkungen« der Europäischen Akademie für Umweltfragen, Bonn, 10. 11. 1997. 3 R. Muller, G. McDonald, Science, Vol. 277, Nr. 5232, 1997. 4 Die Welt vom 5. 10. 1997. 5 E. Friis-Christensen, H. Svensmark (Dänisches Meteorologisches Institut, Kopenhagen), Vortrag »Mögliche Mechanismen der Beeinflussung des Erdklimas durch Veränderungen der Sonnenaktivität«, gehalten auf dem Symposium »Klimaveränderungen – Ursachen und Auswirkungen« der Europäischen Akademie für Umweltfragen, Bonn, 10. 11. 1997. 6 Focus Nr. 47/1997. 7 N. Calder, The Manic Sun, 1997. 8 K. Labitzke, H. van Loon, Space Science Reviews, Mai 1997. 9 Der Spiegel Nr. 12/1998.

»Eine Erwärmung wäre für die Erde in jedem Fall eine Katastrophe«

Das Klima – sollte es denn überhaupt definierbar sein – ist chaotisch. Es entzieht sich, ebenso wie der Verlauf eines Billardspiels, jeglicher, vor allem langfristiger Prognostizierbarkeit. Dies gilt natürlich auch für die Folgen, die klimatische Veränderungen für das Leben auf der Erde bereithalten. Die Auswirkungen eines Temperaturanstiegs sind nach Ansicht der meisten Wissenschaftler nicht wirklich vorhersehbar. Andererseits besteht ein merkwürdiger Konsens darüber, daß die Folgen in jedem Fall negativ sind. Da drängt sich doch die Frage auf: Woher wissen wir eigentlich, daß etwas nicht Vorhersagbares in jedem Fall unerwünscht und katastrophal endet? Hinter diesem Schluß steckt zunächst einmal die natürliche Angst vor Veränderung.

Eine leichte Temperaturerhöhung – ob nun vom Menschen beeinflußt oder gänzlich natürlich – kann mit der gleichen Wahrscheinlichkeit positive oder negative Begleiterscheinungen haben (oder eben beides). Wer die in in der Mittagshitze bratenden deutschen Italien- und Spanienurlauber beobachtet, muß sich über deren Furcht vor einer Erwärmung jedenfalls wundern.

Bei einem Blick in die Vergangenheit der Menschheitsgeschichte fallen wärmere Zeiten als heute durchaus nicht nur negativ auf. Vor

1000 Jahren war in England der Weinbau weit verbreitet: von der Kanalküste bis etwa 500 Kilometer nach Norden. Besonders warme Sommer bleiben bis heute den Weinkennern als Ausnahmejahrgänge im Gedächtnis. »Da explodiert das Mostgewicht«, melden die Winzer. Die mäßige Erwärmung der letzten 100 Jahre wird im allgemeinen nicht als besonders negativ empfunden – obwohl sich natürlich vieles verändert hat (siehe beispielsweise die Alpengletscher).

Die Natur reagiert auf die leichten Temperaturverschiebungen in den nördlicheren Breitengraden mit erhöhtem Wachstum und einem früheren Frühlingserwachen.[1] Geringerer Energieverbrauch und höhere Ernteerträge sind die Folge, und dies nicht nur hierzulande: 1986 – mitten in einer Phase von einigen sehr warmen Jahren – begann sogar Indien (Indien!) Lebensmittel zu exportieren.[2]

Auch die Tierwelt vermag aus Veränderungen das Beste zu machen, sie paßt sich an und verändert ihre Lebensräume (wie sie es schon immer getan hat). Britische Vogelkundler stellen fest, daß milde Winter und hohe Frühlingstemperaturen für manche Arten von Vorteil sind.[3] Ein Teil der Zugvögel, wie etwa die Mönchsgrasmücke, verzichtet sogar seit zwei Jahrzehnten auf die beschwerliche und gefährliche Reise nach Afrika. Sie überwintert in merry old England. Eine Katastrophe?

Auf der anderen Seite ist es durchaus möglich, daß eine veränderte Verteilung von Niederschlägen – wie auch schon in der Vergangenheit – zu Dürren führen könnte. So bestand die Sahelzone im Norden Afrikas während der Steinzeit zu großen Teilen aus blühenden Landschaften. In den vergangenen 6 000 Jahren trockneten dann riesige Gebiete aus, weil der Monsun ausblieb.[4] Vorhersagen in solchen Dimensionen sind aufgrund der kurzen Zeitspanne, in der wir das Klima überhaupt beobachten, reine Spekulation. Und ein Menschenleben ist zu kurz, um solche Entwicklungen als dynamisch zu begreifen.

1 Frankfurter Allgemeine Zeitung vom 23. 4. 1997. **2** G. Easterbrook, A Moment on the Earth, 1995. **3** Die Welt vom 2. 2.1997; Frankfurter Allgemeine Zeitung vom 20. 8. 1997. **4** Science, Vol. 278, 1997, Seite 440.

»Wir können das Klima schützen«

Die Erdgeschichte lehrt uns: Wenn die Natur entscheidet, daß die Temperaturen ansteigen, wird niemand sie daran hindern können. Wenn die Natur hingegen glaubt, es sei mal wieder eine Eiszeit an der Reihe, dann kommt diese unwiderruflich. Vor 18000 Jahren, auf dem Höhepunkt des derzeitigen Eiszeit-Zyklus, befand sich das Zentrum des heutigen Venedig 240 Kilometer von der Küste entfernt, und der Meeresspiegel lag 120 Meter tiefer.[1] Das Gebiet des heutigen New York war vor 5000 Jahren von kilometerdicken Eismassen überzogen. Eine Weile später, vor nur 1000 Jahren, blühte es in Grönland (»Grünland«).[2] Wenn Journalisten und Umweltschützer in einer Zeitmaschine zu jenen Stationen zurückreisen könnten, welche Klimaschutz-Schlagzeilen würden sie produzieren? »Katastrophe naht – Manhattan bald eisfrei«? Die Klimadebatte spiegelt sicherlich auch eine psychologische Komponente der aktuellen Geisteshaltung wider: Alles, was sich verändert, ist gefährlich.

Das globale Klima ist aber ein Nichtgleichgewichtszustand, und eingetretene Veränderungen lassen sich nicht rückgängig machen. Was immer der Mensch gegen solche Vorgänge unternimmt, ist letztendlich so bedeutsam wie ein Reiskorn, das in China von der Tischkante purzelt. Die Menschheit steht an letzter Stelle in einer Reihe von bedeutsamen Einflußgrößen, wie sie etwa Ozeane, Eismassen, Vulkane oder die Vegetation darstellen. »Die entscheidenden Klimafaktoren, die die Temperatur auf der Erde bestimmen, sind durch den Menschen nicht steuerbar«, sagt beispielsweise Professor Wolfgang Stahl von der Bundesanstalt für Geowissenschaften und Rohstoffe in Hannover.[3]

»Schutz«, im Sinne einer aktiven Beeinflussung, ist für das weder modellierbare noch vorhersehbare offene System Klima nicht möglich. In Formulierungen wie »aktiv das Klima schützen«[4] steckt letzten Endes die gleiche Anmaßung wie im Glauben an universelle technische Machbarkeit. Der wissenschaftliche Fortschritt hat hier eine Illusion von kollektiver Unsterblichkeit des Homo sapiens geschaffen. Das Klima macht aber, was es will – wir werden mit dieser kosmologischen Kränkung leben müssen.

Das sollte andererseits nicht als Freibrief mißverstanden werden, Luft, Boden und Wasser nach Belieben zu verschmutzen und zu malträtieren. Auch läßt sich das Argument, selbst ein kleiner menschlicher Eingriff in das Klimageschehen könne das System zum Kippen bringen, nicht ganz von der Hand weisen. Wenn wir das globale menschliche Handeln in seinen unzähligen Auswirkungen auf die Umwelt betrachten, wird es jedoch immer solche Unsicherheiten über die Folgen der Zivilisation geben. Deshalb fügt es sich bestens, daß viele Maßnahmen, die die Verfechter des sogenannten Klimaschutzes propagieren, ohnehin sinnvoll sind. Professor Heinz Miller vom Alfred-Wegener-Institut für Polar- und Meeresforschung in Bremen vertritt die Meinung: »Wir sollten versuchen, die Verbrennung fossiler Energieträger zu minimieren. Nicht, weil die Verbrennung möglicherweise zur Katastrophe führt, sondern weil wir einen nicht erneuerbaren Rohstoff verbrauchen, der von künftigen Generationen noch benötigt wird.«[5] Die auf tönernen Füßen daherkommenden Klimaschutz-Argumente drohen solch langfristig richtigen Einsichten eher zu schaden. Heinz Miller: »Die politische Entscheidung, den Kohlendioxid-Ausstoß zu verringern, kann man auf Basis der Klimaprognosen nicht machen. Das ist kein schlagkräftiges Argument.«

Es gibt jedoch eine ganze Reihe von Möglichkeiten zur Entlastung der Umwelt und der Atmosphäre, die jenseits aller Klimakatastrophen-Szenarien und ideologischen Grabenkämpfe sinnvoll sind.

- → Konsequentes Energiesparen in Haushalt, Verkehr und Industrie spart Geld und macht erfinderisch. Nationen mit hohen Energiepreisen gehören zu den wirtschaftlich erfolgreichsten. Nationen mit riesigen Energievorräten, wie die arabischen Emirate, haben es hingegen bis heute nicht geschafft, eine blühende Wirtschaftsstruktur auf die Beine zu stellen.
- → Würde die Menschheit beispielsweise fünf Prozent mehr Wald neu anpflanzen, so würden die jungen Bäume praktisch alles von der Zivilisation ausgepustete Kohlendioxid aufnehmen und in Holz verwandeln.
- → Bevor wir uns nun wieder zu Großprojekten versteigen, könnte

der eine oder die andere Klima-Besorgte ja mal klein anfangen: Ein Bundesbürger, der einen Wald von 100 mal 100 Metern Fläche neu anpflanzt, entzieht der Atmosphäre jährlich zehn Tonnen CO_2. Er kann seine eigene Kohlendioxidbilanz für die Wachstumszeit der Bäume (30 bis 90 Jahre) praktisch ausgleichen. Das Ganze kostet (ohne Grundstück) etwa 1000 Mark.[6] In Ecuador beispielsweise würde er dafür sogar nur einen Bruchteil der Summe investieren müssen.[7] Warum gönnen sich eigentlich nicht mehr Zeitgenossen dieses gute Gewissen?

→ Im großen Maßstab findet dieses Konzept im Handel mit sogenannten Verschmutzungsrechten (»Joint Implementation«) seine Entsprechung. Ein politischer Verfechter dieses Konzeptes sind die USA. Die Idee: Wer hierzulande eine energieintensive Fabrik aufmacht, kann dies beispielsweise durch Kraftwerksanierungen oder Anpflanzungen in ärmeren Ländern wiedergutmachen. Wiederaufforstung vorausgesetzt, ist der Rohstoff Holz höchst ökologisch. Oder anders ausgedrückt: Wer in einem Blockhaus residiert, bewohnt zugleich einen Kohlendioxidspeicher.

→ Auch das Aufkommen von treibhauswirksamen Spurengasen wie Methan läßt sich auf ökologisch und ökonomisch sinnvolle Weise vermindern. Nur ein Beispiel: Würde die Hälfte des aus unseren Kohlebergwerken ungenutzt entweichenden Methans in Nutzenergie überführt, so entlastete dies die Atmosphäre in 20 Jahren im selben Umfang wie eine Reduzierung der Kohlendioxid-Emissionen der Bundesrepublik um fünf Prozent.[8] Auch das Abdichten schadhafter Erdgasleitungen (beispielsweise in der früheren Sowjetunion) führt zu ähnlichen Effekten. Methan und Lachgas entstehen in großen Mengen durch die intensive Landwirtschaft und die Massentierhaltung. Dies ist doppelt überflüssig, solange – beispielsweise in der EU – Lebensmittel vernichtet oder verschleudert werden. Aber vielleicht hilft ja auch unser wachsendes Gesundheitsbewußtsein: Würden die Deutschen heute nur soviel Fleisch essen wie in den sechziger Jahren, dann sänke – aufgrund des verringerten Viehbestandes – unser Anteil am Ausstoß des Treibhausgases Methan von ganz alleine um sechs Prozent.[9]

1 Süddeutsche Zeitung vom 11. 11. 1997. **2** G. Easterbrook, A Moment on the Earth, 1995. **3** Welt am Sonntag vom 16. 11. 1997. **4** Broschüre des Bundesumweltministeriums, Dezember 1995. **5** Welt am Sonntag vom 16. 11. 1997. **6** Frankfurter Allgemeine Zeitung, Beilage Umwelt und Technik, 3. 6. 1996. **7** Der Spiegel vom 20. 3. 1995. **8** H. Graßl, Blick in die Wissenschaft Nr. 7 / 1995. **9** Umweltökonomische Gesamtrechnung 1996, Frankfurter Allgemeine Zeitung vom 14. 6. 1996 (unter Bezug auf Daten des Statistischen Bundesamtes).

Perspektiven

Wie wird das Klima? Antwort: Wir wissen es nicht. Bislang zeigt sich weder in der Geschwindigkeit noch im Ausmaß eine Veränderung, die es erdgeschichtlich nicht schon ohne den Menschen gegeben hätte. Eine Erhöhung von 0,5 Grad in den letzten 100 Jahren kann sehr wohl das »Schwanzende« der letzten kleinen Eiszeit sein, es kann aber auch auf eine weitere Erwärmung hindeuten. Außerdem sind kurzfristige oder lokale starke Abkühlungen, beispielsweise durch ein Ausbleiben des Golfstromes, nicht gänzlich auszuschließen.[1] Langfristig bewegt sich unser Planet – wenn man den erdgeschichtlichen Zyklen folgt – eher auf eine erneute Eiszeit denn auf eine Warmzeit zu. Kippeffekte, egal in welche Richtung, sind für das Erdklima nie mit letzter Sicherheit auszuschließen. Dies gehört gleichsam zum allgemeinen Lebensrisiko der »Erdlinge«.

Was wird mit dem Treibhauseffekt? Die Klimaforschung räumt zusehends einen stärkeren Einfluß natürlicher Faktoren, wie etwa der Sonne, auf die Temperaturentwicklung ein. Dies schließt einen menschengemachten Treibhauseffekt nicht aus, er wird unter dem Strich aber wohl geringer sein als angenommen. Die einschlägigen Prognosen bewegen sich schon seit zehn Jahren im Trend deutlich nach unten.

Die Vergangenheit hat überdies gezeigt, daß Prognosen für den Energieverbrauch in der Regel zu hoch und Einsparpotentiale zu niedrig angesetzt wurden. Die Wirtschaft betrachtet ihren CO_2-Ausstoß längst losgelöst von der Klimadebatte als Indikator für effizienten Umgang mit Rohstoffen – und das rechnet sich schon heute. »Der Treib-

Freisetzung von CO_2 durch menschliche Aktivität

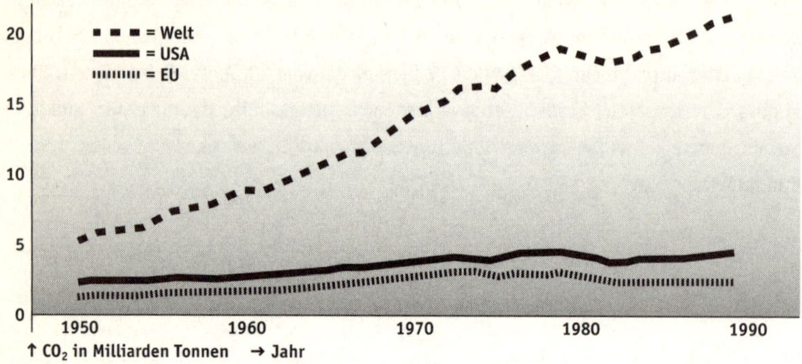

Wohlstand und Energieverbrauch

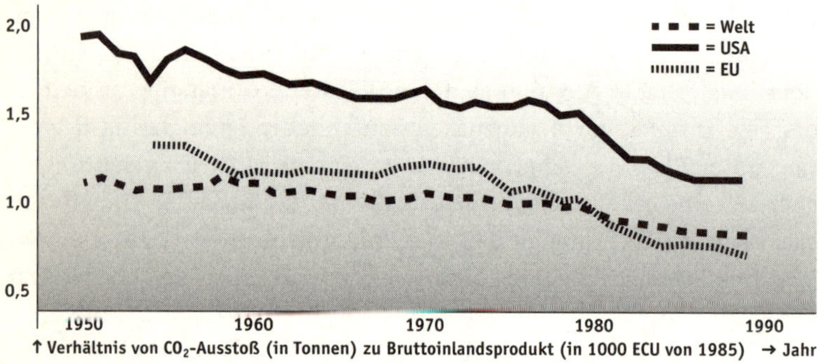

Der Zuwachs an Kohlendioxidemissionen entsteht in den nachholenden und sich entwickelnden Ländern. Mit wachsendem Wohlstand ist jedoch eine effizientere Energieerzeugung und eine Stabilisierung zu erwarten. **(Quelle: Spektrum der Wissenschaft Juni 1996, Klima-Spezial)**

hauseffekt ist eine interessante intellektuelle Frage«, sagt der amerikanische Umweltschützer und Mitautor des Buches »Faktor 4«, Amory Lovins, »aber sie ist für die Energiepolitik irrelevant. Wir sollten weniger Energie verbrauchen, weil wir daraus schlichtweg einen Profit erzielen.«[2] Auf der UN-Klimakonferenz von Kioto Ende 1997 wurden solche Schritte erfreulicherweise sogar international vereinbart. (Man hätte die Zusammenkunft freilich auch Energiesparkonferenz nennen können.) **[Grafik Seite 186]** Es ist durchaus möglich, daß der Energieverbrauch und damit die Kohlendioxid-Emissionen sich rascher stabilisieren als derzeit angenommen. In den nächsten 100 Jahren wird hieran auch die Solarenergie spürbar beteiligt sein. Offen ist jedoch die Frage, wie es künftige Generationen mit der Atomenergie halten. Ob ein vernünftiger Umgang mit Energie das Klima in irgendeiner Weise positiv beeinflußen wird, ist ebenfalls ungeklärt. Abschminken kann sich die Menschheit jedenfalls den Gedanken, das Klima »managen« zu können. Und das ist auch gut so: Der Kampf um die Verteilung von Sonnenschein oder Regen würde nur zu Mord- und Totschlag führen.

Was wird aus der Klimadebatte? Wissenschaft hat die Aufgabe der Wahrheitsfindung, sie kann Politikern ihre Wertentscheidungen nicht abnehmen. Eine Verquickung von Wissenschaft mit Politik und Moral ist letzten Endes immer unselig. Die Forscher können dabei nur verlieren. Das zeigt sich deutlich in den Diskussionen: Hier wird oft zwischen »gut« und »böse« anstatt zwischen »richtig« und »falsch« unterschieden. Zweifler an der These vom menschengemachten Treibhaus werden dem Generalverdacht ausgesetzt, grundsätzlich etwas gegen den Umweltschutz zu haben (oft völlig zu unrecht). Umgekehrt wird den IPCC-Forschern (oft ebenfalls zu unrecht) vorgeworfen, das Modell der demokratischen Industriegesellschaft beseitigen zu wollen.

Umweltdebatten unterliegen Modezyklen. Insofern ist damit zu rechnen, daß die Klimadiskussion einen ähnlichen Verlauf nehmen wird, wie die um das sogenannte Waldsterben. »Der Spiegel«, Leitmedium mit sensiblem Gespür für das Meinungs-Klima, titelte Ende 1997 bereits: »Der Weltuntergang fällt aus.«[3] Mit dem Ausbleiben der Schreckensszenarien und mit zunehmend differenzierten wissenschaftlichen Erkenntnissen wird das Thema für Ideologen uninteressant. Sie werden neue Betätigungsfelder finden (einige haben sich ja bereits in der Globalisierungsfalle eingerichtet). Umweltschützer, denen wirklich etwas an ihrem Thema liegt, sollten aufhören, das Klima zur Mutter aller Umweltschlachten zu stilisieren. Die Umweltschützer müssen sich Gedanken über die Zeit nach der Klimadiskussion machen. Wenn die gegenwärtige Klimahysterie kippt, geht ihre Glaubwürdigkeit sonst gleich mit über Bord. Äußerst unklug ist es auch, den Gedanken des Energiesparens so stark an der Klimafrage festzumachen. Es gibt genügend vernünftige Gründe für einen schonenden Umgang mit Ressourcen, die langfristig Bestand haben. Hier gibt es wirklich viel zu tun, packen wir es an.

Was wird aus der Klimaforschung? Politisch subventionierte Großforschungseinrichtungen sind stets problematische und konjunkturabhängige Veranstaltungen. Die großen Klimaforschungszentren der neunziger Jahre erinnern darin an die Kernforschungszentren der Sechziger und Siebziger: Das Gleiche – nur in Grün. Die Kernforscher tilgten inzwischen heimlich still und leise den Begriff »Kern« oder »Atom« aus den Institutsnamen und widmen sich heute einer breit gefächerten Forschungstätigkeit. Es gehört nicht viel Phantasie dazu, den einschlägigen Klima-Instituten Ähnliches zu prophezeien. Der politische und moralische Druck auf die Wissenschaftler wird nachlassen. Bleibt freilich zu hoffen, daß bei dieser Gelegenheit nicht auch die Gelder für die Klimaforschung gestrichen werden. Die Suche nach den tatsächlichen Zusammenhängen im Klimageschehen ist für die Menschen nach wie vor von Bedeutung.

1 New Scientist vom 8. 2. 1997. **2** U.S. News & World Report vom 1. 12. 1997. **3** Der Spiegel Nr. 51/1997.

Konsum und Alltag

Oft gehört, gern geglaubt

»Kunststoffe sind umweltschädlich«
»PVC ist ein gefährliches Material«
»PVC-Spielzeug gefährdet die Gesundheit von Kindern«
»Latex ist ein ökologisch unbedenkliches Naturprodukt«
»Naturfasern sind ökologisch besser als Kunstfasern«
»Stoffwindeln sind umweltfreundlicher als Wegwerfwindeln«
»Papiertüten sind besser als Plastiktüten«
»Beton ist böse«
»Umweltbewußte Menschen ziehen in ein Öko-Haus im Grünen«

Perspektiven

Oft gehört, gern geglaubt

»Der gesellschaftliche Grundwiderspruch«, so verkündet ein Graffito an der Frankfurter Uni, »besteht zwischen Baum und Beton!« Dem Sprüher hätten ein paar historische Seminare wahrlich gut getan. Dort hätte er lernen können, daß die großen Rodungen in Mitteleuropa nicht für Bankhochhäuser stattfanden, sondern zur Gewinnung von Ackerfläche.

Vielen Menschen erscheint die moderne Welt kalt und häßlich: alles Beton, alles Plastik, alles Chemie, alles synthetisch – nichts ist mehr echt. Wo bleibt die Gemütlichkeit? Diese Kritik ist nicht ganz unberechtigt, die Frankfurter Uni beispielsweise ist in der Tat häßlich und ungemütlich. Aber liegt das am Beton oder an der Architektur?

Die populäre Abneigung gegen moderne Werk- und Baustoffe zeigt sich aber auch gern im ökologischen Gewand. Beton und Plastik sind schlechterdings zu Synonymen für Umweltfrevel geworden. Früher wurde ein engstirniger Mensch »Holzkopf« genannt, heute ist aus ihm ein »Betonkopf« geworden. Durch die Mythen der Popkultur geistern »plastic people«, entfremdete Bewohner einer künstlichen Welt. Doch was ist künstlich?

Armaturenbretter aus dem altertümlichen Kunststoff Bakelit rufen bei Oldtimer-Fans romantische Gefühle hervor. Verlassene Hochöfen, Kohlezechen und Fabrikhallen werden unter Denkmalschutz gestellt. Was heute noch unnatürlich wirkt, kann morgen schon fast naturgegeben erscheinen. Alles, was der Mensch erschaffen hat, ist künstlich – und alle Rohstoffe, die ihm zur Verfügung stehen, stammen aus der Natur. Bedenkt man die Herkunft des Erdöls, dann ist auch Plastik ein Holzprodukt. Die Beton-Industrie wirbt mit dem Slogan: »Es kommt drauf an, was man daraus macht.« Vielleicht ist das gar nicht so dumm.

»Kunststoffe sind umweltschädlich«

Die romantische Sicht, daß natürliche Materialien grundsätzlich umweltfreundlicher sind als synthetische, gehört zu den besonders hartnäckigen Mythen. Sicherlich finden die meisten Menschen eine Segeljacht aus Teakholz schöner als eine aus glasfaserverstärktem Kunststoff. Doch ein Holzboot muß mit umweltschädlichen Lacken und Lasuren vor Fäulnis, Algen und Muscheln geschützt werden.

Kunststoffe – oder »Plastik«, wie der Volksmund sagt –, sind allgegenwärtig und verrichten zuverlässig und unauffällig ihren Dienst. In vielen Produkten, vom Wasserrohr bis zum Straßenbahnsitz, spart Plastik Energie und Rohstoffe, weil es wenig Gewicht, Langlebigkeit und gute Isoliereigenschaften mitbringt. Oftmals ist es anderen Materialien, wie Holz oder Metallen, sogar ökologisch überlegen. Kunststoffe dienen zur Wärmedämmung und helfen bei der Altbausanierung. Durch wärmespeichernde Glasbeschichtungen verbindet sich lichte Architektur mit ökologischer Effizienz. Kunststoffe ersetzen schweren Stahl und energieverzehrendes Aluminium und dämpfen Geräusche.

[Grafik Seite 192]

Leichte und ökologisch verträglichere Verkehrsmittel werden durch Kunststoffe ebenso möglich wie leichtere Batterien. Allein in Deutschland senkt der Kunststoffanteil in Autos den Kraftstoffverbrauch pro Jahr um zirka 4,4 Milliarden Liter.[1] Kunststoffe schützen Metalle vor Korrosion und sorgen für langlebigere Produkte. Alternative Energien, wie Sonne und Windkraft, werden dank moderner Materialien erschlossen. Solarzellen bauen ebenso auf synthetische Werkstoffe wie Sonnenkollektoren oder Windkraftrotoren. Aber natürlich ist Plastik nicht grundsätzlich besser als Holz oder Metall. In vielen Produkten ist nach wie vor der Einsatz von Naturmaterialien sinnvoller, wir sollten nur kein Dogma daraus machen.

Kunststoffe werden aus Erdöl hergestellt. Ist das Ressourcenverschwendung? Nein, denn in Deutschland werden über 90 Prozent des Rohöls nicht zu Plastikprodukten verarbeitet, sondern in Motoren und Öfen verfeuert – und das oftmals mit extrem schlechtem Wirkungsgrad.[2]

Einsatzgebiete von Kunststoffen in Deutschland

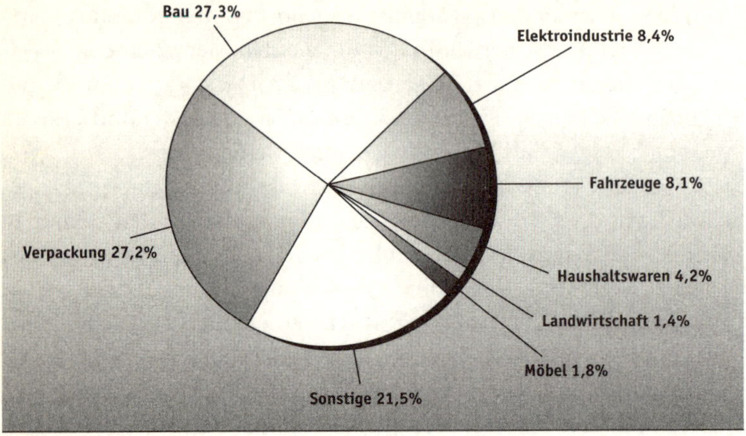

Die meisten Kunststoffe werden für langlebige Produkte verwendet. Beim Kunststoffmüll ist jedoch die Langlebigkeit genau das Problem. Anders als beispielsweise Pappe bleibt er für lange Zeit in der Natur, wenn er unsachgemäß »entsorgt« wird. **(Quelle: Verband der Kunststofferzeugenden Industrie, 1997)**

Der große Vorteil vieler Kunststoffe, ihre Langlebigkeit, ist gleichzeitig ihr größter Nachteil. Das sticht ins Auge, wenn am Urlaubsstrand alte Plastikflaschen, Kanister und Tüten angespült werden. Dies ist nicht nur ein ästhetisches Problem: Tausende von Wildtieren verenden jedes Jahr an dem unverrottbaren Zivilisationsmüll. Meeresschildkröten und Wale halten im Wasser schwebende Plastikbeutel für Quallen und verstopfen sich damit den Magen. Delphine und Seevögel verfangen sich in ausrangierten Fischernetzen und ertrinken. Robben strangulieren sich an weggeworfenen Nylonschnüren. Vögel ersticken, weil sie ihren Kopf durch die Plastikringe von Sixpack-Haltern stecken. Andere bauen Plastikfetzen in ihre Nester ein. Die Folge: Regenwasser läuft nicht mehr ab und die Jungen sterben auf der nassen Unterlage an Erkältung.

Verpackungen aus biologisch abbaubaren Kunststoffen, die nach ein paar Wochen von Bakterien zersetzt werden, könnten solche schlimmen ökologischen Folgen teilweise verhindern. Diese Kunststoffe aus Zuckerrüben und anderen Pflanzen haben das Erprobungsstadium hinter sich und werden bereits von großen Chemiekonzernen hergestellt.[3]

1 Anzeige des Verbands der Kunststofferzeugenden Industrie (VKE) in der Frankfurter Allgemeinen Zeitung vom 15. 9. 1997 **2** Frankfurter Rundschau vom 31. 5. 1994. **3** Der Spiegel Nr. 8/1998.

»PVC ist ein gefährliches Material«

»PVC enthält mittlerweile mehr Symbolik als Gift«, überschrieb die Wochenzeitung »Die Zeit« einen Bericht zum Stand der PVC-Diskussion.[1] Die drei Buchstaben PVC stehen heute stellvertretend für die ungeliebte Chlorchemie. Chlor ist in der Natur zum Beispiel als Bestandteil von Stein- und Meersalz weitverbreitet. In den Retorten der Chemieindustrie entfaltet es eine geradezu magische Reaktionsfreude. Zusammen mit Kohlenstoff aus Erdöl und Erdgas erwächst daraus ein riesiger Produktstammbaum.

Das mengenmäßig wichtigste Endprodukt, in dem Chlor vorkommt, heißt PVC (Polyvinylchlorid). Weltweit ist es der am zweithäufigsten produzierte Kunststoff.[2] PVC besteht zu 57 Prozent aus Chlor und zu 43 Prozent aus Kohlenstoff. PVC-Produkte selbst sind zunächst einmal harmlos, extrem witterungsbeständig, preiswert und langlebig. Sie finden deshalb weltweit vor allem am Bau Verwendung: in Form von Fenstern, Rohren, Kabelummantelungen, Bodenbelägen oder Dachdichtungsfolien. Bei Wasserrohren hat PVC in Deutschland inzwischen einen Marktanteil von 55 Prozent.

Dennoch fordern Umweltorganisationen wie der BUND oder Greenpeace seit Jahren einen generellen Verzicht auf PVC. Der Grund: PVC ist das Herzstück der Chlorchemie – und die soll nach Ansicht der Umweltschützer am besten ganz verboten werden. Der Produktionsverbund der Chlorchemie bringt nämlich neben harmlosen auch eine Menge problematische Stoffe hervor.

Aus der Chlorchemie kommen Verbindungen wie das Insektizid DDT, die Gruppe der giftigen PCBs, die ebenfalls toxischen PCPs, die ozonschädigenden FCKWs und die auch nicht unproblematischen CKW-Lösemittel (Das »C« steht jeweils für Chlor). Die Herstellung und Verbreitung dieser Stoffe ist jedoch heute – zumindest in den Industrienationen – streng reglementiert oder ganz verboten. Bei der Verbrennung aller chlorhaltigen Verbindungen oder bei Produktionsstörungen entsteht das Gift Dioxin. Doch gilt dieses Problem heute aufgrund strenger Auflagen – sowohl bei der Herstellung wie auch bei der Entsorgung – als zufriedenstellend gelöst: Die Emissionen und in der Folge die Belastung von Mensch und Umwelt gingen seit 1990 drastisch zurück (siehe auch unter »Müll«, Seite 297, und »Gesundheit«, Seite 75).

Der Ausgangsstoff von PVC, das gasförmige Vinylchlorid (VC) ist krebserregend. Aus diesem Grund kam es Anfang der siebziger Jahre zu einer Serie tödlicher Krebsfälle bei Arbeitern in der PVC-Produktion. Die drastische Verringerung der VC-Emissionen und eine Umstellung des Produktionsverfahrens sorgten dann dafür, daß Arbeiter nicht mehr mit Vinylchlorid in Berührung kommen und es heute nicht mehr als Umweltproblem gilt. Die Restspuren von Vinylchlorid im PVC liegen zweitausendfach unter denen der siebziger Jahre.[3]

Die PVC-Hersteller und Verarbeiter haben inzwischen nahezu alle ursprünglichen Forderungen der Kritiker erfüllt: Die Hochsee-Verbrennung von Rückständen wurde eingestellt. Bei der Produktion wird kein Cadmium mehr als Stabilisator verwendet. Man hat Sammel- und Verwertungssysteme für PVC aufgebaut und eigens Recyclingbetriebe errichtet, etwa für die Wiederverwertung von Fensterrahmen. Der Abschied vom Blei als Produktionsbestandteil ist für die Jahrhundertwende vorgesehen. In modernen PVC-Fabriken, beispielsweise in den neuen Bundesländern, wird dank verbesserter Verfahren ab 1998 auch kein Quecksilber mehr verwendet.[4] Die Quecksilberkonzentration der Abwässer, die die Bayer-Werke verlassen, liegen jedoch heute schon unterhalb des Grenzwertes, den die deutsche Trinkwasserverordnung festlegt.[5] Man muß PVC nicht lieben, aber das Material ist nach den Sünden der siebziger Jahre heute viel besser als sein Ruf.

Das Darmstädter Institut für Bauen mit Kunststoff erstellte zwei umfassende Studien über technische, wirtschaftliche und ökologische Aspekte von PVC als Baumaterial. Ergebnis: PVC in seiner heutigen Verfassung und Herstellungsweise unterscheidet sich hinsichtlich seiner Umweltrelevanz nicht mehr wesentlich von anderen Baustoffen. Weder die Energie- noch die Schadstoffbilanz rechtfertigt einen Verzicht. Oft sogar im Gegenteil: So sind mit Holzfenstern, die im Laufe ihres »Lebens« mehrmals gegen Verwitterung mit Schutzmitteln behandelt werden müssen, in der Praxis unter Umständen erheblich größere Umweltbelastungen verbunden.

Ein Verzicht auf das Material kann jedoch dort sinnvoll sein, wo seine ökologischen Vorteile, wie die Langlebigkeit, in einen Nachteil umschlagen, also beispielsweise bei Verpackungen. Doch an denen ist PVC ohnehin nur mit etwa fünf Prozent beteiligt. In Deutschland wird PVC zu 69 Prozent für Produkte verwendet, die länger als zehn Jahre halten sollen.[6] Die vom deutschen Bundestag eingesetzte Enquete-Kommission »Schutz des Menschen und der Umwelt« sah 1994 in der Langlebigkeit und dem geringen Einsatz fossiler Rohstoffe eine Reihe von Vorzügen für PVC, mahnte aber eine Weiterentwicklung bei Verwertung und Entsorgung an. Ein Ersatz von PVC könne jedoch nicht empfohlen werden, so die Kommission, denn das berge die Gefahr einer Problemverschiebung in sich, wenn nicht gar eine Verschlechterung des gegenwärtigen Zustands.

Die eingefahrene Kampagne gegen die »Leitsubstanz« PVC läuft indes weiter, als sei nichts geschehen. Die einstmals berechtigten Vorwürfe gegen den Werkstoff werden dabei immer zweifelhafter. So bot 1996 der Düsseldorfer Flughafenbrand Kritikern einen scheinbar willkommenen Anlaß, ein generelles PVC-Verbot zu fordern: Das Material sei für den Brand und die Dioxinverseuchung der Gebäude verantwortlich hieß es nach einer medienwirksamen Schnell- und Ferndiagnose von PVC-Gegnern. »Durch PVC wird ein Feuer zum Chemieunfall«, schrieb die »Badische Zeitung«. 17 Menschen kamen bei dem Brand ums Leben.

Inzwischen hat die vom Ministerpräsidenten des Landes Nordrhein-Westfalen eingesetzte unabhängige Sachverständigenkommission ihren Abschlußbericht vorgelegt. Die Opfer starben danach eindeutig an einer Vergiftung durch das bei jedem Brand freiwerdende Kohlenmonoxid. Weiter wird festgestellt, daß auch nicht PVC-Kabel, sondern andere Stoffe (und vor allem eine gehörige Portion Schlamperei) für die Entstehung und für die Ausbreitung des verhängnisvollen Feuers verantwortlich waren. Fest steht schließlich, daß die betroffenen Flugsteige nicht über das bei Bränden normale Maß hinaus »dioxinverseucht« sind, schon gar nicht mit Dioxinen aus PVC.[7]

Richtig ist, daß aus PVC im Brandfall Dioxine entstehen können. Richtig ist aber eben auch, daß dies für andere Baustoffe genauso gilt, beispielsweise für Holz (diese sind allerdings meist sehr viel leichter entflammbar als das schwer entzündliche PVC). Gegenüber allen anderen Materialien hat PVC heute zumindest einen klaren Vorteil. Den beschreibt die bereits zitierte Enquete-Kommission des deutschen Bundestages so: »Nach Jahren einer intensiven Diskussion ist PVC heute der hinsichtlich seiner Umweltrelevanz bei weitem am besten untersuchte Stoff.«

1 Die Zeit vom 13. 6. 1996. **2** Arbeitsgemeinschaft PVC und Umwelt, PVC-Produktinformation, 1/1996. **3** Die Zeit vom 13. 6. 1996. **4** dpa-Meldung vom 21. 11. 1997. **5** Bayer AG, Broschüre, Chemie mit Chlor, 1995. **6** Arbeitsgemeinschaft PVC und Umwelt, PVC-Produktinformation, 1/1996. **7** Unabhängige Sachverständigen-Kommission, Bericht – 1.Teil, 11. 4. 1997.

»PVC-Spielzeug gefährdet die Gesundheit von Kindern«

Der Einsatz von PVC reicht beim Spielzeug vom Planschbecken bis zu Eimerchen und Schaufel. Das Material ist hier nicht gefährlicher als jedes andere auch.

Greenpeace meldete allerdings vor Weihnachten 1997: Weich-PVC, wie es für Puppen, Bälle, Badeenten oder Schwimmflügel verwendet werde, gefährde Kinder. Tests hätten ergeben, daß die im Kunststoff enthaltenen Weichmacher beim Lutschen herausgelöst werden könnten. Diese stünden im Verdacht, Krebs zu erregen. Eltern waren alarmiert, und die Firma Karstadt räumte daraufhin PVC-Spielzeug aus den Regalen. Andere Spielwarenketten wurden zum Ziel von Protestaktionen. Greenpeace forderte einen Verzicht auf sämtliches PVC-Spielzeug, auch über Babyspielsachen hinaus. Badeenten hatten plötzlich den Ruch bedrohlicher Giftmonster.

Zwei von der Europäischen Union akkreditierte Institute, der TÜV-Rheinland und die Landesgewerbeanstalt Bayern (LGA), kamen zu einem völlig anderen Ergebnis als Greenpeace. Beim gleichen Spielzeug konnten Weichmacher, sogenannte Phthalate, nur in geringen – teilweise bis zu fünfhundertfach kleineren – Konzentrationen festgestellt werden, als von Greenpeace behauptet. In vielen Fällen lagen die Resultate der neuen Tests sogar unterhalb der Nachweisgrenze. Das Bundesinstitut für gesundheitlichen Verbraucherschutz und Veterinärmedizin gab bekannt: »Die von Greenpeace in den meisten Fällen angewandte Methode ist für die Bestimmung von Phthalaten ungeeignet.«[1]

Der Weichmacher DEHP, von dem behauptet wurde, er sei krebserregend, kann in hohen Dosen bei Nagetieren Krebs auslösen (siehe »Was heißt eigentlich krebsverdächtig?«, Seite 94). Für den Menschen wurde er bereits 1990 von der EU-Komission als nicht kanzerogen eingestuft.[2] Die Frage, ob sich nach mindestens dreistündigem Kauen nicht doch etwas herauslösen könnte, bleibt strittig. Aus diesem Grund hat CSTEE, das höchste wissenschaftliche Gremium der EU für Toxikologie und Umwelt, im Rahmen des gesetzlich vorgesehenen Verfahrens auf wissenschaftlicher Basis Grenzwerte mit höchsten Sicherheitsmargen festgelegt. Der Grenzwert liegt bei einem Prozent des Wertes, bei dem überhaupt keine Effekte mehr meßbar sind. In den Niederlanden und Großbritannien werden nun nachvollziehbare Testmethoden ausgearbeitet, um die Einhaltung überwachen zu können.

Ohne weitere erforderliche Studien abzuwarten, hat die europäische Kommission sich Ende 1999 dennoch für ein Sofortverbot von Phthalaten in Gegenständen wie Beißringen oder Rasseln entschieden. Wissenschaftler der EU wollen für diese Entscheidung allerdings nicht in Anspruch genommen werden. Professor Helmut Greim, Mitglied des

CSTEE, legt Wert auf die Feststellung: »Es gibt durchaus noch wissenschaftlichen Klärungsbedarf in der Einschätzung des verbleibenden Risikos, aber keine akute Gefahr.« Man könne Phthalate in Kinderspielzeug natürlich verbieten. Aber das sei eine politische Entscheidung und nicht ableitbar aus einem Votum des höchsten europäischen wissenschaftlichen Komitees.[3] Das Verbot erscheint im Sinne des Verbraucherschutzes zunächst besonders konsequent, ist es aber leider nicht: Babyspielzeug aus anderen Materialien (siehe »Latex«, Seite 198) könnten sich für die Gesundheit der Babys sogar als problematischer herausstellen – die Aufmerksamkeit und Überwachung mit ähnlichen Testverfahren wie PVC wird ihnen aber nicht zuteil. Professor Greim: »Selbst das Nitrosamine emittierende Gummi ist toxikologisch schlechter untersucht als die Phthalate.«

Grundsätzlich gab ein Sprecher der PVC-Hersteller bekannt: Das beanstandete Spielzeug bestehe aus dem gleichen Material, das seit Jahrzehnten für medizinische Produkte – wie Schläuche für Bluttransfusionen und Beutel für Blutkonserven und Infusionslösungen – verwendet werde. Diese sind von den nationalen und internationalen Gesundheitsorganisationen und Ämtern sowie der europäischen Pharmakommission sorgfältigst geprüft und zugelassen worden.

1 Hamburger Abendblatt vom 22. 12. 1997. **2** Pressemitteilung PVC-Plus, 7. 12. 1997.

3 Frankfurter Allgemeine Zeitung vom 14. 12. 1999.

»Latex ist ein ökologisch unbedenkliches Naturprodukt«

Latex genießt in der Öko-Szene einen erstaunlich guten Ruf. Zu den Statussymbolen des umweltbewußten Haushaltes gehört eine Latexmatratze. Schuhe aus Latex gelten bei Veganern als moralisch saubere Alternative zum Tierprodukt Leder. Latexmilch dient in Naturfarben als Bindemittel. Als Latex, Kautschuk oder Naturgummi wird der milchige Saft verschiedener Tropenbaumarten bezeichnet. Er wird gewonnen, indem man die äußere Rinde anritzt und die heraustretende zähe Flüssigkeit in Gefäßen sammelt. Dieses Rohmaterial wird durch Räuchern oder den Zusatz von Säure verfestigt. Synthetischer Gummi hat den Kautschuk teilweise verdrängt und machte in den neunziger Jahren zwei Drittel der Weltproduktion aus.[1] Doch das Naturprodukt ist nach wie vor für manche Erzeugnisse unerläßlich (zum Beispiel für Großreifen und im Motorenbau).

Als 1988 im brasilianischen Bundesstaat Acre der Gewerkschafter und Umweltschützer Chico Mendes ermordet wurde, breitete sich der Irrtum vom ökologisch korrekten Naturprodukt Latex aus. Mendes vertrat die Gilde der Kautschukzapfer. Diese Waldarbeiter ritzen wilde Gummibäume an, um an den Kautschuk zu gelangen. Eine Form der Sammelwirtschaft, die zu Recht als ökologisch vorbildlich gilt, denn sie nutzt den Urwald, ohne ihn zu zerstören. Die Kautschukbäume geben ihren Saft kontinuierlich ab und bleiben dabei am Leben.

Im 19. Jahrhundert war Brasilien tatsächlich der weltweit größte Exporteur von Kautschuk. Doch das hat sich gründlich gewandelt. Südamerika spielt auf dem Weltmarkt für Latex keine Rolle mehr.[2] Der Großteil der globalen Produktion kommt aus den drei südostasiatischen Ländern Thailand, Indonesien und Malaysia.[3] Dort ist die Kautschukproduktion das Gegenteil einer nachhaltigen Nutzung des Regenwaldes.[4] Für Gummibaumplantagen wurde und wird der Regenwald gerodet und abgebrannt (genau wie für Kaffee, Tee und Ölpalmen). Aids und die Konjunktur in der Automobilindustrie ließen den weltweiten Bedarf in den letzten Jahren ansteigen: Medizinische Handschuhe und Kondome werden aus Kautschuk hergestellt, und auch Autoreifen bestehen zum Teil aus Naturgummi.[5]

Statt Tropenholz zu boykottieren, sollte der umweltbewußte Konsument besser Latex und andere Produkte meiden, für deren Anbau nach wie vor Regenwälder vernichtet werden. Denn die Holzindustrie hat ein Interesse am Erhalt ihrer Rohstoffquelle Wald, die Gummi- und Palmölindustrie jedoch an deren Zerstörung.

Obendrein ist Latex keinesfalls gesundheitlich unbedenklich. Der Deutsche Allergiker- und Asthmatikerbund gibt an, daß zirka 2,5 Millionen Bundesbürger auf Naturgummi allergisch reagieren. Der Kontakt mit Kautschukprodukten kann bei diesen Menschen Hautrötungen, Quaddeln und Juckreiz auslösen.[6]

Ausrangierte Latexmatratzen lassen sich bisher nur verbrennen. Demgegenüber können Schaumstoffe, Bezüge und Federkerne herkömmlicher Matratzen recycelt werden, was teilweise bereits geschieht.[7]

1 Fischer Weltalmanach 1998. **2** Katalog des Museums der Arbeit, Hamburg, 1997. **3** Fischer Weltalmanach 1998. **4** Katalog des Museums der Arbeit, Hamburg, 1997. **5** Fischer Weltalmanach 1998. **6** Deutsches Ärzteblatt vom 27. 10. 1995. **7** Natur Nr. 11/1997.

»Naturfasern sind ökologisch besser als Kunstfasern«

Wolle und Baumwolle genießen ganz zu Unrecht einen besseren Ruf als Stoffe aus Polyester und anderen Kunstfasern, denn Wolle stammt nicht von Unschuldslämmern: In Ländern wie Argentinien oder Australien, wo Schafzucht im großen Stil betrieben wird, verwüsten blökende Herden ganze Landstriche. Die flauschigen Wiederkäuer entziehen in Trockengebieten mit karger Vegatation pflanzenfressenden Wildtieren die Nahrungsgrundlage. Obendrein schießen Schafzüchter alle Raubtiere ab, die sie verdächtigen, Lämmer zu stehlen. So wurde in Tasmanien der Beutelwolf ausgerottet. Schafzucht ist jedoch nicht überall umweltschädlich. Sie kann ökologisch durchaus sinnvoll sein: In Deutschland werden etwa wertvolle Trockenrasenbiotope dadurch erhalten, daß Schafe Büsche und Bäume abfressen, die ansonsten der Blumenvielfalt das Licht nehmen würden. Global gesehen sind solche Projekte allerdings Ausnahmen.

Baumwolle (sofern sie nicht aus biologischem Anbau stammt) ist eine der umweltschädlichsten Ackerpflanzen, die es gibt. Ihr Anbau verbraucht gewaltige Mengen Wasser, in Trockengebieten eine rare Ressource. Anfang der neunziger Jahre gingen 18 Prozent des Weltverbrauchs an Pestiziden auf das Konto der Baumwolle.[1] In Indien, das in der Baumwollproduktion an dritter Stelle steht, wächst nur auf fünf Prozent der Felder Baumwolle. Doch 56 Prozent der landesweit verwendeten Insektenkiller werden dort eingesetzt. Weltweit versprühen Baumwollfarmer Pestizide im Wert von zirka 2,7 Milliarden US-Dollar auf 33 Millionen Hektar Anbaufläche. 12 bis 14 Spritzungen pro Saison sind auf Baumwollfeldern üblich. Besonders in armen Ländern werden dabei häufig die Sicherheitsregeln mißachtet und Menschen geschädigt.[2]

Pestizidreste können sogar noch im fertigen T-Shirt enthalten sein. Dazu kommt eine Reihe weiterer Chemikalien, die eingesetzt werden, um Naturfasertextilien pflegeleicht, schmutzabweisend, geschmeidig und haltbar zu machen.[3]

Kunstfasern dagegen werden aus Erdöl hergestellt. Energieverbrauch und Wasserverschmutzung bei der Produktion sind nicht höher als bei Naturfasern. Dabei ersparen sie der Umwelt eine Menge Belastung: Die Tagesproduktion einer Augsburger Firma für Polyesterfasern entspricht der Wolle von sechzigtausend Schafen.[4] Wenn die Kleider abgetragen sind, sieht es für die Umweltbilanz der Synthetiks jedoch schlechter aus: Im Gegensatz zu Naturfasern verrotten sie nicht.

1 Natur Nr. 10/1990. **2** Die Tageszeitung vom 28. 11. 1994. **3** Natur Nr. 9/1990. **4** Natur Nr. 10/1990.

»Stoffwindeln sind umweltfreundlicher als Wegwerfwindeln«

Die ewige Windelfrage hat schon Minister beschäftigt. Klaus Töpfer mußte einst eine Anfrage der Grünen zum Thema umweltgerechte Entsorgung kindlicher Notdurft beantworten. Der hohe Stellenwert ökologisch korrekter Sauberkeitserziehung ist keineswegs typisch deutsch. In den USA philosophierte eine Elternzeitschrift über »Die Ethik des Windelns«, und die Chefredakteurin eines Umweltmagazins outete – unter Protest der Leserschaft –, daß auch sie mit Wegwerfwindeln wickelt.[1]

Deutschlands Babys verursachen einen erheblichen Müllberg. Nach Berechnungen der Technischen Universität Berlin besteht der Haus-Restmüll zu zwei bis elf Gewichtsprozent aus Wegwerfwindeln[2] (je nachdem, wie viele junge Familien in einem Gebiet wohnen und wieviel sonstiger Restmüll anfällt). Dennoch konnte die Frage, welche Wickelart umweltverträglicher ist, bisher nicht eindeutig beantwortet werden. Der Grund: Müll muß in einer Ökobilanz nicht der alles entscheidende Faktor sein, auch andere umweltrelevante Aspekte zählen.

Es wurden schon viele Versuche unternommen, alle ökologischen Daten unter einen Hut zu bringen und zu werten. Doch jedesmal kam etwas anderes heraus. »Drei Bilanzen, drei verschiedene Resultate«, klagte das Umweltmagazin »Natur«.[3] 1997 startete das Bundesumweltamt einen weiteren Versuch, die Windelfrage zu klären. »Wer recht hat, ist noch immer nicht entschieden«, kommentierte die Verbraucherzeitschrift »Öko-Test« und widmete dem Windelstreit einen ausführlichen Report.

Ende der neunziger Jahre war der Sachstand immer noch so, wie ihn Klaus Töpfer formuliert hatte: »Keine der beiden Windelarten zeigt bei Berücksichtigung sämtlicher Umweltaspekte, wie Rohstoffbedarf, Abfall, Abwasser, Abluft und Energiebedarf, eindeutige Vorteile.«[4]

Bei Wegwerfwindeln schlägt vor allem die enorme Müllmenge zu Buche und der Umstand, daß die Absorberkügelchen aus Polyacrylat – nach Auskunft des Windelexperten Michael Suhr vom Umweltbundesamt – nicht abbaubar sind.[5] Obendrein belastet die Herstellung von Plastiküberzug (Erdöl) und Zellstoffütterung (Holz) die Umwelt.

Stoffwindeln bestehen aus Baumwolle, deren Anbau sehr viel Wasser und – wenn es sich nicht um Bio-Cotton handelt – auch große Mengen Pestizide erfordert. Beim Waschen werden Strom und Wasser verbraucht. Auch die Herstellung des Waschmittels und die Belastung des Abwassers stehen auf der Minusseite der Ökobilanz.

Die dritte Variante – der professionelle Windelwaschdienst – ähnelt unter Umweltgesichtspunkten der Stoffwindel-Methode. Die Reinigungsfirmen sind jedoch effizienter und damit sparsamer beim Einsatz von Wasser und Strom. Bei ihnen schlägt allerdings der Faktor Transport und Luftbelastung zu Buche, denn die Windeln werden mit Lieferwagen geholt und gebracht.

Die Öko-Zeitschrift »Globus« hat im März 1998 die Windeldienste als Sieger ausgemacht. Das Magazin beruft sich dabei auf eine Untersuchung des ARENA-Umweltinstituts in Tübingen. »Prinzipiell geht aus der Untersuchung hervor«, schreibt Globus, »daß sich die Umweltbelastungen durch Einwegwindeln und Mehrwegwindeln hinsichtlich der Rohstoffbereitstellung, Herstellung und Anwendung (Waschen, Trocknen und Transportieren) ungefähr die Waage halten.« Dennoch ergreifen die Autoren Partei gegen die Einwegwindeln. Sie berichten, daß Kinder, die mit Wegwerfwindeln versorgt werden, laut einer Befragung von Müttern und Hebammen, viel später trocken würden. Obendrein seien die Windeldienste preisgünstiger, wenn man beücksichtigt, daß Einwegwindeln hohe Müllgebühren verursachen. Außerdem bringt »Globus« noch einen weiteren originellen Umweltfaktor ins Spiel: »Zellstoff für die Windeln kommt zum Teil schon aus Übersee. Der Einsatz von Tropenholz für die Produktion ist also nicht auszuschließen.«[6] Ein schönes Beispiel dafür, wie man mit der Gummi-Formulierung »nicht auszuschließen« jede noch so obskure Vermutung an die Leser bringen kann. Wir freuen uns schon auf die Schlagzeile: »Babys zerstören den Regenwald!«

Der »Glaubenskrieg« (Wortlaut »Öko-Test«) um die ökologisch saubere Popopflege geht weiter. Fest überzeugte Stoffwickler wußten sowieso schon immer, was Sache ist. »Eure Weisheiten stoßen mir seit langem auf«, schrieb ein empörter »Öko-Test«-Leser an die Redaktion. »Die Öko-Bilanz fällt mit Sicherheit zugunsten der Stoffwindel aus. Fragen Sie einfach Ihre Oma ...«

1 Öko-Test Nr. 8/1997. **2** ebd. **3** Natur Nr. 12/1995. **4** Öko-Test Nr. 8/1997. **5** ebd.
6 Globus Spezial »Kinder und Umwelt«, März 1998.

»Papiertüten sind besser als Plastiktüten«

Deutschlands Kaufhäuser, Supermärkte, Läden und Boutiquen geben ihren Kunden jährlich knapp drei Milliarden Tragetüten mit auf den Weg.[1] In den achtziger Jahren ersetzten immer mehr Geschäfte die vorher üblichen Plastikbeutel durch Papiertüten. Diese galten als umweltfreundlich und waren deshalb auch häufig mit Sprüchen aus dem ökologischen Poesiealbum bedruckt. Noch heute genießt die Papiertüte einen besseren Ruf als ihre Konkurrentin aus Polyethylen.

Bereits 1988 verglich das Umweltbundesamt die ökologischen Auswirkungen von Plastikbeuteln mit Papiertüten. Die staatlichen Umweltexperten untersuchten Rohstoffbedarf und Energieverbrauch, die Belastung von Luft und Wasser bei der Herstellung und das Müllproblem. Sie kamen zu folgendem Schluß: »Der Wechsel von Polyethylen- zu Papiertragetaschen ist aus ökologischen Gründen nicht sinnvoll.«[2]

Die Plastiktüten benötigen bei der Produktion weniger Energie und verursachen dabei insgesamt weniger Umweltbelastungen als die Papierherstellung. Hinsichtlich der Entsorgung auf Deponien oder in Müllverbrennungsanlagen unterscheiden sich die beiden Materialien nicht wesentlich. Das Problem liegt in der Abfallmenge, die durch das Wegwerfen der Tüten entsteht.[3] Die Prüfer des Umweltbundesamtes empfehlen deshalb, ganz auf Wegwerftüten zu verzichten und langlebige Tragetaschen aus Plastik, Jute oder Baumwolle zu benutzen.

1 Umweltbundesamt, Vergleich der Umweltauswirkungen von Polyethylen- und Papiertragetaschen, 1988. **2** ebd. **3** ebd.

»Beton ist böse«

Der Baustoff Beton besteht hauptsächlich aus Zement, Wasser, Sand und Kies. Er gilt heutzutage geradezu als Sinnbild einer »unnatürlichen« Architektur. Vermutlich liegt das an den häßlichen, als »Betonbunker« verrufenen Wohnkomplexen, die in den sechziger und siebziger Jahren an die Stadtränder gebaut wurden. Schuld am scheußlichen Aussehen dieser Hochhäuser sind jedoch Architekten, Bauherren und Behörden und nicht das Baumaterial.

Die Behauptung, Beton sei im Gegensatz zu anderen Baustoffen unnatürlich, läßt sich bei näherem Hinsehen nicht aufrechterhalten. Auch Ziegelsteine, Stahl, Aluminium und Holz sind nicht einfach naturgegeben, sondern Endprodukte von Verarbeitungsprozessen. Überdies kommt Beton in Form von Nagelfluh (ein Konglomerat der tertiären Molasse im Alpenvorland) in der Natur vor.[1] Schon die Römer bauten mit Beton. Aus der »opus caementitium« genannten Masse stellten sie Zisternen, Thermen, Fundamente, Wasserleitungen und sogar die Kuppel des Pantheon her.

Ein weiterer Vorwurf gegen Beton ist durchaus berechtigt: Das Material hat schlechte Wärmedämmungseigenschaften. Doch heutzutage werden Betonwände und -decken mit Dämmschichten versehen, die diesen Nachteil kompensieren. Auch die Behauptung, Betonwände enthielten mehr Feuchtigkeit als Konstruktionen aus anderen Baustoffen, konnte von den Herstellern widerlegt werden.[2]

Immer wieder ist auch zu hören, Beton würde im Gegensatz zu anderen Baumaterialien nicht »atmen«. »Die angeblich atmenden Wände sind ein hartnäckiger Mythos«, erklärt der Fachautor für Bauthemen Wolfgang Wirtz. »Über 90 Prozent der Raumluft wird durch Fenster, Türen und Ritzen ausgetauscht. Entscheidend ist immer, wie gut man lüftet.« Auch Burkhard Schulze-Darup, Architekt und Spezialist für ökologisches Bauen, hält eine pauschale Ablehnung von Bauelementen aus Beton für unsinnig. Er schreibt: »Unter ökologischen Gesichtspunkten spricht vieles für diese Materialien.«[3]

Zement, der Hauptbestandteil von Beton, hat ebenfalls einen schlechten Ruf. Zement ist ein Kalk-Ton-Gemisch, das in extrem starker Hitze gebrannt und dann fein gemahlen wird. Zementfabriken waren früher große Umweltverschmutzer und sind es noch heute in Ländern mit niedrigen technischen Standards. In Deutschland hat sich die Zementindustrie allerdings vom staubigen Gewerbe zum Ressourcensparer entwickelt. Noch vor 30 Jahren war die Landschaft in der Nähe von Zementfabriken grau gepudert. Feiner Staub stieg aus den Schornsteinen der Brennöfen und aus den Mühlen auf. Heute ist aus den rauchenden Fabriken eine saubere High-Tech-Industrie geworden. In modernen Zementwerken konnte der Staubausstoß um 99 Prozent reduziert werden. Die Ingenieure arbeiten daran, das restliche Prozent zu halbieren. Auch der Wärmebedarf ging dank neuer Techniken seit den fünfziger Jahren um die Hälfte zurück. Allerdings stieg der Stromverbrauch seit 1960 von 80 auf 110 Kilowattstunden pro Tonne Zement. Durch verbesserte Mahlmethoden und moderne Steuerungsanlagen wurde er in den neunziger Jahren wieder um zehn Prozent gesenkt.[4]

1 B. Schulze-Darup, Baubiologie, 1996. 2 Frankfurter Allgemeine Zeitung vom 8. 4. 1997. 3 B. Schulze-Darup, Baubiologie, 1996. 4 Frankfurter Allgemeine Zeitung vom 20. 8. 1996.

»Umweltbewußte Menschen ziehen in ein Öko-Haus im Grünen«

Wer seine Stadtwohnung verläßt, um auf dem Lande ein baubiologisch einwandfreies Energiesparhaus mit Solaranlage und Naturgarten zu bauen, tut der Umwelt damit keinen Gefallen. Denn als Pendler verpulvert er mehr Energie, als das schöne Öko-Häuschen spart.[1] Im übrigen besitzt die ganz gewöhnliche Stadtwohnung verborgene Umweltvorteile: Sie ist in der Regel zwar schlechter isoliert, aber dafür kleiner als ein Einfamilienhaus und von anderen Wohnungen eingepackt.[2]

Der Stadtbewohner trägt im Gegensatz zum Häuslebauer weniger zum Flächenverbrauch im dichtbevölkerten Deutschland bei, da er sich zumeist auf bereits besiedeltem Areal niederläßt. Umweltbewußte ziehen am besten in alte Wohnungen, denn das Bauen beansprucht mehr als 70 Prozent der Stoffströme in Deutschland.[3] Wird die gute alte Stadtwohnung obendrein mit Fassadendämmung, Wärmeschutzverglasung und einer effektiven Heizungsregelung umwelttechnisch auf den Stand gebracht, ist sie ökologisch kaum schlagbar. Singles oder Paare (also Menschen, die kein Haus benötigen, um eine Kinderschar unterzubringen) erzielen mit dem Öko-Haus im Grünen zwar einen hübschen Imagegewinn, aber keinen Umweltvorteil.

Vollends widersinnig wird das Öko-Domizil, wenn im Wohnzimmer ein offener Kamin für Gemütlichkeit sorgt. Denn eine solche Feuerstelle ist die schmutzigste und verschwenderischste Form der Wärmeerzeugung, die man sich denken kann. In den USA wurde die schlimmste Luftbelastung der letzten Jahre nicht in einer Industriestadt gemessen, sondern in einer gepflegten Kleinstadt in Oregon, wo offene Kamine zum rustikalen Lebensstil der Wohlstandsbürger gehören.[4]

Hinter der grünen Fassade können noch weitere Gefahren lauern. Der Fachjournalist Wolfgang Wirtz recherchierte Herkunft und Inhalt der in Öko-Häusern üblichen Dämmstoffe. Er kam zu dem Schluß, daß einige dieser Wandfüllungen aus Schafwolle und anderen Naturmaterialien weder ökologisch noch gesundheitlich vertretbar sind. Manche werden zum Beispiel mit giftigen Borverbindungen gegen Insektenfraß und Feuer geschützt, andere stammen aus pestizidgeduschter Baumwolle oder haben interkontinentale Transportwege hinter sich.[5] Dagegen sind die herkömmlichen Dämmstoffe aus Glas- und Steinwolle – die früher unter Krebsverdacht standen – durch technische Verbesserungen ungefährlich geworden. Das Umweltbundesamt verlieh modernen Glasfaserprodukten aus Altglas ein ökologisches Gütesiegel und bescheinigte ihnen gesundheitliche Unbedenklichkeit.[6]

Ganz ähnlich sieht es bei den Wandfarben aus: Chemieerzeugnisse stehen heute teilweise besser da als Öko-Farben. »Gute Kunstharzfarben kommen längst ohne Lösemittel, Weichmacher und Konservierungsstoffe aus«, schreibt die Zeitschrift »Natur«, warnt aber: »Manche Inhaltsstoffe von Naturfarben sind bedenklich.« Bestandteile einiger Naturfarben stehen im Verdacht, Allergien auszulösen. »Nichts spricht für die These«, sagt Dr. Wolfgang Plehn, Farbenexperte beim Umweltbundesamt, »daß ein Naturstoff gesünder sein soll als ein Produkt der Industrie, nur weil er eben in der Natur vorkommt.«[7]

1 Natur, Nr. 3/1993. **2** Wochenpost Nr. 15/1995. **3** Presse-Information der Arbeitsgemeinschaft PVC und Umwelt, Nachhaltiges Bauen in Deutschland, 1997. **4** G. Easterbrook, A Moment on the Earth, 1995. **5** Natur Nr. 12/1996. **6** Presseinformation des Bundesumweltamtes, Nr. 28/1997. **7** Natur Nr. 8/1997.

Perspektiven

Langsam spricht es sich herum: Es gibt keine ökologische Regel, die besagt, daß Naturerzeugnisse immer besser seien als Industrieprodukte. Künstliche Materialien sind manchmal sogar umweltverträglicher als Naturstoffe. Der kritische Teil der Öko-Szene hat keine Probleme mit dieser Einsicht. Doch der Zerfall schlichter Weltbilder (»Jute statt Plastik«) hat zu einer schleichenden Spaltung des Milieus geführt. Die Rationalisten legen ein Vorurteil nach dem anderen ab, und die Esoteriker vergraben sich immer tiefer in ihre erdstrahlensichere Biomatratze.

Die hektische Suche nach Gift in Teppich, T-Shirt und Tapete ist abgeflaut. Zu oft wurden in der Vergangenheit nur noch Pseudoskandale aufgedeckt, um schnell ein bißchen Auflage oder Quote zu machen (»Vorsicht: Glykol in Zigaretten!«). Doch die Warentest-Konjunktur der achtziger und frühen neunziger Jahre hatte auch ihr Gutes: Die meisten Unternehmen sind heute vorsichtiger und prüfen ihre eigenen Produkte genauer, bevor sie sie auf den Markt bringen. Demgegenüber sind viele Tester zurückhaltender in ihren Urteilen geworden. Sie haben gelernt, wie schwierig es ist, Waren pauschal als »ökologisch« oder »umweltverträglich« zu bezeichnen. Denn rundum vorteilhafte Produkte gibt es kaum. Erzeugnisse, die wenig Ressourcen und Energie verbrauchen, können bei der Entsorgung Probleme bereiten. Biowaren haben zuweilen lange Transportwege hinter sich. Gesundheitsfördernde Stoffe stammen manchmal aus Raubbau an der Natur.

Um alle diese Faktoren unter einen Hut zu bringen, wurden einst Ökobilanzen entwickelt. Seit Mitte der siebziger Jahre versuchen Umweltbehörden, Verbraucherverbände, freie Test-Institute und Firmen, mit solchen Bilanzen zu ermitteln, wie der Werdegang einer Ware die Umwelt belastet. Doch die anfängliche Euphorie ist der Ernüchterung gewichen. »Produkt-Ökobilanzen halten nicht, was sich viele versprachen«, schrieb Bernd Kastner in der Zeitschrift »Natur«. »Sie sind kein objektives Meßinstrument, um die Umweltbelastungen verwandter Produkte miteinander zu vergleichen. Und sie geben keine klaren Antworten, was nun ökologischer ist: Einweg- oder Baumwollwindel?

Milch in der Pfandflasche oder im Verbundkarton? Rapsöl oder Dieselkraftstoff?«[1]

Der Aufwand, der betrieben werden muß, um alle Komponenten einer Ware zu überprüfen, ist enorm. Für eine Studie über Getränkeverpackungen, die nur aus wenigen Materialien bestehen, arbeiteten im Auftrag des Umweltbundesamtes drei Institute dreieinhalb Jahre lang. Kosten: über zwei Millionen Mark. Doch Autos oder Computer enthalten weitaus mehr Bestandteile, die alle vom Rohstoff bis zur Entsorgung bewertet werden müßten. In einer ganz normalen Waschmaschine stecken achtzig unterschiedliche Stoffe.[2]

Deshalb werden Umweltzeichen auf Produkten in Zukunft wahrscheinlich konkreter und definierter sein. Die EU-Verordnung über die Bezeichnungen »Bio« und »Öko« auf pflanzlichen Lebensmitteln ist ein gutes Beispiel: Die Kriterien, die diese Nahrungsgüter erfüllen müssen, wurden klar festgelegt. Wer heute »Bio« kauft, kann ziemlich sicher sein, daß auch »Bio« drin ist (siehe auch »Mit Bio-Ware wird oft gemogelt«, Seite 119).

Auch weiterhin wird Umweltqualität ein wichtiges Verkaufsargument bleiben. Unbelehrbare Schmutzfinken tun nur ihrer Konkurrenz einen Gefallen. Sogar die Autoindustrie wirbt heute schon mit den ökologischen Pluspunkten ihrer Fahrzeuge. Zwar wird kaum ein Produkt nur deshalb gekauft, weil es ökologisch besser ist (in erster Linie muß es funktionieren, gut aussehen und preisgünstig sein). Doch immer mehr Konsumenten erwarten, daß die notwendigen Umweltkriterien selbstverständlich erfüllt sind.

In den alten Industrieländern verdrängt der Konsum die Arbeit als Medium der Selbstverwirklichung. Ein Teil der Verbraucher wird kritischer und fällt Kaufentscheidungen zunehmend auch unter ethischen Gesichtspunkten. Hersteller, die diese Kunden gewinnen wollen, können ökologische Fragen nicht mehr ignorieren. Der derzeitige Boom der Gütesiegel und Label (unter denen sich auch eine Menge Trittbrettfahrer breitmachen) offenbart diesen Trend. Doch die Trittbrettfahrer tun sich mit ihren Pseudo-Öko-Marken nur kurzfristig einen Gefallen. Wer – ohne etwas zu verbessern – die angebliche Umweltqualität seiner Produkte anpreist, muß mit Nachfragen von Mitarbeitern, Verbrauchern oder Journalisten rechnen. Ohne daß sie es wollen, setzen Öko-Heuchler selbst die Maßstäbe, mit denen sie bald darauf in der Öffentlichkeit gemessen werden.

Der weiteren Entwicklung kann man relativ gelassen entgegensehen, denn vieles erledigt der technische Fortschritt ganz nebenbei. Ein Vergleich heutiger Produkte mit ihren Vorgängern aus früheren Jahrzehnten zeigt: Energieeffizienz, Materialersparnis und Recycelbarkeit sind nicht nur ökologisch wünschenswert, sondern auch ökonomisch sinnvoll.

1 Natur Nr. 12/1995. **2** ebd.

Landwirtschaft

Oft gehört, gern geglaubt

»Landwirtschaft schützt die Natur«
»Die Bauern setzen immer mehr Dünger und Gift ein«
»Nachwachsende Rohstoffe sind gut für die Umwelt«
»Die Ackerböden gehen durch Erosion verloren«
»Die Wüsten werden immer größer«
»Öko-Landbau ist nur etwas für Idealisten«
»Bio-Lebensmittel sind zu teuer«

Perspektiven

Oft gehört, gern geglaubt

In Sachen Landwirtschaft spuken zwei gegensätzliche Öko-Irrtümer durch die Gesellschaft. Irrtum Nummer Eins ist besonders unter romantischen Schöngeistern verbreitet (und kommt der Haushaltskasse zugute). Sie wollen lieber nicht so genau darüber nachdenken, wo Eier und Wurst eigentlich herkommen. Schließlich ist das Schlemmen so angenehm billig geworden. Wer will sich schon den Appetit verderben lassen? Also schwärmen die Landromantiker lieber vom ehrlichen Landleben, welches sie wahlweise in Oberbayern, Irland oder der Toscana vermuten. Dort lebt der kernige Bauersmann fernab von städtischer Hektik, qualmenden Auspuffen und dem Elektrosmog der Handys. Das Wahre, Schöne, Gute regiert im archaischen Rhythmus der Jahreszeiten, und die Psychoanalytiker sind arbeitslos. Auf dem Mist kräht der Hahn, die Frösche quaken im Feuchtbiotop, und eine rosige Bäuerin steht auf dem blumengeschmückten Balkon und schneidet mit kundiger Hand eine gewaltige Scheibe dunklen Brotes ab. Alles ist noch echt und einfach und die Welt heil.

Irrtum Nummer Zwei: Die besser Informierten wissen schon lange, was sich vor den Stadtmauern wirklich abspielt. Dort zieht der Bauer mit der Feldspritze über den Acker und duscht den geschundenen Boden mit Chemiegift bis der letzte Regenwurm dahinscheidet. Derweil schleicht die Bäuerin zu den rinderwahnsinnigen Kälbern, die in dunklen Boxen vor sich hin dämmern, um den gemarterten Kreaturen ihre tägliche Hormonspritze zu verabreichen. Abends sitzen beide auf der Designercouch ihrer protzigen Landvilla und addieren die fetten Schecks aus Brüssel, mit denen sie für ihr schändliches Tun belohnt werden. Noch schlimmer geht es nur bei afrikanischen Bauern zu, deren halbverhungerte Rinderherden die letzen Grashalme des Kontinents ausrupfen, bis sich eines Tages die Sahara mit der Namib-Wüste vereinigt. Das Schlimmste an Irrtum Nummer Zwei ist, daß leider ziemlich viel davon stimmt. Dennoch gibt es auch auf dem Lande – und sogar in Afrika – ein paar Lichtblicke.

»Landwirtschaft schützt die Natur«

Das sagt der deutsche Gesetzgeber. In § 1, Absatz 3 des Bundesnaturschutzgesetzes heißt es, die ordnungsgemäße Landwirtschaft diene in der Regel den Zielen dieses Gesetzes. Ein schönes Beispiel dafür, daß krasse Öko-Irrtümer sogar Gesetzeskraft erreichen können.

Das Gegenteil ist wahr. Keine Aktivität des Menschen geht so sehr auf Kosten der Natur wie die Landwirtschaft. Allein schon die flächenmäßige Ausdehnung des Agrarbereichs macht das deutlich: 54,7 Prozent der Fläche in Deutschland ist landwirtschaftlich genutzt. Die Industrie beansprucht gerade einmal 0,7 Prozent.[1] In den Vereinigten Staaten waren 1987 zirka 19 Millionen Hektar mit Häusern, Straßen, Flughäfen und Fabriken überbaut. Dagegen umfaßte die landwirtschaftliche Fläche nahezu das Neunfache: 170 Millionen Hektar.[2]

Flächennutzung in Deutschland

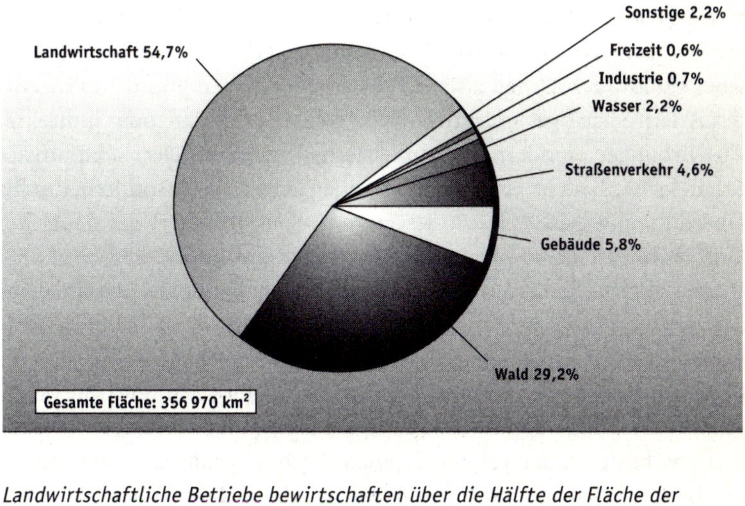

Landwirtschaftliche Betriebe bewirtschaften über die Hälfte der Fläche der Bundesrepublik. Kein anderer Wirtschaftszweig beeinflußt und verändert die Natur so stark. **(Quelle: Bundeslandwirtschaftsministerium 1997)**

Moderne Landwirtschaftsbetriebe haben soviel mit Natur zu tun wie Golfplätze oder Fußballfelder. Nutzpflanzen und -tiere sind vollkommen abhängig vom menschlichen Management und kaum noch in der Lage, ohne Hilfsmittel zu überleben. Die Feldfrüchte reifen auf einem durch und durch veränderten Boden heran, der mittels mechanischer Bearbeitung, Dünger und Pestiziden für sie optimal gestaltet wurde. Ebenso wie die Pflanzen sind die Tiere hoch selektiv gezüchtet und werden mit Kraftfutter und Medikamenten auf völlig unnatürliches Wachstum getrimmt.

Landwirtschaft ohne Naturveränderung und Naturzerstörung ist nicht möglich. Würden die heutigen Menschen wie unsere Urahnen als Jäger und Sammler wirtschaften, würden sie verhungern und viele Wildtiere in kürzester Zeit ausrotten. Wir alle brauchen die Landwirtschaft. Die moderne Agrotechnik hat in vielen Regionen der Erde den Hunger beseitigt und ist Grundlage des Wohlstandes in den reichen Industrieländern.

Doch in den wohlhabenden Ländern des Nordens hat sich eine Form der Landwirtschaft durchgesetzt, die sinnlos Überschüsse produziert und dabei die Natur extrem belastet. War die Flur einst der artenreichste Lebensraum, so ist sie heute der artenärmste. In den Städten leben längst mehr Arten als auf Feldern und Wiesen. Rund 70 Prozent des Artenrückganges in Mitteleuropa gehen auf direkte oder indirekte Auswirkungen moderner Landwirtschaft zurück. Der schlimmste Schaden wird nicht etwa mit Pestiziden angerichtet, sondern durch Überdüngung. Mehr als 100 Kilogramm Stickstoff setzt der deutsche Durchschnittslandwirt pro Hektar und Jahr ein.[3] **[Grafik Seite 215]** Weitere 30 bis 50 Kilo kommen durch Autoabgase, Großfeuerungsanlagen und Ammoniakdämpfe aus der Massentierhaltung hinzu. Mit solchem Nährstoffüberschuß können nur noch wenige Pflanzenarten existieren, beispielsweise der Löwenzahn. So entstehen ökologisch verarmte Wiesen, die allerdings üppig wachsen. Die Folge: Sonnenstrahlen dringen nicht mehr durch den grünen Teppich. Auch im Frühsommer bleibt es am Boden feucht und kalt. Insekten und die Küken bodenbrütender Vögel sterben, denn sie brauchen Wärme, um zu überleben.[4] Was die Pflanzen nicht aufnehmen können, wird in die Flüsse gewaschen oder

Kunstdünger-Einsatz pro Hektar Landwirtschaftsfläche

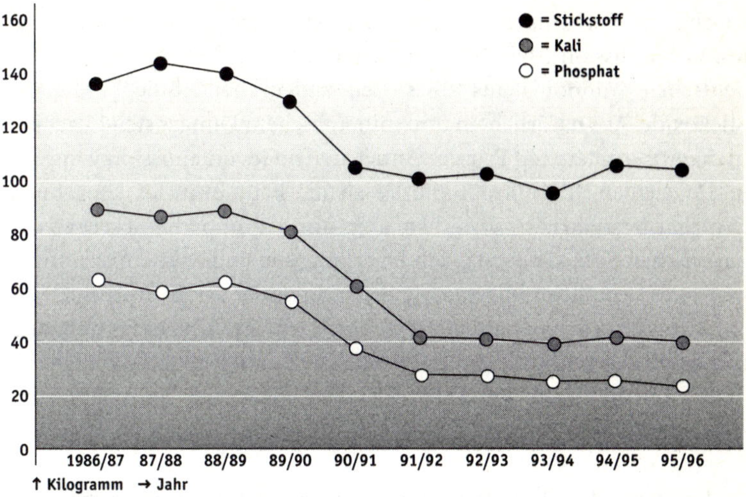

Der Einsatz von Kunstdünger geht seit Ende der achtziger Jahre zurück. Er ist jedoch nach wie vor zu hoch und schadet dem Grundwasser, Pflanzen und Tieren.
(Quelle: Bundeslandwirtschaftsministerium, 1997)

landet im Grundwasser. Rund 65 Prozent der Stickstoffeinträge in Deutschlands Flüsse kommen aus der Landwirtschaft.[5]

Der Mineraldünger hat wahre Wundertaten vollbracht. So stieg der Weizenertrag pro Hektar von 1951 bis 1990 von 2 860 auf 6 620 Kilogramm. Bei Hafer und Zuckerrüben verdoppelten sich die Erträge, und die Kartoffelernte pro Hektar nahm um mehr als ein Drittel zu. Im gleichen Zeitraum stieg die Menge des eingesetzten Düngers um das Vierfache. Doch die Ackerpflanzen können gar nicht so viel aufnehmen. 1951 wurden noch 77 Prozent der zugeführten Stickstoff-Verbindungen von den Pflanzen verarbeitet, 1980 waren es nur noch 27 Prozent (1990 38 Prozent). Der Rest versickert in der Erde: 95 Kilogramm Stickstoff-Verbindungen pro Hektar gehen als Überschuß den Bach runter (1951 waren es 7,2 Kilogramm, 1980 126 Kilogramm).[6]

Überdüngung ist zwar der gravierendste, aber nicht der einzige Umweltschaden, den die Landwirte anrichten. Aus den Fabrikställen entweichen große Mengen Methan (36 Prozent der gesamten deutschen Methan-Emission). Die Güllewirtschaft setzt 90 Prozent des bundesdeutschen Ammoniakausstoßes frei, zudem beträchtliche Mengen Stickoxide. Aus natürlichem und mineralischem Dünger steigt Lachgas in die Atmosphäre (40 Prozent Anteil an der Gesamtemission von N_2O in Deutschland).[7] Gülledämpfe lassen die Bäume in der Umgebung mancher Tierfabriken absterben. Der umweltpolitische Sprecher der bayerischen SPD kritisierte, daß Überdüngung und Massentierhaltung mehr zur Umweltverschmutzung beitrage, als der Straßenverkehr.[8]

Britische Wissenschaftler erforschten die Vogelwelt auf Farmen und kamen zu dem Schluß, daß die moderne Landwirtschaft ökologische Öde produziert. Die Bestände fast aller Vogelarten gehen auf dem Ackerland drastisch zurück.[9]

Landflucht der Vögel: Bestandsrückgang auf landwirtschaftlichen Flächen innerhalb der letzten 30 Jahre

Feldsperling	- 89 %	Dompfaff	- 76 %	Rauchschwalbe	- 43 %
Rebhuhn	- 82 %	Singdrossel	- 73 %	Misteldrossel	- 39 %
Grauammer	- 80 %	Kiebitz	- 62 %	Schafstelze	- 31 %
Turteltaube	- 77 %	Feldlerche	- 58 %	Goldammer	- 17 %

Dänische Forscher verglichen konventionelle Betriebe mit Öko-Höfen. Ergebnis: 35 von 48 registrierten Vogelarten kamen auf Biobetrieben häufiger vor.[10] Auch Säugetiere, wie Füchse, werden Opfer von Agrargiften.[11]

Als Ausweg aus dem Sumpf aus Subventionen, Überproduktion, Umweltzerstörung und Tierquälerei empfiehlt der Reformflügel der EU-Agrarpolitiker (darunter auch solche, die dem Öko-Landbau nahestehen), daß Bauern in Zukunft keine Zuschüsse mehr für ihre Produktion erhalten sollen, sondern für Landschaftspflege. EU-Agrarkommissar Franz Fischler erklärte in einem Interview, der Bauer der Zukunft müsse »Landschaft produzieren«.[12] Das ist vermutlich immer noch vernünftiger, als Milch- und Gülleseen zu produzieren, aber ist es ökologisch sinnvoll? Fischler führt an, daß nur Landwirtschaft im Gebirge die »Offenhaltung der Landschaft« sicherstelle. Das ist wahr, aber warum muß die Landschaft offen gehalten werden? Warum muß der Wald bekämpft werden, der sich in europäischen Gebirgstälern natürlicherweise ansiedeln würde? Es ist ja verständlich, wenn die Seele vieler Menschen an lieblichen Kulturlandschaften wie dem Allgäu hängt. Doch Heimatliebe und Naturschutz sind nicht das gleiche. Wenn die Bürger Geld für den Erhalt einer bäuerlichen Kulturlandschaft bezahlen wollen, dann ist dies eine ehrenwerte kulturelle Entscheidung, wie Denkmalschutz und Dorfverschönerung. Fragt sich nur, warum so viele Menschen nach Amerika oder Afrika fliegen, um sich dort »ungepflegte« Naturlandschaften anzusehen?

1 Bundeslandwirtschaftsministerium, Land- und Forstwirtschaft in Deutschland, 1997. **2** G. Easterbrook, A Moment on Earth, 1995. **3** Bundeslandwirtschaftsministerium, Land- und Forstwirtschaft in Deutschland, 1997. **4** WWF-Journal Nr. 4/1995. **5** die tageszeitung vom 3. 11. 1997. **6** Frankfurter Allgemeine Zeitung vom 4. 3. 1998. **7** Robin Wood Magazin Nr. 2/1994. **8** Du und das Tier Nr. 5/1994. **9** New Scientist vom 17. 1. 1998. **10** Informationsblatt des Naturschutzbundes Deutschland (NABU): Vogelwelt und Landwirtschaft, 1991. **11** New Scientist vom 17. 8. 1991. **12** Die Zeit vom 15. 3. 1996.

»Die Bauern setzen immer mehr Dünger und Gift ein«

Nein, ganz im Gegenteil sogar: Europas Bauern schütten erfreulicherweise immer weniger Mineraldünger und Pestizide auf die Felder. Auch in Nordamerika ist der Zenit überschritten: Der Einsatz von Düngemitteln geht zurück. Der Gebrauch von Pestiziden sinkt immerhin relativ zur Anbaufläche, wenn auch noch nicht in absoluten Zahlen.[1] Insgesamt benutzen die US-Farmer weitaus weniger Gift als ihre europäischen Konkurrenten.[2] Nur in den Entwicklungsländern nimmt der Gebrauch von Agrarchemikalien weiterhin zu.[3]

Doch sogar in manchen armen Ländern ist die blinde Euphorie der sechziger Jahre vorüber. In Nicaragua wurden 1993 nur noch 40 Prozent der in den achtziger Jahren verwendeten Pestizide eingesetzt.[4] Die Be-

*Absatz von Pestizid-Wirkstoffen in der EU**

*ohne Belgien und Luxemburg

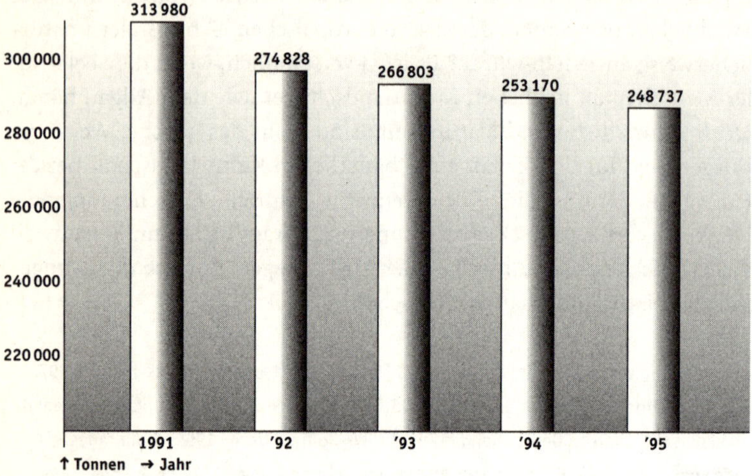

In den meisten alten Industrieländern spritzen die Bauern immer weniger Agrargifte auf ihre Felder. **(Quelle: Industrieverband Agrar 1997)**

hörden Malaysias sind hellhörig geworden, seit Nachbarländer malaysisches Exportgemüse wegen überhöhter Pestizidbelastung zurückgewiesen haben. Sie bauen Kontrollinstitutionen auf und schulen die Bauern, damit sie Pflanzenschutzmittel sparsam und sicher einsetzen.[5] Das ist auch bitter nötig, denn weltweit erkranken nach Angaben der Weltgesundheitsorganisation (WHO) drei Millionen Menschen aufgrund falschen Pestizideinsatzes, 220 000 sterben.[6] Eine Untersuchung des Fraunhofer-Instituts für Umweltchemie und Ökotoxikologie warnt vor Gesundheitsschäden durch den Aufenthalt in der Nähe frisch gespritzter Felder und Obstbaumkulturen. Obendrein würden die Pestizide vergeudet, weil bis zu 17 Prozent auf Nachbarflächen verweht werden.[7] Auf den Philippinen fanden Forscher heraus, das sogar 80 Prozent der Pestizide, die auf Reisfeldern versprüht werden, keinen Nutzen bringen, weil sie zur falschen Zeit oder gegen die falschen Insekten eingesetzt werden.[8]

Erfreulich also, daß Bauernverbandspräsident Gerd Sonnleitner auf dem Deutschen Bauerntag 1997 stolz verkünden konnte, in den vergangenen zehn Jahren habe sich der Einsatz von Pflanzenschutzmitteln und Dünger ohne Ertragseinbußen halbiert.[9] Kein Grund zur Freude beim Industrieverband Agrar, der über den sinkenden Absatz von Mineraldünger jammert und – wer hätte es gedacht? – davon abrät, den Verbrauch weiter zu senken.[10]

Nach Angaben des Industrieverbandes Agrar waren vor zehn Jahren noch über 300 Pflanzenschutzmittel auf dem deutschen Markt. Ende der neunziger Jahre waren es zirka 250, davon rund 30 Neuentwicklungen, die in der Regel umweltverträglicher sind als die alten Gifte. Seit dem DDT-Verbot Anfang der siebziger Jahre wurde eine Reihe von bedenklichen Mitteln (wie zum Beispiel Atrazin) vom Markt genommen (siehe auch »Das Verbot des Pestizids DDT hat Menschenleben gerettet«, Seite 103). Manchmal reagieren die Hersteller sogar freiwillig. Jüngstes Beispiel: Auf Drängen argentinischer Naturschützer zog 1996 der Schweizer Chemiekonzern Ciba-Geigy (heute Novartis) das Insektizid Monocrotophos zurück. Tausende von Präriebussarden waren durch das Gift verendet.[11]

Der Absatz von Pflanzenschutzmitteln in Deutschland erreichte 1989 mit 63 110 Tonnen (BRD und DDR gemeinsam) sein Maximum und sank bis 1996 um die Hälfte (32 000 Tonnen). Brachte ein deutscher Bauer 1990 noch 5,8 Kilogramm Wirkstoff pro Hektar aus, so waren es 1995 noch 3,0 Kilo. Dies ist auch der Trend in der gesamten EU, wo der Absatz von über 313 980 Tonnen (1991) auf 248 737 Tonnen (1995) sackte.[12] Der gemäßigte Gifteinsatz hat verschiedene Gründe. Die neueren Mittel wirken in kleineren Mengen, haften besser und werden durch optimierte Spritztechniken gezielter eingesetzt. Immer mehr Bauern kaufen vorbehandeltes (gebeiztes) Saatgut. Heutige Landwirte sind besser geschult als ihre Väter und Großväter; sie sehen sich die Schäden genauer an und sind auch eher bereit, kleinere Ernteausfälle zu tolerieren.

1 G. Easterbrook, A Moment on Earth, 1995. **2** Der Spiegel Nr. 20/1991. **3** Industrieverband Agrar e.V., Jahresbericht 1996/97. **4** die tageszeitung vom 28. 11. 1994. **5** Akzente

Nr. 3/1994. **6** Kosmos Nr. 3/1997. **7** Fraunhofer-Gesellschaft, FhG-Mediendienst Nr. 5/1997. **8** Kosmos Nr. 3/1997. **9** Frankfurter Allgemeine Zeitung vom 3. 10. 1997. **10** Frankfurter Allgemeine Zeitung vom 16. 10. 1996. **11** Der Spiegel Nr. 44/1996. **12** Nach Angaben des Industrieverbands Agrar e.V., 1997.

»Nachwachsende Rohstoffe sind gut für die Umwelt«

Franz Alt schwärmt für Schilfgras, der Bauernverband für Raps, die »taz« für Hanf und Daimler-Benz für Flachs. Alle verkünden, daß der verstärkte Anbau von Industrierohstoffen auf dem Acker den Weg in die ökologische Zukunft öffnen werde. »Schilfgras statt Atom«, fordert Franz Alt.

Die Nutzung von nachwachsenden Rohstoffen ist nichts Neues. Holz, Baumwolle und verschiedene Ölpflanzen werden seit langem von der Industrie genutzt. Heute haben Forscher und Landwirte zusätzliche Nutzungsformen im Blick:

- Stärke aus Kartoffeln, Weizen und Mais: unter anderem für Papier, Klebstoffe und Folien.
- Zucker aus Zuckerrüben und anderen Pflanzen: unter anderem für Weichmacher, Waschmittel, biologisch abbaubare Kunststoffe, Klebstoffe, Farben.
- Fasern aus Flachs und Hanf: unter anderem für Textilien, Seile, Baustoffe und Preßplatten, die in Möbeln und Autoinnenteilen Verwendung finden.
- Öl aus Raps, Lein, Sonnenblumen oder Soja: unter anderem für Farben, Lacke, Schmiermittel und Weichmacher.
- Kraftstoff aus Rüben, Kartoffeln oder Getreide (Ethanol) oder aus Rapsöl (Biodiesel): für Auto- und andere Motoren.
- Brennstoff aus Schilfgras, Getreidestroh oder Holzschnitzeln: für die Wärme- und Energieversorgung.

1995 wuchsen in Deutschland auf 500 000 Hektar Ackerfläche Energiepflanzen und Industrierohstoffe. Der größte Teil davon war mit

Raps bepflanzt. Für die Landwirte ist das ein gutes Geschäft. Die EU zahlt bis zu 750 Mark Prämie für jeden Hektar Ackerland, der brachliegt. Durch einen kleinen Formulierungstrick können die Bauern aber trotzdem ernten. Denn als Brache gelten auch Nutzpflanzen, die nicht der Nahrung dienen, also etwa Raps zur Biodieselherstellung.[1] So wird munter zweimal kassiert und der mögliche ökologische Nutzen der Brache (als Lebensraum für Wildkräuter und Tiere) verhindert. Biodiesel wurde 1997 bereits an 600 Tankstellen vertrieben.[2] Da der Raps-Kraftstoff in der Herstellung teurer ist als fossiler Diesel, befreite ihn die Bundesregierung von der Mineralölsteuer.[3]

Bereits 1992 erstellte das Umweltbundesamt (UBA) eine vernichtende Ökobilanz für den Kraftstoff vom Acker. Fazit: »Ein Ersatz von Dieselkraftstoff durch Rapsöl beziehungsweise RME ist aus Umweltsicht nicht zu befürworten.«[4] Das UBA entkräftet in seiner Studie die Argumentation, Biodiesel sei CO_2-neutral, da die Pflanze das bei der Verbrennung frei werdende Kohlendioxid vorher gebunden habe. Aussaat, Düngung, Pestizideinsatz und die chemische Verarbeitung zu Rapsmethylester (kurz RME) seien überaus energieintensiv. Darüber hinaus würden beim intensiven Anbau von Raps Lachgas und Methan freigesetzt, die wesentlich stärker zum Treibhauseffekt beitrügen als Kohlendioxid.[5]

Auch die Energieerzeugung mit Pflanzenmasse ist weniger umweltfreundlich, als es zunächst den Anschein hat. So ist der Energiegewinn aus der Verbrennung von Schwachholzschnitzeln nach 250 Kilometern Transportstrecke per LKW bereits aufgezehrt. Jeder weitere Kilometer bedeutet unterm Strich Energieverlust.[6] Ähnlich bescheiden sieht die Ökobilanz für Biokunststoff aus. Seine Herstellung verbrauche in manchen Fällen mehr Ressourcen und setze mehr Emissionen frei als die Erzeugung herkömmlicher Kunststoffe, schreibt Michael Heyde vom Fraunhofer-Institut für Lebensmitteltechnologie und Verpackung.[7]

Und was ist mit dem asiatischen Schilfgras, mit dessen Energie der Fernsehjournalist Franz Alt die ökologische Zukunftsgesellschaft ergrünen lassen will? Diese Pflanzen seien, so Alt, der Universalrohstoff schlechthin. Ihre Biomasse könnte zur Strom- und Wärmeerzeugung verheizt werden, als Treibstoff dienen und (zu Platten und Formteilen gepreßt) im Haus- und Autobau Verwendung finden.

Kritiker aus den Umweltverbänden dagegen befürchten, der Schilfgrasanbau bringe neue Monokulturen, auf denen die Landwirte hemmungslos Dünger und Pestizide ausbringen. Denn auf Schadstoffbelastungen muß – anders als beim Getreideanbau – kaum Rücksicht genommen werden, da die Energiepflanzen nicht auf dem Mittagstisch landen. Wirtschaftliche Modellrechnungen für den Anbau von Schilfgras seien »mit besonderer Vorsicht zu bewerten«, warnte Friedrich-Wilhelm Kuhlmann vom Landwirtschaftsministerium. Die Pflanze verbrauche Unmengen Wasser und sei nicht an europäische Klimabedingungen angepaßt.[8] Wolfgang Reimer, Landwirt und Chefredakteur der »Bauernstimme«, kritisierte, daß Schilfgras mit seinem Wurzelwerk den Boden verholze und so den Anbau anderer Gewächse erschwere.[9] Auch Hannes Lorenzen, grüner Agrarexperte im Europäischen Parlament, hält die Schilfgras-Euphorie für einen »grundverkehrten Ansatz«.[10]

In der Regel ist es vernünftig, erneuerbare Ressourcen einzusetzen, um nicht erneuerbare Rohstoffe zu schonen. Aber auch diese Regel kann – dogmatisch angewandt – kompletten Unsinn hervorbringen. Nachwachsende Rohstoffe schonen die Vorräte von Kohle und Erdöl, soweit so gut. Doch wenn die europäischen Bauern das Land mit Schilfgras, Raps, Flachs, Hanf und Zuckerrüben überziehen, werden Naturgebiete vernichtet und eintönige, artenarme Anbauflächen geschaffen. Zugespitzt ausgedrückt: Wir zerstören unsere heutige Natur, um die Natur vergangener Zeitalter (Erdöl entstand aus den Wäldern der Karbonzeit) zu bewahren.

Wenn der ökologische Landbau – was zu hoffen ist – weiter an Bedeutung gewinnt, werden die derzeitigen »Brachflächen« ohnehin wieder gebraucht, denn Biolandbau benötigt mehr Fläche. Ein zusätzlicher Anbau von nachwachsenden Rohstoffen in Europa könnte dann nur auf Kosten von Wäldern und Naturgebieten gehen.

1 Natur Nr. 8/1995. **2** Die Zeit vom 29. 8. 1997. **3** Der Spiegel Nr. 22/1995. **4** Der Spiegel Nr. 22/1992. **5** ebd. **6** Robin Wood Magazin Nr. 3/1997. **7** M. Heyde, Referat

beim »European Materials Research Society« Meeting in Straßburg, 16.–20. 6. 1997.
8 Der Spiegel Nr. 32/1992. **9** Natur Nr. 5/1993. **10** Greenpeace Magazin Nr. 11/1991

»Die Ackerböden gehen durch Erosion verloren«

Es gab und gibt immer wieder Erosionsdesaster, die in schlimmen Fällen ganze Landstriche veröden: In den dreißiger Jahren verwehten Winde in den Vereinigten Staaten große Mengen Ackerboden (»Dust Bowl«). Die Aralsee-Region verkarstete durch wasserwirtschaftliche Fehlplanungen der sowjetischen Behörden. Die deutsche Öffentlichkeit erschrak, als Staubstürme im April 1997 in Regionen Ostdeutschlands die Ackerkrume von den Feldern abtrugen.

Kann man daraus einen allgemeinen Trend zum Bodenverlust ableiten? Dies ist unter Experten umstritten. Der Klimaforscher Professor Hartmut Graßl schreibt, daß die Bodenerosion die Bodenbildung in Deutschland um den Faktor fünf übersteigt.[1] Eine von US-Präsident Jimmy Carter in Auftrag gegebene Untersuchung (»National Agricultural Lands Study«) sagte 1979 voraus, daß Bodenverlust schon bald das größte nationale Problem der USA sein werde. Der jährliche Abtrag von fruchtbarem Ackerland durch Erosion wurde darin mit 1,2 Millionen Hektar angegeben. Doch später stellte sich heraus, daß den Verfassern ein Rechenfehler unterlaufen war, als sie eine Bodenschutz-Erhebung von 1967 mit einer von 1975 verglichen. Der Verlusttrend, den sie herausgelesen hatten, existierte nicht. Doch bis heute wird die Angabe »1,2 Millionen Hektar« als quasi amtlich zitiert.[2]

Das niederländische ISRIC-Institut (International Soil Reference and Information Center, zu deutsch etwa: »Internationales Boden-Auskunftszentrum«) gibt an, daß infolge von Bodenverlusten in den US-Staaten Illinois, Iowa, Kansas und Nebraska die Produktivität der Landwirtschaft drastisch abgenommen habe. Doch auch diese Behauptung hielt einer Nachprüfung nicht stand. Die Produktivität der Farmen stieg in den vier Staaten seit 1945 kontinuierlich an.[3]

Ein wichtiges Faktum wird bei vielen Erosionsszenarien nicht erwähnt: Erde, die an einer Stelle abgetragen wird, verschwindet dadurch nicht aus der Welt. Sie lagert sich woanders wieder ab. Oftmals ganz in der Nähe, wie eine geologische Studie im Coon Creek-Becken von Wisconsin zeigte. Von der gesamten seit 1850 durch Wind und Wasser abgetragenen Ackerkrume kamen der Region lediglich sechs bis sieben Prozent wirklich abhanden. Dieser Anteil wurde vom Mississippi weggespült. Die restlichen 93 Prozent wehte der Wind von einem Feld auf das nächste. In 140 Jahren Landwirtschaft blieb die Dicke der obersten Bodenschicht nahezu unverändert.[4]

1 Politische Ökologie, Sonderheft 10, 1997. **2** G. Easterbrook, A Moment on Earth, 1995. **3** ebd. **4** ebd.

»Die Wüsten werden immer größer«

Seit Jahrzehnten kann man in den apokalyptischen Zukunftsszenarien lesen, daß sich die Wüsten der Welt dramatisch ausdehnen. Die Vereinten Nationen erklärten das Jahr 1977 zum »Year of Desertification« (Jahr der Wüstenbildung). Die von US-Präsident Jimmy Carter in Auftrag gegebene Umweltstudie »Global 2000« sagte voraus, daß die Wüstengebiete der Erde bis zum Jahr 2000 um 20 Prozent wachsen werden. Im Mittelpunkt der Besorgnis stand immer wieder die Sahel-Zone. Warner prophezeiten, die Menschen und ihre Viehherden würden dafür sorgen, daß die Sahara sich immer weiter nach Süden ausbreitet. 1994 unterzeichneten mehr als 100 Staaten eine internationale Konvention zur Bekämpfung der Wüstenbildung. In Bonn (das im eher wüstenarmen Rheinland liegt) wurde 1997 ein neugegründetes Wüstensekretariat der UN angesiedelt.

Vor lauter Wüstenpanik fällt leicht unter den Tisch, daß Wüsten an sich nichts Böses sind. Viele Wüsten der Erde, wie die Namib in Namibia oder die Sonora-Wüste in Mexiko, sind wunderbare Landschaften voller Leben. In Kalifornien gibt es sogar ein Wüstenschutzgesetz (»California Desert Preservation Act«).

Ein weltweiter Trend zur Ausdehnung der Wüsten ist kaum zu erkennen (ganz zu schweigen von einer zwanzigprozentigen Zunahme, wie in »Global 2000« vorhergesagt). »Pauschale Aussagen über die Ausdehnung von Wüsten sind nicht möglich«, sagt der Sahel-Experte Professor Thomas Frings aus Freiburg. Auf Afrika bezogen hält er die Behauptung eines großflächigen Wüstenwachstums für völlig unbegründet. Diese Position wird von vielen Wüstenforschern geteilt, die der Ansicht sind, daß Wüsten sich nicht einseitig ausdehnen, sondern Zyklen von Wachstum und Rückzug durchmachen. Empirische Studien geben ihnen recht. Amerikanische Satellitenfotos zeigen, daß die Sahara zwischen 1970 und den frühen achtziger Jahren um 16 Prozent wuchs. In der zweiten Hälfte der achtziger Jahre schrumpfte sie dann um neun Prozent.[1] Die »New York Times« faßte in ihrem Wissenschaftsteil den Stand der Wüstenforschung 1994 unter der Überschrift zusammen »Desertification Scare Appears Unsupported by Research« (Die Angst vor einer Ausdehnung der Wüsten scheint von der Forschung nicht gedeckt zu sein).

Der Öko-GAU im Sahel fand nicht statt. Neuere Veröffentlichungen der Weltbank und anderer Entwicklungsorganisationen kommen zu dem Schluß, daß die gigantische Katastrophe, die in den achtziger Jahren vorhergesagt wurde, nicht eingetreten ist und wahrscheinlich auch nicht eintreten wird.[2] Das Vordringen der Sahara konnte in der Sahel-Region, die vom Senegal bis nach Eritrea reicht, gestoppt werden, unter anderem durch verbesserte Landwirtschaftstechniken, Aufforstung und Steinwälle an den Rändern der Wüste. In einigen Regionen ist es sogar gelungen, der Sahara urbares Land abzutrotzen. Selbst die besonders von Trockenheit bedrohten Länder im Inneren des Kontinents wie Mali, Niger, Burkina Faso und Tschad haben ihre landwirtschaftliche Produktion in den neunziger Jahren steigern können.[3] Äthiopien exportierte 1997 Getreide.[4]

Die verbreitete Theorie, Wüstenränder würden vom Vieh der Hirtennomaden durch Überweidung zerstört, wird heute von Wissenschaftlern bezweifelt. Sie kritisieren Kollegen, die in der Vergangenheit das trostlose Aussehen ausgetrockneter Böden für einen Endzustand gehalten haben. Doch im Zyklus der Wüsten kann schon ein einziger Regenschauer binnen Stunden wieder saftiges Gras sprießen lassen. Ökologen meinen, daß die Hirten gar nicht so unvernünftig handeln.

Sie nehmen in Dürrezeiten drastische Verluste in Kauf, und versuchen in guten Jahren, die Herden möglichst rasch zu vermehren. Über längere Zeiträume betrachtet blieb der Viehbestand im Sahel ungefähr gleich. Dies widerspricht der gängigen Meinung, die Weiden dort würden immer unfruchtbarer und könnten immer weniger Tiere ernähren.[5]

Wie schwer durchschaubar die ökologischen Prozesse der Wüstenbildung sind, zeigt ein Versuch in Arizona. Seit dreißig Jahren beobachten Wissenschaftler dort ein zwanzig Hektar großes Versuchsareal in der Chihuahua-Wüste. Das Gebiet liegt genau an der Grenze zwischen Grasland und Buschwüste. Als einige Jahre ungewöhnlich viel Regel fiel, passierte das genaue Gegenteil von dem, was die Forscher erwartet hatten: Das Grasland wich zurück und die Wüste dehnte sich aus.[6]

1 G. Easterbrook, A Moment on Earth, 1995. **2** Darmstädter Echo vom 28. 10. 1997. **3** Frankfurter Allgemeine Zeitung vom 29. 7. 1997. **4** New Scientist vom 13. 12. 1997. **5** Frankfurter Allgemeine Zeitung vom 3. 3. 1993. **6** Frankfurter Allgemeine Zeitung vom 3. 12. 1997.

»Öko-Landbau ist nur etwas für Idealisten«

Keineswegs, die Erfolgszahlen der Biobauern überzeugen auch kühle Rechner. In den sechziger Jahren wirtschaftete nur eine Handvoll Biobetriebe in Deutschland. Ende der neunziger Jahre waren es um die 8000 (7350 sind nach EU-Verordnung als Öko-Höfe registriert. Es gibt jedoch Tierhaltungsbetriebe, die noch nicht EU-zertifiziert sind, aber vom Bio-Dachverband AGÖL – Arbeitsgemeinschaft ökologischer Landbau – anerkannt werden). Über 3500 Quadratkilometer Acker und Grünland wurden 1997 in Deutschland ökologisch bewirtschaftet. Dies sind über zwei Prozent der gesamten landwirtschaftlichen Nutzfläche.[1] Öko-Landbau ist längst kein Hobby verträumter Landhippies mehr. Immer mehr Großbetriebe – vor allem in Ostdeutschland – stellen um, darunter frühere Landwirtschaftliche Produktionsgenossenschaften (LPGn), die mehrere tausend Hektar umfassen. Ein Branden-

Ökologisch bewirtschaftete Flächen in Europa

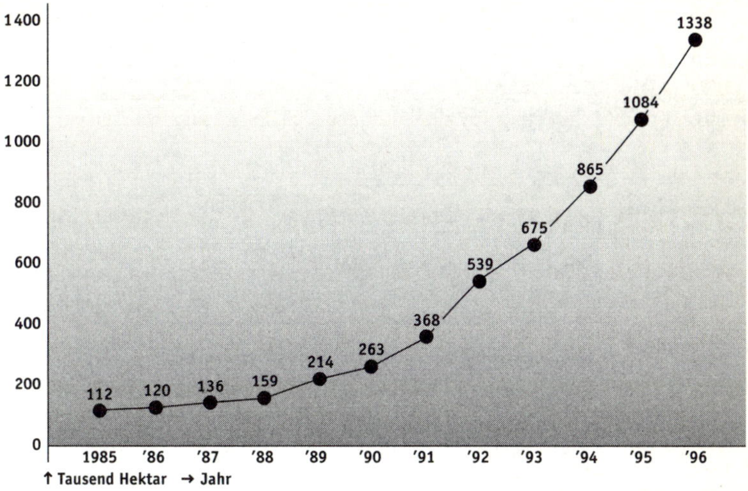

In ganz Europa ist der Biolandbau auf Erfolgskurs. In dieser Darstellung sind die Höfe, die sich 1996 noch in der Umstellungsphase auf Öko-Landbau befanden, bereits mitgezählt. **(Quelle: N. Lampkin 1996)**

burger Vermarktungsverbund für Öko-Rindfleisch verkauft allein 6000 Rinder jährlich an einen Babykosthersteller.[2]

Andere Länder in Europa sind schon viel weiter. In Schweden zum Beispiel beträgt der Anteil der ökologisch bewirtschafteten Fläche bereits vier Prozent, beim Spitzenreiter Österreich sind es 8,7 Prozent.[3] Europaweit wurden 1996 über 133000 Hektar Land von Biobauern bestellt.[4] **[Grafik Seite 227]**

Sogar außerhalb der westlichen Wohlstandsgesellschaften gibt es immer mehr Öko-Farmen. So hat sich der Biolandbau in Tschechien etabliert.[5] Farmen in Mexiko, Costa Rica und anderen Entwicklungsländern beliefern den Weltmarkt für biologisch angebaute Südfrüchte.[6] Auf Plantagen in der Türkei und Ägypten wächst Öko-Baumwolle für große Modehäuser.[7] In vielen Tropenländern werden Mischformen aus

Biobauern wirtschaften besser

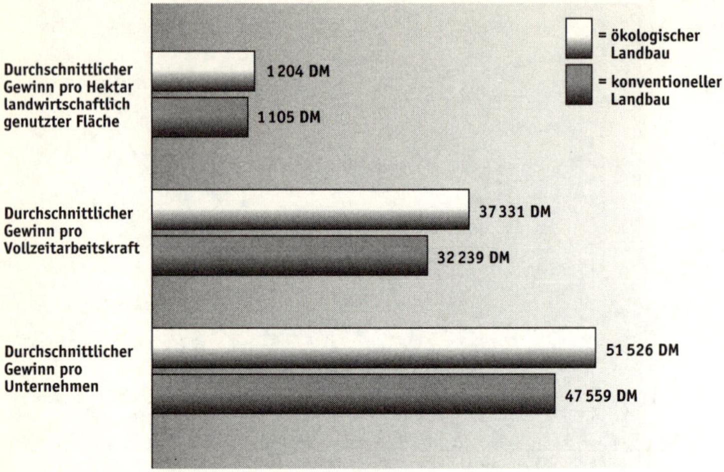

Das Bonner Landwirtschaftsministerium verglich 1996 konventionell wirtschaftende Testbetriebe mit solchen, die Biolandbau praktizierten. Ergebnis: Bei den Öko-Höfen lag der Gewinn um 8,3 Prozent höher. **(Quelle: Agrarbericht der Bundesregierung 1997)**

konventionellem und ökologischem Landbau praktiziert. Besonders die biologische Kontrolle von Insektenschäden kann Erfolge vorweisen. So wird in afrikanischen Ländern die gefürchtete Maniok-Schmierlaus heute mit Hilfe einer Schlupfwespe bekämpft.[8] Der Bananen-Konzern Chiquita erhielt für die ökologische Verbesserung seiner Anbautechniken von amerikanischen Umweltgruppen ein Zertifikat.[9]

Drei Entwicklungen haben dem Biolandbau in Deutschland auf die Sprünge geholfen. Erstens: 1989 begann die EU, endlich auch die ökologische Landwirtschaft zu fördern. Zweitens: Führende Babykosthersteller stellten ihre Produkte ganz oder teilweise um. Allein für das Unternehmen Hipp bearbeiten 550 Öko-Landwirte 11000 Hektar Acker.[10] Und drittens stiegen im Laufe der neunziger Jahre die großen Handelsketten Rewe, Tengelmann und Edeka in das Biogeschäft ein.

Mit ihrer Öko-Marke »Füllhorn« machte die Rewe-Gruppe Ende der neunziger Jahre 250 Millionen Mark Jahresumsatz. Bei manchen Lebensmitteln liegt der Anteil der Füllhorn-Ware bereits bei zehn Prozent. Die österreichische Rewe-Tocher BILLA verkauft bei den Milchprodukten sogar schon 20 Prozent Bio-Erzeugnisse.

Biobauern ernten weniger, verdienen aber mehr. Gegenüber vergleichbaren konventionellen Betrieben liegt ihr Gewinn um 8,3 Prozent (5092 Mark pro Arbeitskraft) höher.[11] Immer mehr Verbraucher sind bereit, die höheren Preise der Bioprodukte zu bezahlen, weil sie es satt haben, Umweltverschmutzung und Tierquälerei zu unterstützen. Nach einer Allensbach-Umfrage kaufte 1995 schon jeder vierte Deutsche regelmäßig Bioprodukte. 67 Prozent haben sich zumindest vorgenommen, häufiger Öko-Lebensmittel zu kaufen.[12] Das Umsatzvolumen für Biokost wurden 1996 auf über drei Milliarden Mark geschätzt.[13]

1 H. Willer (Hrsg.), Ökologischer Landbau in Europa, 1998. **2** Wochenpost vom 25. 1. 1996. **3** H. Willer (Hrsg.), Ökologischer Landbau in Europa, 1998. **4** International Federation of Organic Agriculture Movements, Organic Farming, 1996. **5** Ökologie und Landbau Nr. 4/1997. **6** die tageszeitung vom 6. 11. 1995. **7** WWF-Journal Nr. 3/1994. **8** Akzente Nr. 3/1996. **9** Frankfurter Allgemeine Zeitung vom 4. 3. 1997. **10** Hipp-Presseinformation, 19. 11. 1997. **11** Bundeslandwirtschaftsministerium, Agrarbericht der Bundesregierung, 1997. **12** Brigitte Nr. 16/1995. **13** H. Willer (Hrsg.), Ökologischer Landbau in Europa, 1998.

»Bio-Lebensmittel sind zu teuer«

Nein, denn die Lebensmittel aus konventioneller Produktion sind nur scheinbar billiger. Was die Verbraucher an der Ladentheke sparen, wird ihnen als Steuerzahler wieder abgenommen. 1996 verschlang die europäische Landwirtschaft 78 Milliarden Mark an Zuschüssen – mehr als die Hälfte des gesamten EU-Etats. Zirka 13 Milliarden Mark davon flossen nach Deutschland. Zusätzlich erhielten deutsche Landwirte 1996 etwa 15 Milliarden Mark aus Bundes- und Landesmitteln. Schätzungsweise wird die EU allein für die Folgen der BSE-Seuche 12 Milliarden Mark ausgeben müssen (nicht eingerechnet die nationalen Ausgaben der Mitgliedsstaaten).[1] Eine dreiköpfige Familie in Deutschland wird jährlich mit etwa 1500 Mark belastet, um die Landwirtschaft zu stützen.[2]

Landwirte erhalten verbilligten Dieselkraftstoff, Beihilfen für Versicherungen, Preisausgleichszahlungen, Tierprämien und eine Vielzahl weiterer Zuschüsse. Der Großteil der Steuermittel kommt jedoch nie beim Bauern an. Er verschwindet in der EU-weiten Agrar-Planwirtschaft. Obendrein verursacht der konventionelle Landbau durch Umweltverschmutzung Reparaturkosten, die über den Trinkwasserpreis bezahlt werden. Übermäßig ausgebrachte Gülle und Mineraldünger verseuchen das Grundwasser mit Nitrat. Wasserwerke geben Millionen aus, um die Rückstände wieder herauszufiltern. Würden alle versteckten Kosten an der Ladentheke bezahlt, wären konventionelle Lebensmittel nicht billiger als Öko-Ware.

Biobauern haben geringere Erträge im Pflanzenbau, weil sie weniger düngen und keine Pestizide einsetzen. (Sie haben dadurch allerdings auch weniger Ausgaben). Sie mästen ihre Tiere wesentlich langsamer, geben ihnen Auslauf und angenehmere Ställe. Biobauern haben höhere Lohnkosten, weil die bessere Betreuung der Tiere und vermehrte Handarbeit, etwa beim Jäten, mehr Arbeitskräfte erfordern. Deshalb müssen Biobauern höhere Preise für ihre Produkte nehmen. Doch sie vergiften das Wasser nicht, quälen keine Tiere, zerstören die Landschaft und die Artenvielfalt nicht und schaffen Arbeitsplätze. Nach einer Umfrage der Münchner Schweisfurth-Stiftung finden auf Biobetrieben rund ein Drittel mehr Menschen Arbeit als auf herkömmlichen Höfen.

Dreh- und Angelpunkt der meisten Fehlentwicklungen in der Landwirtschaft sind die niedrigen Verbraucherpreise. Wer Fleisch so billig wie möglich erzeugen muß, wird dadurch gezwungen, Tiere wie leblose Dinge zu behandeln. Rinderwahnsinn, Schweinepest-Epidemien, Hormonfleisch, Fabrikställe, grausame Tiertransporte und belastetes Trinkwasser sind direkte Folgen der so angenehm billigen Lebensmittel. Der deutsche Durchschnittshaushalt gibt nur noch 16 Prozent seines Einkommens für die Ernährung aus. Das ist kaum mehr, wie für Freizeit

Fleisch wurde im Verhältnis immer billiger

	benötigte Arbeitszeit 1960	benötigte Arbeitszeit 1994	Preis 1960	Preis 1994
250 g Markenbutter	39 Minuten	6 Minuten	1,63 DM	2,00 DM
1 l Vollmilch	17 Minuten	4 Minuten	0,70 DM	1,32 DM
10 Eier	46 Minuten	8 Minuten	1,90 DM	2,82 DM
1 kg Rindfleisch	124 Minuten	31 Minuten	5,14 DM	11,10 DM
1 kg Schweinekotelett	157 Minuten	36 Minuten	6,50 DM	12,66 DM
1 kg Brathähnchen	133 Minuten	14 Minuten	5,52 DM	5,01 DM

Westdeutschland; Basis: Durchschnittliche Nettolohn- und -gehaltssumme je geleistete Arbeitsstunde.
1960 = 2,49 DM, 1994 = 21,26 DM

Die Deutschen können sich immer mehr tierische Lebensmittel leisten. Doch die Billigproduktion beruht auf Tierquälerei. Wenn ein Hähnchen beim Endverbraucher fünf Mark kosten soll, muß es zwangsläufig in einem Fabrikstall aufgezogen werden. **(Quelle: AgrarBündnis 1996 / IW)**

und Reisen ausgegeben wird.[3] 1950 mußte eine Familie noch über die Hälfte ihres Einkommens in Essen und Trinken investieren.[4] Der Agrarwissenschaftler Dr. Günter Postler bringt es auf den Punkt: »Wir kippen Motoröl für 20 Mark den Liter in unser Auto und fahren dann zum Supermarkt, um dort Speiseöl für 2,49 Mark zu kaufen.«

Gemessen an der Kaufkraftentwicklung der Löhne verbilligen sich die Nahrungsmittel ständig.[5] Ein Durchschnittsverdiener mußte für ein Brathähnchen Mitte der neunziger Jahre noch 14 Minuten arbeiten (1960 waren es 133 Minuten). Als Resultat von tierquälerischer Haltung, Arzneimißbrauch und Turbomast lag der Kilopreis eines Hähnchens 1994 bei 5,01 Mark.[6]

Obwohl sie sich volkswirtschaftlich sinnvoll verhalten, werden die Verbraucher von Bioprodukten für ihr Verhalten bestraft. Sie müssen mehr Geld für ihre Lebensmittel ausgeben und bezahlen obendrein (wie alle anderen) durch ihre Steuern Subventionen für die fehlgeleitete konventionelle Landwirtschaft.

1 Brigitte Nr. 8/1997. **2** Arbeitsgemeinschaft der Verbraucherverbände (AgV), Verbraucherpolitische Korrespondenz vom 13. 2. 1996. **3** Bundeslandwirtschaftsministerium, Land- und Forstwirtschaft in Deutschland, 1997. **4** Informationsgemeinschaft für Meinungspflege und Aufklärung e.V., Agrimente, 1997. **5** ebd. **6** AgrarBündnis, Der kritische Agrarbericht, 1996.

Perspektiven

In die europäische Landwirtschaft ist Bewegung gekommen. Immer mehr Länder fördern den ökologischen Landbau, oder zumindest konventionelle Betriebe, die weniger düngen, weniger Gift spritzen und Tiere nicht in Fabrikställen quälen. Die Schweiz (7 Prozent) und Österreich (8,7 Prozent) steuern bereits mit Schwung auf einen zehnprozentigen Anteil des Biolandbaus an der Agrarfläche zu.[1] Das Umweltbundesamt hält für Deutschland ein Wachstum der ökologisch bewirtschafteten Ackerfläche auf zehn Prozent innerhalb der nächsten 13 Jahre für realistisch.[2] Einige Bundesländer (zum Beispiel Nordrhein-Westfalen) wollen schon früher so weit sein. Die großen Handelsketten Rewe, Tengelmann und Edeka machen bereits stolze Umsätze mit Bio-Erzeugnissen.

EU-Agrarkommissar Franz Fischler will die Garantiepreise für Milch, Getreide und Fleisch schrittweise abbauen (»Agenda 2000«). Dies würde weniger Planwirtschaft bedeuten und die aberwitzige Überproduktion drosseln. Als Ausgleich sollen die Bauern direkte Zahlungen erhalten (dafür, daß sie keinen Unfug machen). Daß dieser Vorschlag (der beispielsweise vom WWF begrüßt wird) in die richtige Richtung geht, zeigt schon die Tatsache, daß der ehemalige Bundeslandwirtschaftsminister Jochen Borchert und Bauernverbandspräsident Gerd Sonnleitner ihn mit Zähnen und Klauen bekämpften.

Alles in allem sind die guten Kräfte im Agrarbereich gerade in der

Offensive. Und dieser Angriff auf eine verkrustete Planwirtschaft wird noch an Fahrt gewinnen, wenn die Steuerzahler sich eines Tages die gewaltige Geldvernichtung in diesem Bereich nicht mehr bieten lassen. Das Sparkonzept, das 1999 Finanzminister Eichel vorlegte, zeigt in diese Richtung. Weniger als zwei Prozent der deutschen Bevölkerung sind in der Landwirtschaft beschäftigt.[3] Doch dieser Berufsstand wurde 1996 mit 28,1 Milliarden Mark aus Landes-, Bundes-, und EU-Mitteln unterstützt. Die öffentliche Hilfe liegt damit deutlich über dem Wert der Produkte, die in der Landwirtschaft erzeugt werden.[4] Ende der neunziger Jahre verdankten die Bauern ihr Einkommen zu 46 Prozent den Subventionen.[5] Wenn die Knappheit der öffentlichen Kassen weiter anhält, könnte es schon bald zu wesentlich radikaleren Lösungen kommen, als sie Fischler vorschlägt. Etwa wie in Neuseeland, wo die Regierung 1984 sämtliche Agrarsubventionen abschaffte. Nur ein Prozent der 80000 Farmer mußte damals aufgeben. »Wir waren früher Witzfiguren, dem Gespött der Städter ausgesetzt, die uns vorwarfen, wir mästeten uns auf ihre Kosten«, sagt Theo Simeonidis, Chef des neuseeländischen Bauernverbandes. »Jetzt können wir selber über unser Schicksal und unsere Zukunft entscheiden.«[6]

Für die deutschen Politiker wird es in Zukunft immer schwieriger werden, die Subventionen für die Landwirtschaft zu rechtfertigen. Helmut Scholz, ein Agrarexperte, der über 30 Jahre zur Leitung des Bonner Landwirtschaftministeriums gehörte, sagt voraus, daß das politische Gewicht der Bauern drastisch sinken wird. Im Jahr 2020 – so Scholz – werden nur noch 173000 Menschen hauptberuflich auf Agrarbetrieben arbeiten. Es wird keine Landwirtschaftsministerien mehr geben, und der Bauernverband wird seinen Einfluß nach und nach verlieren.[7]

Das Ende der umweltschädlichen Planwirtschaft in Deutschland muß ja nicht ganz so abrupt ausfallen wie in Neuseeland. Es gibt ein paar interessante Vorschläge für die Übergangszeit. So hat der grüne Landwirtschaftsexperte und Europa-Parlamentarier Friedrich Wilhelm Graefe zu Baringdorf angeregt, daß Verbraucher, die teuer auf dem Biohof einkaufen, dies von der Steuer absetzen können.[8] Experten des Instituts für Ökologische Zukunftsperspektiven in Barsinghausen bei Hannover schlagen eine flächendeckende Umstellung auf Öko-Landbau innerhalb von 35 Jahren vor. Dies könnte durch eine dreißigprozentige Subvention auf das Nettoeinkommen der Biobauern erreicht werden. Dafür müßten die Steuerzahler keinen Pfennig mehr aufbringen, denn allein die Verwaltung und Vernichtung der Agrarüberschüsse kostete die EU 1996 fast 14 Milliarden Mark. Da die Erträge des ökologischen Landbaus um zirka ein Drittel niedriger liegen als in der konventionellen Landwirtschaft, würde der Bedarf an Nahrungsmitteln gedeckt, ohne weiterhin Überschüsse zu produzieren.[9]

Es ist fraglich, ob Fischlers sanfte Reformen, die das bestehende Subventionssystem nur abwandeln, auf Dauer ausreichen. Der Ansatz der EU-Reformer heißt im Prinzip, daß Bauern zukünftig nicht mehr für ihre Produkte, sondern für die Landschaftspflege bezuschußt werden sollen. Doch vielleicht fragt schon die nächste Generation, warum die Landschaft eigentlich gepflegt werden muß. Was hat die Natur eigentlich gemacht, bevor sie gepflegt wurde? Und was ist so schrecklich an der Natur, daß man sie ständig in Schach halten muß?

Viel zukunftsfähiger als das ewige Geldverteilen scheinen uns politische Perspektiven, die wieder mehr Markt zulassen. Dafür müßten sich die Verbraucher allerdings an höhere Preise gewöhnen. Nur wenn sie vernünftige (das heißt höhere) Erzeugerpreise erhalten, können Bauern ohne Gift und Gülle wirtschaften. Unterm Strich könnte eine ökologische Lösung vielleicht sogar neue Arbeitsplätze schaffen, denn auf Biohöfen arbeiten im Durchschnitt ein knappes Drittel mehr Menschen als auf konventionellen Betrieben. Wenn Importeure aus Übersee die europäischen Preise unterbieten, dann müssen die europäischen Öko-Bauern mit besserer Qualität antworten, ihre Produkte kennzeichnen und klug vermarkten. Und wo die Landwirtschaft nicht mehr rentabel produzieren kann, da kehrt eben wieder die Natur zurück.

Eine andere zukunftsträchtige Entwicklung der Landwirtschaft wird von Seiten des organisierten Öko-Landbaus gerade abgeblockt: die Gentechnik. Wenn gentechnisch veränderte Nutzpflanzen in die Lage versetzt werden, Insekten oder Pilze selber abzuwehren, dann ist dies ein Schritt in die richtige Richtung: weg von den Pestiziden. Es gibt bereits Mais, der gegen die Maiszünslerraupe resistent ist, und Reis, der sich selbst gegen den Reisbohrer wehrt. In Australien und in den USA werden heute schon Baumwollsorten angebaut, denen der Baumwollkäfer nichts mehr anhaben kann. Was ist denn so schlecht daran? Mit der kategorischen Ablehnung aller Entwicklungen der Gentechnik schlägt man sich eine Tür zu, die man vielleicht in zehn Jahren wieder öffnen möchte. Dann wird es jedoch nur noch um den Preis der eigenen Glaubwürdigkeit möglich sein. Das Ganze erinnert an die pauschale Ablehnung der Computertechnik, die die Grünen einmal gepredigt haben. Es wäre viel klüger, die unterschiedlichen Entwicklungen der Gentechnik unvoreingenommen zu beobachten und nach sorgfältiger Prüfung das zu nutzen, was dem ökologischen Landbau dient (siehe Kapitel »Gentechnik«).

Am Schluß noch ein paar versöhnliche Worte zur konventionellen Landwirtschaft. Auch wenn sie sich in Europa selbst ad absurdum geführt hat, so hat sie als Option für die Welt noch lange nicht ausgedient. Denn da die Weltbevölkerung trotz sinkender Geburtenraten in den nächsten Jahrzehnten weiter wachsen wird, benötigt sie mehr Fläche für den Ackerbau. In vielen Regionen der Erde ist dies leider nur möglich, wenn Naturgebiete zerstört werden. Die konventionelle Landwirtschaft kommt mit weitaus weniger Fläche aus als ihre ökologische Konkurrentin. Intensive Ertragssteigerung auf kleiner Fläche kann also dazu beitragen, Naturgebiete zu erhalten. Der Industrieverband Agrar (ein Interessenverband der Düngemittel- und Pestizidhersteller) malt diesen Teufel gern an die Wand: Ohne Agrarchemie müßten schon heute 35 Millionen Quadratkilometer Land zusätzlich unter den Pflug genommen werden. Der Agrarwissenschaftler Dennis T. Avery vom Hudson Institute hält die konventionelle Landwirtschaft wegen ihres geringeren Flächenbedarfs sogar für ökologisch überlegen. Eine komplette Umstellung auf Biolandbau in Nordamerika, schreibt er, wäre nur auf Kosten von mehreren Millionen Quadratkilometern Wildnis möglich.[10]

1 H. Willer (Hrsg.), Ökologischer Landbau in Europa, 1998. **2** Umweltbundesamt, Nachhaltiges Deutschland, 1997. **3** Die Welt vom 4. 7. 1997. **4** Frankfurter Allgemeine Zeitung vom 5. 2. 1997. **5** Wochenpost vom 16. 2. 1995. **6** Der Spiegel Nr. 36/1996. **7** Frankfurter Allgemeine Zeitung vom 12. 2. 1998. **8** Die Zeit vom 12. 9. 1997. **9** Berliner Zeitung vom 25. 6. 1997. **10** R. Bailey (Hrsg.), The True State of the Planet, 1995.

Luft und Wasser

Oft gehört, gern geglaubt

»Die Luftverschmutzung nimmt zu«
»Luftverschmutzung gab es früher nicht«
»An der Luftverschmutzung ist vor allem die Industrie schuld«
»Der Mensch ist der größte Luftverschmutzer«
»Flüsse und Seen verdrecken immer mehr«
»Wir müssen Wasser sparen«
»Überschwemmungen sind eine Folge der Bodenversiegelung«
»Das Meer wird immer schmutziger«
»Die große Ölkatastrophe vor Alaska hat die Küste dort für immer zerstört«
»Das Versenken der Ölplattform ›Brent Spar‹ hätte dem Meeresleben geschadet«
»Klimaerwärmung läßt weltweit die Korallen absterben«
»Die Überfischung der Meere rottet Fische aus«

Perspektiven

Oft gehört, gern geglaubt

Wenn es an konkreten Bildern mangelt, greifen Redakteure gern in die Symbolkiste. Unter »Umwelt« sind dort drei Fotos abgelegt, die irgendwie immer passen: ein Mensch mit Gasmaske, ein verölter Kormoran und ein toter Fisch. Die drei Wahrzeichen der Apokalypse müssen herhalten, wenn's ums Allgemeine oder ums große Ganze geht. So wird Millionen Medienkonsumenten Tag für Tag aufs neue eingehämmert, was ohnehin alle für wahr halten: Luft und Wasser sind verseucht. 1997 – nach einem Vierteljahrhundert sinkender Luftbelastung – glaubte über die Hälfte der Westdeutschen immer noch, daß die Luftverschmutzung unaufhörlich zugenommen hat.[1] Nur 39 Prozent hatten bemerkt, daß Flüsse und Seen viel sauberer geworden sind.[2] Zwei Drittel aller Deutschen (Ost und West) waren davon überzeugt, daß wir auf die finale Umweltkatastrophe zusteuern.[3]

Als im Frühjahr 1996 im Nordseewatt schwarze Flecken auftauchten, wurde wieder einmal der große Grabgesang angestimmt. Ohne eine Untersuchung abzuwarten, erkannte das mediale Panikorchester: »Das sind die letzten Warnsignale.«[4] Dabei hatten Presse und Fernsehen bereits acht Jahre zuvor beim Robbensterben das »Zeichen einer todkranken Natur« entdeckt, die zu »einer für die Menschen bedrohlichen Gegenrevolution‹‹[5] aushole.

Das Seehundsterben stellte sich später als eine Staupe-Infektion heraus[6], die schwarzen Flecken als übermäßige – aber naturbedingte – Vermehrung einer Kieselalge, aufgrund eines langen, kalten Winters[7]. Der Empörung tat dies keinen Abbruch. Niedersachsens damalige Umweltministerin Griefahn war, lange bevor die Meeresforscher zu Wort kamen, an die Nordsee gereist, um sich mit einer Handvoll trauriger Wattwürmer fotografieren zu lassen. Schwarze Flecken und Robbensterben wurden entgegen den wissenschaftlichen Erkenntnissen als Ökokatastrophen im Langzeitgedächtnis der Gesellschaft konserviert.

So entsteht in den Köpfen ein brisanter Schadstoffcocktail, der das Bewußtsein trübt. Viele Menschen (darunter leider auch viele Journalisten) haben aufgehört, kritische Fragen zu stellen. Sie interessieren sich nicht mehr für Fakten und orientieren sich an dumpfer Symbolik: der verölte

Kormoran, die Gasmaske, der tote Fisch. Die drei haben mehr Einfluß auf die Stimmung in Deutschland als alle ökologischen Studien und Meßergebnisse.

1 Frankfurter Allgemeine Zeitung vom 14. 5. 1997. **2** BMU-Pressemitteilung, Umweltbewußtsein in Deutschland, 9. 7. 1996. **3** ebd. **4** Der Spiegel Nr. 25/1996. **5** Der Spiegel Nr. 23/1988. **6** Frankfurter Rundschau vom 31. 1. 1989. **7** Die Tageszeitung vom 11. 7. 1996.

»Die Luftverschmutzung nimmt zu«

Die Mehrheit der Deutschen ist laut einer Allensbach-Umfrage von 1997 der Überzeugung die Luft werde immer schmutziger.[1] Doch die Deutschen irren gewaltig: Nahezu alle klassischen Schadstoffe in der Luft wurden stark reduziert – und dies trotz wachsenden Wohlstands und einer Verdreifachung (!) der Zahl der Personenautos seit 1970. Das ist eine echte Erfolgsstory des Umweltschutzes. Große Städte wie Hamburg melden inzwischen einen »historischen Tiefststand« der von Hausbrand, Verkehr und Industrie verursachten Luftbelastungen.

Die ehemalige DDR durchlief den Reinigungsprozeß, für den Westdeutschland etwa 30 Jahre brauchte, in nur sechs Jahren – geradezu sensationell schnell. »Im Zeitraffer« sei dies geschehen, sagt Professor Wolfgang Seiler, Leiter des Fraunhofer-Institutes für Atmosphärische Umweltforschung in Garmisch-Partenkirchen.[2]

Auch in den anderen EU-Staaten und in den USA zeigt der Trend klar nach unten. Selbst in einigen Smog-Metropolen wie Mexiko-City greifen inzwischen Luftreinhaltungsmaßnahmen. In den Megastädten der aufstrebenden Nationen und Entwicklungsländer steigt der Widerstand gegen die derzeit häufig noch unerträglichen Zustände. Deutschland ist dagegen ein Luftkurort. Hier die Zahlen:

- → Schwefeldioxid: Die Emissionen sind von 1970 bis 1992 im alten Bundesgebiet um mehr als 75 Prozent von 3,7 Millionen Tonnen auf 0,8 Millionen Tonnen zurückgegangen. Im vereinten Deutschland sollen bis 2005 gegenüber dem Stand von 1980 stolze 87 Prozent weniger in die Luft gepustet werden.[3] Schwefeldioxid trägt die Hauptschuld an Wintersmog und saurem Regen.
- → Kohlenmonoxid: Die Zahlen sind weiter stark rückläufig. Der Ausstoß hat sich seit 1975 in etwa halbiert, bis 2005 sollen es noch einmal über 50 Prozent weniger sein.[4]
- → Stickstoffoxide: Mit rund drei Millionen Tonnen ist die Stickstoffoxidbelastung 1990 erstmals wieder unter den Wert von 1975 gefallen.[5] 1994 unterschritt Deutschland den in einem europäischen Minderungsprotokoll angestrebten Wert sogar um 20 Pro-

Luftemissionen

	1990	1992	1994
Kohlendioxid	1014,0	927,0	901,0
Stickstoffoxide	2,6	2,4	2,2
Schwefeldioxid	5,3	3,4	3,0
Kohlenmonoxid	10,7	7,9	6,7
Ammoniak	0,8	0,6	0,6
Distickstoff	0,2	0,2	0,2
Staub	2,0	0,8	0,7
Flüchtige organische Verbindungen	3,1	2,5	2,1
Methan	5,6	5,2	5,2

Alte Bundesländer, Angaben in Millionen Tonnen

Die Luftemissionen in der Bundesrepublik gehen bis auf wenige Ausnahmen seit 1990 kontinuierlich zurück. **(Quelle: Immissionsschutzbericht der Bundesregierung 1996)**

zent.[6] Bis zum Jahre 2005 soll der Wert gegenüber 1990 nochmals um 30 Prozent reduziert werden. Stickstoffoxide sind maßgeblich an der Ozonbildung beteiligt.

→ Flüchtige organische Verbindungen, Abkürzung VOCs (von der englischen Bezeichnung »Volatile Organic Compounds«): Die Werte liegen heute deutlich unter denen der siebziger Jahre. Für Gesamtdeutschland sanken die Emissionen von 1990 bis 1992 um 13 Prozent auf 2,8 Millionen Tonnen.[7] Bis 1999 sollen sie um 30 Prozent gegenüber 1988 reduziert sein, es wird aber jetzt schon ein Ergebnis von 45 Prozent Minderung erwartet.[8] Auch diese Emissionen tragen zur Ozonbildung am Boden bei.

→ Staub: Der Staubausstoß ist in Deutschland von 1990 bis 1994 um 60 Prozent zurückgegangen, bis 2005 wird eine Verminderung um 87 Prozent vorausgesagt.[9]

→ Dioxine und Furane: Der Dioxinausstoß von Müllverbrennungs- und Industrieanlagen betrug 1997 ein Zehntel der Menge von 1982.[10] Die Gesamtemissionen aus Hausmüllverbrennungsanlagen haben sich 1997 gegenüber 1990 sogar um den Faktor 100 verringert.[11]

→ Schwermetalle: Auch ihr Anteil in der Luft ging zwischen 1985 und 1995 drastisch zurück:[12]

Schwermetalle in der Luft – Abnahme zwischen 1985 und 1995

Blei	ca. 80 Prozent
Nickel	ca. 63 Prozent
Chrom	ca. 66 Prozent
Arsen	ca. 85 Prozent
Quecksilber	ca. 77 Prozent
Cadmium	ca. 76 Prozent

Nicht gelöst ist hingegen das Problem der Rußemissionen aus Dieselmotoren. Die feinen Partikel selbst, aber auch polyzyklische aromatische Kohlenwasserstoffe (kurz PAKs genannt), die sich daran anlagern, gelangen mit der Atemluft in die Lunge. Viele Wissenschaftler halten sie für krebsauslösend. Dr. Erich Wichmann vom GSF-Forschungszentrum für Umwelt und Gesundheit sagt, daß besonders »dieselnahe« Berufsgruppen wie LKW-Fahrer, Busfahrer oder Taxifahrer »ein signifikant erhöhtes Lungenkrebsrisiko« haben.[13] Fazit: Die Luft ist viel sauberer geworden, es bleibt aber noch genug zu tun.

1 Frankfurter Allgemeine Zeitung vom 14. 5. 1997. **2** Der Spiegel Nr. 18/1996. **3** Deutscher Bundestag Drucksache 13/7054/1997. **4** Umweltbundesamt, Umweltdaten Deutschland 1995. **5** ebd. **6** ebd. **7** ebd. **8** Augsburger Allgemeine vom 28. 6. 1996. **9** Rat der Sachverständigen für Umweltfragen, Umweltgutachten 1996. **10** ebd. **11** die tageszeitung vom 25. 3. 1997. **12** Globus Kartendienst unter Bezug auf das Umweltbundesamt. **13** Autorevue Nr. 1/1998.

»Luftverschmutzung gab es früher nicht«

Der älteste dokumentierte Hinweis auf Luftverschmutzung in England stammt aus dem Jahre 1257. Die Gemahlin des Königs Henry III. wollte Nottingham besuchen, drehte aber vor den Toren der Stadt gleich wieder um: Zu dicht und der königlichen Lunge nicht zuträglich erschien ihr der Rauch aus den Kohleöfen.[1] Eine britische Studie zeigt, daß die Belastung der Menschen, Wälder und Gewässer mit Schwefeldioxid aus der Kohleverbrennung seit dem 15. Jahrhundert bis etwa 1885 stark anstieg und erst danach wieder sank. Auch im übrigen Europa und in den Vereinigten Staaten war die Luftqualität teilweise miserabel. So wird aus Halle berichtet, daß schon im 17. Jahrhundert die umliegenden Wälder am sauren Regen starben. Frankfurter Bürger ärgerten sich im 19. Jahrhundert hingegen über haushohe Staubwolken, die aus den unbefestigten Gassen aufstiegen. Den absoluten Tiefststand erreichte die Luftqualität im London der fünfziger Jahre unseres Jahrhunderts. 1952 starben am Londoner Smog 4000 Menschen.[2] Daraufhin erließ Großbritannien 1956 einen »Clean Air Act«, das erste einer ganzen Reihe von Gesetzen zur Luftreinhaltung in Europa und den USA.

1 J. L. Simon, The State of Humanity, 1995. **2** ebd.

»An der Luftverschmutzung ist vor allem die Industrie schuld«

Für die Luftverschmutzung kann man die Industrie heute nur noch zu einem kleinen Teil verantwortlich machen. So gehen bei Stickoxiden, Schwefeldioxid und Kohlenmonoxid jeweils weniger als ein Fünftel auf ihr Konto, bei den flüchtigen Kohlenwasserstoffen sind es gerade noch sieben und beim Staub drei Prozent. Der Löwenanteil der Emissionen wird heute vom Verkehr, von den Haushalten und von den Kraftwerken verursacht.[1] Die Emissionen der Kraftwerke müssen allerdings auf Industrie und Haushalte aufgeteilt werden, da sie für beide Energie erzeugen. Der Energieverbrauch in Deutschland geht zu etwa gleichen Teilen auf das Konto von Industrie, Haushalten und Verkehr.[2]

Während der Energiekonsum trotz stark gestiegener Produktion in der Industrie seit 1960 nach den verschiedenen Statistiken gefallen oder zumindest nicht mehr signifikant angestiegen ist, verbrauchten die Haushalte jedes Jahr 2,5 Prozent mehr und der Verkehr sogar 3,6 Prozent. Energieverbrauch und Emissionen hängen vielfach direkt zusam-

CO_2-Emissionen

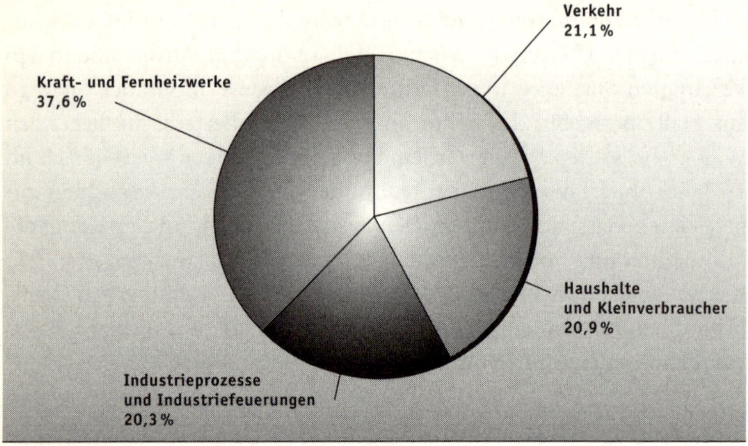

Der Kohlendioxidausstoß ist ein guter Indikator für den Anteil einzelner Bereiche am Energieverbrauch und der Luftverschmutzung. Hierbei zeigt sich: Die vom einzelnen Bürger verursachten Emissionen aus Verkehr, Haushalt und (zum Teil) Kraftwerken bilden den Löwenanteil. Die Industrie spielt eine sehr viel geringere Rolle. **(Quelle: Umweltbundesamt 1994)**

men. Der Anteil des einzelnen Bürgers an den Emissionen ist daher seit 1960 immer größer geworden und dominiert heute. Das stellt so manches Weltbild auf den Kopf: Die Industrie kann heute Vorbild für das Umweltverhalten des einzelnen sein – und nicht umgekehrt.

1 6. Immissionsschutzbericht der Bundesregierung, 1996. **2** BUND / Miserior, Zukunftsfähiges Deutschland, 1996.

»Der Mensch ist der größte Luftverschmutzer«

Der Mensch ist sicherlich ein großer Schmutzfink, aber Mutter Natur selbst hat sich schon ganz andere Sachen geleistet. Vulkanexplosionen beförderten im Lauf der Erdgeschichte riesige Mengen problematischer Stoffe in die Luft. Die Vulkanologen Millard Coffin und Olav Eldholm analysierten gigantische Eruptionen, wie sie vor 250 Millionen Jahren beispielsweise auf dem Gebiet des heutigen Sibirien stattfanden.[1] Ein einziger solcher Ausbruch schleuderte 17 Milliarden Tonnen Kohlenstoff, 3,5 Milliarden Tonnen Schwefel und 28 Milliarden Tonnen flüchtige organische Verbindungen in die Atmosphäre und übertraf damit bei weitem alles, was unsere heutige Industriegesellschaft während eines ganzen Jahres emittiert. Da die Explosionen wie am Fließband stattfanden, verdunkelte über 600 000 Jahre hinweg undurchdringlicher Smog die Sonne, und das größte Artensterben der Erdgeschichte nahm seinen Lauf. Heutige Vulkanausbrüche sind dagegen zum Glück nur kleine Rülpser. Und dennoch: Allein durch den Ausbruch des Mount Pinatubo im Jahre 1991 sank die globale Durchschnittstemperatur in den folgenden zwei Jahren bereits um ein Grad.

Andere natürliche Emissionsquellen werden ebenfalls häufig vergessen oder unterschätzt. Hier nur einige wenige Beispiele:

- → Stickoxide: Blitze setzen pro Jahr bis zu 15 Millionen Tonnen Stickoxid frei. Bei der weltweiten Verbrennung fossiler Brennstoffe entstehen rund 24 Millionen Tonnen Stickoxide. Das Spurengas ist eine Vorläufersubstanz für Ozon.[2] Das menschengemachte Stickoxid ist in Deutschland rückläufig, auf die Gewitter haben wir keinen Einfluß.
- → Schwefel: 15 bis 40 Millionen Tonnen Schwefel werden allein von winzigen Planktonalgen in den Ozeanen als Dimethylsulfid in die Luft abgegeben.[3] Damit übertreffen sie die Vulkane, die ebenfalls Schwefel freisetzen, noch einmal um das Dreifache.
- → Chlorkohlenstoff: Das mengenmäßig größte Chlorprodukt lebender Organismen ist nach heutigem Wissensstand Methylchlorid. Es kann Krebs auslösen und das Erbgut schädigen. Die

Natur stellt davon jährlich mehr als fünf Millionen Tonnen her. Hauptproduzenten sind Bakterien und Algen der Weltmeere, aber auch Pilze und Waldbrände. Das natürliche Methylchlorid macht etwa ein Viertel des globalen Chlorgehaltes unserer Atmosphäre aus.[4]

→ Methan: Es entsteht bei Zersetzungsprozessen in der Natur, aber auch im Verdaungstrakt von Mensch und Tier. Und es gilt als Treibhausgas. Eine amerikanische Studie kam zu der Einschätzung, daß Kühe für etwa 20 bis 30 Prozent aller Methan-Emissionen verantwortlich sind.[5] Die riesigen nordamerikanischen Büffelherden, deren Ausrottung wir heute bedauern, produzierten aber nicht weniger Methan als unsere modernen Steak-Lieferanten. Einem mittelgroßen Elefanten entweicht sogar 24mal mehr Methan als einer Kuh.

1 G. Easterbrook, A Moment on the Earth, 1995. **2** Frankfurter Allgemeine Zeitung vom 19. 2. 1997. **3** Frankfurter Allgemeine Zeitung vom 9. 7. 1997. **4** Chemie mit Chlor, Bayer AG, April 1995. **5** H. Hug, Der tägliche Öko-Horror, 1997.

»Flüsse und Seen verdrecken immer mehr«

Wer kennt nicht die Geschichte vom Opa, der als Kind noch im Rhein gebadet hat? Die sagt jedoch weniger über die frühere Qualität deutscher Flüsse aus als über die Unwissenheit oder den robusten Lebensmut damaliger Eltern.

Fakt ist: Unsere Flüsse und Seen werden seit Jahren immer sauberer. Die meisten Gewässer im Westen Deutschlands besitzen heute die Güteklasse II, und auch die ostdeutschen Flüsse erholen sich erfreulich schnell. »Güteklasse II« bedeutet mäßige Verunreinigung, gute Sauerstoffversorgung und sehr große Artenvielfalt. Sie ist die drittbeste Einstufung auf einer achtteiligen Skala, die von »unbelastet« bis »ökologisch zerstört« reicht (vor »II« liegt nicht nur »I«, sondern auch noch »I-II«). Die Kategorie »ökologisch zerstört« mußte nach dem Fall der Mauer erst neu eingeführt werden, weil einige Flußabschnitte der ehe-

Der Zustand unserer Flüsse

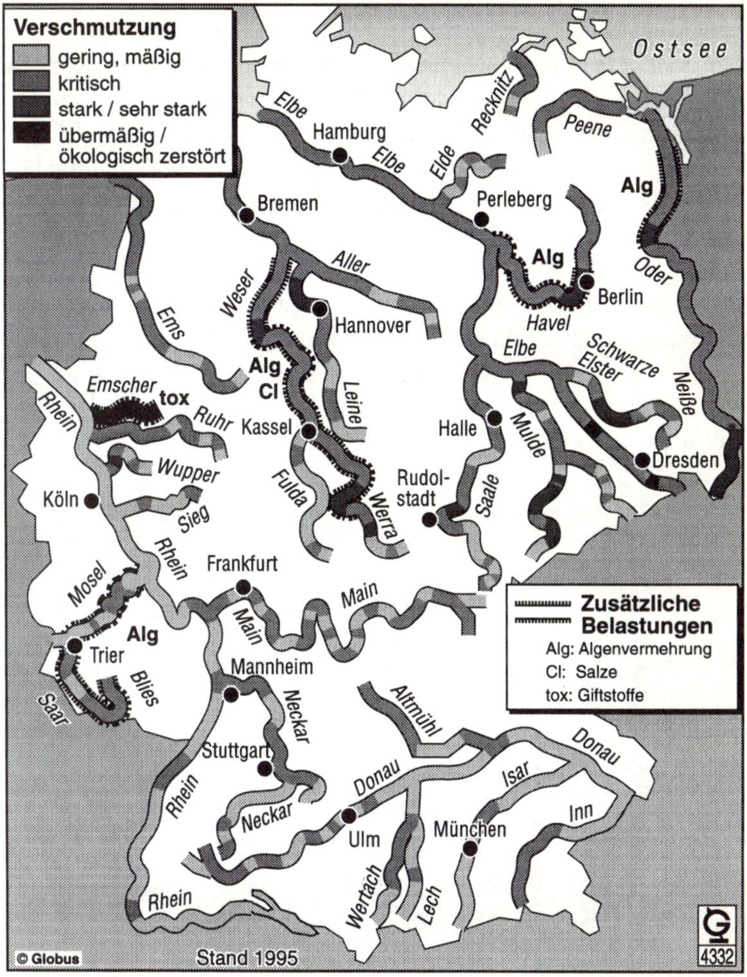

Die Belastung der Gewässer in Deutschland ist in den vergangenen zwei Jahrzehnten erheblich geringer geworden. Viele Flüsse und Flußabschnitte fallen heute unter Güteklasse II (mäßige Verunreinigung, gute Sauerstoffversorgung, sehr große Artenvielfalt). **(Quelle: Globus-Grafik)**

maligen DDR dreckiger waren als im westlichen Bewertungssystem für den schlimmsten Fall vorgesehen.[1] [Grafik Seite 247]

Besonders eindrucksvoll hat sich der Rhein erholt. Der Chemieunfall bei der Firma Sandoz in Basel, bei dem am 31. Oktober 1986 zirka 30 Tonnen hochgiftige Pestizide und Quecksilberverbindungen in den Strom gelangten, hatte politische Konsequenzen. Noch im gleichen Jahr beschloß die Rhein-Ministerkonferenz in Rotterdam ein umfangreiches Aktionsprogramm.[2] Die Erfolge können sich sehen lassen. Die Sauerstoffsättigung des Rheinwassers stieg von 60 Prozent (1975) auf 94 Prozent. Das vorläufige Ziel, die durchschnittliche Giftlast von 1985 zu halbieren, ist bei den wichtigsten Stoffen erreicht.[3] Quecksilber- und Cadmiumkonzentration sanken auf Werte unterhalb der Nachweis-

Vielfalt von Kleinstlebewesen im Rhein

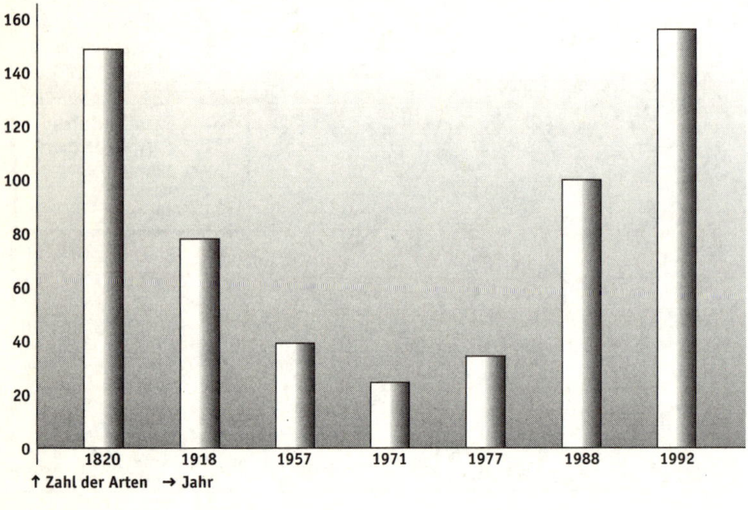

Die Artenvielfalt von Kleinstlebewesen, wie Köcherfliegenlarven oder Flohkrebse, ist ein wichtiger Indikator für die Qualität des Wassers. Auch die Zahl der Fischarten im Rhein hat seit den siebziger Jahren wieder deutlich zugenommen: Damals waren es 23 und Ende der neunziger Jahre 45. **(Quelle: Bundesumweltministerium 1995)**

Wie viele Menschen haben Anschluß an Kläranlagen?

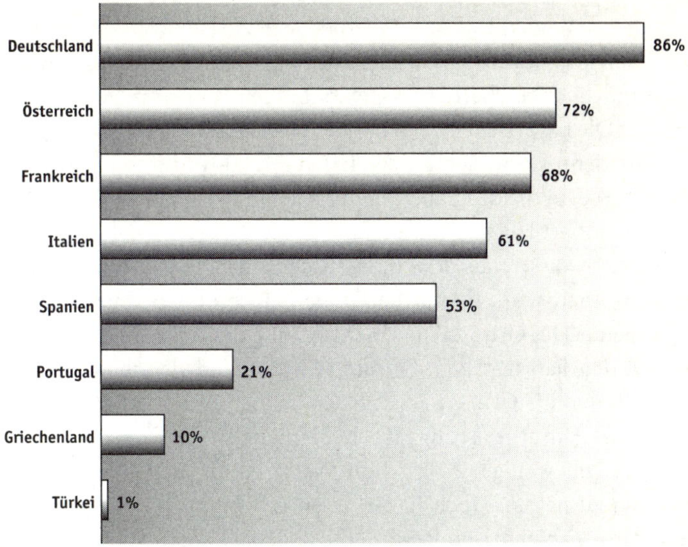

Deutschland ist vorbildlich mit Kläranlagen ausgestattet, die verhindern, daß schmutzige Abwässer ungereinigt in die Flüsse gelangen. Leider ist diese wichtige Gewässerschutzmaßnahme in vielen Ländern noch nicht selbstverständlich.
(Quelle: TUI 1993/OECD)

grenze. Ende der neunziger Jahre lebten im Rhein wieder 150 Arten von Kleinstlebewesen (1971:27) und mehr als 40 Fischarten (1975:23).[4]

Die zu DDR-Zeiten katastrophal verschmutzte Elbe befindet sich ebenfalls auf dem Weg der Besserung. Entlang des Flusses wurden in Tschechien und Deutschland für weit über vier Milliarden Mark Kläranlagen gebaut.[5] Früher transportierte die Elbe pro Jahr 30 Tonnen Quecksilber. 1993 waren es noch 1,9 Tonnen.[6] Ende der neunziger Jahre wurde die Elbe – je nach Abschnitt – mit den Gewässergüteklassen II und III bewertet.[7] Sogar in der extrem belasteten Werra hat das Fischsterben aufgehört und die Artenvielfalt wieder zugenommen. Während der SED-Herrschaft leiteten die drei Thüringer Kaliwerke in Spitzenzeiten 180 Kilogramm Chlorid pro Sekunde in den Fluß.[8]

Auch die stehenden Gewässer erholen sich zusehends. Der Bodensee ist wieder so sauber wie vor Jahrzehnten. Die von den Wasserwerken vorsorglich angeschafften Aktivkohlefilter stehen ungenutzt in einer Halle.[9] Die bayerischen Seen haben teilweise fast Trinkwasserqualität erreicht, denn die Seegemeinden leiten ihre Abwässer in Ringkanalisationssysteme, in die das Land bereits seit 1957 viele hundert Millionen Mark investiert hat.[10]

Beim Grundwasser, aus dem in Deutschland 70 Prozent des Trinkwassers gewonnen wird, liegen die Dinge jedoch anders. Hier gibt es große Probleme. Der Grund: Die Überdüngung der Äcker und die Güllefluten aus den Fabrikställen. Nitrate aus der Landwirtschaft sickern durch den Boden ins Grundwasser. Noch gelingt es den meisten Wasserwerken, die Nitratbelastung durch Reinigungstechnik oder durch Zumischung von weniger belastetem Wasser unter den gesetzlichen Grenzwerten zu halten. Doch in Gebieten mit intensiver Massentierhaltung, zum Beispiel in den Regionen Bremen, Oldenburg und Münster, mußten bereits Grundwasserbrunnen geschlossen werden.[11]

1 BMU-Information, Der Schutz unserer Gewässer, 1995. **2** WWF-Journal Nr. 2/1997. **3** PM Nr. 9/1995. **4** Spiegel Special Nr. 2/1995. **5** Frankfurter Allgemeine Zeitung vom 13. 12. 1995. **6** Wir und unsere Umwelt (BMU) Nr. 2/1996. **7** BMU-Pressemitteilung, 15. 7. 1997. **8** Die Welt vom 2. 11. 1995. **9** PM Nr. 9/1995. **10** Umweltministerium Bayern (StMLU), Informationsbroschüre »Wasser«, 1994. **11** BUND-Presseinformation, Überdungung des Bodens, 30. 11. 1995.

»Wir müssen Wasser sparen«

1970 prophezeite der Biologe und Bestsellerautor Paul Ehrlich, daß bereits Mitte der siebziger Jahre in den Vereinigten Staaten Wasser rationiert werden müßte.[1] So schlimm kam es zwar nicht, dennoch ist Wassermangel weltweit eine der großen ökologischen Herausforderungen.

Derzeit lebt ein Achtel der Weltbevölkerung in Gebieten, in denen

Wasserknappheit herrscht. Besonders im Nahen Osten ist die Lage heikel. Israel und Jordanien streiten um den Jordan. Der Irak und Syrien liegen mit der Türkei um die Nutzung von Euphrat und Tigris im Clinch. »Der nächste Krieg in der Region des Nahen Ostens wird nicht um Öl, sondern um Wasser geführt werden«, warnte der vormalige UN-Generalsekretär Boutros Boutros-Ghali.[2] Indien schloß Verträge mit Pakistan über den Indus und mit Bangladesh über den Ganges. Dennoch ist das Thema Wassernutzung in beiden Grenzregionen brisant geblieben.[3] Einer Studie der Organisation »Population Action International (PIA)« zufolge wird das Wasser innerhalb der nächsten zehn Jahre auch in Kenia, Marokko, Ruanda, Somalia und Südafrika knapp werden.[4]

Dies muß nicht heißen, daß die Menschen in diesen Ländern bald verdursten. Drei Viertel des weltweiten Wasserverbrauchs gehen auf das Konto der Landwirtschaft. Ein Drittel aller Nahrungsmittel wird auf künstlich bewässerten Feldern erzeugt.[5] Würde man beispielsweise nur fünf Prozent des Wassers, das die Farmer im Westen der USA nutzen, für die Allgemeinheit abzweigen, wären Städte und Gemeinden für die nächsten 25 Jahre gut versorgt.[6] Durch moderne Bewässerungstechnik könnte viel erreicht werden, denn im globalen Durchschnitt kommt weniger als die Hälfte des Wassers bei den Ackerpflanzen an.[7] Der Rest versickert sinnlos in der Erde oder verdunstet schon vorher, was zusätzlich zur Bodenversalzung führt. Obwohl es als sehr wahrscheinlich gilt, daß der Kampf um die knappe Ressource Wasser sich in manchen Gebieten zunächst verschärft, ist kaum zu erwarten, daß Wasser langfristig und global knapp wird. Denn das Wasser des Planeten bildet einen geschlossenen Kreislauf; man kann es brauchen, aber nicht verbrauchen. Neue Techniken machen weitere Wasservorkommen nutzbar. So wurde die Effizienz der Meerwasserentsalzungsanlagen in den neunziger Jahren weiter gesteigert. Andere neue Techniken ermöglichen es, Wasser aus Luftfeuchtigkeit zu gewinnen oder salztolerante Futterpflanzen anzubauen, die direkt mit Meerwasser bewässert werden können.

Umweltgruppen halten den Deutschen immer wieder ihren hohen Wasserverbrauch vor. Tatsächlich ist der Konsum des wichtigsten Lebensmittels seit vorindustriellen Zeiten drastisch angestiegen.[8] Doch wer in Deutschland aufs Duschen verzichtet, ändert an dem globalen Problem nichts. Denn die Natur hat das Süßwasser ungerecht über die Erde verteilt. Ein Bewohner der regenreichen norddeutschen Tiefebene darf mit gutem Gewissen aus dem Vollen schöpfen. Sparappelle bedienen lediglich die protestantische Verzichtsethik des Bildungsbürgertums. Sie sind ungefähr so sinnvoll wie der Hinweis auf den Hunger in Afrika, wenn Kinder nicht aufessen wollen. Aber was generell für Deutschland stimmt, gilt noch lange nicht für jede Gemeinde. In manchen Gebieten ist es völlig berechtigt, wenn Umweltschützer und Behörden zum Wassersparen aufrufen.

Im gesamten Bundesgebiet ging der Wasserverbrauch in den neunziger Jahren zurück. Zwischen 1990 und 1996 verringerte er sich um zwölf Prozent auf 128 Liter pro Person und Tag. Zusammen mit Belgien weist Deutschland den niedrigsten Wasserverbrauch in der EU auf (und den höchsten Wasserpreis[9]). Einer der Gründe für den sinkenden Bedarf sind moderne Geräte und Armaturen, die mit weniger Wasser auskommen.[10]

Doch die musterhafte Sparsamkeit führt zu neuen Problemen. Seit der Wasserkonsum zurückgeht, steigt der Verbrauch an Rohrreinigungschemikalien. Die deutsche Spülkanalisation droht zu verstopfen. Damit das nicht passiert, läßt man aus Spritzkanonen große Mengen Wasser durch die Abflußrohre sausen. Das macht einen guten Teil des Spareffektes wieder zunichte.[11]

1 J. Simon, The State of Humanity, 1995. **2** Deutsche Stiftung Weltbevölkerung, Newsletter, Nr. 1/1998. **3** ebd. **4** ebd. **5** Die Zeit vom 5. 3. 1998. **6** R. Bailey (Hrsg.), The True State of the Planet, 1995. **7** Die Zeit vom 5. 3. 1998. **8** Landesbund für Vogelschutz, Presseinformation, Wasser ist Leben, 22. 3. 1998. **9** Wirtschaftsbild Nr. 47/1997. **10** Die Tageszeitung vom 5. 11. 1997. **11** Frankfurter Allgemeine Zeitung vom 8. 7. 1997.

»Überschwemmungen sind eine Folge der Bodenversiegelung«

Nach jedem Hochwasser wird diese These von Zeitungen, Radio und Fernsehen verbreitet. Unbestreitbar gibt es einen Versiegelungseffekt: Straßen und Gebäude blockieren die Schwammwirkung des Bodens; dadurch versickert der Regen nicht mehr zum Grundwasser, sondern fließt über Rohre und Bäche direkt in die Flüsse. Bei den großen Überschwemmungen der neunziger Jahre wurde dies immer wieder als Ursache genannt. Besonders als im Winter 1994/95 die Städte an Rhein und Mosel unter Wasser standen, waren die Schuldigen schnell gefunden: Asphalt, Beton und Pflaster, die allerorten die Erde abdichten. Eine Sprecherin des BUND behauptete 1997, daß asphaltierte Garageneinfahrten in Freiburg und Heidelberg zu Überflutungen in Koblenz und Köln beitrügen.[1] Doch kann der Versiegelungseffekt alleine zu solchen Überschwemmungen führen?

Deutschland ist zwar im globalen Vergleich extrem dicht besiedelt, trotzdem reicht die asphaltierte Fläche nicht aus, um Regengüsse in Überschwemmungen zu verwandeln. Zirka zwölf Prozent der Bundesrepublik sind mit Gebäuden, Industrieanlagen, Straßen und Freizeiteinrichtungen bebaut.[2] Doch das bedeutet nicht, daß diese Areale völlig befestigt sind. So ist beispielsweise nur ein geringer Teil der statistischen Wohngebietsfläche tatsächlich von Häusern, Garagen und Zufahrten versiegelt, da Gärten, Parks und andere offene Landstücke mitgerechnet werden.[3]

Ein ingenieurwissenschaftlicher Modellversuch des Erftwasserverbundes, der die Bodenversiegelungstheorie experimentell überprüfte, kam zu dem Ergebnis, daß die abgedichteten Flächen weniger als ein Prozent zusätzliches Wasser in die Flüsse spülen.[4] Hans Helmut Bernhart, Wasserbau-Experte an der Universität Karlsruhe, erklärte, bei der Oderflut im Sommer 1997 habe »die Versiegelung der Landschaft überhaupt keine Rolle gespielt«[5]. »Die wahren Gründe klingen banal«, kommentierte der »Zeit«-Redakteur Jörg Blech: »Es hat viel geregnet, und die Menschen siedeln zu nah an den Flüssen.«[6]

Der Oderbruch beispielsweise wurde 1750 auf Befehl Friedrich des

Großen trockengelegt. Das Kunstbett des Flusses liegt über dem umliegenden Land und wird von acht Meter hohen Deichen befestigt. »Das sind keine sicheren Siedlungsräume«, bestätigt Emil Diester, Leiter des WWF-Auen-Instituts, »sie gehören als uralte Auen- und Bruchwaldstandorte zum natürlichen Wasserpuffer des Flusses.«[7] Auch der Rhein mäanderte früher auf zehn Kilometern Breite in Richtung Nordsee. Seit seiner Kanalisierung im 19. und 20. Jahrhundert steht ihm nur noch ein 200 Meter enges Flußbett zur Verfügung. Nach lang anhaltenden Regenfällen tritt er über seine künstlichen Ufer. Ob in den Rheinstädten der Boden versiegelt ist, hat darauf kaum Einfluß. Abhilfe könnte ein Verzicht auf ufernahe Ackerflächen zugunsten natürlicher Überschwemmungsgebiete schaffen. Hundertprozentigen Schutz gibt es allerdings nicht: Auch in früheren Jahrhunderten, als viele Auwälder und Altarme noch existierten, standen ufernahe Städte immer wieder unter Wasser.

1 BUND, Presseinformation, 29. 4. 1997. **2** Bundeslandwirtschaftsministerium, Land- und Forstwirtschaft in Deutschland, 1997. **3** H. Hug, Der tägliche Öko-Horror, 1997. **4** ebd. **5** Die Zeit vom 1. 8. 1997. **6** ebd. **7** Der Spiegel Nr. 32/1997.

»Das Meer wird immer schmutziger«

Diese Behauptung ist richtig und falsch: Es kommt darauf an, welches Meer man meint. Ein Großteil der wachsenden Weltbevölkerung siedelt in Küstennähe. In armen Entwicklungsländern fließen die Schmutzbrühe aus den Fabriken und die Fäkalienflut der großen Städte nach wie vor ins Meer. Nur fünf Prozent des weltweiten Abwassers wird geklärt.[1] Der Ozean dient als Müllkippe. Mangrovenwälder – Brutstätte der Fische und Schutz der Ufer – werden schneller gerodet als der Regenwald. Alles in allem sieht es an den Küstenstreifen entlang der Kontinente ziemlich düster aus.

Doch diese Flachwasserzonen am Rande der Landmassen bilden nur einen relativ kleinen Teil der Weltmeere. Der Rest ist Tiefsee: 4000 und mehr Meter tief. Die Wassermenge der drei großen Ozeane umfaßt zirka 1,3 Milliarden Kubikkilometer Wasser. 70 Prozent der Erdoberfläche ist von Meer bedeckt.[2] Eine so gewaltige Wassermenge können selbst alle Umweltverschmutzer der Erde mit vereinten Kräften nicht verdrecken. Deshalb ist die hohe See immer noch ziemlich sauber. »Der offene Atlantik«, heißt es in einem Report der Europäischen Umweltbehörde, »wird kaum durch menschliche Aktivitäten beeinflußt. Schadstoffe sind zwar feststellbar, aber biologisch unbedeutend.«[3]

Allerdings gedeihen in den Küstenzonen die meisten Fische und Pflanzen. Deshalb wiegt die zunehmende Verschmutzung dort schwer, auch wenn sich der Dreck später in der Weite des Ozeans verliert. Besonders gefährdet sind die kleinen Nebenmeere, zum Beispiel Nordsee und Ostsee, Mittelmeer und Schwarzes Meer, denn sie haben teilweise nur sehr schmale Verbindungen zu den Ozeanen. Dadurch geht der Wasseraustausch sehr langsam vor sich.

Dennoch gibt es auch von Nordsee, Ostsee und Mittelmeer gute Nachrichten. Nach der Konvention von Barcelona im Jahre 1975 bauten viele Küstenstädte der Mittelmeerstaaten Kläranlagen. Die Schmutzgürtel in der Nähe vieler Städte verschwanden wieder. Dies geschah weniger aus ökologischer Einsicht, sondern vielmehr weil 100 Millionen Badetouristen ein gewichtiger ökonomischer Faktor sind.[4]

Die Nordsee ist zwar immer noch zu stark belastet, doch die Situation hat sich gebessert[5], seitdem Deutschland die Abfallentsorgung auf See zwischen 1982 und 1989 schrittweise eingestellt hat. Rückstände aus der Farbstoff- und Arzneimittelproduktion, Klärschlamm, Grünsalz, Dünnsäure: All das wurde früher ganz legal in die Nordsee gekippt. Heute ist es verboten. Seit 1989 ist auch die Verbrennung von Abfällen auf hoher See nicht mehr erlaubt.[6] Der Zufluß von Schadstoffen aus Rhein, Weser und Elbe ist geringer geworden.[7] Forscher fanden 1997 in der Nordsee deutlich weniger mißgebildete Fische als früher.[8]

Ganz ähnlich verläuft die Entwicklung in der Ostsee. Dieses kleine Meer ist besonders bedroht, denn es wird fast gänzlich von Festland eingerahmt und kann sein Wasser nur etwa alle 35 Jahre erneuern. Schlimmstes Problem war und ist die Eutrophierung (Überfrachtung mit Nährstoffen), die vor allem auf den übertriebenen Einsatz von Gülle und Mineraldünger in der Landwirtschaft zurückzuführen ist: So

Die Nordsee leidet unter der Landwirtschaft

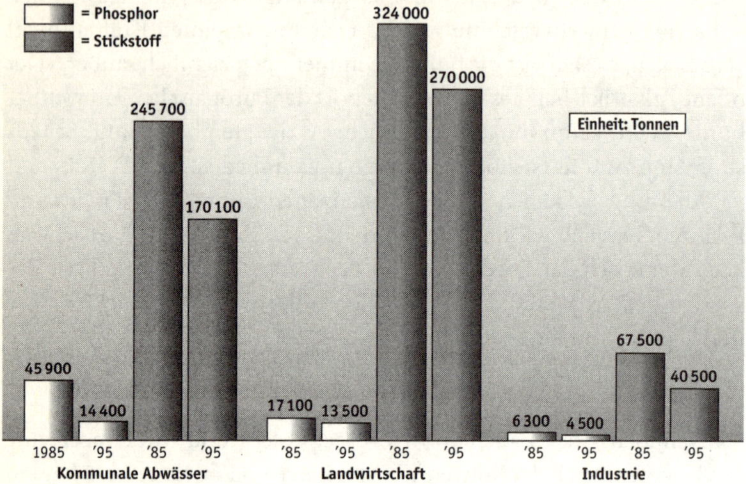

Die Überdüngung ist das ökologische Hauptproblem der Nordsee: Stickstoff und Phosphor gelangen über die Flüsse im deutschen Einzugsgebiet der Nordsee ins Meer. Der schlimmste Verursacher beim Stickstoff ist mit großem Abstand die Landwirtschaft. Obendrein kamen 1995 noch über 1,4 Millionen Tonnen Stickstoff aus der Atmosphäre hinzu (Verursacher: Verkehr, Landwirtschaft, Industrie, Kraftwerke). Gegenüber den achtziger Jahren geht die Nährstofffracht jedoch zurück. **(Quelle: Umweltbundesamt 1996)**

gelangen große Mengen Phosphat und Stickstoff ins Meer. Der Meeresgrund verfault, viele Lebewesen sterben ab. 1993 war ein Fünftel des Ostseebodens tot.

»Gegenwärtig zeichnet sich sowohl im küstennahen als auch im küstenfernen Bereich der Ostsee eine eher abnehmende Nährstoffbelastung ab«, schreibt der Meeresforscher und Ostsee-Experte Dietwart Nehring. Toxische Schwermetalle (wie zum Beispiel Cadmium) und chlororganische Verbindungen (zum Beispiel PCB) haben ebenfalls stark abgenommen.[9] Ende der neunziger Jahre ging auch die Ölverschmutzung deutlich zurück.[10] »Wir trauten uns nicht, die positiven Signale gleich rauszuposaunen«, gestand Nehring der Journalistin Regine Halentz.[11]

Eine Weltbankstudie hat die 130 schlimmsten Belastungsquellen der Ostsee aufgezeigt. 90 Prozent davon liegen in ehemaligen Ostblockstaaten. Bis zum Jahre 2012 sollen sie saniert werden, an einigen Standorten ist dies bereits geschehen. »Jede Mark, die Sie in der Rigaer Bucht investieren«, sagt Gotthilf Hempel, Leiter des Instituts für Ostseeforschung in Warnemünde, »ist für den Umweltschutz zehnmal mehr wert, als wenn sie bei uns in die vierte Reinigungsstufe gesteckt wird.«[12]

1 Die Zeit vom 5. 3. 1998. **2** WWF-Journal Nr. 3/1993. **3** European Environment Agency, Europes Environment, 1995. **4** Mare Nr. 1/1997. **5** Bundesumweltministerium, Der Schutz unserer Gewässer, 1995. **6** Bundesumweltministerium, Auf dem Weg zu einer nachhaltigen Entwicklung in Deutschland, 1997. **7** Die Zeit vom 23. 9. 1994. **8** Frankfurter Allgemeine Zeitung vom 26. 3. 1997. **9** Frankfurter Allgemeine Zeitung vom 3. 9. 1996. **10** die tageszeitung vom 2. 4. 1997. **11** Die Woche vom 14. 3. 1997. **12** Die Zeit vom 23. 9. 1994.

»Die große Ölkatastrophe vor Alaska hat die Küste dort für immer zerstört«

Am 24. März 1989 ereignete sich das spektakulärste Umweltdesaster in der Geschichte Nordamerikas. Der Tanker »Exxon-Valdez« lief auf ein Riff im Prinz-William-Sund an der Westküste Alaskas. 41 Millionen Liter Rohöl sprudelten aus dem Bauch des Schiffes. Bald bedeckte ein 260 Quadratkilometer großer Ölteppich den Fjord, der durch Landzungen und Inseln fast völlig vom offenen Meer abgetrennt ist. Helfer fanden mehrere tausend Kadaver: zirka 30000 Seevögel[1], 300 Weißkopfseeadler[2] und 900 Seeotter[3]. Der Kapitän mußte sich vor Gericht verantworten, und der Exxon-Konzern bezahlte 2,5 Milliarden Dollar für eine gewaltige Reinigungsaktion.[4] Die Bilder der Exxon-Valdez-Katastrophe wurden weltweit zum ökologischen Menetekel und riefen in Nordamerika einen Sturm der Entrüstung hervor. Die Vereinigten Staaten zogen

Konsequenzen aus den Umweltschäden in Alaska: Seither sind nur noch Tanker mit Doppelboden in ihren Gewässern zugelassen. Inzwischen wurde aus dieser Sicherheitsvorkehrung international eine bindende Bestimmung für Tankerneubauten.[5]

Als ob das Geschehene nicht schlimm genug wäre, wurde die Exxon-Valdez-Katastrophe ins Unermeßliche übertrieben. Irgendwie konnte das Unglück gar nicht groß genug sein. Berichterstatter sprachen von bis zu 500000 toten Seevögeln. In medienwirksamen Schnelldiagnosen hieß es, daß ganze Brutkolonien vernichtet worden seien.[6] Der Prinz-William-Sund sei für immer zerstört und könne sich nie wieder erholen, berichteten die Reporter. Ein Richter, der den Tankerkapitän in Untersuchungshaft nahm, verglich die Ölpest mit den Atombomben von Hiroshima und Nagasaki.[7]

Doch bereits drei Jahre später war mit bloßem Auge nicht mehr zu erkennen, wo die Ölverschmutzung stattgefunden hatte: Die Strände sahen wieder aus wie zuvor. Keine Tierart verschwand aus dem Prinz-William-Sund. Einige Populationen wuchsen sogar, zum Beispiel die Austernfischer (eine Vogelart).[8] Auch die Zahl der Seeotter, die bereits seit den siebziger Jahren (damals waren sie fast ausgerottet) ansteigt, nahm weiter zu. In den beiden Jahren nach der Katastrophe erreichten die Lachsfänge Rekordmarken.[9]

Auch von einer Vernichtung der Vogelkolonien konnte keine Rede sein. Die Zoologin Dee Boersma untersuchte die Auswirkungen der Ölpest auf die Trottellummen (flugfähige Seevögel, die Pinguinen ähnlich sehen, aber mit diesen nicht verwandt sind). Über 70 Prozent der gefundenen Vogelkadaver gehörten zu dieser Art. Boersma und ihre Kollegin Julia Parrish sichteten das Zahlenmaterial, fotografierten die Vogelkolonien und zählten die Lummen. Ihr Resümee: »Entweder die Bestandsschätzungen von vor der Ölpest oder die Schätzungen über die Verluste oder beides zusammen stimmen nicht.«[10] Nach einem Vergleich ihrer Bilder mit alten Fotos der Vogelfelsen kamen sie zu dem Schluß, daß das Tankerunglück keinen nachhaltigen Einfluß auf die Lummenbestände hatte.[11]

Schlimmer als der Ölschlamm war nach heutigen Erkenntnissen das gewaltige Reinigungsspektakel, das der Exxon-Konzern in Szene setzte, um die empörte Öffentlichkeit zu beruhigen. Die Putztruppen rückten in Hubschraubern und mehreren hundert Schiffen an. Pioniere errichteten Vogelwaschanlagen und Schlafcontainer für die Helfer. Einzelne Steine wurden mit Handbürsten und sogar mit Zahnstochern gereinigt, um den Fotografen eine blitzsaubere Küstenlandschaft vorzuführen. Arbeiter schwemmten mit Hochdruck-Dampfstrahlgeräten Ölreste aus den Stränden – so gründlich, daß fast die gesamte Bodenfauna dabei abstarb. An Stellen, die zu Vergleichszwecken in Ruhe gelassen wurden, reinigte sich die Natur ganz von selbst.[12] Denn angespültes Öl verschwindet zumeist ohne menschliches Zutun, wenn auch langsam. An der Oberfläche wird es von Sonnenlicht zersetzt, tiefer im Boden übernehmen bestimmte Hefen und Bakterien diese Arbeit. Drei Jahre nach dem Großreinemachen folgerte die Zeitschrift »Spektrum der Wissenschaft«, »daß die Natur mitunter besser allein zurechtkommt«.[13]

Noch einmal für alle, die hinter diesen Argumenten Verharmlosung wittern: Es gibt keine Ausreden für die Alaska-Ölpest und andere Umweltfrevel. Die Verantwortlichen haben Strafe verdient. Die erfreulichen Selbstreinigungskräfte der Natur dürfen Ölkonzernen nicht als Entschuldigung dienen. Genauso wenig wie ein Gewaltverbrecher sich dadurch rechtfertigen kann, daß die Wunden und Knochenbrüche seines Opfers wieder verheilen. Doch im öffentlichen Umgang mit der Exxon-Valdez-Katastrophe zeigte sich ein seltsamer Drang, Ökodesaster immer noch schrecklicher darzustellen, als sie ohnehin schon sind. So entstehen Umweltmythen und ein negativer Größenwahn. Der Mensch erscheint allmächtig und die Natur gebrechlich. Doch wer die Natur immer kleinredet, zerstört damit auch den Respekt vor ihr.

1 American Scientist, März-April 1995. **2** Frankfurter Rundschau vom 23. 3. 1994. **3** Der Spiegel Nr. 28/1989. **4** Frankfurter Rundschau vom 23. 3. 1994. **5** Frankfurter Allgemeine Zeitung vom 21. 4. 1998. **6** American Scientist, März-April 1995. **7** G. Easterbrook, A Moment on Earth, 1995. **8** BioScience, September 1996. **9** G. Easterbrook, A Moment on Earth, 1995. **10** American Scientist, März-April 1995. **11** BioScience, September 1996. **12** G. Easterbrook, A Moment on Earth, 1995. **13** Spektrum der Wissenschaft Nr. 12/1991.

»Das Versenken der Ölplattform ›Brent Spar‹ hätte dem Meeresleben geschadet«

Im Sommer 1995 verhinderte Greenpeace mit großer Unterstützung der deutschen Bevölkerung die Versenkung der Ölverladeplattform »Brent Spar« im Nordatlantik. Die Umweltorganisation mobilisierte Verbraucher zu einem Boykott der Tankstellen des Shell-Konzerns. Die »Brent Spar« wurde zum Symbol für rücksichtslose Meeresverschmutzung. Den Kampf gegen ihre Versenkung stellten die meisten Medien als mutiges Aufbegehren gegen Umweltfrevel dar. Inzwischen ist der Pulverdampf verflogen. Im Lichte der Tatsachen betrachtet, hinterläßt die Boykottaktion heute einen bitteren Nachgeschmack. Sie basierte auf falschen Angaben und falschen Annahmen.

Die unabhängige norwegische Gutachterfirma »Det Norske Veritas (DNV)« untersuchte sowohl die Ölplattform selbst als auch die Möglichkeiten der Entsorgung an Land und im Meer. Dabei stellte sich heraus, daß Greenpeace die Öffentlichkeit über die an Bord befindlichen Stoffe und damit über die ökologische Gefahr falsch informiert hat. Gifte, die angeblich an Bord waren, wurden beim Nachprüfen nicht gefunden. Die »Brent Spar« war keine Giftinsel, sondern schlicht ein Ungetüm aus Stahl. Die Greenpeace-Angaben über Ölreste waren um das Hundertfache zu hoch.[1]

Das zweite Ergebnis der DNV-Untersuchung zeigte: Alle Entsorgungsverfahren haben Vor- und Nachteile. Die ursprünglich geplante Versenkung wurde dabei weitgehend rehabilitiert. Hinsichtlich der direkten ökologischen Effekte – und um diese ging es bei der ganzen Protestaktion – liegt sie gemeinsam mit Landentsorgungsoptionen im Mittelfeld.[2] Die »Brent Spar« hätte im Nordatlantik als künstliches Riff allenfalls einen zusätzlichen Lebensraum für Meerestiere abgegeben.

In anderen Gebieten schufen Naturschützer mit gereinigten Wracks gezielt künstliche Riffe, denn der flache Meeresboden bietet Pflanzen und Tieren schlechtere Siedlungsbedingungen als die strukturreichen Metallskelette. Die Natur neutralisiert und überwuchert den Schrott in kurzer Zeit, und es entstehen Biotope für Muscheln, Korallen, Krebse und Fische. Auch darauf hatten Fachleute von Anfang an hingewiesen.

Der holländische Meeresbiologe Rob Leewis beschäftigt sich ausschließlich mit der Biologie von Wracks in der Nordsee (alleine in englischen Hoheitsgewässern sind 143 000 Schiffswracks ausgewiesen). Leewis hatte schon 1996 berichtet, das biologisch produktivste Wrack, das er bei seinen Untersuchungen gefunden habe, sei eine eingestürzte Ölplattform. Ein befragter Fischer gab zu Protokoll: »Wenn ich näher an die Insel herandürfte, könnte ich mich in zwei Jahren zur Ruhe setzen, soviel Fisch ist dort.«[3]

Die Versenkung von Ölplattformen im Meer muß von Gesetzes wegen im Einzelfall auf ihre Umweltverträglichkeit geprüft werden – dies wurde im Falle der »Brent Spar« sorgfältig getan. Das Versenken wäre eine absolut akzeptable Lösung gewesen, da es auf dem Grund des Nordatlantik keinen Schaden angerichtet hätte. Als gigantisches Symbol für die Wegwerfgesellschaft eignet sich die »Brent Spar« deshalb nicht.

Dennoch wurde sie aufwendig an Land auseinandergenommen und zu einer Kaimauer verarbeitet. Auf den Stahlteilen fanden die Entsorger prompt Hunderte von Kilo der unter Naturschutz stehenden Korallenart Lophelia pertusa, die sich dort freudig angesiedelt hatte (die Bewahrung dieser Korallenart im Nordatlantik ist Greenpeace übrigens ein ganz besonderes Anliegen ...). In dem von Wissenschaftlern erstellten Abschlußbericht zur Entsorgung der Brent Spar heißt es: »Die Versenkung der Ölplattform wäre aus wissenschaftlicher Sicht die beste Lösung für die Umwelt gewesen.« Statt ursprünglich knapp 20 Millionen Mark hat die Aktion mindestens 120 Millionen Mark gekostet. Shell hat sich entschlossen, den Weg des geringsten Widerstandes zu gehen, und hat einen 100 Millionen Mark teuren Kotau vor einem irrationalen Reinheitsgebot gemacht.

Shell und Greenpeace hätten gemeinsame Größe beweisen können, indem sie das Geld statt dessen dort in die Umwelt investiert hätten, wo die Not am größten ist. An Shell-Standorten in bettelarmen Ländern hätte man beispielsweise Toiletten und Kläranlagen bauen können. Verseuchtes Wasser ist immer noch die häufigste Ursache für tödliche Krankheiten.

Einer der Herausgeber des angesehenen Wissenschaftsmagazins »Nature« rügte das »seichte Verhältnis von Greenpeace zu wissenschaftlichen Argumenten« und kommentierte: »Die Shell-Entscheidung, die Ölplattform nicht zu versenken, ist ein unnötiger Abschied von der Rationalität.«[4] Es gibt auch zukünftig kein Patentrezept für die Entsorgung von Offshore-Anlagen, sondern für jedes Vorhaben muß einzeln überprüft werden, ob Verwerten, Versenken oder eine Kombination von beidem umweltverträglicher ist.

1 Die Zeit vom 24.10. 1997. **2** ebd. **3** Wirtschaftsbild Nr. 19/1996. **4** Nature, Vol. 375, Seite 708.

»Klimaerwärmung läßt weltweit die Korallen absterben«

Seit den achtziger Jahre geistert der »bleiche Tod« durch Meere und Medien. Weltweit registrierten Forscher in tropischen Gewässern eine alarmierende Erscheinung: Korallenriffe verloren ihre Farbe und starben ab. Der Vorgang wurde »bleaching« (Ausbleichen) genannt. Obwohl er bis heute nicht wissenschaftlich ergründet ist, mußte er immer wieder als Beweis für eine drohende Klimakatastrophe herhalten. »Schon heute lassen sich die Auswirkungen des Klimawandels auf die Korallen erkennen«, erklärte etwa Dr. Stephan Singer, Referent für Klimaschutz beim WWF-Deutschland, und verschickte 1997 eine Presseinformation mit dem Titel »Klimawandel zerstört Korallenriffe«[1].

Tatsache ist: In vielen tropischen und subtropischen Meeresgebieten starben winzige Algen ab, die in den Korallen wohnen. Ohne die Algen können die Korallen nicht leben. Diese Algen sind es auch, die den Korallen Farbe verleihen. Unstrittig ist außerdem, daß derzeit Riffgebiete durch Wasserverschmutzung, Dynamitfischerei oder den direkten Abtrag für Baumaterial zerstört werden. Doch unter Meeresforschern gibt es heftige Diskussionen, ob Korallenriffe wirklich weltweit durch Klimawandel bedroht sind, wie häufig behauptet wird.

Im Sommer 1997 zitierte das amerikanische Wissenschaftsmagazin »Science« mehrere Forscher, die der These vom globalen Korallensterben widersprachen.[2] Die Ozeanographen berichteten von zahlreichen

Riffen, die in bester Verfassung sind.[3] Der Korallenexperte Charles Birkland erklärte, die Riffe von Palau (eine Inselgruppe im westlichen Pazifik) seien »reicher und besser dran als zuvor«. Diese Aussage ist möglich, weil die betreffende Meeresregion schon einmal vor 60 Jahren untersucht und dokumentiert wurde. Der Meeresforscher Clive Wilkinson, der früher ein weltweites Riffsterben vorausgesagt hatte, erklärte: »Die meisten Riffe im Pazifik sind in gutem Zustand.« Einigen Korallenbänken im Indischen Ozean gehe es sogar blendend.[4]

Kurz darauf meldeten sich deutsche Experten vom Zentrum für marine Umweltwissenschaften in Bremen zu Wort. Sie bewerteten die medienwirksame Kombination von Treibhauseffekt und Korallensterben als »klassische Horrormeldung von der Ökofront« und betonten, daß das Zusammenspiel verschiedener Einflußfaktoren im Riff noch lange nicht erforscht sei. »Die Korallenforscher sind sich noch nicht einmal darüber einig, wann ein Riff als krank einzustufen sei«, erklärten die Wissenschaftler und zogen Parallelen zur Berichterstattung über das Waldsterben: »Hier wie dort dauert es einige Jahre, bis anfängliche Horrormeldungen durch realistischere Einschätzungen verdrängt werden.«[5] Gegen die Hypothese mit der Klimaerwärmung spricht, daß Korallen sehr alte Lebensformen sind, die bereits wesentlich wärmere Erdzeitalter durchgemacht haben. Auch paßt es nicht zu diesem Befund, daß in der Karibik Korallenkolonien in Tiefen abstarben, wo das Wasser kühl bleibt.[6] Manche Forscher machen die Einleitung von Schadstoffen und großen Nährstoffmengen aus Landwirtschaft, Fabriken und Städten verantwortlich. Andere vermuten Infektionen durch Pilze, Viren oder Bakterien als Ursache. Indizien sprechen dafür, daß diese Krankheitserreger im Staub aus der Sahara enthalten sind, der von Winden um die Welt getragen wird und auch auf Riffe niedersinkt.[7]

1 WWF-Presseinformation, Klimawandel zerstört Korallenriffe, 26. 3. 1997. **2** Science vom 26. 6. 1997. **3** Frankfurter Allgemeine Zeitung vom 13. 8. 1997. **4** Universität Bremen, Uni-Press Aktuell, 6. 8. 1997. **5** ebd. **6** Frankfurter Allgemeine Zeitung vom 14. 6. 1999. **7** New Scientist vom 3. 7. 1999.

»Die Überfischung der Meere rottet Fische aus«

Die Antwort lautet »Ja und Nein«. Es muß sich niemand Sorgen machen, daß die gängigen Speisefische wie Seelachs und Kabeljau biologisch aussterben. Bevor das passiert, lohnt sich der Fang nicht mehr. Die Existenz einiger Großfischarten ist jedoch tatsächlich bedroht.

Jahrzehntelang zogen die Fischereiflotten der Welt immer mehr Fische aus dem Meer. 1989 erreichte die globale Fangmenge ihren Höchststand: 86 Millionen Tonnen. Seither stagniert sie oder geht leicht zurück. Seit Mitte der neunziger Jahre sind vier der 17 wichtigsten Fanggebiete erschöpft. In neun weiteren Meeresregionen werden die Fische immer rarer.[1] 70 Prozent der Nutzfischbestände in den Ozeanen sind mehr oder weniger stark überfischt. Rund drei Millionen große und kleine Fangschiffe befahren die Meere. Mit Hilfe von gigantischen Netzen, Echolot, Radar und Navigationssystemen entwischt ihnen keine Sardine mehr.

Es ist wie in der europäischen Landwirtschaft: Der Raubzug auf den Meeren widerspricht jeglicher Vernunft und wird dennoch mit gewaltigen Summen subventioniert. Laut FAO (der Welternährungsorganisation der Vereinten Nationen) bringen die Fangflotten der Welt Fisch im Wert von 70 Milliarden Dollar an Land. Doch dafür werden sie aus den Steuertöpfen ihrer Heimatstaaten mit 54 Milliarden Dollar bezuschußt.[2]

Die Vergeudung ist irrsinnig: Nur ein Teil des weltweiten Fischfangs dient der menschlichen Ernährung. Der Rest geht als Fischmehl in die Massentierhaltung oder wird als Fischöl zu Kosmetika und anderen Industrieprodukten verarbeitet. Viele Millionen Tonnen werfen die Besatzungen bereits auf hoher See über Bord, weil sie zum sogenannten Beifang gehören: zu kleine Fische, schwer verkäufliche Arten oder solche, für die das jeweilige Schiff keine Quote besitzt.[3] Fazit: In der Fischerei stinkt es zum Himmel. Der subventionierte Unsinn zerstört wichtige Komponenten ozeanischer Ökosysteme. Robben, Wale und Seevögel verhungern. Und obendrein werden soziale Katastrophen provoziert, wie an der Ostküste Kanadas, wo zirka 40000 Menschen in der Fischerei-Industrie ihren Job verloren, weil die ausgebeuteten

Kabeljaubestände so schrumpften, daß die Kabeljaufischerei komplett aufgegeben werden mußte.[4]

Und jetzt die gute Nachricht: Hering, Makrele, Seelachs und die anderen Speisefische sterben trotzdem nicht aus. Denn lange bevor der letzte Fisch gefangen ist, sind die Fischer pleite. »Wenn der Bestand unter eine bestimmte Grenze gesunken ist«, sagt Walter Nellen, Direktor des Instituts für Hydrobiologie und Fischereiwissenschaft der Universität Hamburg, »hören die Fischer automatisch auf. Es genügen relativ wenige Fische, um einen Bestand wiederaufzubauen. In der Regel geht das ganz schnell, da Fische sehr fruchtbar sind. Es ist Fischern noch nirgendwo gelungen, einen Bestand wirklich auszurotten.« Ein Kabeljauweibchen legt bis zu sieben Millionen Eier. Davon überlebt zwar nur ein kleiner Teil das Larvenstadium. Dennoch ist die Reproduktionskapazität von Schwarmfischen enorm.[5] Wenn alles so weiter läuft wie bisher (was nicht sehr wahrscheinlich ist), steuert die Fischerei-Industrie also eher auf ein wirtschaftliches und soziales Desaster zu als auf ein ökologisches.

Es gibt allerdings einige Fischarten, die so extrem dezimiert wurden, daß sie hart am Rand einer echten Ausrottung schwimmen. Dazu zählen hauptsächlich große Fische, wie der bei Feinschmeckern beliebte Schwertfisch.[6] Auch der Thunfischbestand im südlichen Pazifik ging seit 1960 um 90 (!) Prozent zurück.[7] Besonders Haie sind ernsthaft bedroht, da sie sich nur sehr langsam vermehren. Die Nachfrage nach den Raubfischen stieg seit den achtziger Jahren gewaltig an. 1994 wurden weltweit 730 000 Tonnen Haie und Rochen gefangen.[8]

Schwere ökologische Schäden richtet in unseren Breiten die Baumkurrenfischerei an, eine Technik, um Seezunge, Scholle und Flunder zu fangen. Dabei wird ein Netz über den Meeresgrund gezogen, an dessen vorderem Ende ein Eisenbalken und schwere Ketten befestigt sind. Baumkurrenfischer pflügen die südliche Nordsee drei- bis viermal pro Jahr um.[9] Dabei werden Muscheln, Krebse, Schnecken und andere Bodenbewohner zerstört: Die Unterwasserwelt verarmt.[10]

1 Die Zeit vom 25. 4. 1995. **2** Welt am Sonntag Nr. 11/1997. **3** Der Spiegel Nr. 14/1997. **4** Welt am Sonntag Nr. 11/1997. **5** Die Zeit vom 25. 4. 1995. **6** Time vom 26. 1. 1998.

7 Frankfurter Allgemeine Zeitung vom 30. 7. 1997. **8** New Scientist vom 22. 3. 1997. **9** Welt am Sonntag Nr. 11/1997. **10** Frankfurter Allgemeine Zeitung, Magazin, 19. 8. 1996.

Perspektiven

In Deutschland ist – entgegen der allgemeinen Vorstellung – nicht die Industrie, sondern die Landwirtschaft der größte Gewässerverschmutzer. Das zeigt sich exemplarisch am Grundwasser, aus dem in der Bundesrepublik der größte Teil des Trinkwassers gewonnen wird. Immer häufiger ist es durch Nitrate aus Gülle und Mineraldünger belastet. Zwar gibt es Verordnungen, die die Überdüngung eindämmen sollen. Auch werden Bauern, die in Wasserschutzgebieten weniger düngen, mit Zuschüssen belohnt. Doch wirksamere Maßnahmen – etwa eine Gülle- oder Düngersteuer – verhindert der Bauernverband und sein ausführendes Organ, das Landwirtschaftsministerium. In Österreich und Schweden haben Düngersteuern zu einer deutlichen Entlastung der Gewässer geführt.[1] In Deutschland bleibt der Schutz des Trinkwassers bis auf weiteres ein ernstes Umweltproblem. Doch trotz des Schadens, den die Landwirtschaft weiterhin anrichtet, sind Flüsse und Seen sauberer geworden. Sogar Nord- und Ostsee befinden sich auf dem Wege der Besserung.

Auch die Luft wird immer reiner. Wäre die Zahl der Autos in den letzten zwei Jahrzehnten nicht so extrem angestiegen, könnte ganz Deutschland bereits ein Luftkurort sein (das größte Abgasproblem entsteht durch Dieselfahrzeuge und Lastwagen). Doch erfreulicherweise strengt sich die Industrie gerade mächtig an, um schadstoffarme und sogar schadstofffreie Autos zu entwickeln (zum Beispiel durch Brennstoffzellentechnik). Das heißt: Die Luft wird langfristig noch sauberer werden.

Während in den wohlhabenden Industrieländern die Qualität von Luft und Wasser stetig steigt, bleibt im Rest der Welt noch viel zu tun. In den Metropolen des Südens müssen die Menschen dreckigen Qualm aus Feuerstellen, Auspuffen und Fabrikschloten atmen. Aufgrund von verseuchtem Wasser sterben in Entwicklungsländern immer noch Millionen von Menschen. In Indien bespielsweise durchlaufen nur zwei Prozent der Abwässer eine Kläranlage, der Rest geht direkt in die Flüsse oder ins Meer.[2]

In der Wasser- und Abwassertechnik bietet der Weltmarkt gewaltige Chancen. Die deutsche Industrie muß nur zugreifen. Etwa bei der frühzeitigen Trennung von industriell erzeugten Giften und Biomasse, um Dünger aus Fäkalien zu gewinnen. Oder bei wassersparenden Techniken wie der Vakuumtoilette, die bei uns im ICE zu besichtigen ist.

Einer der größten Umweltfrevel spielt sich derzeit auf den Ozeanen ab. Die Fangflotten der Welt plündern die Meere, weil jeder fängt, was er kann, bevor es die anderen tun. Wissenschaftler bezeichnen das als »Allmende-Dilemma«. Wer seine Kühe auf der Allmende (einer von allen genutzten Dorfweide) grasen läßt, neigt dazu, eine Überweidung in Kauf zu nehmen, selbst wenn er weiß, daß dies letztlich allen schadet, auch ihm selbst. Aber einer allein kann die Wiese nicht retten, wenn sich die anderen weiterhin rücksichtslos verhalten. Versucht er es dennoch – etwa durch freiwillige Begrenzung seines Viehbestandes –, hat er neben dem langfristigen Schaden der zerstörten Kuhweide auch noch den unmittelbaren Nachteil des geringeren Ertrags. Ergo: Alle rennen sehenden Auges in ihr Unglück.

Diesem Dilemma könnte die Weltgemeinschaft nur entkommen, wenn es gelänge, Besitztitel auf dem Meer einzuführen, so daß jeder, der seine Fanggründe überfischt, nur sich selbst – und keinem anderen – schadet. Ansätze gibt es bereits, zum Beispiel die 200-Meilen-Zonen, die die Küstenstaaten als ihr Territorium betrachten, oder die Quoten für Fischbestände, die innerhalb der EU auf die einzelnen Länder verteilt werden. In Neuseeland wurden gute Erfahrungen mit handelbaren Quoten für die Küstenfischerei gemacht. »Ein Ansatz, der auf Besitzrechte baut«, schreibt der amerikanische Umweltökonom Kent Jeffreys, »gibt dem einzelnen die Möglichkeit, Fischbestände gleichzeitig zu nutzen und zu schützen.«[3] In einigen afrikanischen Ländern hat man mit dem Instrument »Besitzrechte« gute Erfahrungen gemacht: Dort, wo Wildtiere plötzlich nicht mehr dem Staat, sondern Dörfern oder privaten Nutzergemeinschaften gehörten, nahm die Wilderei drastisch ab. Eine andere Möglichkeit wären zeitliche Limits, wie im amerikanischen Jagdsystem, wo man nur für ein paar Wochen im Jahr dem Wild nachstellen darf.

Ein anderer hoffnungsvoller Weg, dem Raubbau Einhalt zu gebieten, ist das Öko-Label für Fischprodukte. Der WWF plant gemeinsam mit dem weltweit operierenden Mischkonzern Unilever eine Kennzeichnung von Fisch, der mit ökologisch verträglichen Methoden gefangen wurde. Diese Ware soll mit dem MSC-Zeichen (»Marine Stewardship Council«) markiert werden. Somit können die Kunden selbst entscheiden, was bei ihnen auf den Tisch kommt. Ein Unternehmen wie Unilever wäre durchaus in der Lage, den nötigen Druck auf die Fangflotten auszuüben. Der Konzern verkauft 20 Prozent aller Tiefkühlfische in den USA und Europa.[4]

Der Raubbau an den Fischbeständen im Meer läßt Fischfarmen immer bedeutender werden. Die Fischzuchtbetriebe der Welt brachten es Ende der neunziger Jahre bereits auf eine Jahresproduktion von 22 Millionen Tonnen.[5] Die »Consulting Group on International Agricultural Research«, die im Auftrag der Weltbank arbeitet, hat prognostiziert, daß in 15 Jahren gezüchtete Meerestiere schon die Hälfte des globalen Fischbedarfs decken werden.[6] Das schafft neue Umweltprobleme: Um Garnelenteiche anzulegen, werden in vielen Ländern die Mangrovenwälder gerodet. In den Farmteichen entsteht fauliger Schlamm, der die Küstengebiete verdreckt oder ausgebaggert und an Land zu schmutzigen Halden aufgehäuft wird. Damit die Tiere gesund bleiben, schütten Fischzüchter Antibiotika und Chemikalien ins Wasser.

Daß es auch anders geht, beweist Norwegen, wo 720 Lachsfarmen für den Weltmarkt produzieren.[7] Die Edelfische werden an der Küste in riesigen Netzkäfigen gehalten. Norwegische Lachszüchter steigerten ihre Jahresproduktion innerhalb von zehn Jahren von 150000 Tonnen auf 320000 Tonnen und reduzierten gleichzeitig den Einsatz von Antibiotika von 50 auf weniger als eine Tonne. Durch verbesserte Haltungs- und Fütterungstechnik gelangt in modernen Aquakulturen nur noch halb soviel Stickstoff und Phosphor ins Wasser, und es muß weniger Gift gegen Parasiten eingesetzt werden.[8] Erfreuliche Neuigkeiten waren 1996 von einer großen Lachsfarm an der irischen Atlantikküste zu hören: Die dortige Aquakultur ist so vorbildlich, daß die Meeresfarm vom Naturland-Verband als Biobetrieb anerkannt wurde.[9]

1 Die Zeit vom 24. 11. 1995. **2** Kommune, Nr. 7/1997. **3** R. Bailey (Hrsg.), The True State of the Planet, 1995. **4** Der Spiegel Nr. 14/1997. **5** Frankfurter Allgemeine Zeitung vom 19. 3. 1997. **6** Der Stern Nr. 36/1997. **7** Frankfurter Allgemeine Zeitung vom 1. 7. 1997. **8** Frankfurter Allgemeine Zeitung vom 19. 3. 1997. **9** Presseinformation der Aran Salmon Feinkost GmbH, St. Patrick – der Bio-Lachs, November 1996.

Mobilität

Oft gehört, gern geglaubt

»Das Dreiliter-Auto ist der Schlüssel zur Senkung des Benzinverbrauchs«
»Elektroautos sind umweltfreundlicher«
»Die Industrie verkauft nur zögernd Spar-Autos und vernachlässigt alternative Antriebe«
»Car-sharing wird nur von alternativen Gruppen praktiziert«
»Mit dem China-Auto kommt die Umwelt endgültig unter die Räder«
»Die Motorisierung wird unaufhaltsam weiter zunehmen«
»Bahnfahren ist grundsätzlich umweltfreundlich«
»Das Auto wird vom Staat gegenüber der Bahn bevorzugt«
»Die Datenautobahn erspart Verkehr«
»Die Kiwi kommt mit dem Flugzeug aus Neuseeland«
»Tourismus zerstört die Natur«

Perspektiven

Oft gehört, gern geglaubt

Die Automobil-Lobby weigert sich standhaft, sparsame Automobile anzubieten und verhindert die Entwicklung alternativer Antriebe. Aber wozu auch? Selbst technische Durchbrüche hierzulande werden uns nichts nutzen: Bald besitzt jeder Chinese sein eigenes Auto, und deren schiere Zahl wird alle Fortschritte im fernen Deutschland kompensieren: Mit dem China-Auto auf der Überholspur ist die Klimakatastrophe überhaupt nicht mehr zu bremsen. Die Deutschen tanzen derweil auf dem Vulkan, fliegen dreimal im Jahr in Urlaub, zertrampeln die letzten Paradiese und kaufen im Supermarkt Kiwis aus Neuseeland und Trauben aus Südafrika. Prinzipiell sind an der ökologischen Verkehrsmisere immer die anderen Schuld: die Autoindustrie, unfähige Bahnmanager, vergnügungssüchtige Touristen, 40 Millionen ignorante deutsche Autofahrer. Doch wer sich diese Aufzählung ansieht, stellt ganz schnell fest: Die anderen, das sind wir alle.

»Das Dreiliter-Auto ist der Schlüssel zur Senkung des Benzinverbrauchs«

Die populäre Forderung nach einem Dreiliter-Auto ist dazu angetan, die Autoentwicklung anzustoßen und neuen Techniken zum Durchbruch zu verhelfen. Insofern hat ein solches Fahrzeug Pilotfunktion. Eine nennenswerte Spriteinsparung – bezogen auf den Benzinverbrauch der gesamten Autoflotte – ist vom Dreiliter-Auto aber erst einmal nicht zu erwarten. »Das vielzitierte Dreiliter-Auto bringt in der Gesamtbilanz nicht viel«, schrieb 1996 die »Frankfurter Rundschau« und veröffentlichte die aufschlußreiche Analyse eines Audi-Ingenieurs.[1]

Dieser sah sich zunächst einmal die tatsächliche Zusammensetzung der Fahrzeugflotte in Deutschland (Neuzulassungen, Referenzjahr 1993) an. Ausgesprochene Kleinstwagen – und ein solcher müßte ein Dreiliter-Auto derzeit noch sein – wurden nur 61 500mal angeschafft (etwa Fiat Panda oder Daihatsu Cuore). Darauf folgen 540 000 Kleinwagen à la VW Polo oder Opel Corsa. Am beliebtesten ist bei den Neuzulassungen jedoch die sogenannte Kompaktklasse (zum Beispiel VW Golf). Davon kamen 1,2 Millionen neu auf die Straßen. Einen fast genauso dicken Brocken bilden dann untere und obere Mittelklasse mit zusammen gut 1,1 Millionen Neuzulassungen. Danach kommen nur noch die Luxuslimousinen, aber die spielen mit 35 000 verkauften Fahrzeugen von der Zulassungszahl her keine große Rolle.

Schon diese Zahlen zeigen, daß es in der Gesamtbilanz wenig bringt, bei den Kleinstwagen mit riesigem technischem Aufwand das letzte symbolische Quentchen herauszuholen und bei den größeren Autos nicht so genau hinzuschauen. Denn dazu kommt: Je größer ein Fahrzeug, desto mehr Kilometer legt sein Fahrer im Schnitt damit zurück. Die Spannbreite reicht von etwa 11 000 Kilometern bei den kleinsten Autos bis zu 25 000 Kilometern bei den ganz großen.

Alle zusammen fuhren im Referenzjahr 44 Milliarden Kilometer, und die teilen sich folgendermaßen auf: 42 Prozent fuhren die Mittelklasse-Fahrzeuge, 40 Prozent die Kompaktwagen, 15 Prozent die Kleinwagen und etwa zwei Prozent die Luxusklasse. Die Kilometerleistung der Kleinstwagen war mit unter einem Prozent vernachlässigbar.

Warum das Dreiliter-Auto eher symbolische Bedeutung hat

Neue Kraftfahrzeuge 1993		Stück	Gesamtfahrleistung
gesamt		2 936 500 = 100%	44 Mrd. km = 100%
Kleinstwagen	potentielle »Dreiliterautos«	61 500 = 2,1%	< 1%
Kleinwagen		540 000 = 18,4%	15%
Kompaktklasse	Hauptverbraucher	1 200 000 = 40,9%	40%
Mittelklasse		1 100 000 = 37,5%	42%
Luxusklasse		35 000 = 1,2%	2%

Diese Aufstellung des Anteils der jeweiligen Fahrzeugklasse an den Gesamtfahrleistungen der Automobile zeigt deutlich, wo die wirklichen Potentiale für das Spritsparen liegen: In der Kompakt- und Mittelklasse. Wer diese Autos deutlich sparsamer macht, erzielt einen viel größeren Effekt als mit sparsamen Kleinwagen (»Dreiliter-Auto«), die in der Gesamtbilanz der Fahrten kaum eine Rolle spielen. **(Quelle: Frankfurter Rundschau vom 6. 7. 1996)**

Kleinstwagen mit drei Liter Verbrauch werden auf die deutsche Kraftstoffbilanz daher erst einmal keine spürbare Auswirkung haben – ihr Wert ist rein symbolisch. Es sei denn, drastisch mehr Automobilisten als bisher würden ein Fahrzeug dieser Kategorie kaufen. **[Tabelle Seite 274]**

Doch der Mensch träumt meist von etwas anderem. Es ist daher wichtig, dem tatsächlichen Kaufverhalten Rechnung zu tragen und die große Masse der Fahrzeuge in der Kompakt- und Mittelklasse sparsamer zu machen. Hier sind die technischen Spielräume auch größer als bei den vom Verbrauch her ohnehin schon ziemlich ausgereizten Kleinstwagen. Bei allen Autoklassen ist eine Verringerung des Fahrzeuggewichts um zehn Prozent und eine Verbesserung des Motorwirkungsgrades um die etwa gleiche Größenordnung kurzfristig erzielbar. Folge wäre eine Senkung des Spritverbrauchs um rund 25 Prozent. Damit würde die Neuwagenflotte in ihrer bisherigen Zusammensetzung etwa 850 Millionen Liter Treibstoff sparen. Die Kompaktwagen allein hätten daran einen Anteil von 290 Millionen Liter, der Anteil der

Kleinstwagen (also die potentiellen Dreiliter-Autos) läge aber nur bei 9 Millionen Litern.[2]

Merke: Den zu erwartenden Anteil der Dreiliter-Autos an der Gesamtbilanz könnten Deutschlands Autofahrer sofort weit in den Schatten stellen, wenn sie hie und da mal zu Fuß gingen. Oder wenn diejenigen, die bisher Mittelklassewagen fahren, beim nächsten Mal einen verbrauchsgünstigeren Kompaktwagen nähmen. So einfach ist das – und so schwierig.

1 Frankfurter Rundschau vom 6. 7. 1996. **2** ebd.

»Elektroautos sind umweltfreundlicher«

Das kommt ganz darauf an: Regional gesehen, fahren Elektroautos abgasfrei und entlasten die Umwelt so tatsächlich. Der Auspuff steht allerdings im Kraftwerk. Die Emissionen der Stromerzeugung müssen dem Elektroauto zugerechnet werden, und dann sieht die Rechnung nicht mehr unbedingt günstig aus. In Deutschland beispielsweise stammen 64 Prozent des Stroms aus fossilen Energieträgern wie Kohle, Erdgas und Erdöl. Damit produziert das Elektroauto insgesamt mehr Kohlendioxid (CO_2) und Schwefeldioxid (SO_2) pro gefahrenem Kilometer als seine Verwandten mit Otto- und Dieselmotor.[1] In Frankreich beispielsweise, wo der Strom überwiegend aus Atomenergie gewonnen wird, fällt die Bilanz für das Elektroauto besser aus. Dem steht wiederum entgegen, daß die Begeisterungsfähigkeit für Atomenergie in Deutschland recht begrenzt ist. Die Schlacht für das Elektroauto wird daher in der Kraftwerkstechnik geschlagen: Auch konventionelle Kraftwerke werden immer sauberer und effizienter – und das Elektroauto damit künftig vielleicht wirklich zur Alternative.

Derzeit hat das Elektroauto nur in bestimmten Anwendungsbereichen Vorteile, etwa bei häufigen Kurzstreckenfahrten. Dabei schneidet es besser ab, weil die Katalysatoren von Verbrennungsmotoren bei kurzen Fahrzeiten nicht auf die wirksame Betriebstemperatur kommen und die kalten Triebwerke auch mehr Sprit brauchen. Das Elektroauto

Alle Autos verschmutzen die Umwelt schon vor dem Losfahren

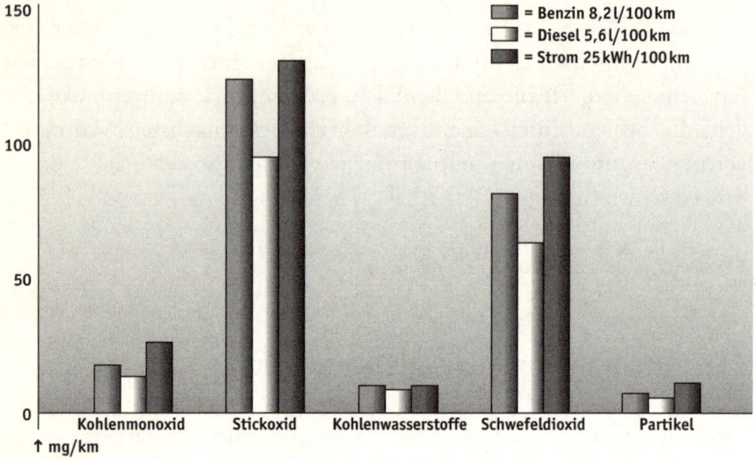

Bei der Herstellung von Kraftstoff oder Strom entstehen bereits Schadstoffemissionen. Im tatsächlichen Betrieb verursacht das Elektroauto allerdings keine zusätzlichen Luftschadstoffe mehr und schneidet daher besser ab als Autos mit Verbrennungsmotor. Dafür ist seine Kohlendioxidbilanz schlechter, weil das Kraftwerk meist Kohle verbrennt. **(Quelle: RWE Energy/VDEW)**

stößt außerdem regional keine Vorläufersubstanzen für die Ozonbildung aus und fährt zudem leiser. Ulrich Höpfner vom Heidelberger Institut für Energie- und Umweltforschung kommentiert einen Elektroauto-Großversuch auf der Insel Rügen: »Bei häufigen und regelmäßigen Fahrten in Stadtgebieten ist das E-Mobil schon heute Fahrzeugen mit Verbrennungsmotor ökologisch überlegen.«[2] (Aber eben nur da, sonst ist die Ökobilanz schlechter.)

Einen Ausweg aus dem Dilemma stellt derzeit der sogenannte »Hybrid-Antrieb« dar, den verschiedene Hersteller (beispielsweise Audi und Toyota) schon serienmäßig anbieten: Der Wagen fährt innerhalb der Stadt mit Elektroantrieb und wird außerhalb auf einen ganz normalen Dieselmotor umgeschaltet. Dann lädt der Motor nebenbei auch die Batterien auf. Das bedeutet mehr Reichweite und erspart allzu schwere Stromspeicher – die zweite Achillesferse der reinen Elektroautos. Deren Batterien haben nämlich nicht nur viel Gewicht, sondern auch eine begrenzte Haltbarkeit. Obendrein sind die Akkus schwer zu entsorgen. Wird beispielsweise der »Audi Duo« mit Nachtstrom aus der Steckdose geladen, fährt er übrigens erheblich preiswerter als mit seinem Dieselmotor: 100 Kilometer Stadtfahrt kosten mit Diesel 8,74 Mark und mit Strom 2,54 Mark.[3]

1 Die Woche vom 14. 2. 1997. **2** ebd. **3** Audi, Zwischenbilanz Umweltschutz 1997.

»Die Industrie verkauft nur zögernd Spar-Autos und vernachlässigt alternative Antriebe«

Der Vorwurf wird zwar immer wieder erhoben, trifft aber nicht zu. Schon im Modelljahr 1996 wurden in der Bundesrepublik acht Personenwagen mit einem Normverbrauch von weniger als fünf Litern angeboten und mehr als 50 Fahrzeuge mit weniger als sechs Litern.[1] Während der »EcoTour 96«, die vom ADAC veranstaltet wurde, legten die Teilnehmer eine Strecke von 1600 Kilometern quer durch sieben Länder zurück. Sie mußten zügig im ganz normalen Verkehr mitschwimmen, durch die Rush-hour und über die Autobahn – und erzielten erstaunliche Verbrauchsergebnisse: Bei den Benzinern gewann der Suzuki Swift 1,0 GLS mit 4,24 Litern Durchschnittsverbrauch, bei den Diesel-Modellen begnügte sich der Peugeot 106 sogar mit 3,75 Litern.[2] Ende 1999 sind bereits drei verschiedene »Dreiliter-Autos«, die allesamt nach Norm unter drei Litern Kraftstoff pro 100 Kilometer verbrauchen, auf dem Markt. Alle drei stammen aus dem VW-Konzern: Die Dreiliter-Version des VW Lupo, des Seat Arosa und des Audi A2 besitzen einen sparsamen kleinen Dieselmotor. Konkurrenten wie der »Smart« mit Dieselmotor liegen kaum schlechter, auch aus Japan kündigen sich weitere »Dreiliter-Autos« an. Der Konkurrenzkampf ums sparsamste Auto ist entbrannt – jetzt müssen die Kunden sie nur noch kaufen.

Auch alternative Antriebe sind in absehbarer Zeit in größeren Stückzahlen und von beinahe allen Herstellern zu erwarten. Nur einige Beispiele: Toyota verkauft in Japan bereits sein Modell »Prius«, das einen Elektromotor mit einem Benzinmotor kombiniert. Die Mittelklasse-Limousine verbraucht nach Norm 3,6 Liter auf 100 Kilometer. Daimler-Benz will bis zum Jahr 2005 ein A-Klasse-Modell mit abgasfreiem Brennstoffzellen-Antrieb anbieten. Dabei wird Methanol erst in Wasserstoff und dann in elektrische Energie umgewandelt. Der Konzern investiert 400 Millionen Mark in das Projekt und erwarb bereits Anteile an dem kanadischen Brennstoffzellen-Spezialisten Ballard Power Systems. BMW setzt dagegen direkt auf wasserstoffgetriebene Ottomotoren und läßt derzeit das Wuppertal-Institut für Klima, Umwelt, Energie prüfen, inwieweit der Wasserstoff mit Solarkraftwerken gewonnen werden kann. Als Vorstufe zum Wasserstoffantrieb rüstet das bayrische Unternehmen einige seiner Modelle wahlweise bereits mit Erdgasantrieb aus, um Erfahrungen mit dem Aufbau einer entsprechenden Infrastruktur zu sammeln. Für die Autohersteller geht es hier nicht um Öko-Kosmetik, sondern ums Geschäft. Gerade die deutsche Autoindustrie muß sich künftig mit technisch und ökologisch anspruchsvolleren Konzepten gegen die billigere Konkurrenz aus anderen Ländern wehren.

1 Abenteuer Natur, Februar 1997. **2** Frankfurter Rundschau vom 11. 5. 1996.

»Car-sharing wird nur von alternativen Gruppen praktiziert«

In der Tat waren es alternative Idealisten, die in Deutschland die Idee einführten, sich ein Auto mit anderen zu teilen. Einige dieser Vorreiter sind längst wieder verschwunden, andere wurden inzwischen zu überaus professionellen Organisationen. Die Berliner Statt-Auto-Initiative zählt heute beispielsweise 3500 Mitglieder und teilt sich 140 Automobile. Bundesweit gibt es bereits 50 Car-sharing-Projekte mit 15000 Nutzern.[1] »Stiftung Warentest« schrieb, die Idee sei eine »brauchbare, funktionierende Alternative zum eigenen Auto, mit der sich viel Geld sparen läßt«. Genau aus diesem Grund steigen mittlerweile auch Großunternehmen in das Car-sharing ein. Daimler Benz nennt sein Projekt »individuellen Werksverkehr« und organisiert mittlerweile den internen Dienstwagenverkehr zwischen den verschiedenen Werken nach dem Car-sharing-Prinzip. Die Lufthansa-Angestellten können sich für ihre Privatfahrten gegen Gebühr ein Fahrzeug aus dem firmeneigenen Carpool entleihen. 15 000 Lufthansa-Mitarbeiter teilen sich so 650 Autos. Gerade für große Unternehmen rechnet sich die Idee vom Car-sharing.

Ökologisch betrachtet ersetzt ein Car-sharing-Fahrzeug fünf Privatwagen und spart jährlich 42 500 Kilometer.[2] Einen besonders pfiffigen Einfall hatten wiederum die Berliner Statt-Auto-Initiatoren. Bei dieser »Cash / Car« genannten Form wird dem Kunden ein Auto zur völligen Nutzung verleast. Lediglich wenn er es nicht braucht, stellt er es bei »Cash / Car« auf den Hof. Dort wird es weitervermietet, solange er es nicht braucht. Holt der Kunde sein Auto wieder ab, erhält er einen Teil des Erlöses. »Liebling, verleihen wir das Auto und gehen von dem Geld schön essen?«, bringt »Der Spiegel« die Idee auf den Punkt. Das Projekt wird von Audi unterstützt.

Die Kollegen von Volkswagen erproben derweil in einer Hamburger Wohnanlage die Idee »auch ohne eigenes Auto mobil wohnen«. Im Stadthaus Schlump teilen sich 100 Bewohner eine komplette Fahrzeugpalette – wobei der Grundanspruch bereits mit dem Mietpreis für die Wohnung erworben ist. Die Idee vom Car-sharing überzeugt gerade in städtischen Bereichen immer mehr Menschen. Als soziale Erfindung beschleunigt sie den Wandel vom Autobesitzer zum Autonutzer. Carsharing wird die Umwelt in Zukunft womöglich mehr entlasten als so manche technische Innovation.

1 Daimler-Benz, Umweltbericht 1997. **2** Der Spiegel Nr. 23 / 1997.

»Mit dem China-Auto kommt die Umwelt endgültig unter die Räder«

In China herrscht Goldgräberstimmung. Doch der in Zukunft vielleicht größte Konsumentenmarkt der Welt lebt im Zwiespalt zwischen kapitalistischer Wirtschaft und kommunistischer Diktatur. »Die einen drücken die Tür auf, die anderen halten dagegen, und die Westler machen sich ganz schlank, ohne bei den Menschenrechten anzustreifen«, beschreibt der österreichische Journalist Herbert Völker die »Vertracktheit der Zeitenwende in China«. Für die Autokonzerne heißt es da aufgepaßt: Der Slogan »freie Fahrt für freie Bürger« ist trotz aller Autobegeisterung in China nicht so beliebt – weil es nämlich keine freien Bürger gibt.

»Alle Autohersteller wollen den Chinesen vom Fahrrad ins Auto helfen, die Konzerne erhoffen sich im Reich der Mitte einen Mega-Markt mit gigantischen Absatzchancen«[1], schrieb der »Stern« 1995, und die »taz« zitierte eine Volkswagen-Hochrechnung, nach der »der chinesische Markt in seiner Endphase 465 Millionen Autos aufnehmen kann«[2]. Kein Wunder, daß das China-Auto zu einem Schreckensgefährt avancierte, mit dem das Weltklima endgültig unter die Räder kommen sollte.

Inzwischen stellt sich die Lage anders dar: »Die Blütenträume der KFZ-Hersteller haben sich nicht erfüllt«, schreibt die »Welt am Sonntag«, »nun rechnen die Firmen erst für das Jahr 2005 mit einem Durchbruch.«[3] Doch auch der kann auf sich warten lassen: Der Reichtum der Städte verdeckt, daß China übers Ganze gesehen ein armes Land ist. Immer noch leiden 80 Millionen Menschen unter Hunger und Kälte, ist das Trinkwasser von 700 Millionen Menschen bakteriell verseucht und können 180 Millionen Chinesen nicht lesen und schreiben.[4] Trotz der unbestreitbaren Erfolge im Kampf gegen die Armut wächst die Kluft zwischen Stadt und Land, zwischen superreich und bettelarm – und inzwischen sogar das Heer der Arbeitslosen.

Nicht einmal Pekinger Tageszeitungen verbergen mehr, daß das Automobil derzeit in China keine Konjunktur hat. »Chinas Automarkt hat mittelfristig seine Grenzen erreicht, alles andere liegt noch in weiter

Ferne«, sagt der BMW-Chef in Peking, Hansjörg Geduhn. Beim Projekt China-Auto sollen die Ausländer erst einmal viel Geld mitbringen: Wer ins Geschäft kommen will, muß zwischen 500 Millionen und einer Milliarde Mark in eine Fabrik investieren, von der er nicht sicher sein kann, daß sie ihm überhaupt gehört. Der durchschnittliche Monatslohn eines Arbeiters liegt unter 100 Mark. Die geplanten Familienautos sollen aber rund 8000 Mark kosten. Der chinesische Benzinpreis liegt heute schon bei rund einer Mark. Wäre Benzin bei uns in Deutschland im Verhältnis genauso teuer, so müßte der Liter Sprit rund 20 Mark kosten.

Bis zum Jahre 2010, so sieht es ein Masterplan für die chinesische Autofabrikation von 1994 vor, könnten etwa 12 Millionen chinesische Familien eine Benzinkutsche besitzen (ein Teil der Produktion soll natürlich auch exportiert werden). Der Weltbestand an Personenwagen wird derzeit auf etwa 500 Millionen geschätzt, alleine in Deutschland fahren davon 40 Millionen. Selbst nach den Planzahlen würden die chinesischen Autobesitzer – zumindest in den nächsten 10 bis 15 Jahren – zum Globalproblem Auto ganze 2,5 Prozent beitragen.

Doch selbst die relativ bescheidenen Planzahlen für den Autozuwachs wurden seit 1994 bereits um 20 Prozent herabgesetzt. Die tatsächlichen Zahlen für 1996: In China wurden 389655 Personenwagen gebaut und 58000 importiert.[5] Derzeit gibt es im Reich der Mitte etwa 1,8 Millionen Personenwagen (und davon wiederum befindet sich nur jeder zehnte in Privatbesitz), und dennoch hat man bereits gewaltige Verkehrsprobleme. Das Straßennetz ist nicht nur in einem schlechten Zustand, sondern für ein Land dieser Ausdehnung und Einwohnerzahl auch lächerlich klein. Obwohl China 26mal so groß ist wie Deutschland, ist sein Straßennetz gerade mal doppelt so lang: 1,16 Millionen Kilometer[6] umfaßt das chinesische, 640000 Kilometer das deutsche Strassensystem. Die mit Fußgängern, Handkarren, Fahrradfahrern, Mopeds, Motorrädern, Lastwagen, Bussen und Militärfahrzeugen vollgestopften Verkehrswege sind heute schon brandgefährlich. China weist die verheerendste Unfallstatistik der Welt auf: 70000 Menschen sterben dort pro Jahr im Straßenverkehr.

Nach Plan sollte ursprünglich bis zum Jahr 2030 jede chinesische

Familie ein Auto besitzen – das wären 300 Millionen Exemplare. Nach heutigem Stand bliebe für ein chinesisches Auto rein statistisch ziemlich wenig Straße übrig: etwa drei Meter (in Deutschland 16 Meter). Sicherlich werden in China in 30 Jahren mehr Autos fahren und Straßen gebaut sein – aber die Planzahlen sind wohl eher reines Wunschdenken.

Hinzu kommt schließlich, daß sich die Kaufkraft (und damit die potentiellen Autokäufer) ausgerechnet in den Megastädten ballt. Was dies bedeutet, können die Chinesen derzeit im Stau von Hongkong besichtigen. Es ist wohl nur eine Frage der Zeit, bis Hongkong (und andere Städte) dem Beispiel von Singapur folgen. Denn so radikal wie mancherorts in Asien die Motorisierung vorangetrieben wird, so radikal verabschiedet man sich auch wieder davon: In Singapur darf die Innenstadt von Autos nur mit einer teuren Genehmigung befahren werden, die sich selbst viele Taxichauffeure nicht leisten können. Derzeit führt Singapur als erste Stadt der Welt ein automatisiertes Straßengebühren-System ein. Je nach Fahrleistung und Uhrzeit der Straßenbenutzung werden die hohen Straßenzölle automatisch von einer Kreditkarte abgebucht. Die Mittel fließen in den Aufbau eines modernen öffentlichen Nahverkehrssystems.[7]

1 Stern Nr. 13/1995. **2** die tageszeitung vom 18. 11. 1994. **3** Welt am Sonntag vom 10. 8. 1997. **4** Die Zeit vom 4. 3. 1994. **5** Welt am Sonntag vom 10. 8. 1997. **6** Traffic Tech, März 1997. **7** Economist vom 6. 12. 1997.

»Die Motorisierung wird unaufhaltsam weiter zunehmen«

Es mangelt ja nicht an Konzepten, die Autolawine auf einem erträglichen Niveau einzuregulieren – die Umsetzung allerdings war bislang jedoch nur mäßig erfolgreich. Die weltweite Siedlungsentwicklung deutet jedoch darauf hin, daß dies nicht so weitergehen wird. Immer mehr Menschen ziehen in Städte und Ballungsgebiete – im Jahr 2025 werden Hochrechnungen zufolge 61 Prozent der Weltbevölkerung in Städten

Je dichter die Besiedlung desto geringer der Benzinverbrauch

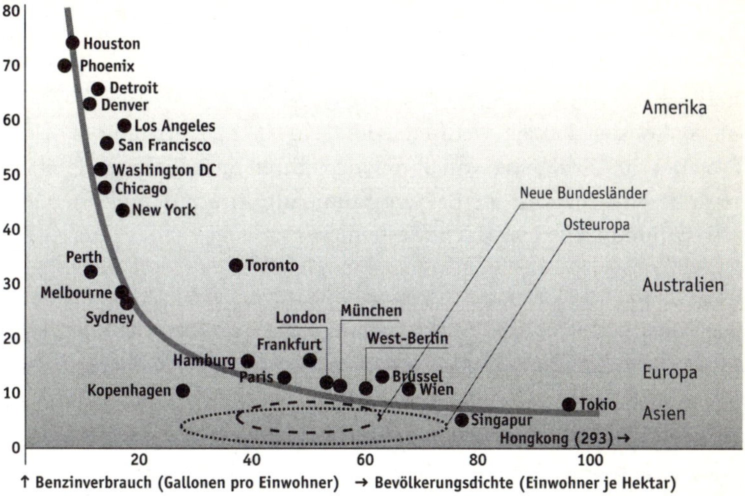

Ein immer größerer Anteil der Menschen wird in Zukunft in Städten und Ballungsräumen leben. Obwohl die Bürger dort möglicherweise mehr Autos besitzen, fahren sie weniger damit. Schon heute ist der Pro-Kopf-Spritverbrauch dort am niedrigsten, wo sich die Menschen auf besonders engem Raum konzentrieren.
(Quelle: Deutscher Bundestag, Drucksache 13/7400)

leben (Lateinamerika 85 Prozent, Europa 83 Prozent, Asien 55 Prozent).[1] Schon bis zum Jahr 2005 werden weltweit mehr als 100 Mega-Cities mit mehr als 5 Millionen Einwohnern entstanden sein.[2] Doch für dichtbesiedelte Städte – und daran besteht wohl kein Zweifel – ist das Auto das schlechteste aller denkbaren Verkehrsmittel. Schon heute existiert ein signifikanter Zusammenhang zwischen Siedlungsdichte und Benzinverbrauch: Je mehr Menschen sich auf engem Raum konzentrieren, desto niedriger ist der Spritverbrauch pro Kopf. Im weitläufigen Gebiet um Houston, Texas, liegt er achtmal höher als in München und sogar rund 15mal höher als in Singapur. **[Grafik Seite 283]** Eine wachsende Siedlungsdichte wird möglicherweise nicht die Zahl der Automobile einschränken, aber sicherlich – und dies ist das Entscheidende – ihren Gebrauch. Das Auto wird uns auch in Zukunft erhalten bleiben, aber als Massentransportmittel in den Städten wird es scheitern. Um so wichtiger sind alternative Mobilitätskonzepte: Nahverkehrsmittel, Car-sharing etc.

So werden derzeit weltweit bereits in 20 Ländern automatische Systeme zur Erhebung von Straßengebühren installiert. In Holland etwa bereitet man für die Ballungsräume um Amsterdam, Rotterdam, Utrecht und Den Haag solche Systeme vor.[3]

1 Konzept Nachhaltigkeit, Zwischenbericht der Enquete-Kommission »Schutz des Menschen und der Umwelt« an den Deutschen Bundestag, April 1997. **2** WirtschaftsBild Nr. 17/1996. **3** Economist vom 6. 12. 1997.

»Bahnfahren ist grundsätzlich umweltfreundlich«

Viele glauben, Bahnfahren an und für sich sei schon ein heroisches Verdienst zum Schutze der Umwelt. Dies ist natürlich nicht so: Bahnfahren verschlingt genauso Energie wie alle anderen Verkehrsarten auch. Ein ICE mit durchschnittlicher Auslastung braucht pro Person ein Benzinäquivalent von 2,5 Litern auf 100 Kilometer. Ein mit zwei Personen besetzter sparsamer Kleinwagen kann damit – zumindest in der Energiebilanz – heute schon konkurrieren (allerdings nicht in punkto Lärm, Unfallhäufigkeit oder Komfort). **[Grafik Seite 285]**

Verzwickter Nebeneffekt: Genau wie neue Autobahnen oder Schnellstraßen schaffen auch bessere Bahnverbindungen zusätzlichen Verkehr. Berufstätige pendeln – durch die schnellen ICE-Verbindungen verführt – über immer weitere Strecken, beispielsweise zwischen Mannheim und Frankfurt. Aber wer hier täglich pendelt, verbraucht für den Weg zur Arbeit im Schnitt fünf Liter Benzin (und somit oft mehr als ein Autopendler aus einem Frankfurter Vorort).

Insgesamt braucht die Bahn im Vergleich zu Auto, Lastwagen und Flugzeug weniger Energie, um eine Person oder eine Tonne Last über 100 Kilometer zu transportieren. Der spezifische Energieverbrauch ist

Energieverbrauch und CO_2-Emissionen nach Verkehrsmitteln

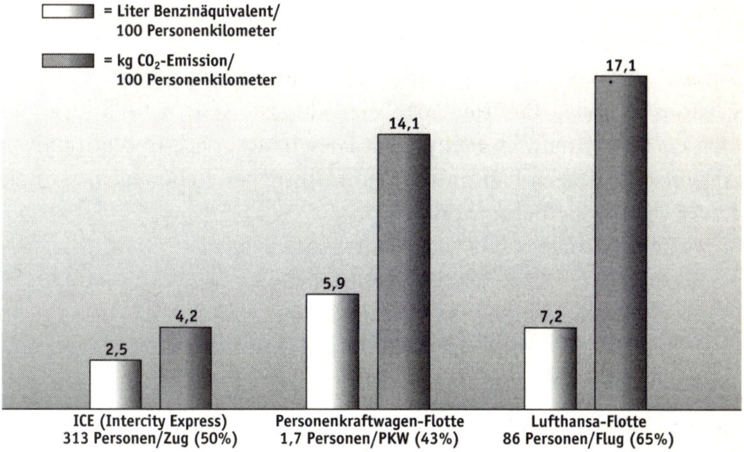

% = statistischer Besetzungsgrad 1992

Ein durchschnittlich ausgelasteter ICE-Zug schneidet hinsichtlich Energieverbrauch und Kohlendioxidemission deutlich besser ab als die durchschnittliche PKW-Flotte oder das Flugzeug. **(Quelle: Deutsche Bahn, Umweltbericht 1996)**

nur bei Reisebussen und Binnenschiffen geringer. Die relative Umweltfreundlichkeit der Bahn hängt dabei sehr stark von ihrem Auslastungsgrad ab. Der ICE liegt hier mit 50 Prozent an der Spitze, es folgt der normale Personen-Fernverkehr mit 40 und der Personen-Nahverkehr mit 30 Prozent.[1] Das heißt, wenn man es genau nimmt, fahren im Personen-Nahverkehr zwei von drei Waggons ohne Passagiere durch die Lande. Ein Geisterzug, der eine Nebenstrecke bedient, ist jedoch auch ökologisch unsinnig. Dies zeigt ein einfaches Rechenbeispiel: Eine herkömmliche Diesellokomotive verbraucht auf 100 Kilometer etwa 300 Liter Sprit. Sind nur zehn Fahrgäste an Bord, so fahren diese mit 30 Litern pro 100 Kilometer durchs Land. Erst ab 50 Fahrgästen liegt der Verbrauch mit etwa sechs Litern pro Person und 100 Kilometer gleichauf mit einem durchschnittlich ausgelasteten Personenwagen (1,7 Personen). Nahverkehrszüge brauchen – einer Studie der Ludwig-Bölkow-Stiftung zufolge – derzeit aber 7,2 Liter pro Fahrgast und 100 Kilometer, also mehr als die meisten Autos.[2] Aus diesem Grund lohnt es sich auf schlecht ausgelasteten Strecken mitunter weder ökonomisch noch ökologisch, den Bahnverkehr aufrechtzuerhalten. (Manchmal allerdings gewinnt man den Eindruck, daß die Fahrgäste systematisch vergrault werden.) Nur wenn es gelingt, mit besserem Service und attraktiven Angeboten genügend Autonutzer zum Umsteigen zu bewegen, wird die Energiebilanz der Bahn wirklich positiv.

1 Deutsche Bahn, Umweltbericht 1996. **2** Der Spiegel Nr. 10/1998.

»Das Auto wird vom Staat gegenüber der Bahn bevorzugt«

Mit Vorsicht ist das Argument zu genießen, die tatsächlichen, gesellschaftlichen Kosten des Autofahrens (also inklusive Krankheitskosten durch Unfälle, Lärm, Luftverschmutzung) würden nicht in Anrechnung gebracht und bei tatsächlicher Berechnung dieser »externen Kosten« sei der Bahnverkehr auch ökonomisch die günstigere Alternative – oder anders ausgedrückt: die Bahn werde ökonomisch benachteiligt. Richtig daran ist, daß die externen Kosten des Straßenverkehrs dem Autofahrer nicht direkt und in der tatsächlichen Höhe in Rechnung gestellt werden. Falsch ist hingegen der Schluß, Bahnfahren sei bei Einbeziehung aller Kosten die ökonomischere Alternative. Darauf deutet eine großangelegte Untersuchung der drei (keineswegs besonders autofreundlichen) Institute Infas, Econcept und Prognos in der Schweiz hin. Die Verhältnisse in der Schweiz sind nicht unbedingt auf Deutschland übertragbar, aber im Trend sicherlich auch hierzulande zutreffend.

Zunächst einmal kam nichts Neues heraus: Mobilität ist viel zu billig, und das führt zur allgemeinen Verschwendung von Ressourcen. Dann aber wird es überraschend: Nicht nur Benzin, Diesel und Kerosin sind zu billig, auch die gute alte Bahn müßte teurer werden. Und zwar viel teurer. Der Preis für eine Rückfahrkarte zwischen Zürich und Genf müßte um 140 Prozent steigen, denn um diesen Anteil subventioniert der Staat das Verkehrssystem. Für das Auto wird ein Spritpreis von 3,50 bis 4,50 Mark veranschlagt, um die externen Kosten (Infrastruktur, Unfälle, Umwelt) zu decken. Dies wirkt sich in den für den Autobesitzer anfallenden hohen Gesamtkosten (Kauf, Werteverlust, Reparaturen, Versicherung, Steuern) aber nur mäßig aus. Die Autofahrt auf der Bezugsstrecke würde bei Umwälzung aller Kosten gegenüber heute um 16 Prozent teurer. Fliegen würde sich gar nur um fünf Prozent verteuern.[1]

Die Bahn fährt in Deutschland billiger als in der Schweiz, schon weil nicht so viele Tunnel und Brücken gebaut werden müssen. Seit 1993 muß die Bahn in Deutschland auch die Kosten für den Erhalt und den Betrieb des Schienennetzes bezahlen. Dennoch subventioniert der Steuerzahler die Bahn mit gewaltigen Summen – beispielsweise durch die Übernahme aller bis zur Bahnreform angehäuften Alt-Schulden. Ferner muß der Regionalverkehr von den Bundesländern bestellt und bezahlt werden. Hierfür schießt der Bund jährlich 12 Milliarden Mark zu. Die externen Kosten des Autos werden laut einer gemeinsamen Studie des Worldwide Fund for Nature (WWF) und der Bahn in Deutschland mit 7,48 Mark pro 100 Personenkilometer veranschlagt.[2] Die Gesamtkosten für 100 Autokilometer liegen aber heute für ein Fahrzeug der unteren Mittelklasse schon bei 50 bis 60 Mark. Die wahren Kosten für Autofahrer lägen also mit zusätzlich rund 20 Prozent nur relativ wenig höher als heute. Was spricht eigentlich dagegen, sie einzufordern?

Vielleicht das: Würden gleichzeitig die wahren Kosten für die Bahn angesetzt und auf den Fahrpreis umgeschlagen, müßten die Preise – siehe Schweiz – prozentual wohl noch stärker steigen als beim Auto. Deshalb sollte man das Argument mit der Kostenwahrheit lieber in der Mottenkiste verschwinden lassen. Es führt kein Weg an einer ganz bewußten gesellschaftlichen Entscheidung für die Bahn vorbei. Motto: Sie ist uns lieb und teuer.

1 Facts Nr. 32/1996, unter Bezug auf: Infas, Econcept, Prognos, Studie »Die vergessenen Milliarden«, 1996. **2** WWF und Deutsche Bahn AG, Studie »Kilometerbilanz-Personenverkehr«, 1994.

»Die Datenautobahn erspart Verkehr«

Durch Bildschirmarbeit zu Hause entfällt der Weg zur Arbeit, und es kann Verkehr eingespart werden – so die zunächst einleuchtende Argumentation. In der Realität fallen die Einsparungen aber sehr viel geringer aus als vielfach vermutet. Das Freiburger Öko-Institut kam in seiner Studie »Umweltschutz im Cyberspace« zu ernüchternden Ergebnissen.[1] Die Angst davor, aus dem Beziehungsgeflecht der Firma herauszufallen, führt vielfach dazu, daß Mitarbeiter dennoch häufig den Weg ins Büro suchen. Im Schnitt arbeiten Telearbeiter nur etwa sieben Tage pro Monat zu Hause. Beim Computerriesen IBM sitzen die Teilnehmer eines Projektes »außerbetriebliche Arbeitsplätze« gerade mal 1,5 Tage pro Woche am heimischen PC.

Wer aufgrund der Telearbeit aufs Land zieht, wo der Büroraum billig und die Gegend schön ist, betreibt ökologisch gesehen oft ein Nullsummenspiel. Wege zum Einkaufen, zur Schule und auch für sporadische Besuche beim nun weiter entfernten Arbeitgeber fressen die scheinbare Wegersparnis auf. Wer früher möglicherweise mit öffentlichen Verkehrsmitteln zur Arbeit fuhr, braucht plötzlich ein Auto.

Zugleich wird das konzentrierte Arbeiten am Bildschirm in der Freizeit mit verstärktem Drang nach Ortswechsel ausgeglichen. Schon heute entfallen über die Hälfte aller Autofahrten auf die Freizeit (54 Prozent).[2] Der Freizeitforscher Professor Horst Opaschowski: »Das vorausgesagte Multimedia-Zeitalter zwischen Bildtelefon und Videokonferenz, Telearbeit und Teleunterricht wird den Anteil des Berufsverkehrs sinken und den Freizeit- und Urlaubsverkehr wieder steigen lassen.« Was im Berufsverkehr an Fahrten eingespart wird, wird so durch verstärkte Freizeitmobilität kompensiert. **[Grafik Seite 289]**

1 Der Spiegel Nr. 5/1997. **2** BAT Freizeitforschungs-Institut, Hamburg, Pressemitteilung, 1996.

Jeder Bundesbürger legt im Durchschnitt eine Strecke von 11 750 Kilometern pro Jahr zurück

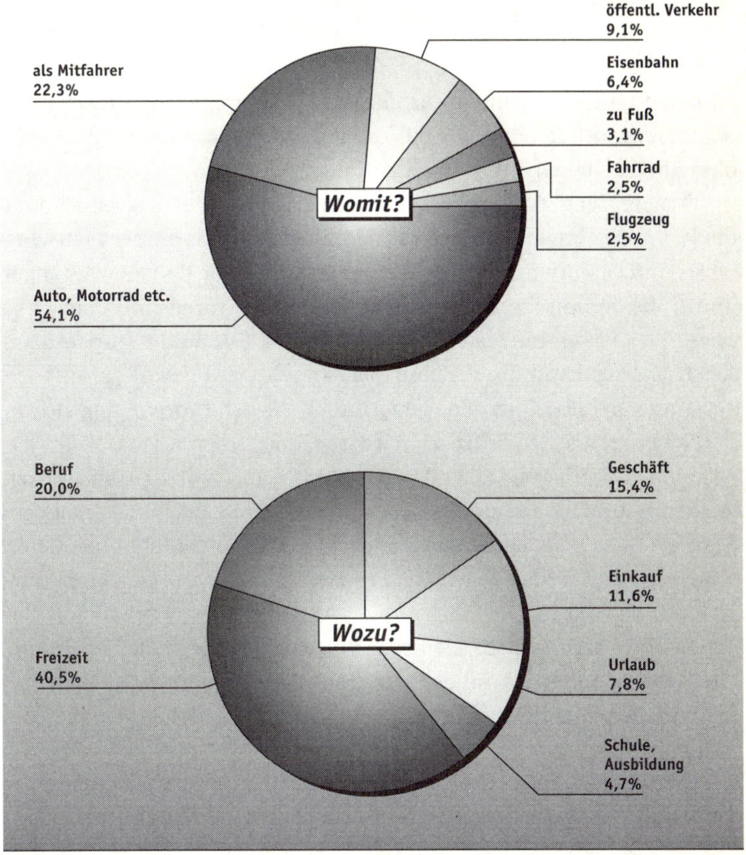

Den Löwenanteil der Verkehrsleistungen erbringt in Deutschland nach wie vor das Auto. Jede zweite Fahrt dient dabei heute schon der Freizeit oder dem Urlaub. Sollte der Anteil von Tele- und Heimarbeit in Zukunft wachsen, erwarten Forscher in der Freizeit noch mehr Drang zur Mobilität. Unter dem Strich wird Telearbeit daher kaum zur Energieeinsparung beitragen. **(Quelle: DIW 1994)**

»Die Kiwi kommt mit dem Flugzeug aus Neuseeland«

Die allerersten Kiwis kamen vor 25 Jahren tatsächlich mit dem Flugzeug aus Neuseeland – und neun von zehn Deutschen glauben heute noch, das sei so. Ist es aber nicht: Die Früchte eignen sich nämlich hervorragend für den Schiffstransport, weshalb sie praktisch nicht mehr per teurer Luftfracht reisen. 60 Prozent der Kiwis kommen mittlerweile ohnehin aus Italien – mit dem LKW oder per Bahn.

Das Flugzeug spielt beim weltweiten Fruchthandel bei weitem nicht die Rolle, die ihm zugesprochen wird. Rund 96 Prozent der deutschen Obst- und Gemüseimporte sind Standardwaren wie Bananen, Orangen und Äpfel. Davon kommt maximal ein halbes Prozent mit dem Flugzeug, 99,5 Prozent erreichen per Schiff und Straße die bundesdeutschen Märkte. Exotische Früchte machen nur vier Prozent der Importe aus, und von diesen werden wiederum nur sieben Prozent eingeflogen.

Neben exotischen Früchten wie Grenadilla, Baby-Ananas, Passionsfrüchten oder Physalis, die tatsächlich mit dem Flugzeug transportiert werden, gehören dazu im Winter auch Erdbeeren aus USA, Israel oder Mexiko sowie Weintrauben aus Südafrika. Der Anteil flugimportierter Trauben lag 1995 aber unter drei Prozent und der von Erdbeeren unter einem Prozent.

Der durchschnittliche Deutsche verzehrt im Jahr etwa 250 Gramm Obst und Gemüse, das mit dem Flugzeug transportiert wurde. Der darauf entfallende Treibstoffverbrauch beträgt 0,61 Liter Kerosin pro Jahr und Person.[1]

1 Pressemitteilung, Bundesverband deutscher Fruchthandelsunternehmen, 1997.

»Tourismus zerstört die Natur«

Für Tourismus und Fremdenverkehr begehen die Menschen so ziemlich jeden denkbaren Umweltfrevel. Sie verpulvern fossile Brennstoffe und verpesten die Luft. Sie zapfen der Natur das Wasser ab, verschandeln Landschaften, verbauen Strände und schleifen Berghänge. Im blindwütigen Urlaubsrausch, so die gängige Kritik, treiben die mobilen Massen – auf einer Schmutzspur aus Verpackungsmüll – unsere Erde in den Umweltkollaps.

Doch ohne zahlende Urlaubsgäste, so die Kritiker der Tourismuskritik, hätten Gorillas in Ruanda und Nashörner in Namibia keine Überlebenschanche. Mit dem Rückenwind des Fremdenverkehrs hat sich die Zahl der Naturreservate weltweit innerhalb der letzten 50 Jahre fast verzehnfacht. Anfang der neunziger Jahre gab es über 8000 Nationalparks und andere Großschutzgebiete. In vielen Urlaubsländern Afrikas nahmen die Wildbestände rasant zu. »Der Schutz der biologischen Vielfalt«, heißt es in einer Broschüre der Gesellschaft für technische Zusammenarbeit (GTZ), »wäre ohne die Einnahmen aus dem Fremdenverkehr nicht zu finanzieren.«[1]

Gewiß, es gibt viele Beispiele für häßlichen Tourismus. Ein Blick nach Amboseli, Kenias beliebtestem Nationalpark, genügt. Die Savanne ist von Reifenspuren durchpflügt und jeder Löwe von einer Wagenburg aus Landrovern umstellt. Doch ohne die Devisen der Feriengäste wäre Amboseli eine Agrarregion, in der Rinderherden grasen und Maisäcker gedeihen: Kein Platz für wilde Tiere.

Massentourismus muß der Natur nicht zwangsläufig schaden. »Wer Massentourismus und Naturzerstörung gleichsetzt, denkt ökologisch viel zu kurz«, sagt Hans Bibelriether, ehemaliger Leiter des Nationalparks im Bayerischen Wald. »Der Tourismus«, fährt er fort, »ist unser Verbündeter.« Durch Deutschlands ältesten Nationalpark wandern 1,2 Millionen Menschen im Jahr. Dennoch haben sich die scheuen Schwarzstörche vermehrt. Wenn genügend Parkranger die Besucher lenken, ist es nach Bibelriethers Erfahrung egal, ob ein Waldweg von zehn oder von tausend Besuchern benutzt wird. Sogar auf den Balearen, den beliebtesten europäischen Ferieninseln, stehen 39,7 Prozent der Landesfläche unter Naturschutz.

Urlauber, das galt bisher unter Umweltschützern als gesichert, sind »Landschaftsfresser« (Jost Krippendorf). Selbst diese eingängige These gerät ins Wanken. Eine Studie der Universität Innsbruck über das touristisch intensiv genutzte Ötztal kommt zu dem Schluß: »Der Flächenanspruch des modernen Tourismus ist wesentlich geringer, als der der traditionellen Landwirtschaft. Gegenwärtig nimmt die Waldfläche im Tal zu und der wirtschaftlich genutzte Flächenanteil ab.«[2]

Der touristische Dollartransfer aus dem Norden ist für Entwicklungsländer oft der einzig triftige Grund, für den Erhalt ihrer Naturparadiese zu sorgen. »Kein anderes globales Gewerbe«, sagt der Münchner Fremdenverkehrsberater Peter Zimmer, »ist so stark von sauberem Wasser, reiner Luft und intakter Natur abhängig.« Auch der WWF wirbt inzwischen für »Schützen durch Nützen!« und begrüßt, daß in Tropenländern jährlich 18 Milliarden Mark für Naturreisen ausgegeben werden. »Ohne Tourismus«, sagt der WWF-Artenschutzexperte Arnd Wünschmann, »wäre es um viele Naturgebiete der Erde schlechter bestellt.«

Diese Sichtweise machen sich zunehmend die Urlaubsländer selbst zu eigen. Der maledivische Staatspräsident präsentierte seinen Landsleuten ein einprägsames Rechenexempel: Ein Fischer verkauft auf dem Fischmarkt einen Hai für zirka 48 Mark. Ein Hai »erwirtschaftet« als Attraktion für Tauchtouristen jedoch einen Wert von über 50 000 Mark pro Jahr.

Die Alternative zum Tourismus heißt längst nicht mehr unberührte Wildnis. Das Fremdenverkehrsgewerbe steht in harter Konkurrenz zu anderen Nutzungsformen. In Entwicklungsländern bedeutet weniger Tourismus mehr Brandrodung, mehr Rinderzucht und mehr Plantagen. Nur wo ein Schutzschild aus touristischer Infrastruktur aufgebaut werden kann, bleibt die Landwirtschaft außen vor. Wenn Touristen weniger einbrächten als Bananen, könnte es sich die Regierung Costa Ricas kaum leisten, ein Viertel der Landesfläche unter Naturschutz zu stellen. In Botswana scheiterte 1997 ein Vorhaben, den Okawango-Sümpfen wertvolles Wasser abzuzapfen, weil die Gegner des Projekts mit einer möglichen Beinträchtigung des Tourismus argumentierten. Mehr als 5,4 Millionen Menschen haben 1994 dafür bezahlt, Wale beobachten zu dürfen. Weltweit 65 Länder bieten inzwischen Fahrten zu den Meeresriesen an. Das Tourismusgeschäft ist längst lukrativer als die Jagd mit der Harpune.[3]

In der Reisebranche hat ein neues Denken begonnen. »Die vielzitierte Marmeladenverpackung am Frühstücksbüfett«, sagt der TUI-

Umweltbeauftragte Wolf Michael Iwand, »war nur das kleine Öko-Einmaleins. Die große Herausforderung von heute heißt Inwertsetzung der Natur.« Bei Politikern der Urlaubsregionen setzt Iwand mit der Wirtschaftskraft des TUI-Konzerns im Rücken ökologische Ziele durch. In Griechenland streitet er für einen neuen Meeres-Nationalpark, in der Türkei gegen umweltschädlichen Goldabbau. »Wenn wir den Kerosinverbrauch weiter senken«, sagt der ehemalige LTU-Umweltbeauftragte Thomas Immelmann, »wird es in Zukunft schwierig, noch stichhaltige Umweltargumente gegen Urlaubsreisen vorzubringen.« 1996 verbrauchte der durchschnittliche LTU-Fluggast 3,2 Liter Kerosin pro 100 km, 1991 waren es noch 4,3. Immelmann glaubt, daß mit neuer Technik eine weitere Reduktion um 30 bis 40 Prozent möglich ist.

Einer hatte das ökologische Potential im Tourismus schon lange vorhergesehen: Bernhard Grzimek. In seiner Sendung »Ein Platz für Tiere« verkündete der legendäre Fernsehzoologe in den sechziger Jahren, es gebe schon bald organisierte Gruppenreisen zu den Wildreservaten Ostafrikas. Grzimek hatte die Meldung damals frei erfunden. Doch ein paar Monate später gab es solche Touren wirklich, denn Reiseveranstalter wollten ihrer vermeintlichen Konkurrenz zuvorkommen. Mit Grzimeks Trick konnte die Serengeti weiterleben.

1 Gesellschaft für technische Zusammenarbeit (GTZ), Tourismus und Schutz der biologischen Vielfalt, 1997. **2** G. Patzelt, Modellstudie Ötztal – Landschaftsgeschichte im Hochgebirgsraum, 1996. **3** Die Zeit Nr. 49/1995.

Perspektiven

Mobilität war im Laufe der Evolution stets die Antwort auf eine Mangelsituation. Und vielfach, etwa bei den Migrationsströmen der Armen, ist sie es heute noch. Die technische Entwicklung vermochte die menschliche Mobilität enorm zu steigern. So entstand aus der guten alten Mobilität der moderne Verkehr. Wir überwinden immer größere Entfernungen in immer kürzerer Zeit mit immer geringerem körperlichen Aufwand. Das brachte die Menschen auf die Idee, sie könnten alles zugleich haben: Wohnen auf dem Lande, Arbeiten in der Stadt, Ferien auf Mallorca. Und am Urlaubsort wartet bereits der Mietwagen. Immer mehr Reisende wollen partout nicht mehr ankommen. Sie werden nicht von einer Mangelsituation getrieben, sondern von der Angst, etwas zu versäumen. Das Prinzip Mobilität läuft Gefahr, am eigenen Erfolg zu scheitern, und nimmt beispielsweise in Form des Massenverkehrs schicksalhafte Züge an.

Doch wie läßt sich der Transport von Menschen, Waren und Informationen besser organisieren, intelligenter lenken und mit weniger Energie bewerkstelligen? Stellen wir uns dazu eine riesige Schüssel Spaghetti vor: Das ist das globale Mobilitäts-Geflecht. Ein großes vernetztes Knäuel, bei dem keiner so richtig weiß, wo er den Anfang machen soll und was am Ende daran hängt. Die Mobilität wird sich neue, bessere Wege suchen, aber aus diesen neuen Wegen werden auch wieder neue Probleme entstehen. Es wird kein Weltwochenende geben, an dem alles getan ist wie am biblischen siebten Tag. Verkehr und Mobilität bleiben eine große Baustelle, Patentrezepte gibt es nicht.

Es kann aber nicht schaden, sich zwischendurch einmal darauf zu besinnen, welche Probleme die Mobilität und der (derzeit weiter wachsende) Verkehr tatsächlich verursachen. Gegenwärtig hat das Argument der drohenden Klimakatastrophe aufgrund der Kohlendioxid-Emissionen Konjunktur. Hypothetische Horrorszenarien unterliegen jedoch oft einer raschen Revision – wie wir immer wieder lernen durften. Tatsächlich bringen sich die Menschen ja nicht auf dem Umweg über die Klimakatastrophe um, sondern ganz direkt am Chausseebaum. Der tägliche Lärm, der Gestank und der Stau sind konkrete und unbestreitbare Probleme. Und als Grund für Sparsamkeit und die Suche nach Energiealternativen sollte allein schon die politische Instabilität in vielen Erdöl exportierenden Staaten genügen. Die Bundesrepublik selbst verfügt ja nur über Kohle. Sparsamkeit macht bei uns einfach auch ökonomisch Sinn.

Die Attraktivität des Autos wird in zunehmendem Maße vom Erfolg seiner Alternativen abhängen. Ohne Busse und Bahnen bricht auch der Straßenverkehr zusammen – man denke nur an die Nahverkehrs-Streiks in Paris. Die Interessen der Autohersteller werden dadurch auf den Kopf gestellt. Sie werden das Umsteigen zwischen den verschiedenen Verkehrsmitteln fördern. Statt Autos werden sie irgendwann Mobilität in Kilometerleistung verkaufen. Und sie werden neue Nutzungsformen wie das Car-sharing fördern oder selbst betreiben. Die Entwicklung ist ja längst im Gange. Der gewollte Nebeneffekt: Wer sein Auto nicht mehr besitzt, sondern es nur noch bei Bedarf nutzt, steigt im Einzelfall viel bereitwilliger auf eine Alternative wie die Bahn um. Car-sharing ist keine Einstiegs-, sondern eine Ausstiegsdroge.

Verursacht die Globalisierung aber nicht noch mehr Verkehr und frißt den einen oder anderen kleinen Erfolg hierzulande auf? Die Bilanz ist gemischt: Einerseits werden Güter immer öfter dort produziert, wo sie auch gebraucht werden. Andererseits entsteht neuer Transportbedarf. Dennoch kann es aber durchaus ökologischer sein, etwa Lebensmittel unter günstigen klimatischen Bedingungen zu produzieren und sie anschließend in andere Regionen zu transportieren (wo sie beispielsweise nur mit hohem Aufwand an Energie und Dünger gedeihen könnten). Umgekehrt wird die Ware Wissen immer mehr zum Handels- und Exportgut. Die Handelsroute dafür ist die Datenautobahn oder die Satellitenschüssel. Bei Computer-Dienstleistungen beispielsweise ist längst ein Welthandel ohne traditionellen Verkehr entstanden. Mit der Börse haben wir ein weiteres eindrucksvolles Beispiel. Die Entkoppelung von Mobilität und Verkehr ist also prinzipiell möglich.

Inwieweit diese Entwicklungen auch den klassischen Transport stimulieren, ist natürlich die Frage. Das Nähere regelt hier stets der Einzelfall, es gibt keine Patentrezepte und einfachen Antworten. Dies gilt auch für die Art des Transports und der Verpackung. Hier lauert hinsichtlich der ökologischen Glaubenssätze noch so manche hübsche Pointe: Mehrweg – der Name sagt es deutlich – bedeutet nunmal mehr Weg. Zum Glück betrifft die Forderung danach in erster Linie Flaschen und wird nicht grundsätzlich gestellt.

Was wird aus dem Auto? Das Auto bleibt. Aber anders als gedacht. Die Unterschiede zwischen Auto, Bus, Straßenbahn und Bahn werden mehr und mehr verwischen. Es ist ja ohnehin Unsinn, den Autoverkehr als »individuell« und die Straßenbahn als »öffentlich« zu bezeichnen. In Deutschland bewältigt das Auto sechsmal soviel Verkehr wie alle anderen Verkehrsträger zusammen. Elektronische Navigation, Leitsysteme, Straßengebühren, Taktzeiten und automatische Warteschleifen werden das Auto in den Ballungsgebieten in eine Art Straßenbahn mit privaten Einzelkabinen verwandeln.

Die Bereitstellung der elektronischen Verkehrsinfrastruktur wird von privaten Anbietern übernommen – und der Staat teilweise aus seiner Verantwortung entlassen. Straßengebühren und im voraus buchbare Parkplätze werden den Verkehr über den Preis regeln – der Stau macht nicht mehr alle gleich. Wir bekommen ein Zweiklassensystem. Unser Transport wird plötzlich kosten, was er wirklich kostet – nämlich viel, viel mehr. Womit eine alte Forderung der Ökologen erfüllt wäre. Und, wie sollte es anders sein, ein neuer Konflikt entsteht: Ist die freie Teilnahme am Straßenverkehr nicht ein soziales Grundrecht wie beispielsweise der Schulbesuch? Vielleicht wird der haftstarke ADAC-Slogan »Freie Fahrt für freie Bürger« in nicht allzu ferner Zukunft vom Deutschen Gewerkschaftsbund artikuliert.

Und es wird nicht nur die Autofahrer treffen: Auch beim Bahnfahren, Fliegen und beim Güterverkehr werden heute die gesellschaftlichen Kosten nicht durch den Fahrpreis gedeckt. Energie ist reichlich vorhanden und deshalb zu billig. Es wird einer politischen Entscheidung überlassen bleiben, Energie teurer zu machen. Dies muß wirtschaftlich kein Nachteil sein – sondern kann sogar Innovationen und neue Marktchancen hervorbringen.

Das Dreiliter-Auto ist Realität, abgasfreie Brennstoffzellen-Fahrzeuge werden innerhalb der nächsten zehn Jahre folgen. Dies sind kleine Schritte zur Lösung unserer Verkehrsprobleme und ein großer Schritt bei der Lösung der Schuldfrage: Die Industrie – als bisheriger Sündenbock – reicht die Verantwortung an den Bürger und Autofahrer zurück. Es liegt nun an ihm, die Sparmobile auch tatsächlich zu kaufen und öfter mal zu Fuß zu gehen – oder das Opfergeschrei zu unterlassen. Die Existenz finsterer Mächte fällt als Entschuldigung für das Festhalten an eigenen alten Gewohnheiten jedenfalls flach.

Müll

Oft gehört, gern geglaubt

»Der Müllberg wächst und wächst«

»Weniger Müll bedeutet weniger Gebühren«

»Der ›Grüne Punkt‹ hat nichts gebracht«

»Wir leben in einer Wegwerfgesellschaft«

»Mehrwegsysteme sind besser als Einwegverpackungen«

»Müllverbrennungsanlagen sind eine Bedrohung für die Gesundheit«

»Immer mehr Plastik vermüllt unsere Umwelt«

»Plastik läßt sich nicht vernünftig recyceln«

»Der Mensch ist aufs Wegwerfen programmiert«

Perspektiven

Oft gehört, gern geglaubt

Ist von Müll die Rede, schreibt der Öko-Duden eine feste Verknüpfung mit den Attributen »Berg«, »Flut« oder »Lawine« vor. Warum soll es dem Abfall auch semantisch besser ergehen als etwa Kindern in Entwicklungsländern, die im Grünsprech vornehmlich als »Geburtenschwemme« oder »Bevölkerungsexplosion« geführt werden. Unser armes Land, so warnen zahlreiche Broschüren und Presseberichte, ersticke unter dem Gewicht wachsender Müllberge und stehe kurz vor der finalen Vergiftung aus Müllverbrennungsanlagen, die politisch korrekt »Dioxinschleudern« genannt werden. Wo immer eine solche gebaut werden soll, entsteht sogleich eine Bürgerinitiative, welche die Volksgesundheit und die Stabilität der Grundstückspreise für gefährdet erklärt.

Um die totale Wegwerfgesellschaft durchzusetzen, treiben böse Brauereien und gewissenlose Getränkehersteller das Proletariat in die Dosenkultur, bis das deutsche Mehrwegsystem im Sixpack-Rausch der trinkenden Massen untergeht. Gastronomiebetriebe, die Cola in Dosen oder Buletten in Pappschachteln anbieten, werden regelmäßig von den jungen Pionieren der Umweltverbände heimgesucht, die die »Wegwerfkultur« anprangern.

Ex-Umweltminister Klaus Töpfer erkannte die Zeichen der Zeit, paukte die Verpackungsverordnung und später das Kreislaufwirtschaftsgesetz durch und brachte das Duale System, im Volksmund »Grüner Punkt« genannt, auf den Weg. Doch kaum hatte er die Forderung nach Recycling politisch umgesetzt, stand er schon wieder mit dem Rücken zur Wand. Der »Grüne Punkt«, schimpften Umweltverbände und Medien, sei ein mieser Trick, damit clevere Unternehmer aus Müll das einzige machen können, was noch schlimmer ist als Müll: Profit. Und da Unternehmer bekanntermaßen immer mehr Profit machen wollen, sorgen sie dafür, daß die Müllflut immer weiter ansteigt. Verbraucher und Kommunen werden vom Dualen System »grün abgezockt« (»Spiegel«), die »sinkende Müllmenge nur vorgegaukelt« (BUND) und »Deutschland von Dosen überrollt« (»taz«). Da bleibt nur ein Trost: Das Duale System liegt in den »letzten Zuckungen« (»taz«, 1993). Warum, fragen wir uns, sind wir immer noch nicht unter der Müllawine begraben worden?

»Der Müllberg wächst und wächst«

Ganz im Gegenteil, er wird flacher. Seit Anfang der neunziger Jahre sinkt in Deutschland das Abfallaufkommen – und zwar in allen Bereichen: Siedlungs-, Gewerbe- und Sondermüll. Nur bei Bauschutt stieg die Menge bedingt durch den Bauboom in den neuen Bundesländern vorübergehend an. Statt der angedrohten Müllawine ist ein Mülloch entstanden. »Sie reißen sich um jede Tonne«, betitelte der »Spiegel« 1996 einen Report über die neue Lage an der Müllfront. Darunter heißt es: »Der Müll wird knapp. Verbrennungsanlagen laufen leer, Deponien

Die deutsche Abfallbilanz

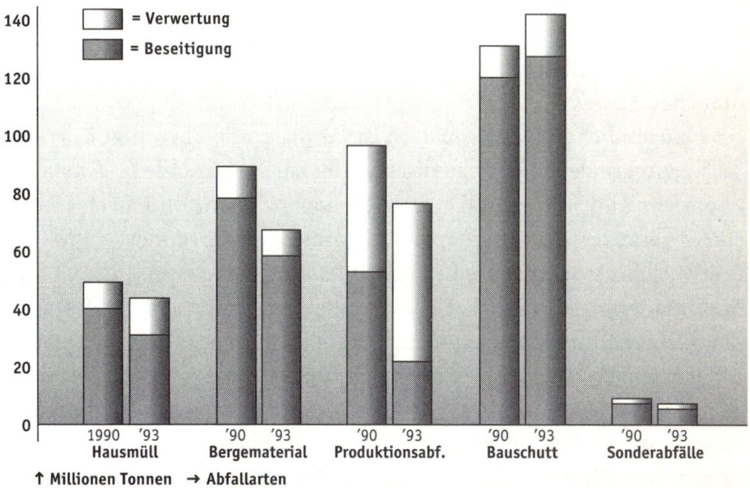

Seit Anfang der neunziger Jahre wird der Abfallberg in Deutschland immer flacher. Besonders in der Industrie wird ein Großteil der Produktionsabfälle wiederverwertet. Im Gegensatz zur Gesamttendenz stieg das Aufkommen an Bauschutt durch den Bauboom in Ostdeutschland Anfang der neunziger Jahre an. Der Begriff »Bergematerial« steht für Abraum aus Bergwerken und Tagebau.

(Quelle: Statistisches Bundesamt 1996)

können nicht gefüllt werden. Industrie und Kommunen prozessieren um jeden Dreck. Schuld an dem Mangel sind immer perfektere Recycling-Verfahren – und der Eifer der Deutschen beim Müllsortieren.«[1]

Mülldeponien wurden geschlossen und kaum noch neue gebaut. 1997 existierten in Deutschland 54 Müllverbrennungsanlagen; sechs waren im Bau.[2] Noch in den achtziger Jahren hatten Experten prognostiziert, daß allein in den alten Bundesländern 75 bis 100 dieser Anlagen benötigt würden.[3] Das Aufkommen an Gewerbe- und Hausmüll in den Beseitigungsanlagen sank von 1990 bis 1993 um 16 Prozent auf 252 Jahrestonnen.[4]

»Die stehen vor meinem Schreibtisch«, berichtet Bärbel Höhn, grüne Umweltministerin von Nordrhein-Westfalen, »und fragen: Wo kriegen wir den Müll her?« Viele Müllverbrennungsanlagen leiden unter »Rohstoffmangel«. In Augsburg fehlen 75000 Tonnen Müll im Jahr, Krefeld ist nur zu 33 Prozent ausgelastet. Die 14 Anlagen des Landes Nordrhein-Westfalen könnten 700000 Tonnen zusätzlichen Abfall gebrauchen.[5]

Eine ähnliche Mangelsituation ist für die großen Beseitigungs- und Verwertungsanlagen der chemischen Industrie entstanden. »Die fallen über jedes Kilo Sondermüll her, das sie noch kriegen können«, berichtet ein Experte des Statistischen Bundesamtes. Denn moderne Produktionsverfahren erzeugen kaum noch Abfälle. Eine Frankfurter Pharmafirma hat zum Beispiel für die Herstellung eines wichtigen Antibiotika-Grundstoffes ein völlig neues Verfahren entwickelt. Mit der neuen Anlage sanken die Entsorgungskosten um 90 Prozent. Abfallverbrennung, Abwasser- und Abgasreinigung werden kaum mehr benötigt. In Nordrhein-Westfalen, dem größten Giftmüllproduzenten unter den Bundesländern, ging die Gesamtmenge des Industrieabfalls schon Anfang der neunziger Jahre um rund 30 Prozent zurück.[6]

Während die Müllmenge sinkt, steigt die Zahl der Arbeitsplätze: Die deutsche Entsorgungsbranche ist mit über 2000 Betrieben, einem Umsatz von 80 Milliarden Mark und 240000 Beschäftigten zu einem wichtigen Wirtschaftsfaktor geworden.[7]

1 Der Spiegel Nr. 39/1996. 2 BUND-Presseinformation, 4. 2. 1997. 3 Bundesumweltministerium (BMU), Presseerklärung, 25. 1. 1996. 4 Der Spiegel Nr. 39/1996. 5 Stern Nr. 48/1997. 6 Der Spiegel Nr. 22/1996. 7 BMU, Presseerklärung, 6. 10. 1997.

»Weniger Müll bedeutet weniger Gebühren«

Der Müllberg schrumpft, das Recycling floriert, also müßte die kommunale Abfallentsorgung doch eigentlich billiger werden. Das Gegenteil ist eingetreten: Die Bürger werden für weniger Dreck mehr zur Kasse gebeten. Im Bundesdurchschnitt haben sich die Müllgebühren innerhalb von fünf Jahren fast verdoppelt.[1] Das liegt unter anderem daran, daß Fehlplanungen aus der Vergangenheit abbezahlt werden müssen. Denn obwohl die Müllverbrennungsanlagen durch den Siegeszug des Recyclings vielfach unter Müllknappheit leiden, werden sie weiter betrieben. Die hohen Fixkosten für diese unausgelasteten Anlagen treiben die kommunalen Gebühren hoch. Das »Greenpeace-Magazin« verglich die Situation mit den Energieprognosen der siebziger Jahre. Damals wurden die Einsparpotentiale ebenfalls drastisch unterschätzt und für etliche Milliarden Mark überflüssige Kraftwerke gebaut.[2]

Einer BUND-Studie zufolge bieten manche Großstädte ihren Bürgern deshalb kaum Anreize, das Recycling zu unterstützen, weil sie unausgelastete Verbrennungsanlagen mit Restmüll füttern müssen. So modernisierte und erweiterte der Umlandverband Frankfurt für 209 Millionen Mark seine Müllverbrennungsanlage bei Offenbach. Im Sommer 1997, ein halbes Jahr nach der Eröffnung, mußten die Verantwortlichen zugeben: Ein Viertel der Kapazität wird ungenutzt bleiben, weil Müll fehlt. Wenig später kündigte der Umlandverband an, die Müllgebühren um fast 50 Prozent zu erhöhen.[3]

Neben der Trennungsfreude der Bürger gibt es noch einen zweiten Grund für diesen »Müllmangel«, ein Schlupfloch im staatlichen Regelwerk (»Technische Anleitung Siedlungsabfall«). Der Gesetzgeber gewährt für veraltete Mülldeponien eine Schonfrist bis zum Jahr 2005. Findige Deponiebetreiber nutzen dies aus, um allen Dreck herbeizuschaffen und dann vor Ablauf der Frist zu schließen, um der teuren Sanierung zu entkommen. Dafür locken sie mit Dumpingpreisen. Die alten Müllkippen besitzen oft keine Drainagen und keine Sammelvorrichtungen für Gase und Sickerwasser, sind ökologisch also viel bedenklicher als die mit modernster Technik ausgestatteten, unausgelasteten Verbrennungsanlagen.[4]

Eine Stadt wie Münster in Westfalen, die keine Verbrennungsanlage baute und auf optimale Wiederverwertung aller Reststoffe setzte, liegt mit ihren Müllgebühren (259 Mark pro Jahr) unter dem statistischen Durchschnitt von 320 Mark, den eine dreiköpfige Familie in Deutschland für die Abfallentsorgung zu zahlen hat.[5]

Der Bund der Steuerzahler kritisierte, daß obendrein manche Kommunen die Müllgebühren mißbrauchen, um ihre Haushalte zu konsolidieren. Die Gewinne aus überhöhten Müll- und Abwassergebühren werden genutzt, um Etatdefizite in anderen Bereichen zu decken. So erklärte das Verwaltungsgericht Gelsenkirchen die Berechnung der Müllgebühren der Stadt Dortmund für rechtswidrig. Mehrere Millionen Mark, mit denen die Stadt ihren Haushalt aufbesserte, wurden den Dortmundern zuviel abgenommen.[6]

1 Stern Nr. 48/1997. **2** Greenpeace-Magazin Nr. 2/1996. **3** Frankfurter Allgemeine Zeitung vom 30. 7. 1997. **4** Stern Nr. 48/1997. **5** BUND-Presseinformation, 4. 2. 1997. **6** G. Sohn, Die Ökopharisäer, 1995.

»Der ›Grüne Punkt‹ hat nichts gebracht«

Der »Grüne Punkt«, das Erkennungszeichen des Dualen Systems, klebt nur auf Verkaufsverpackungen, also den Verpackungen, die die Endverbraucher mit nach Hause nehmen. Verkaufsverpackungen machen jedoch nur einen Teil des Verpackungsmülls und einen winzigen Teil des gesamten Abfalls aus (siehe »Wir leben in einer Wegwerfgesellschaft«, Seite 305). Die Verpackungsverordnung, die den Anstoß für die Gründung des Dualen Systems gab, enthält daher noch andere Recyclingvorgaben, zum Beispiel für Transportverpackungen.

Anteil der Verpackungen am gesamten Abfall

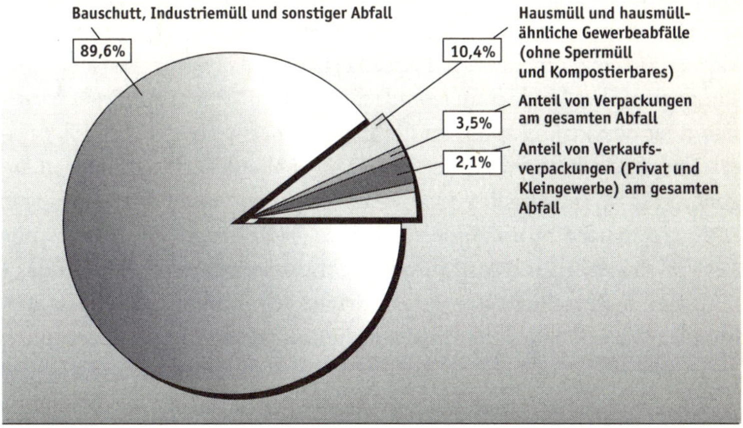

Verpackungen machen nur einen geringen Teil des gesamten Abfallaufkommens aus. Noch niedriger fällt der Anteil der Verkaufsverpackungen aus, die die Käufer aus den Geschäften mit nach Hause nehmen und um die allein es beim »Grünen Punkt« geht. **(Quelle: Duales System 1998)**

Anfang der neunziger Jahre machten Firmen des Dualen Systems immer wieder durch Skandale von sich reden. Einige wurden dabei erwischt, als sie Kunststoffmüll ins Ausland abschoben, anstatt ihn zu recyclen. Doch solche kriminellen Schiebereien sind nicht der Maßstab, an denen das ganze – sicherlich nicht perfekte – Duale System gemessen werden sollte.

Die Recyclingquoten des Dualen Systems können sich sehen lassen: Aus dem gesammelten Material werden Aluminium zu 81 Prozent, Weißblech (Getränkedosen!) zu 81 Prozent und die verrufenen Verbundstoffe zu 79 Prozent wiederverwertet. 1996 gingen von 186000 Tonnen Getränkekartons 115000 Tonnen ins Recycling. Die viel geschmähten Verbundverpackungen bestehen überwiegend aus Papierfasern, die von den anderen Komponenten abgetrennt und zu Wellpappen verarbeitet werden.[1]

Was ist eigentlich das »Duale System Deutschland«? Das DSD ist eine Aktiengesellschaft (AG), die laut Satzung keinen Profit machen darf. Diese AG organisiert das Recycling der Verkaufsverpackungen. Sie kassiert Lizenzentgelte von Herstellern ein, die dafür den »Grünen Punkt« auf ihre Verpackungen drucken dürfen (was die Firmen natürlich über den Produktpreis an die Verbraucher weitergeben): 1997 waren das 4,2 Milliarden Mark.[2] Das DSD schließt Verträge mit den sogenannten Garantiegebern, zumeist Repräsentanten der jeweiligen Industriesparten (zum Beispiel Papier, Glas), die für die Verwertung der verschiedenen eingesammelten Stoffgruppen garantieren. Für das – vom Bundeskartellamt tolerierte – Privileg einer monopolartigen Stellung muß das Duale System eine flächendeckende Wertstoffsammlung sicherstellen.

Eine viel geäußerte Kritik am DSD lautet: Während das Recycling von Glas, Papier, Getränkekartons und Dosen gut funktioniere, sei das Einsammeln und Sortieren der Leichtverpackungen aus Kunststoff zu teuer. Rechnet man die Kosten für das Sammeln und Sortieren (1999: 2400 Mark) und das Recycling (1000 Mark) zusammen, kommt die Entsorgung der Kunststoff-Leichtverpackungen auf 3000 Mark pro Tonne, schrieb der Fachjournalist und DSD-Kenner Gunnar Sohn.[3] Kritische Stimmen fordern daher, diesen Teil des Plastikmülls zu verbrennen (siehe auch »Plastik läßt sich nicht vernünftig recyceln«, Seite 313).

Vielleicht wäre mehr Konkurrenz unter den Sammlern und Sortierern ganz belebend. Als Quasi-Monopolist versucht das DSD, sich unliebsame Konkurrenten vom Leib zu halten. So mahnt Clemens Reif, Vorstandschef der Vereinigung für Wertstoffrecycling AG in Köln: »Der Staat sorgt durch immer neue Verordnungen dafür, daß private Monopole gut verdienen, die ihrerseits aufs engste mit Politikern verbandelt sind. Der Grüne Punkt mit seinen überhöhten Lizenzentgelten soll sich endlich dem fairen, marktwirtschaftlichen Wettbewerb stellen.«[4] Doch der »Grüne Punkt« und »Töpfer's Law«, wie die Verpackungsverordnung weltweit genannt wird, haben ihr Klassenziel erreicht: Der gesamte Verpackungsverbrauch ging zwischen 1991 und 1995 von 13 auf 11,7 Millionen Tonnen zurück.[5] Die Umweltpolitiker in Frankreich,

Österreich, Belgien, Luxemburg, Spanien und Portugal finden die deutsche Wertstofferfassung so überzeugend, daß sie ähnliche Systeme einrichten. Auch Japan will mehr in Recycling investieren.

Die Haltung der Umweltverbände zum Dualen System ist widersprüchlich. So rief der BUND im Februar 1997 dazu auf, »Wertstofferfassungssysteme konsequent zu nutzen« (Presseinformation »Verfeuern heißt verteuern«), ohne freilich das Duale System konkret zu nennen. Zwei Monate später ging der gleiche Öko-Verband mit einer Anzeigenkampagne an die Öffentlichkeit, die einen nackten Hintern mit grünem Punkt zeigte (Text: »Für'n Arsch«) und die dazu aufrief, gegen das Duale System zu protestieren.

1 Nach Angaben der DSD-Pressestelle, Oktober 1997. **2** Capital Nr. 3/1998. **3** Novo Nr. 43/1999. **4** ebd. **5** Infografik des DSD vom September 1996 unter Bezugnahme auf GVM-Angaben (Gesellschaft für Verpackungsmarktforschung).

»Wir leben in einer Wegwerfgesellschaft«

Falsch, wir sind bereits mitten in der Recyclinggesellschaft angelangt. 1975 betrug die Wiederverwertungsquote von Gebrauchtglas gerade einmal neun Prozent. 1993 waren es 65 Prozent. Stahl, Kupfer und andere Metalle gehen zu fast 100 Prozent in den Produktionskreislauf zurück.[1] Bei Altpapier lag die Recyclingquote 1996 bereits bei über 80 Prozent.[2] Über drei Viertel der Bestandteile (Gewichtsanteil) von Autos, die in der Bundesrepublik auf dem Schrott landen, wird wiederverwertet.[3]

Selbst in den Vereinigten Staaten (einem Land, dessen »Ex-und-hopp«-Mentalität jedem deutschen Touristen sofort ins Auge sticht) geht der Trend in die richtige Richtung. Von 1980 bis 1992 stieg die Recyclingrate dort von drei auf 17 Prozent. In den achtziger Jahren begann auch erstmals die Müllmenge, die auf Deponien geschüttet wird, zu sinken.[4] »Unsere Nachkommen«, schreibt der Umweltjournalist Gregg Easterbrook, »werden Recycling als Normalität betrachten und sich wundern, wie es jemals hat anders sein können.«

Verpackungsverbrauch in Deutschland

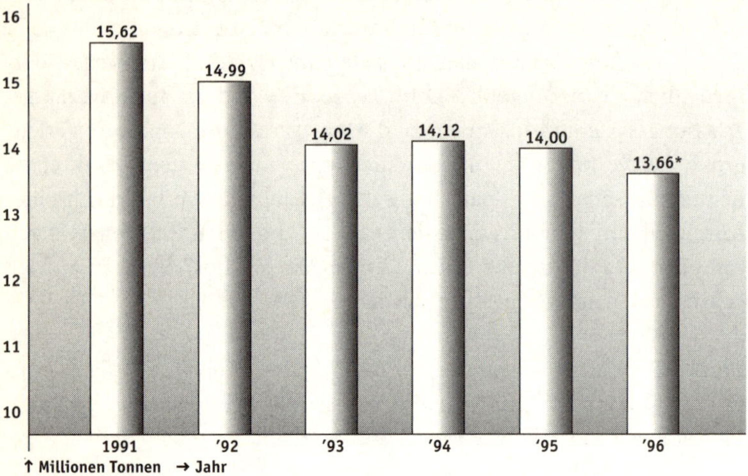

* Vorläufige Berechnung

Der Verbrauch von Verpackungen ist in Deutschland seit Anfang der neunziger Jahre um fast zwei Millionen Tonnen gesunken. Die Angaben umfassen alle Materialien und alle Verpackungsarten, inklusive Transport-, Mehrweg- und Haushaltsverpackungen. **(Quelle: Gesellschaft für Verpackungsmarktforschung 1998)**

Die Deutschen sammeln und sortieren mit Leidenschaft. Neun von zehn Bürgern praktizieren Getrenntmüllsammlung, wie das Institut für Demoskopie Allensbach 1997 feststellte. Der Recyclinggedanke eint sogar Ost und West. Denn das Regime der ehemaligen DDR hatte aus der Not der Mangelwirtschaft eine ökologische Tugend gemacht und förderte die Wiederverwendung knapper Rohstoffe. Fast alles, was nicht mehr gebraucht wurde, konnte man bei den Sero-Sammelstellen abgeben. Das ostdeutsche Recycling-Staatsmonopol überlebte in vielen Varianten.

Da die Herstellerfirmen durch den »Grünen Punkt« für das Recycling ihrer Verkaufsverpackungen zur Kasse gebeten werden, reduzierten viele in den neunziger Jahren ihre überdimensionierten Schachteln und Sichtverpackungen. Die Waren heutiger Supermärkte sind erheblich sparsamer verpackt als noch vor fünf Jahren. **[Grafik Seite 306]** Verkaufsbehälter sind kleiner und leichter geworden und bestehen häufiger aus verwertbaren Materialien. Der gleiche Trend hat sich in der Mitnehm-Gastronomie etabliert, wobei die vielgeschmähte McDonald's-Kette eine Vorreiterrolle übernahm. Flüssigkeiten und Waschpulver, die gestern noch in Flaschen und Kartons angeboten wurden, gibt es heute in dünnen Beuteln, mit denen man zu Hause Dosen und Gefäße nachfüllt. 1995 lag die Recyclingquote gebrauchter Verkaufsverpackungen bereits bei 77 Prozent.

Bei solchen Erfolgszahlen gerät oft in Vergessenheit, daß Verpakkungen nur einen recht bescheidenen Anteil am Gesamtabfall besitzen. Von den 337 Millionen Tonnen Müll, die 1993 in Deutschland anfielen, waren 10,4 Prozent Haus- oder Kleingewerbemüll (ohne Sperrmüll und Kompost). Der Verpackungsabfall machte 3,5 Prozent der Gesamtmenge aus und die Verkaufsverpackungen (um die es beim »Grünen Punkt« geht) nur 2,1 Prozent.[5]

Es war also nur zu einem sehr geringen Teil die »böse Wegwerfgesellschaft« und ihre »Verpackungsflut«, die in der Vergangenheit Deponien verstopfte und Müllberge wachsen ließ. Von den 374 Millionen Tonnen Abfall, die 1990 registriert wurden, waren 221 Millionen (also nahezu zwei Drittel!) Bergematerial aus dem Bergbau, Bauschutt, Bodenaushub und Straßenaufbruch.[6] »Wieso«, fragt der Chemiker und Autor Heinz Hug, »verstopft man eigentlich wertvollen Deponieraum mit unbelasteter Erde?«[7] Erfreulicherweise ging beim Straßenbau die Abfallmenge deutlich zurück, da moderne Techniken es ermöglichen, abgefrästen alten Asphalt an Ort und Stelle zu recyceln und zu neuem Straßenbelag zu verarbeiten.

1 H. Hug, Der tägliche Öko-Horror, 1997. **2** Bundesumweltministerium, Presseerklärung, 6. 10. 1997. **3** Institut der Deutschen Wirtschaft: IW-Umweltservice, Februar 1998.
4 G. Easterbrook, A Moment on Earth, 1995. **5** Infografik des DSD unter Bezugnahme auf Angaben der GVM (Gesellschaft für Verpackungsmarktforschung) und des Bundesumweltministeriums, Stand: Januar 1996. **6** Umweltbundesamt, Abfallwirtschaftsbilanz 1993, 25. 1. 1996. **7** H. Hug, Der tägliche Öko-Horror, 1997.

»Mehrwegsysteme sind besser als Einwegverpackungen«

Um die These von der »Wegwerfgesellschaft« zu stützen, wird oft mit einem weiteren Mythos operiert, dem angeblichen Niedergang des Mehrwegsystems. Titelzeile der »tageszeitung« (»taz«) vom 21. 12. 1995: »Dosen überrollen Deutschland«. Daran ist richtig, daß beispielsweise der Getränkekonzern Coca Cola tatsächlich versucht, die in Deutschland festgeschriebene Mehrwegquote zu kippen, um mehr Getränkeautomaten aufstellen zu können.[1] Die Verpackungsverordnung schreibt einen Mehrweganteil bei Getränkeverpackungen (außer Milch) von 72 Prozent vor. Bis Ende der neunziger Jahre lag er mit leichten Schwankungen zwischen 72 und 73,5 Prozent.[2] **[Grafik Seite 309]** 1997 wurde die Mehrwegquote erstmals um 0,7 Prozent unterschritten. Der grüne Umweltminister Trittin kündigte daraufhin die Einführung eines Zwangspfandes auf Dosen und Einwegflaschen an.

Obwohl Mehrwegsysteme häufig vernünftig sind, gibt es keinen Grund, sie zum ökologischen Dogma zu stilisieren. Das Umweltbundesamt legte 1995 eine Ökobilanz für Getränkeverpackungen vor. Verglichen wurden Mehrwegsysteme für Bier und Milch mit Kartonverpackungen und Dosen. Die staatlichen Ökotester kamen zu dem Schluß, daß Mehrwegflaschen nicht grundsätzlich umweltverträglicher sind als recyclingfähige Einwegverpackungen. Nur bei hohen Umlaufzahlen und geringer Entfernung haben Pfandflaschen eine bessere Ökobilanz. Sind diese beiden Bedingungen nicht gegeben, macht sich das hohe Gewicht der Flaschen bemerkbar. Man braucht mehr Transportfahrzeuge, die mit ihrem Abgas die Umwelt belasten. Bei Milch etwa ist der Schlauchbeutel aus Polyethylen der Mehrwegflasche in den meisten Fällen ökologisch überlegen.

Für Einweggeschirr in Schnellrestaurants kommt eine Studie des Schweizer Bundesamtes für Umwelt, Wald und Landschaft (BUWAL) zu einem ähnlich differenzierten Ergebnis: Bei konventionellen Gaststätten, wo Teller und Tassen mehr als fünfhundertmal benutzt werden, ist die Umweltbilanz des Porzellangeschirrs besser. Bei kleinen Portionsgrößen, bei hohen Bruchraten oder bei einem Umlauf von unter zweihundertmal, ist Einweggeschirr ökologisch günstiger.[3]

Mehrweganteil bei Massengetränken

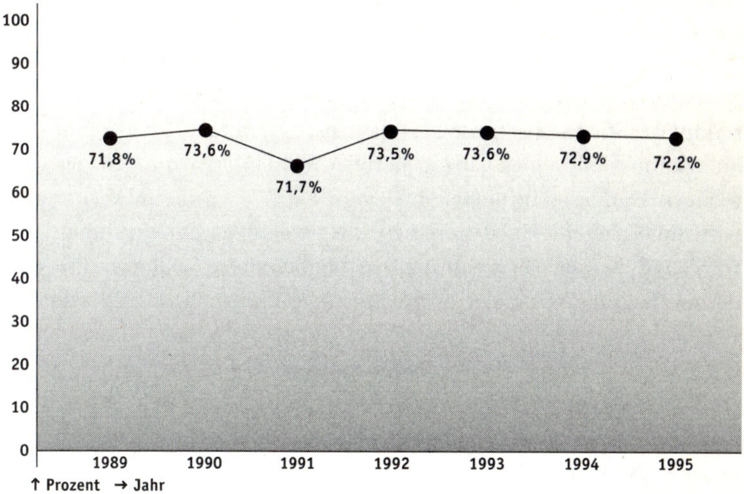

Der Marktanteil von Mehrwegflaschen blieb in den neunziger Jahren ziemlich konstant, wurde jedoch 1997 erstmals leicht unterschritten. **(Quelle: Duales System 1996/GVM)**

1 Der Spiegel, Nr. 44/1997. **2** Bundesumweltministerium, Pressemitteilung, 30. 9. 1997. **3** BUWAL (Schweizer Bundesamt für Umwelt, Wald und Landschaft), Ökologische Analyse zum Servicebereich im Gastgewerbe, 1994.

»Müllverbrennungsanlagen sind eine Bedrohung für die Gesundheit«

Die Bundesärztekammer, das Umweltbundesamt und die große Mehrheit der Experten in In- und Ausland verneinen eine gesundheitliche Gefährdung durch moderne Müllverbrennungsanlagen (MVAs). »Wer Müllverbrennungsanlagen heute noch als Dioxinschleudern brandmarkt und von einer pyromanen Einbahnstraße redet, hält schlicht an liebgewordenen Vorurteilen fest und hat die Entwicklung in dem Bereich Müllverbrennungstechnik verschlafen«, hieß es in einer Erklärung führender SPD-Umweltpolitiker.

Der schwedische Energieforscher Björn G. Karlsson bemerkte, daß Schwelbrände auf Deponien, wie sie immer wieder vorkommen, tausendmal mehr Dioxin freisetzen als selbst eine veraltete Verbrennungsanlage innerhalb eines ganzen Jahres.[1] Aus Untersuchungen des ehemaligen Bundesgesundheitsamtes geht hervor, daß beim Verbrennen von unbelastetem Holz bis zu zwanzigmal mehr Dioxine freigesetzt werden als bei der Verbrennung beliebig belasteter Müllarten mit moderner Technik.[2] Und der grüne Umweltpolitiker Uwe Lahl erklärte: »Im Sommer weht von jedem Kieselrot-Sportplatz soviel dieser Schadstoffe wie von zehn Müllverbrennungsanlagen.«[3]

Die Angst, die viele Menschen in Deutschland vor den Abgasen der Müllverbrennung haben, war früher durchaus berechtigt. MVAs waren tatsächlich Dreckschleudern. Bis in die achtziger Jahre hinein mußten sie mit wenig effektiven Elektrofiltern (Entstaubern) auskommen. Der Rauch aus den Schloten enthielt Schwermetalle, Salzsäure und hochgiftige Dioxine. Doch dies hat sich durch die Anwendung moderner Technik gründlich gewandelt. Experten bezeichnen MVAs heute als »Schadstoffsenken«, weil sie weitaus weniger Gifte ausstoßen, als im Abfall enthalten sind. Von 10 Gramm Dioxin im Brennstoff gelangen weniger als 0,1 Gramm wieder zurück in die Umwelt.[4] Dennoch verstiegen sich saarländische MVA-Gegner 1992 zu der Behauptung, der damalige Umweltminister Jo Leinen und Ministerpräsident Oskar Lafontaine planten via Müllverbrennung einen »Holocaust an der Saar«.[5]

Auch die großen Umweltverbände lehnen Müllverbrennung nach wie vor kategorisch ab, und das, obwohl die meisten MVAs heute aus dem Abfall Wärme und Energie gewinnen und so zum Ressourcensparen beitragen. Eine hochentwickelte Müllverbrennungsanlage kann 20000 Wohnungen mit Fernwärme versorgen oder bis zu 30 Megawatt Strom produzieren.[6] Umweltgruppen wie der BUND favorisieren stattdessen die mechanisch-biologische Abfallbehandlung: Ein Verfahren, bei dem der nicht verwertbare Restmüll zerkleinert, verrottet, vergoren und getrocknet wird. Dabei schrumpft die Menge etwa um die Hälfte.

Es entsteht jedoch der typische Kompostgestank. Bürger im bayerischen Brunnthal klagten vor Gericht gegen eine solche Anlage. Ende der neunziger Jahre existierten 14 Test- und Pilotbetriebe dieser Art.[7]

Aber warum werden MVAs überhaupt noch gebraucht, wo doch die Deutschen ihren Müll vorbildlich trennen, damit er recycelt werden kann? Trotz der schnellen Erfolge der Getrenntsammlung ist der Restmüll, der keiner Verwertung zugeführt wird, immer noch der größte Brocken in der Abfallbilanz. 70 Prozent dieses Restmülls geht auf Deponien und 30 Prozent in die Verbrennung.[8] Doch Deponieraum ist im dichtbesiedelten Deutschland rar und teuer. Viele der 470 Deponien sind veraltet. Immer wieder werden ältere Müllkippen undicht und verschmutzen mit dem Sickerwasser das Grundwasser.

Bis Müllvermeidung obligatorisch und das Recycling perfekt ist, werden also Techniken benötigt, die Abfall reduzieren und womöglich nutzbar machen. Ohne diese Techniken bliebe mittelfristig nur eine Alternative, die ökologisch und politisch reichlich fragwürdig ist: der Müllexport in andere Länder.

1 Verband Deutscher Maschinen- und Anlagenbauer e.V., Broschüre »Restmüllverbrennung und Kreislaufwirtschaft«, Juni 1995. **2** Natur Nr. 12/1992. **3** ebd. **4** Verband Deutscher Maschinen- und Anlagenbauer e.V., Broschüre »Restmüllverbrennung und Kreislaufwirtschaft«, Juni 1995. **5** Natur Nr. 12/1992. **6** H. Hug, Der tägliche Öko-Horror, 1997. **7** Stern Nr. 48/1997. **8** Behördenspiegel, Juni 1997.

»Immer mehr Plastik vermüllt unsere Umwelt«

Die Plastikverpackungen in den Läden sind heute viel leichter und mit geringerem Materialaufwand hergestellt als früher. Verbrauchten Haushalte und Kleingewerbe 1991 noch 934 500 Tonnen Kunststoffverpackungen, so waren es 1996 nur noch 866 900 Tonnen.[1] Gleichzeitig wird immer mehr Plastikabfall genutzt. 1996 lag die erreichte Verwertungsquote bei den Verkaufsverpackungen aus Kunststoff bei 68 Prozent (535 000 Tonnen).[2] Die Verpackungsverordnung schreibt 64 Prozent vor. Bei den Transport- und Gewerbeverpackungen (ungefähr die gleiche Menge wie die Verkaufsverpackungen[3]) sind – sofern es sich nicht ohnehin um Mehrwegsysteme handelt – sogar 100 Prozent Recycling vorgeschrieben.

Wie sieht es bei dem vielgeschmähten Kunststoff PVC (Polyvinylchlorid) aus? Von den zirka 250 000 Tonnen PVC-Abfällen, die in den Bereichen Hausmüll, Gewerbe- und Bauabfall anfallen, wurden 1995 etwas mehr als 165 000 Tonnen recycelt. Rund 60 Unternehmen sorgten Ende der neunziger Jahre dafür, daß Fenster, Bodenbeläge, Folien, Rohre oder Dachbahnen aus PVC wiederverwertet werden. Rücknahmesysteme haben den Anteil von PVC-Altprodukten im Restmüll der Privathaushalte drastisch reduziert.[4]

Außerdem sind Kunststoffe ökologisch gar nicht so übel wie ihr Ruf. Ohnehin werden nur 27,2 Prozent der in Deutschland produzierten Kunststoffe zu Verpackungen verarbeitet. Aus der weitaus größten Menge entstehen langlebige Produkte, wie etwa Haushalts- und Elektrogeräte oder Fahrzeugteile. Auch Ressourcenverschwendung kann man der Kunststoffindustrie kaum vorwerfen. Schließlich verarbeitet sie nur fünf Prozent des in Deutschland verbrauchten Öls.[5] Über 90 Prozent wird in Öfen und Motoren verfeuert.

Kunststoffabfälle, die in der Landschaft herumliegen, sehen besonders häßlich aus. Zusammengepreßt bleibt von Plastiktüten oder Spülmittelflaschen jedoch wenig übrig: großes Volumen, geringes Gewicht. Dies ist ein Umweltvorteil der Kunststoffe. Um eine Tonne Joghurt zu verpacken, benötigt man 573 Kilo Glas, aber nur 33 Kilo Kunststoff. Wenn der Joghurt ausgelöffelt ist, und Glasabfälle (gemäß der Verpackungsverordnung) zu 72 Prozent, die Kunststoffabfälle zu 64 Prozent verwertet werden, fallen beim Glas 160 Kilo Restmüll an, beim Kunststoff nur 12 Kilo. Selbst wenn das Glas zu 90 Prozent recycelt würde, der Kunststoff aber gar nicht, fielen immer noch 24 Kilo mehr Glas als Restabfall an, als der gesamte Kunststoffmüll wiegt.[6]

Andererseits bereitet Plastikmüll in der Landschaft und im Meer weltweit durchaus ernste ökologische Probleme. Das haltbare Material wird häufig zur Todesfalle für Wildtiere (siehe dazu »Kunststoffe sind umweltschädlich«, Seite 121).

1 Nach Angaben der GVM (Gesellschaft für Verpackungsmarktforschung), April 1998. 2 Nach Angaben des VKE (Verband der Kunststofferzeugenden Industrie), Oktober 1997. 3 Nach Angaben des IK (Industrieverband Verpackung und Folien aus Kunststoff), Oktober 1997. 4 Arbeitsgemeinschaft PVC und Umwelt, PVC-Recycling im Überblick, Juni 1997. 5 Verband der Kunststofferzeugenden Industrie, Werbeanzeige, September 1997. 6 Frankfurter Rundschau vom 31. 5. 1994.

»Plastik läßt sich nicht vernünftig recyceln«

Das geringe Gewicht von Plastikverpackungen selbst bei hohem Volumen ist einerseits ein Umweltvorteil (siehe »Immer mehr Plastik vermüllt unsere Umwelt«, Seite 311), andererseits wird diese Eigenschaft auch als Argument gegen Plastikrecycling benutzt. Kritiker, wie der ehemalige Hamburger Umweltsenator Fritz Vahrenholt, argumentieren, daß die Abholfahrzeuge des Dualen Systems in erster Linie Luft durch die Gegend kutschieren. Der große Aufwand, mit dem schmierige Joghurtbecher von klebrigen Frischhaltefolien getrennt würden, lohne sich nicht. Besser wäre es, Kleinverpackungen aus Plastik dem Restmüll zuzuschlagen, um sie in Müllverbrennungsanlagen thermisch zu verwerten. Im übrigen seien die Recyclingprodukte aus Plastikabfall ziemlich primitiv.

Zwar wäre Plastik als Restmüll genauso luftig wie als Wertstoff und müßte ebenfalls durch die Gegend gefahren werden, dennoch ist an der Argumentation etwas dran. Tatsächlich werden bis heute aus Kunststoffmüll lediglich Parkbänke, Rasengittersteine, Europaletten, Abfallsäcke, Kabelrohre und andere einfache Dinge hergestellt. Das Problem: Die Kunststoffe sind insgesamt zu verschmutzt, und die verschiedenen Kunststofftypen können kaum sauber getrennt werden. Ungetrennt sind sie jedoch für anspruchsvollere Produkte kaum zu gebrauchen. »Mit einem unvertretbar hohen Aufwand verwerten wir heute einen vergleichsweise geringen Anteil der gebrauchten Kunststoffe. Gleichzeitig verschwinden mindestens so viele Verpackungen in der Restmüll- wie in der Gelben Tonne«, kritisiert die rheinland-pfälzische Umweltministerin Klaudia Martini.[1]

Daher versuchen Recyclingfirmen andere Wege zu gehen, etwa mit der sogenannten rohstofflichen Verwertung. Die wird beispielsweise in den Bremer Stahlwerken praktiziert. Um im Hochofen Stahl zu gewinnen, muß dem Eisenerz Sauerstoff entzogen werden (Reduktion). Diese Aufgabe können neben Schweröl auch Kunststoffe übernehmen. Sie wirken als Reduktionsmittel.[2] Die Abnahme einer Tonnne Altkunststoff bezuschußt das Duale System mit 200 Mark. Das ist zwar volkswirtschaftlich unsinnig, aber für die Stahlwerke überaus rentabel: für eine Tonne Rohöl müßten sie 150 Mark bezahlen. Neue technische Verfahren sollen jetzt für mehr Effizienz im Plastikrecycling sorgen. (Dazu mehr unter »Perspektiven«, Seite 317.)

1 Novo Nr. 43/1999. **2** Association of Plastic Manufacturers in Europe, Ökobilanzen zur Verwertung von Altkunststoffen aus Verkaufsverpackungen, September 1995.

»Der Mensch ist aufs Wegwerfen programmiert«

Fernab vom Kreislaufwirtschaftsgesetz und vom Dualen System hat sich heimlich, still und leise eine anarchische Avantgarde der Wiederverwertung herausgebildet. Ihre Demonstrationen finden meist sonntags statt und bringen regelmäßig Hunderttausende auf die Beine: Floh-, Antiquitäten-, Tausch-, Sammel- und Oldtimermärkte. Es genügt im Grunde der Spaziergang über einen Trödelmarkt, um zu erkennen: Der Mensch ist keineswegs zum Wegwerfen geboren – ganz im Gegenteil. Und der Clou an der Geschichte: Der intelligente Umgang mit Ressourcen, das Erhalten und Wiederverwerten, macht den Menschen auch noch Spaß.

Dies bedeutet natürlich nicht die allseitige Abkehr vom »Ex und hopp«. Aber die unbekümmerte Freiwilligkeit eines jeden Flohmarktes (und auch der fröhliche Boom der Heimwerkermärkte) macht Hoffnung. Es wird wieder lebenslange Produkte geben. Es muß nicht alles neu sein. Viele Menschen werden sich auf alte Tugenden besinnen und die Dinge des Lebens hegen, pflegen und bewahren.

Tief in unserem Unterbewußtsein sind wir hundertprozentige Resteverwerter, das »Ausschlachten« ist uns angeboren, nicht das Wegwerfen. So ist die Geschichte der Menschwerdung – dies erläutert ein Buch des Biologen Josef Reichholf[1] – gar eng mit dem Geier verbunden. Er zeigte den kleinen Gruppen der Urmenschen den Weg zu frisch verendetem Großwild. Die Fähigkeit, Vorräte anzulegen und Lebensmittel haltbar zu machen, bedeutete einen weiteren Schritt in der Erfolgsgeschichte des Menschen. Dieser Sammeltrieb hat sich heute von seiner ursprünglichen Bestimmung gelöst und verselbständigt. Er konzentriert sich nicht mehr auf Pökelfleisch oder Walderdbeeren, sondern auf Gemälde, Bücher, Uhren, Landkarten, Oldtimer und was es sonst so gibt.

Jeder sechste Bundesbürger ist Sammler. Die Auflösung all dieser Sammlungen würde unsere Mülltonnen wahrscheinlich bis ins dritte Jahrtausend verstopfen. In dem Essay »Der Sammler – Phänomen unserer Zeit« kommt der Arzt Heinrich Voigtländer zu dem Schluß: »Zweifellos bekommt das Sammeln dem Seelenfrieden und schützt vor dem Herzinfarkt.«[2]

Die Betrachtungen über den Sammler im Menschen enthalten zwei wichtige Begriffe: Spaß und Freiwilligkeit. Damit konnte man den Menschen schon immer kommen. Allein die einschlägige Oldtimer-Fachpresse verzeichnet übers Jahr viele hundert mobiler Verwertungstreffen. Das größte findet in den USA statt. 3400 Händler treffen sich in Hershey, Pennsylvania, zum fröhlichen Ausbeinen, 250000 Besucher machen begeistert mit. Die Szene erspart der Allgemeinheit nicht nur einen gigantischen Müllhaufen, sondern macht obendrein auch noch ökonomisch Gewinn. Fernab vom protzenden Milieu neuer Automobile wuchs unter der Hand eine Wirtschaftsbranche mit handwerklichen Arbeitsplätzen und Millionenumsätzen heran. Merke: Tief im Hinterstübchen ist der Mensch für ökologisches Handeln empfänglich, man muß nur den richtigen Knopf drücken.

Spaß und Freude mögen Triebfedern zum Bewahren sein, noch viel stärker freilich ist die Wirkung des Mangels. Die ehemalige DDR war eine klassische Mangelgesellschaft. Da man für Geld ohnehin nichts kaufen konnte, blühte der archaische Tauschhandel. Weggeworfen wurde da gar nichts, jedes Schräubchen stellte einen kleinen Schatz dar. Kaum war allerdings die Mauer gefallen, wurde beispielsweise das jahrzehntelange Hätschelauto der DDR-Gesellschaft undankbar verstoßen.

Das Ende der DDR war gleichzeitig das Ende eines Recycling-Großversuchs. Alte Trabis lagen am Straßenrand wie McDonald's-Tüten. Das Auto, das der Dauerhaftigkeit des Trabant – liebevoll »Rennpappe« genannt – hierzulande am nächsten kommt, ist pikanterweise der Porsche. Mehr als zwei Drittel aller jemals gebauten Porsche sind noch im Straßenverkehr – eine prima Ökobilanz. Und wenn so ein alter Porsche mal nicht mehr will, wandert er nicht auf den Schrott, sondern zum Restaurator.

Der feine Unterschied zwischen dem Prinzip Porsche und dem Prinzip Trabi: Den Trabant teilte irgendein ominöser Plan zu beziehungsweise nicht zu. Beim Porsche sorgt ganz profan der Preis für eine eingeschränkte Kundschaft. Je teurer ein Gegenstand ist, desto geringer ist die Gefahr, daß er auf dem Müll landet. Je teurer ein Gegenstand ist, desto besser läßt sich natürlich auch Qualität bauen. Und je besser die Qualität, desto eher lohnt sich das Reparieren oder Restaurieren. »Je wertvoller ein Gut für seinen Besitzer ist, um so pfleglicher wird es behandelt und um so länger möchte er es besitzen«, schreibt Friedrich Schmidt-Bleek der ehemalige Vizepräsident des Wuppertal-Instituts für Kima, Umwelt und Energie und fügt hinzu: »Das geht meistens mit hoher Qualität und Exklusivität … einher.«[3] Unter diesem Gesichtspunkt ist das System Porsche ökologisch durchaus bedenkenswert.

Auch die Industrie selbst beginnt dieses Potential zu entdecken. Es gäbe da ja ganz hübsche Kombinationsmöglichkeiten: So werden bei den derzeitigen industriellen Pilotversuchen die Autowracks von hochbezahlten Kräften gefleddert. Man könnte natürlich auch einen sauberen und gut geführten Mercedes-, BMW- oder Audi-Schrottplatz vorschalten – nach Art des Hauses, also ohne Ghetto-Ambiente, und schon würde vieles mit großer Lust und Freude von Freiwilligen ausgebeint, abtransportiert und wiederverwertet.

Daimler-Benz, man höre und staune, hat soeben tatsächlich einen Anfang gemacht. In Obertürkheim wurde ein »markeneigener Altfahrzeugverwertungsbetrieb« eröffnet, der dem Kunden für seinen alten Daimler preiswerte gebrauchte Ersatzteile liefern soll. 84 Prozent aller

Mercedes-Kunden, so eine Umfrage, begrüßen dies unter Umweltgesichtspunkten aufs heftigste.

Was lernen wir nun aus alledem? Erstens: Die Evolution hat den Menschen keineswegs zum Wegwerfwesen verdammt. Zweitens: Die Beschäftigung mit alten Dingen kann unbestreitbar Sinn stiften. Drittens: Bewahren und reparieren macht Spaß und spart Geld. Hier und da aufkommender Mangel spricht dafür, daß sich eher mehr als weniger Menschen einem solchen Ökohobby verschreiben. Für viele wird daraus sogar klammheimlich wieder ein Beruf. (In Wolfsburg klagen die Handwerker seit Einführung der Viertagewoche bei VW bereits über Auftragsschwund.) Fünftens: Der Finanzminister ahnt nichts davon. Folglich: Das alles macht Hoffnung.

1 J. H. Reichholf, Das Rätsel der Menschwerdung, 1990. **2** H. Voigtländer, Der Sammler – Phänomen unserer Zeit?, 1993. **3** F. Schmidt-Bleek, Produktentwicklung (Broschüre), 1995.

Perspektiven

Der Trend ist unübersehbar: Die Zeiten, in denen wertvolle Rohstoffe als Müll in Erdlöchern verbuddelt wurden, gehen zu Ende. Recycling wird wirtschaftlich immer sinnvoller und technisch perfekter. Wir werden also nicht im Müll ersticken, sondern aus Abfall Geld machen. Vielleicht sind die Mülldeponien von gestern die Rohstofflager von morgen. Möglich ist auch, daß bei neuen Industrieansiedlungen Vernetzungseffekte gleich mitbedacht werden. Manchmal ist der Abfall des einen die Ressource des anderen.

Der Siegeszug des Recyclings ist ein schönes Beispiel dafür, wie politische Weichenstellungen kombiniert mit wirtschaftlichen Anreizen innerhalb kurzer Zeit viel bewirken können. Da alle Länder, in denen der Wohlstand steigt, früher oder später Müllprobleme bekommen, kann intelligente Recyclingtechnik zu einem deutschen Exportschlager werden.

Zu Recht bemängeln Kritiker den schlechten energetischen Wirkungsgrad beim Kunststoffrecycling. Statt die im Kunststoff gespeicherte Energie zu nutzen und ihn zu verbrennen, so argumentieren sie, werden unter Hinzugabe weiterer Energie minderwertige Produkte geschaffen. Doch eine Festlegung auf die thermische Nutzung schafft keinen Anreiz für weitere technische Entwicklungen. Unsere Nachfahren werden über die Unzulänglichkeit des gegenwärtigen Plastikrecyclings lächeln. Besonders, weil es schon heute Methoden gibt, um unterschiedliche Kunststoffe automatisch zu trennen (was in der Praxis bisher immer noch in mühsamer Handarbeit geschieht).

Es ist durchaus möglich, daß zukünftig aus Kunststoffabfall wieder hochwertige sortenreine Produkte entstehen können. Daran arbeiten Techniker, Ingenieure und Wissenschaftler. Zwei Beispiele: An der Technischen Universität Berlin entwickelten Forscher einen »Jungbrunnen für Kunststoffe«, in dem Plastikabfall in einer organischen Substanz gelöst wird. Die Apparatur separiert Bestandteile, die infolge unterschiedlicher Sinkgeschwindigkeit in einer Trennsäule einzeln abfließen.[1] Eine große Pilotanlage für ein anderes technisches Trennsystem wurde im Oktober 1997 in der Nähe von Aachen eröffnet. Auch sie verwandelt den buntgemischten und verdreckten Abfall aus den gelben Säcken in Kunststoffe sauberer Qualität. Diese KAKTUS genannte Anlage soll die Kosten der Kunststofftrennung erheblich senken. Das Duale System kündigte an, dieses Verfahren schon bald großtechnisch umzusetzen.[2]

Die Entwicklung besserer Kunststoffe kommt dem entgegen. Chemiker großer Unternehmen arbeiten daran, die Vielzahl der heute eingesetzten Stoffe zu reduzieren. »Unsere Forschung soll zu einheitlicheren Materialien führen, die man in vielen Bereichen anwenden kann. So würde das Sortieren weniger problematisch«, sagt Dr. Alexandra Jacobs, Laborleiterin einer großen Frankfurter Chemiefirma.[3]

Ein anderer Trend geht zum kompostierbaren Kunststoff. So präsentierte die Münchner Danone GmbH im Herbst 1997 den »Öko-Cup«, einen kompostierbaren Joghurtbecher, dessen Grundstoff aus Zuckerrüben gewonnen wird. Danone zog den »Öko-Cup« zurück, denn bis heute (1999) gibt es leider immer noch kein Sammelsystem für biologisch abbaubare Werkstoffe. Sie gehen bisher im normalen

Plastikmüll unter. Dabei ist das Bio-Plastik längst technisch ausgereift. Die »Interessengemeinschaft biologisch abbaubare Werkstoffe e.V.« (IBAW) zählt Ende der neunziger Jahre 33 Mitglieder, darunter die deutschen Chemieriesen BASF und Bayer. Auch US-Großkonzerne wie Monsanto produzieren und vertreiben bereits Kunstoffprodukte aus Pflanzen.[4]

Womit wir beim Biomüll wären. Ob der häuslichen Komposttonne in den Städten eine große Zukunft bevorsteht, ist fraglich. Denn feuchte Lebensmittelabfälle sind Flugplätze für alle möglichen Schimmelpilzsporen. Wenn im Zuge der Energie- und Klimadiskussion obendrein die Wohnhäuser immer besser isoliert werden, könnten auf diese Weise Schimmelbiotope entstehen, die zum gesundheitlichen Risiko werden, besonders für Allergiker. Ähnliche Risiken könnten in der Nähe von Groß-Kompostanlagen entstehen, die in vielen Gemeinden betrieben werden. Beim Umweltbundesamt (UBA) regte sich schon Kritik an diesen Verrottungsszentren. UBA-Mitarbeiter Rüdiger Hofmann erklärte, daß in zahlreichen Kompostierungsanlagen gesundheitlich bedenkliche Konzentrationen von Krankheitskeimen gefunden worden sind.[5]

In Deutschland wird die Mehrwegquote gern zum Öko-Dogma erhoben. Ob in Zukunft der Transport von Mineralwasser und Limonade in Pfandflaschen (die so schwer sind wie ihr Inhalt) noch ökologisch vernünftig sein wird, ist fraglich. Drei technische Entwicklungen sprechen gegen ein Überleben der alten Pfandflasche aus Glas: Erstens wurde 1997 auf einer Fachmesse erstmals eine PET-Flasche (Polyethylenterephtalat) vorgestellt, die nicht mehr den unangenehmen Plastikgeschmack aufweist, sondern, wie Glas, geschmacksneutral ist. Zweitens haben mehrere Firmen das Recycling so optimiert, daß aus PET-Flaschen wirklich wieder PET-Flaschen werden können.[6] Und drittens machen immer mehr Haushalte Sprudelwasser und Limonade selbst. Da in vielen Regionen Deutschlands das Trinkwasser gut schmeckt und Werte vorweisen kann, die die Qualität vieler Mineralquellen übertreffen, kommen Sodawasserbereitungsgeräte heftig in Mode. Das Fraunhofer-Institut in Stuttgart hat sogar ein Bauteil entwickelt, das direkt an den Wasserhahn montiert werden kann und das Wasser schon mit Kohlensäure versetzt, während es aus der Leitung läuft.[7] Aus solchen Entwicklungen könnte ein Niedergang der Mineralbrunnen-Unternehmen folgen. Doch für die Umwelt wäre es allemal gut, wenn Getränke nicht mehr per LKW durchs Land kutschiert werden müßten.

Aber vielleicht kommt alles noch ganz anders. Neueste Forschungen aus England ziehen grundsätzlich in Zweifel, ob Recycling gut für die Umwelt ist. Matthew Leach, Energieexperte vom Zentrum für Umwelttechnologie am Imperial College in London, erstellte eine vergleichende Umweltbilanz von Verbrennen und Recyceln. Die Ergebnisse werfen die ganze Mülldiskussion der letzten 30 Jahre über den Haufen. Am Beispiel Recyclingpapier rechnete Leachs Team vor: Der wahre Umweltfreund läßt den Abfall verbrennen. Papierrecycling verbraucht dieser Studie zufolge wesentlich mehr Energie und verursacht mehr Umweltverschmutzung, besonders über den Lastwagenverkehr vom Sammelcontainer zu den oft weit entfernten Recyclingfabriken. Während bei der Wiederaufbereitung von Altpapier Tausende Tonnen Erdöl verbraucht werden, liefern moderne Verbrennungsanlagen Energie und Wärme. Der Verbrennungsprozeß sei CO_2-neutral, argumentieren die britischen Umweltforscher, denn die nachwachsenden Wälder Skandinaviens und Nordamerikas, die für die Papierherstellung gepflanzt werden, nehmen das freigesetzte Kohlendioxid wieder auf.

Die recycling-kritischen Wissenschaftler glauben, daß Sammeln und Wiederverwerten ein pseudoökologisches Ablaßritual geworden sind, das der Umwelt eher schadet als nützt. »Das Reinigen von Mehrwegflaschen«, sagt Leach, »kann mehr Energie kosten als die Herstellung von Flaschen.«[8]

1 Geo Nr. 8/1997. **2** Frankfurter Allgemeine Zeitung vom 1. 10. 1997. **3** Change, Umweltmagazin von der Hoechst AG, 1996. **4** Der Spiegel, Nr. 8/1998. **5** Bild-Zeitung vom 27. 2. 1998. **6** Frankfurter Allgemeine Zeitung vom 23. 9. 1997. **7** Fraunhofer Gesellschaft, Mediendienst Nr. 8/1997. **8** New Scientist vom 22. 11. 1997.

Naturschutz

Oft gehört, gern geglaubt

»Natur und Technik sind Gegensätze«
»In der Natur herrscht ein natürliches Gleichgewicht«
»Die Natur ist überall auf dem Rückzug«
»Wir erleben zur Zeit ein katastrophales Artensterben«
»In der Stadt gibt es keine Natur«
»In Industrieländern ist kein Platz für Tiere«
»Elefanten, Robben und Wale sterben aus«
»Durch Jagd und Fang werden Tiere ausgerottet«
»Der Handel mit Elfenbein und Krokoleder rottet Tierarten aus«
»Umweltgruppen geben viel Geld für Naturschutz aus«
»Naturvölker gehen besser mit der Natur um«

Perspektiven

Oft gehört, gern geglaubt

»Wenn ich groß bin, gibt es kein einziges grünes Fleckchen mehr. Da tät ich lieber tot sein.« Die Zukunftsvorstellung des elfjährigen Clemens[1] bündelt, was Kinder und Erwachsene heute über den Zustand der Natur lesen, sehen und hören. Mutter Natur, früher gern als pralles Weib dargestellt, wird nur noch als Schwindsüchtige gezeichnet, umgeben von rauchenden Schloten.

Natur wird immer und überall zurückgedrängt. Hat man schon mal gehört, daß sie sich irgendwo auf der Welt ausbreitet? Tierarten sind grundsätzlich bedroht. Wenn sie so häufig vorkommen, daß es den Lesern bzw. Zuschauern auffallen könnte, greifen Alarmisten zu dem kleinen Wörtchen »noch«. Der Buntspecht sei »noch nicht akut gefährdet«[2], erklärte der Naturschutzbund NABU, wohlwissend, daß zirka eine Million Buntspechte durch deutsche Wälder, Parks und Vorgärten flattern.

Jedes Jahr stirbt eine Tierart aus, jeden Tag, jede Stunde, jede Minute – alle Versionen werden eifrig gesendet und gedruckt. Ist ja auch egal, Hauptsache, wir schaudern uns und fühlen uns ganz arg schuldig. Niemand fragt nach, welche Tiere denn aussterben, und das ist auch so gewollt, denn keiner kennt ihre Namen. Der gigantische Verlust an Arten ist nur aus theoretischen Hochrechnungen bekannt, nicht aber aus Wäldern und Savannen.

Die Campaigner klappern mit ihren Spendentöpfen: Rettet die Robben! Rettet die Wale! Der letzte Elefant ist schon geboren! Wer möchte da kleinlich sein und Fragen stellen? Es ist immer Großalarm, immer fünf vor zwölf. Doch wie durch ein Wunder geht es immer gerade noch mal gut, und es werden dann doch noch ein paar Tausend weitere Elefanten geboren.

Offenbar sind viele Menschen von der fixen Idee fasziniert, Mutter Natur umbringen zu können. Doch leider müssen wir allen, die diesem kindlichen Größenwahn anhängen, ein paar Illusionen rauben: Die Natur ist gar nicht so schwach. Sie war ein paar Millionen Jahre lang im Fitneßstudio. Sie trainierte mit Klimawechseln, Kontinentalverschiebungen und planetaren Katastrophen. Wir sollten uns mit ihr anfreunden und von ihr lernen, statt uns mit voreiligen Grabgesängen von ihr zu verabschieden.

1 Ch. Grefe, I. Jerger-Bachmann, Das blöde Ozonloch, 1992. **2** NABU-Pressedienst, Vogel des Jahres 1997.

»Natur und Technik sind Gegensätze«

Natürliche Geburt, natürliches Mineralwasser, Naturvölker, Naturfasern, Naturjoghurt? Jeder beruft sich auf die Natur, aber keiner weiß so richtig, was das ist. Natur wird als Gegenpol zu Technik, Kultur und Zivilisation verstanden. Natur erscheint als das Ursprüngliche, Unverdorbene, Gute. Der Naturphilosoph Gernot Böhme schreibt: »Es ist unklar geworden, was Natur ist, was wir darunter verstehen, ob, was wir als Natur ansehen, überhaupt Natur ist, und schließlich, welche Natur wir wollen.«[1]

Plastik, Glas, Eisen oder Beton, gelten im alltäglichen Sprachgebrauch als Inbegriff des Künstlichen. Bei näherer Betrachtung sind diese Stoffe aber durchaus natürlich. Beton besteht aus Kalk, Ton, Sand und Kies. Eisenerz wächst im Schoß der Erde. Glas gewinnt man aus den Naturstoffen Quarzsand und Soda. Kunststoffe werden aus Erdöl hergestellt, sind also Waldprodukte; denn Erdöl ist nichts anderes als verrottetes Holz aus vergangenen Zeitaltern. Wenn Chemiker neue Werkstoffe entwickeln, müssen sie zwangsläufig auf das zurückgreifen, was auf der Erde vorhanden ist.

Wir Menschen können die Natur verändern, doch wir können nichts Neues erschaffen. Selbst der glitzernde Glaspalast eines High-Tech-Konzerns ließe sich samt Inhalt in natürliche Bestandteile zerlegen. »Wir müssen lernen«, schreibt Böhme, »die natürliche Evolution als einen Prozeß zu verstehen, in dem auch die Entwicklung von Kultur und Technik einen bestimmten Schritt darstellt.«[2]

Tiere sind übrigens ebenfalls in der Lage, die Natur extrem zu verändern und »Technik« hervorzubringen. So zerkauen manche Wespen Holz und verwandeln es mit ihrem Speichel zu Papier, aus dem sie ihre kunstvollen Nester bauen.

Wenn Menschen zum Schutz der Natur aufrufen, so meinen sie in der Regel die »grüne Natur«: Bäume, Blumen, Bienen, Bären. Doch auch in diesem Diskurs bleibt manchmal unklar, worum es eigentlich geht. Oft ist von »Naturgebieten« die Rede, gemeint sind aber Kulturlandschaften. So ist etwa die Lüneburger Heide für viele Menschen ein Naturgefilde. Doch die romantische Schäferlandschaft aus Heidekraut,

Wacholder und Ginster wurde einst von Menschen geschaffen, die den Wald zerstörten, der dort vorher »ganz natürlich« gewachsen war.

Normalerweise wird das Land mit Natur in Verbindung gebracht, die Stadt dagegen mit Technik und Zivilisation. Doch in den Städten leben mehr Tierarten als auf der Feldflur (siehe »In der Stadt gibt es keine Natur«, Seite 336). Äcker und Grünlandflächen werden heute häufig so überdüngt, daß nur wenige Arten diesen Nährstoffüberschuß bewältigen können. Viele Agrarlandschaften sind eintönig und lebensfeindlich. So weichen zahlreiche Tiere und auch Pflanzen in die Städte aus, wo sie es besser haben.

Welche Natur soll bewahrt werden? Die Wildnis, die Agrarlandschaft des 19. Jahrhunderts, die heutige Landschaft? Darüber streiten sich die Naturschützer. Wenn nur das schützenswert ist, was sich ohne Zutun des Menschen von selbst entwickelt, müßten in Deutschland vorrangig Laubwälder bewahrt werden. Denn Buchenwälder bedeckten weite Flächen Mitteleuropas, bevor der Mensch mit Ackerbau und Viehzucht begann. Buchenbiotope sind jedoch recht artenarm.

Oder soll der Zustand gepflegt werden, der die größte Artenvielfalt hervorgebracht hat? In Deutschland wären das beispielsweise Trockenrasenbiotope, die sich aber ohne Bewirtschaftung (etwa als Schafweiden) langfristig in Wälder verwandeln können.

1 G. Böhme, Natürlich Natur, 1992. **2** ebd.

»In der Natur herrscht ein natürliches Gleichgewicht«

Der Normalzustand der Natur ist nicht das Gleichgewicht, sondern die Pause zwischen zwei Katastrophen. Feuer, Frost, Fluten und Stürme wirbeln das Leben auf der Erde mit Macht durcheinander. Dazu kommen noch globale Desaster mit Langzeitwirkung, wie Eiszeiten oder gigantische Vulkanausbrüche, die für Dekaden den Himmel verdunkeln. Im Laufe der Evolution kam es fünfmal zu einem weltweiten Massensterben von Pflanzen und Tieren. 99 Prozent der Arten, die jemals auf der Erde gelebt haben, starben aus.[1]

»Die Natur ist eine Lotterie«, schreibt der amerikanische Wissenschaftsautor Stephen Budiansky. »Sie ist sogar noch schlimmer als eine Lotterie, denn die Lotteriegesellschaft kann jederzeit entscheiden, gar nichts auszuzahlen und alles für sich zu behalten.«[2]

Botaniker stellten fest, daß in manchen Bergwäldern Chiles das Kronendach von Nothofagus-Bäumen gebildet wird. Doch alle jüngeren Bäume darunter gehörten zu anderen Arten. Offenbar können sich Nothofagus-Samen nicht in Nothofagus-Wäldern entwickeln. Des Rätsels Lösung: Der Baum ist von Katastrophen abhängig. Nur wo Erdrutsche, Erdbeben oder Feuer die Vegetation zerstört haben, keimt Nothofagus.[3]

Bei einem ökologischen Experiment in New Hampshire stellte sich heraus, daß Kahlschlag die beste Methode ist, eine natürliche Verteilung der Baumarten in einem forstlich genutzten Wald zu erhalten. Das selektive Fällen einzelner Stämme veränderte über die Jahre die Zusammensetzung des Waldes. Der Kahlschlag jedoch entsprach einem natürlichen Ereignis: dem Waldbrand.[4]

Es gibt in der Natur nicht nur Kreisläufe, sondern auch Sackgassen. Eisenbakterien bilden rote, schwammige Beläge auf Gewässern. Die anderen Wasserlebewesen sterben dadurch größtenteils ab. Der von den Bakterien erzeugte Rost ist natürlicher Müll, der von keinem anderen Organismus recycelt werden kann.[5]

Tiere, wie etwa Lemminge, Feldmäuse, Wanderheuschrecken, Borkenkäfer oder Gespinstmotten, können sich explosionsartig vermehren, aber auch in kurzer Zeit zu Tausenden oder gar Millionen sterben.

Die Natur erteilt keine Garantie, daß morgen noch vorhanden ist, was heute existiert. Sie hat keinen Plan und kein Ziel. »Es gibt kein Gleichgewicht in der Natur«, schreibt der Ökologe Professor Josef H. Reichholf. Es sei geradezu unsinnig zu erwarten, daß ökologische Systeme so bleiben sollen, wie sie sind. Der gegenwärtige Zustand ist nichts weiter als die Ausgangsbasis für den nächsten.[6]

Obwohl die ökologische Wissenschaft schon jahrzehntelang von der Vorstellung eines natürlichen Gleichgewichtes Abschied genommen hat, hält sich diese Fiktion hartnäckig in allen Formen der Öko-Prosa. Ob Al Gore eine staatsmännische Rede hält, Greenpeace Presseerklärungen versendet oder der Landrat die neue Kläranlage einweiht, stets wird das »ökologische Gleichgewicht« beschworen.

»Wer das ›Gleichgewicht der Natur‹ erhalten möchte, meint mehr seine eigene statische Sicht«, schreibt Josef H. Reichholf. Oft ist es nur das menschliche Zeitmaß, das Stabilität vorgaukelt.[7] Während uns das wuselige Leben von Einzellern unter dem Mikroskop chaotisch erscheint, kommt uns ein alter Eichenwald stabil vor. Doch auf lange Sicht betrachtet kann auch ein Eichenwald chaotisch sein.

In der Natur gibt es keine Endzustände, keinen dauerhaften Kiefernwald, keine ewige Savanne, keinen für immer bleibenden See – es gibt nur vorübergehende Zustände. Kategorien wie »Fichtenwald« sind menschlich und nicht biologisch.[8]

Gäbe es ein Gleichgewicht der Natur, und würde bei jeder Störung der Naturhaushalt zusammenbrechen, hätte sich keine Evolution vollziehen können. Denn Weiterentwicklung erfolgt aus Ungleichgewichten heraus. Wo ein Gleichgewicht herrscht, verändert sich nichts.[9]

1 W. Engelhardt, Das Ende der Artenvielfalt, 1997. **2** St. Budiansky, Nature's Keepers, 1995. **3** ebd. **4** ebd. **5** J. H. Reichholf, Comeback der Biber, 1993. **6** ebd. **7** ebd. **8** St. Budiansky, Nature's Keepers, 1995. **9** J. H. Reichholf, Comeback der Biber, 1993.

»Die Natur ist überall auf dem Rückzug«

Es sind die Entwicklungsländer, in denen die Natur derzeit drastisch zurückgedrängt wird. In den alten Industrieländern nehmen Wald- und Naturgebiete zu, da die Landwirtschaft dort immer höhere Erträge auf immer kleineren Flächen erzielt. So wuchs die Waldfläche Europas zwischen 1980 und 1990 um rund zwei Millionen Hektar.[1] (Siehe auch »Die Wälder sind weltweit in Gefahr«, Seite 406.)

Auf allen Kontinenten außer Europa sind 75 Prozent der Landfläche auch heute noch für Wildtiere zugänglich.[2] Diese ungenutzten oder extensiv genutzten Gebiete in den Entwicklungsländern sind überaus wichtig für den heutigen und den zukünftigen Naturschutz.

Wieviel Wald es auf der Welt gibt, ist umstritten. So rechnen einige

Zunahme von Schutzgebieten weltweit

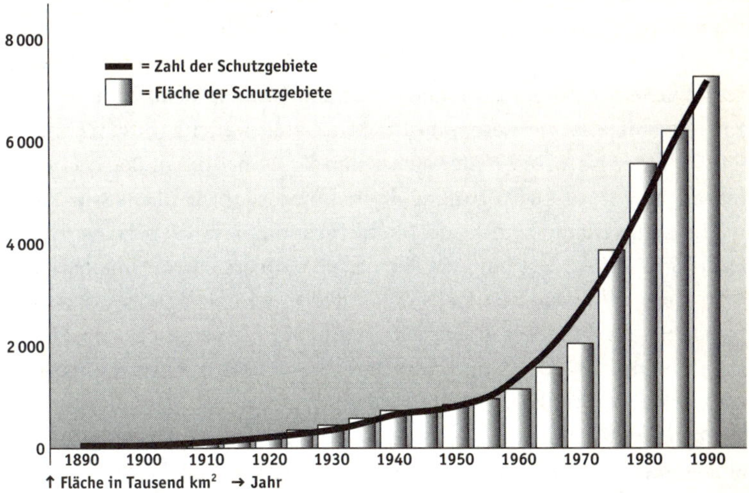

Zu Beginn des Jahrhunderts gab es nur eine Handvoll Nationalparks und andere Schutzgebiete auf der Erde. Seit den sechziger Jahren steigt ihre Zahl kräftig an. Über 80 Prozent der heutigen Naturreservate entstanden nach 1962.

(Quelle: World Conservation Monitoring Centre 1992)

Länder, wie etwa Malaysia, Plantagen aus Ölpalmen, Gummibäumen oder schnell wachsendem Industrieholz in ihre Waldstatistik ein. Das hebt den Anteil des Waldes an der Gesamtfläche. In der Regel ist wirtschaftlich genutzter Forst ökologisch verarmt, aber nicht wertlos. Manche Naturschützer betrachten jedoch nur Urwälder als echte Wälder. Mit dieser Maßgabe wird der Waldanteil der meisten Länder verschwindend gering. Deutschland zum Beispiel wäre so gesehen ein nahezu waldfreies Land.

Der US-amerikanische Forstwissenschaftler Ariel Lugo wies darauf hin, daß auch ein Regenwald durch den Holzeinschlag nicht zur Wüste wird. Es bleibt ein Sekundärwald, der immer noch artenreich ist (siehe auch »Nur Urwälder sind ökologisch wertvoll«, Seite 420).[3] Tiere, die auf ein Leben im Kronendach der großen, alten Bäume spezialisiert sind, wandern ab. Andere Arten, zum Beispiel Elefanten, ziehen Sekundärwälder vor, weil diese mehr Grünfutter in Bodennähe bieten.[4]

Etwa acht Millionen Quadratkilometer, also etwa 5,9 Prozent der Landfläche der Erde, wurden bisher unter Schutz gestellt (Meeres- und Küstengebiete sowie Reservate für Naturvölker nicht mitgerechnet).[5] Die Zahl der Naturreservate wächst ständig. Von 1433 in den sechziger Jahren stieg sie auf 8491 Anfang der neunziger Jahre.[6] **[Grafik Seite 327]**

In Deutschland wurde der erste Nationalpark 1970 (Bayerischer Wald) gegründet, fast hundert Jahre nach dem ersten Nationalpark der Welt, dem Yellowstone Park (1872). Ende der neunziger Jahre existierten zwölf Nationalparks und dazu dreizehn Biosphärenreservate.[7] Hinzu kommen noch Gebiete mit schwachem Schutzstatus, etwa Naturparks, und zirka 5000 (teilweise kleine) Naturschutzgebiete.[8] Der ökologische Wert vieler Naturschutzgebiete wird von Fachleuten allerdings gering eingeschätzt. Anders als in den Nationalparks dürfen Landwirtschaft, Jagd und Fischerei darin weiter betrieben werden.

Hauptsächlich durch die Rücknahme der Jagd und eine höhere Toleranz der Menschen gegenüber Wildtieren haben sich auch in Deutschland viele verloren geglaubte Tierarten erholt. Einige, die schon verschwunden waren, kehrten zurück. Dazu mehr unter dem Punkt »In Industrieländern ist kein Platz für Tiere«, Seite 338.

1 R. Bailey (Hrsg.), The True State of the Planet, 1995. **2** ebd. **3** Science vom 16. 8. 1991. **4** J. S. Adams und T. O. McShane, The Myth of Wild Africa, 1992. **5** R. Bailey (Hrsg.), The True State of the Planet, 1995. **6** World Conservation Monitoring Centre, Global Biodiversity, 1992. **7** Umweltbundesamt, Daten zur Umwelt, 1997. **8** Frankfurter Allgemeine Zeitung vom 2. 4. 1998.

Was sind eigentlich Arten?

Arten sind definierte Einheiten, auf die sich Biologen geeinigt haben. Während es sich bei anderen biologischen Verwandtschaftsbezeichnungen (zum Beispiel Gattung, Familie, Klasse usw.) eher um theoretische Konstrukte handelt, orientiert sich der Begriff »Art« an den wirklich vorhandenen Lebewesen. Arten bilden Fortpflanzungsgemeinschaften; auf Ebene der Arten findet Evolution konkret statt. Laut Definition gehören alle Tiere zu einer Art, die gemeinsam reproduktionsfähige Nachkommen hervorbringen können. Paaren sich dagegen artfremde Lebewesen, etwa Esel und Pferde, sind ihre Nachkommen (Maultiere) unfruchtbar. Menschen aller Rassen gehören zur gleichen Art (dem Homo sapiens), denn ihre Nachkommen können stets wieder Nachkommen hervorbringen.

Neuere Forschungen stellen jedoch die Schärfe des klassischen Artbegriffs in Frage. Biologen bemerkten, daß sich Pflanzen und Tiere gelegentlich über wissenschaftliche Definitionen hinwegsetzen und ihre Artgrenzen ignorieren. So können Arten verschwinden und neue auftauchen, ohne daß den real existierenden Tieren dabei ein Haar gekrümmt wird. Erkenntnisfortschritte zwingen Taxonomen (so heißen die Biologen, die die Klassifizierungen vornehmen und die Arten beschreiben), die Verwandtschaftsverhältnisse der Lebewesen immer wieder neu zu definieren. Der amerikanische Säugetierspezialist C. Hart Merriam kam 1918 zu dem Schluß, daß es Grizzlybären in Wirklichkeit gar nicht gibt. Unter diesem Namen wurden seiner Meinung nach sieben verschiedene Arten versammelt, die sich wiederum in 77 Unterarten einteilen ließen (von denen 58 seinen Namen als Entdecker erhielten).[1] Nach heutigem Stand der Wissenschaft gibt es die Art »Grizzlybär« tatsächlich nicht. Sie hat sich jedoch in die andere Richtung aufgelöst: Grizzlys werden nur noch als Unterart des Braunbären (Ursus arctos) betrachtet. Um seine Theorie zu beweisen, hatte Merriam übrigens viele hundert Grizzlybären von Jägern erlegen lassen.

Seit Gene sichtbar gemacht werden können, ist richtig Leben in die Register der Taxonomen gekommen. Vieles, was einmal sicher schien, muß neu erforscht werden. Tiere, die so ähnlich aussahen, daß man sie zur gleichen Art rechnete, erwiesen sich als genetisch fremd. So entdeckten Genetiker, daß äußerlich nahezu identische Taufliegen zu verschiedenen Arten gehören können.

Andere, die äußerlich verschieden wirkten, entpuppten sich als eng verwandt. Unterschiedliche Froscharten (beispielsweise Seefrösche und Kleine Wasserfrösche[2]) paaren sich und bringen fruchtbare Nachkommen hervor. Rotwölfe, die noch bis vor kurzem für eine eigene Art gehalten wurden, wurden als Mischlinge zwischen Wölfen und Kojoten entlarvt, berichtet der Innsbrucker Zoologe Rüdiger Kaufmann. Nordamerikanische Naturschützer stehen nun vor der Frage, ob sie Artenschutzprojekte für den Rotwolf abbrechen, weil ihnen die Art abhanden gekommen ist. 1990 sezierten norwegische Wissenschaftler den Kadaver eines trächtigen Blauwalweibchens, und stellten mit Erstaunen fest, daß das ungeborene Kalb ein Mischling aus Blauwal und Glattwal war.[3]

Robert Zingg, Vize-Direktor der Züricher Zoos, berichtet, daß in Tierparks Paare aus Jaguar und Leopard, Löwe und Tiger fruchtbare Nachkommen in die Welt setzten. Auch alle Arten von Wildziegen (zu denen zum Beispiel der Alpensteinbock zählt) sind im Zoo kreuzbar und bringen zeugungsfähige Nachkommen hervor. Biologie ist keine Mathematik, die felsenfesten Regeln folgt. Das Lebendige steckt voller Überraschungen.

Je höher entwickelt eine Lebensform ist, desto umfangreicher ist ihr Erbgut. Die genetischen Unterschiede zwischen zwei Vertretern derselben Säugetierart können beispielsweise größer sein als die zwischen zwei verschiedenen Algenarten. Eine neue Elefantenspezies bräuchte sehr lange, um sich zu entwickeln. Doch neue Arten von Eintagsfliegen können unter Umständen relativ schnell entstehen. Kurzlebige und einfacher gebaute Tierformen, die viele Nachkommen hervorbringen, neigen stärker zu Mutationen und können sich schneller verändern.

Die Evolution schreitet durch Katastrophen voran. Immer wieder gab es auf der Erde Desaster, denen Zehntausende von Arten zum Opfer fielen. Biologen gehen davon aus, daß im Laufe der Erdgeschichte 99 Prozent aller Tier- und Pflanzenarten ausstarben.[4] Nach den großen Katastrophen wurden die Karten neu gemischt. Tierklassen, die zuvor ein Schattendasein geführt hatten, bildeten zahlreiche neue Arten und eroberten die Erde. So gab es schon zur Saurierzeit Säugetiere. Doch sie wurden vom Regiment der Reptilien unterdrückt. Die große Zeit der Säuger begann erst, als die Riesenechsen ausgestorben waren.

Bis Mitte der neunziger Jahre sind etwa 1,5 Millionen Pflanzen- und Tierarten entdeckt und beschrieben worden. Mehr als die Hälfte davon sind Insekten.[5] Wie viele bisher unentdeckt geblieben sind, darüber gehen die Meinungen auseinander. Einige Wissenschaftler sind der Meinung, es gebe nahezu 100 Millionen Arten auf der Welt.[6] Dazu mehr unter dem Punkt »Wir erleben zur Zeit ein katastrophales Artensterben«.

Sicher ist: Die Zeit der Entdeckungen ist noch lange nicht vorbei. Allein 1997 haben Biologen auf Madagaskar rund hundert neue Froscharten gefunden und beschrieben. Damit wurde die Zahl der auf der Insel bekannten Lurche nahezu verdoppelt. Noch vor wenigen Jahren gab es mehr bekannte Säugetiere als Frösche; doch eine Welle von Neuentdeckungen hat dazu geführt, daß die Frösche Ende der neunziger Jahre mit rund 4900 registrierten Arten in Führung gingen.[7]

1 F. Mowat, Der Untergang der Arche Noah, 1987. **2** G. Fröhlich u. a., Schützt Lurche und Kriechtiere, 1987. **3** A. Dobson, Biologische Vielfalt und Naturschutz, 1997. **4** G. Easterbrook, A Moment on Earth, 1995. **5** A. Dobson, Biologische Vielfalt und Naturschutz, 1997. **6** Science vom 16. 8. 1991. **7** Frankfurter Allgemeine Zeitung vom 25. 3. 1998.

»Wir erleben zur Zeit ein katastrophales Artensterben«

Seit Jahren sammeln wir die veröffentlichten Zahlen über aussterbende Tiere und Pflanzen. So kam ein buntes Album der Prognosen zustande. Von der Behauptung, pro Jahr sterbe eine Art aus, bis zu einer Art pro Minute ist alles vertreten. Alle Artikel unserer Sammlung erschienen in seriösen Blättern und berufen sich auf wissenschaftliche Untersuchungen. Berühmte Biologen warnen vor einem katastrophalen Artensterben, das bereits stattfinde und sich in naher Zukunft weiter verschlimmern werde. Paul und Anne Ehrlich prophezeihen in dem Buch »Extinction« ein nahezu komplettes Aussterben der Tierwelt bis 2025. Edward O. Wilson schätzt, daß zirka 27000 Arten im Jahr aussterben, also zirka 70 am Tag.[1] Wolfgang Engelhardt, Präsident des Deutschen Naturschutzringes, schreibt, daß schon heute 300 bis 400 Arten täglich verschwinden.[2] Der Wissenschaftliche Beirat der Bundesregierung erklärt in dem Gutachten »Wege zur Lösung globaler Umweltprobleme«, es würden in den nächsten Jahren täglich bis zu 130 Arten aussterben, wenn nichts geschehe. Wer könnte da noch zweifeln?

Biologen, die weniger Gehör in der Öffentlichkeit finden, haben die Schreckensmeldungen kritisch geprüft und folgendes festgestellt: Alle diese Zahlenangaben sind Schätzungen, die sich aus hochgerechneten Hypothesen ergeben. Es gibt keine Beweise dafür, daß auch nur annähernd so viele Pflanzen und Tiere wirklich aussterben. Und niemand weiß, ob es die Arten, die angeblich aussterben, überhaupt gibt. Dennoch werden seit Jahrzehnten Zahlen veröffenlicht, die den Eindruck erwecken, ein dramatisches Artensterben sei im Gange. Nur selten wird erwähnt, daß es sich dabei um Annahmen handelt.

Es gibt zirka 1,5 Millionen Arten, die der Wissenschaft bekannt sind. Wilson, Ehrlich und andere Biologen gehen davon aus, daß die Zahl der existierenden, aber unbekannten Arten um ein Vielfaches höher ist. Die Schätzungen reichen bis zu 100 Millionen Arten.[3] Tatsächlich gibt es Hinweise darauf, daß eine enorme Zahl von Kleinlebewesen noch unentdeckt ist. Der Insektenkundler Terry Erwin vom Nationalzoo in Washington untersuchte 1982 die Kronendächer einer Tropenbaumart in Panama. Er wies dort 1200 Käferarten nach.[4] Aufgrund die-

Ausgestorbene Tierarten zwischen 1600 und 1994

Region	Säuge-tiere	Vögel	Rep-tilien	Lurche	Fische	Wirbel-lose	Summe
Afrika	7	34	12	1	1	50	**105**
Antarktis	1	0	0	0	0	0	**1**
Asien	8	12	0	1	2	25	**48**
Europa	3	5	0	0	0	24	**32**
Nord- u. Mittelamerika	37	27	6	2	30	162	**264**
Ozeanien	25	36	2	0	2	104	**169**
Südamerika	2	0	0	0	1	3	**6**
unbekannt	0	1	0	0	0	0	**1**
Summe	**83**	**115**	**20**	**4**	**36**	**368**	**626**

Von 626 Tierarten wissen die Experten, daß sie seit dem 17. Jahrhundert - größtenteils durch den Einfluß des Menschen - ausgestorben sind. Verschiedene Quellen kommen zu leicht abweichenden Zahlen. Die Größenordnung ist jedoch überall gleich. **(Quelle: S. R. Edwards 1995 / B. Groombridge / IUCN)**

ser Funde vermutet Erwin, daß es 30 Millionen Insektenarten auf der Erde gibt. Der Pilzexperte David Hawksworth nimmt an, allein die Zahl der Pilzspezies liege bei 1,5 Millionen. Die Berichte über ein angebliches Massenaussterben beziehen sich also auf unbekannte Arten, denn »kein Mensch weiß, wie viele Arten es gibt« (Dennis Murphy vom Zentrum für Naturschutzbiologie an der Stanford University).[5]

Gestützt auf die vielen Millionen unentdeckter Insekten, die im Regenwald vermutet werden, wenden Wilson und andere einen Lehrsatz aus der Inselbiogeographie an: Wenn 90 Prozent des Lebensraumes zerstört werden, verschwindet die Hälfte der Arten.[6] Solch hohe Verlustraten wurden jedoch nur auf Inseln beobachtet, wo Landlebewesen nicht in andere Gebiete ausweichen können. Dennoch unterstellt die Theorie die gleiche Relation zwischen Biotopverlust und Aussterberate für kontinentale Regenwälder. Die unbekannten Arten und ihre angenommene Verlustrate werden mit dem Rückgang des Regenwaldes hochgerechnet. Doch nicht einmal der Zerstörungsgrad der Regenwälder ist bekannt. Trotz der Bilder aus Flugzeugen und Satelliten schwan-

Wann wurden die meisten Säugetiere und Vögel ausgerottet?

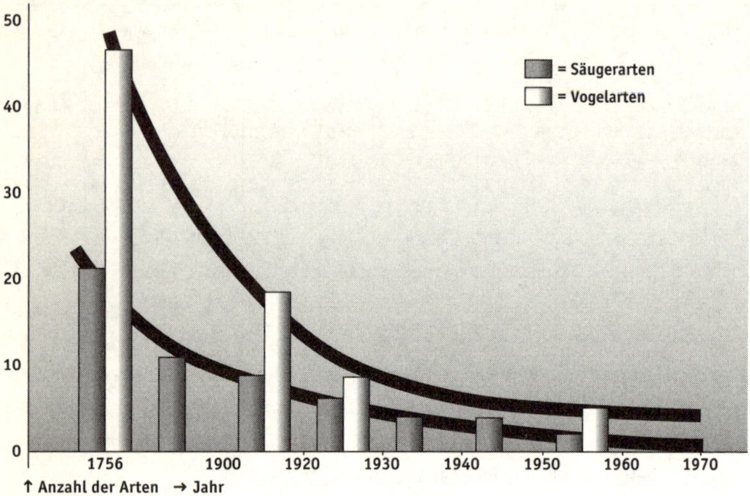

Nicht etwa zur Zeit der Industrialisierung, sondern lange vorher wurden die meisten Wirbeltierarten vom Menschen vernichtet. Diese Darstellung geht von etwas niedrigeren Zahlen aus als die Tabelle auf Seite 333. Dies hat jedoch keinen Einfluß auf den Verlauf der Aussterberate über die Jahrhunderte.

(Quelle: P. Müller 1996)

ken die Angaben erheblich (siehe auch »Der Regenwald ist nicht zu retten«, Seite 423).

Es gibt konkrete Fälle, wo die Vernichtung geschlossener Regenwaldgebiete und ihre Auswirkungen auf die biologische Vielfalt untersucht wurden. Diese Forschungen kommen zu ganz anderen Ergebnissen. In Puerto Rico, wo der Urwald bereits um die Jahrhundertwende zerstört wurde, starben weitaus weniger Tiere aus als befürchtet (zum Beispiel sieben von 60 Vogelarten).[7] 90 Prozent des atlantischen Regenwaldes in Brasilien sind bereits seit langer Zeit gerodet. Viele Spezies wurden bis auf kleine Restbestände dezimiert. Überraschenderweise ist jedoch keine einzige Art bekannt, die ganz verschwand.[8]

Professor Paul Müller, Direktor des Instituts für Biogeographie an der Universität des Saarlandes, schreibt: »Ein Rennen um die höchsten Extinktionsraten findet statt, dessen Ursprung sich auf einige wenige hypothetische Arbeiten mit erheblichen Prognoseschwächen zurückführen läßt.«[9]

Über die Zahl der nachweislich ausgestorbenen Arten herrscht dagegen weitgehend Einigkeit. Von 1600 bis zu den neunziger Jahren des 20. Jahrhunderts verschwanden zirka 1300 Tier- und Pflanzenarten, die der Wissenschaft bekannt sind. Die höchsten Angaben, die wir finden konnten, stammen von der Weltnaturschutz-Union IUCN (626 Tierarten)[10] und aus der »Zeit« mit Berufung auf die UNEP (Umweltorganisation der Vereinten Nationen): 654 Pflanzenarten.[11] Alle anderen Zählungen liegen etwas darunter (vermutlich, weil manchmal umstritten ist, ob es sich bei dem ausgestorbenen Lebewesen um eine Art oder eine Unterart gehandelt hat).

Das Überraschende dabei: Der Höhepunkt des Aussterbens lag vor 1920. Seit den sechziger Jahren gab es beispielsweise keine größeren Verluste mehr bei den Vogel- und Säugetierarten. Die große Mehrzahl wurde im 18. und 19. Jahrhundert ausgerottet. Die Hauptursachen für die Ausrottung waren Jagd, Lebensraumzerstörung und das Einführen von fremden Raubtieren und Nahrungskonkurrenten durch den Menschen. Unter den in den vergangenen 400 Jahren verschwundenen Tierspezies sind besonders viele Inselarten. Da Landtiere auf Inseln kaum ausweichen können, wurden sie sehr schnell Opfer von Verfolgung und Zerstörung durch Siedler, Seefahrer und von diesen – manchmal absichtlich, manchmal unfreiwillig – eingeschleppten Tieren.

1 Die Woche vom 15. 12. 1995. **2** W. Engelhardt, Das Ende der Artenvielfalt, 1997. **3** Science vom 16. 8. 1991. **4** P. Müller, Allgemeines Artensterben in Konstrukt? Game Conservancy Deutschland e. V. Nachrichten, Nr. 2/1996. **5** Science vom 16. 8. 1991. **6** New Scientist vom 14. 10. 1995. **7** Science vom 16. 8. 1991. **8** New Scientist vom 14. 10. 1995. **9** P.Müller, Allgemeines Artensterben in Konstrukt? Game Conservancy Deutschland e. V. Nachrichten, Nr. 2/1996. **10** B. Groombridge (Hrsg.), IUCN Red List of Threatened Animals, 1993. **11** Die Zeit Nr. 48/1995.

»In der Stadt gibt es keine Natur«

Die Artenvielfalt ist nicht gleichmäßig verteilt. Besonders große Vielfalt brachte die Evolution häufig dort hervor, wo Lebewesen um wenige Nährstoffe konkurrieren müssen. So wachsen zum Beispiel auf kargen Böden weitaus mehr Blumen als auf nährstoffreichen Standorten (aus diesem Grund blüht auf den überdüngten Wiesen vieler Landwirte fast nur noch Löwenzahn). Auch der tropische Regenwald ist – entgegen dem üppigen Eindruck – ein karger Lebensraum. Die vielen grünen Blätter enthalten kaum Nährstoffe.[1] Wenige Tiere werden davon satt, die Zahl der Individuen ist gering. Doch weil der Konkurrenzdruck so stark ist, bilden sich viele Spezialisten heraus, dies fördert die Artenvielfalt. Regenwaldländer wie Indonesien oder Brasilien sind deshalb artenreicher als Deutschland oder Schweden. In Indonesien[2] gibt es beispielsweise 519 Arten Säugetiere, in Deutschland[3] 93.

In den Industriestaaten kam es in den vergangenen Jahrzehnten zu einer erstaunlichen Verschiebung der Artenvielfalt vom Land in die Städte. **[Grafik Seite 337]** »Unsere Städte sind Naturparadiese geworden«, sagt der Ökologe Josef H. Reichholf. Allein in Berlin leben 141 Brutvogelarten, ungefähr zwei Drittel der in Deutschland nistenden Spezies. Die Zahl der Säugetiere, Reptilien und Amphibien ist ebenfalls erstaunlich hoch. In der Innenstadtzone Berlins wachsen 380 Arten wilder, nicht von Menschen angepflanzter Pflanzen.[4] Die Bundeshauptstadt bildet keine Ausnahme. Reichholf fing und identifizierte im Münchner Stadtgebiet 360 Schmetterlingsarten.[5] Italienische Zoologen fanden heraus, daß 50 Prozent der Vogelspezies ihres Landes in Städten leben.[6] Rechnet man Kleinlebewesen wie Insekten hinzu, beherbergt eine durchschnittliche europäische Großstadt 18 000 Tierarten.[7]

Pflanzen und Tiere erobern die Städte, weil es für sie auf dem Land zusehends ungemütlich wird. Überdüngte Böden und ausgeräumte Landschaften bieten vielen Geschöpfen keinen Lebensraum mehr. Reichholf macht die Landwirtschaft für zirka 70 Prozent des Artenrückgangs in Europa verantwortlich. Auf die klassischen Feindbilder des Naturschutzes, wie Industrie, Bauwirtschaft und Verkehr, entfallen nur vier bis fünf Prozent.

Wo brüten in Deutschland die meisten Vogelarten?

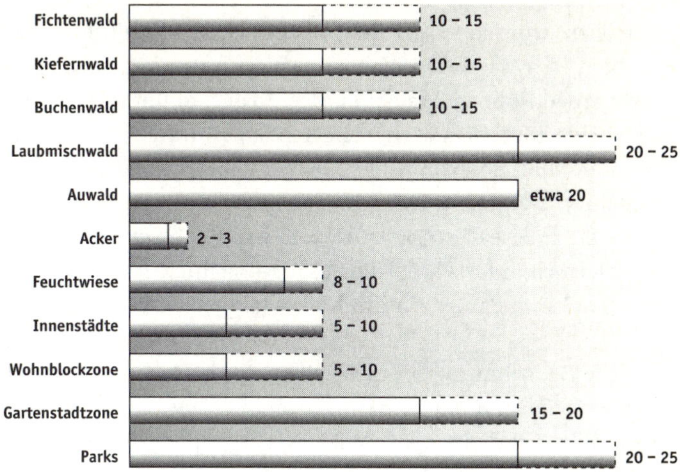

Städte sind für Vögel und andere Tiere heute lebensfreundlicher als die Agrarwüsten auf dem Lande. Die Grafik zeigt die Anzahl brütender Vogelarten auf jeweils zehn Hektar. **(Quelle: Wochenpost 1993)**

Dagegen bieten die Städte eine bunte Vielfalt abwechslungsreich strukturierter Lebensräume: Gärten, Parks, Friedhöfe, Gebäudefassaden, Dachstühle, Industriebrachen, Müllkippen. Solche Biotope entsprechen nicht der verbreiteten Vorstellung von schöner Landschaft. Doch Falken und Fledermäusen ist es egal, ob sie in einem romantischen Felsvorsprung wohnen oder unterm Dach eines Bürohauses. Eine Biotopkartierung in Frankfurt ergab ausgerechnet auf dem Gelände eines Gebrauchtwagenmarktes eine besonders hohe Artenvielfalt.[8]

1 J. H. Reichholf, Der Tropische Regenwald, 1990. **2** BBC-Wildlife (deutsche Ausgabe), August 1994. **3** Umweltbundesamt, Daten zur Umwelt, 1997. **4** Frankfurter Allgemeine Zeitung vom 18. 11. 1996. **5** WWF-Journal Nr. 3/1992. **6** Berliner Zeitung vom 25. 6. 1997. **7** B. Klausnitzer, Verstädterung von Tieren, 1989. **8** Natur Nr. 2/1991.

»In Industrieländern ist kein Platz für Tiere«

Die meisten Tiere wurden ausgerottet, als die Schlote des Frühkapitalismus rauchten. Tieröl war der Schmierstoff der industriellen Revolution. Dafür wurden Robben, Wale und Meeresvögel in unvorstellbaren Mengen abgeschlachtet. Gleichzeitig erlegten schießwütige Jäger auf allen Kontinenten Millionen von wilden Tieren. Wandertaube, Riesenalk (ein flugunfähiger Seevogel), Quagga (eine Zebraart), die Stellersche Seekuh und viele andere Geschöpfe fielen diesem Raubbau zum Opfer. Anfang des 20. Jahrhunderts hatte die Plünderung ihren Zenit erreicht. Die warnenden Stimmen der Naturschützer fanden immer mehr Gehör.

Die nächste Bedrohungswelle richtete sich denn auch nicht mehr direkt gegen wilde Tiere und Pflanzen. Sie war ein Nebeneffekt der Veränderungen in der Landwirtschaft: Wildnis wurde in eintönige Ackerflächen umgewandelt, Agrarchemikalien, wie etwa DDT, vergifteten Vögel und andere Lebewesen. Der Höhepunkt dieser Entwicklung wird in den jungen Industriestaaten gerade erreicht und ist in Nordamerika und Westeuropa bereits überschritten.

In vielen Entwicklungsländern, die noch auf dem Weg zur Industriegesellschaft sind, herrschen heute frühkapitalistische Verhältnisse: Raubbau an der Natur und eine rapide Expansion der Landwirtschaft. Dort wird zur Zeit am meisten zerstört.

In den alten Industrienationen Europas und Nordamerikas hat sich der Wind gedreht. Dort ist die Bewahrung der Natur heute ein hochrangiges gesellschaftliches Ziel. Die Vereinigten Staaten (die als größte Wirtschaftsmacht der Erde eine Leitfunktion haben) stellten elf Prozent ihrer Fläche unter Naturschutz. Tausende von professionellen Naturschützern bewachen die Wildnisgebiete in den USA. Jedes Jahr besuchen Millionen von Touristen Nationalparks und andere Reservate. Die meisten der Tiere, die in den sechziger und siebziger Jahren als bedroht aufgelistet worden waren, breiteten sich wieder aus. Anfang der neunziger Jahre nisteten wieder über 4 000 Weißkopfseeadler in den USA. Vor 30 Jahren galt der nationale Wappenvogel als nahezu ausgestorben. Die Robbenkolonien an der Westküste, die fast vernichtet waren, erholten sich rapide, so daß allein die Zahl der Kalifornischen Seelöwen Ende der neunziger Jahre auf 180 000 geschätzt wurde.[1]

Auch in Deutschland und im übrigen Europa kehrten viele verloren geglaubte Tiere zurück. Schlüsselarten des Naturschutzes breiten sich wieder aus: Lachs, Kranich, Schwarzstorch, Fischadler, Seeadler, Wanderfalke, Uhu, Steinbock, Seehund, Biber, Luchs und in Brandenburg sogar der Wolf. Sie alle, und noch einige mehr, waren noch vor einigen Jahren völlig aus Deutschland verschwunden oder viel seltener als heute. Die 1996 erschienene Rote Liste der Brutvögel in Deutschland ist erstmals kürzer geworden. 42 Prozent der heimischen Arten gelten demnach als gefährdet. Vor fünf Jahren waren es noch 61 Prozent.[2] Weißstörche, die Symbolvögel des Naturschutzes, nahmen deutlich zu. In Deutschland nisten heute zirka 4 200 Paare, ein Anstieg um 25 Prozent in zehn Jahren.

Wie vertragen sich diese guten Nachrichten mit den vielen Hiobsbotschaften? Schließlich ist in den Statistiken des Bundesamt für Naturschutz nachzulesen: 55,2 Prozent der Wirbeltiere in Deutschland sind gefährdet.[3] Der Artenschutzexperte Paul Müller mißtraut den düsteren Zahlen. Er kritisiert, daß die Schätzungen für viele Tiere auf unzureichenden Daten beruhen, die zudem für die einzelnen Tiergruppen »grundverschiedene Informationsqualitäten« besitzen.[3] Bei kleineren Lebewesen schwanken die Bestandszahlen oft heftig, es kommt zu Populationszusammenbrüchen und dann wieder zur einer explosionsartigen Vermehrung. Solche und andere Umstände können das statistische Bild heftig verfälschen. Die Tatsache, daß sich viele Großsäugetiere und Großvögel, die schon fast ganz verschollen waren, wieder in Mitteleuropa ausbreiten, ist gesichert. Sie zeigt, daß es auch in Industrieländern Platz für Tiere gibt.

1 G. Easterbrook, A Moment on Earth, 1995. **2** Frankfurter Allgemeine Zeitung vom 6. 11. 1996. **3** Umweltbundesamt, Daten zur Umwelt, 1997. **4** P. Müller, Allgemeines Artensterben in Konstrukt? Game Conservancy Deutschland e. V. Nachrichten, Nr. 2/1996.

»Elefanten, Robben und Wale sterben aus«

Werfen wir einen Blick auf die großen Artenschutzkampagnen, der letzten zwei Jahrzehnte: Elefanten, Robben, Wale.

Welche Arten waren konkret gemeint?

- Afrikanische Elefanten, die in den achtziger Jahren extrem gewildert wurden.
- Sattelrobben (Kanada und Grönland), die von Robbenschlägern getötet werden, und die Seehunde in der Nordsee (Robbensterben 1988).
- Zwergwale, auf die von norwegischen und japanischen Fangschiffen Jagd gemacht wird.

Wie steht es um diese Arten?

- Die Gesamtzahl der Afrikanischen Elefanten hat sich bei zirka 600 000 stabilisiert.[1]
- Die Seehunde im Wattenmeer der Nordsee schätzte man Ende der neunziger Jahre auf 15 000 (weltweit umfaßt der Seehund-Bestand ein Vielfaches davon). Bei der Staupe-Epidemie 1988 verendeten etwa 60 Prozent der damals 10 000 Tiere in diesem Nordseebereich.[2] Der Bestand von Sattelrobben (die Art mit den flauschigweißen Jungtieren) im Nordwest-Atlantik liegt bei 4,7 Millionen.[3]
- 900 000 Zwergwale (die letzte Großwalart, die noch in nennenswertem Umfang gejagt wird) leben in verschiedenen Teilen der Ozeane.[4]

Auch andere Walarten haben sich gut entwickelt: Aktuelle Schätzungen beziffern 1,5 Millionen Pottwale[5] und 24 000 Grauwale[6] (eine Art, die zu Anfang des Jahrhunderts fast völlig ausgerottet war). Richtig ist: Es gibt auch unter Walen und Robben sehr seltene Arten (etwa Blauwal und Mönchsrobbe). Doch der Totalschutz dieser Spezies ist völlig unumstritten und war nie Anlaß für Kampagnen.

Aufrufe mit reißerischen Schlagzeilen (»Der letzte Elefant ist schon geboren!«) orientieren sich oft mehr an der Logik der Werbung als an ökologischen Fakten. Es sind in der Regel nicht die großen und schönen Geschöpfe, die wirklich vom Aussterben bedroht sind – obwohl natürlich auch Giganten ernsthaft gefährdet sein können (zum Beispiel Nashörner und Tiger). Tiere, die ein flauschiges Fell und große Augen haben, dem Kindchenschema entsprechen oder zumindest irgendwie spektakulär aussehen, eignen sich gut für Spendenkampagnen. Geraten sie in Bedrängnis, schlagen weltweit die Medien Alarm. Wissenschaftler der Weltnaturschutz-Union (IUCN) und des World Wide Fund for Nature (WWF) entwickeln Managementpläne, damit die Ursachen des Rückgangs bekämpft werden können.

Weitaus häufiger geraten kleine und unscheinbare Tierarten in Gefahr oder solche, die nur Fachleuten bekannt sind. So ist die Hausratte (Rattus rattus) in Deutschland selten geworden (nicht zu verwechseln mit Rattus norvegicus, der extrem häufigen Wanderratte). Doch aus naheliegenden Gründen würde kein Naturschutzverband eine Kampagne unter dem Motto »Rettet die Ratten!« starten.

Ein weiterer Irrtum schleicht sich ein, wenn »selten« mit »gefährdet« gleichgesetzt wird. Für viele Arten von Großtieren, insbesondere Raubtiere, ist Seltenheit eine ökologische Anpassungsstrategie. Der Sibirische Tiger (der heute extrem bedroht ist!) war vermutlich niemals sehr häufig, auch nicht bevor der Ferne Osten Asiens von Chinesen, Koreanern und Russen besiedelt wurde. Denn die einzelgängerischen Tiger benötigen riesige Reviere.

Der amerikanische Journalist Raymond Bonner hat die Entstehungsgeschichte der »Rettet die Elefanten«-Kampagne untersucht, die Ende der achtziger Jahre Millionen Menschen mobilisierte. Er fand heraus, daß sich in großen Naturschutzorganisationen Finanzleute gegen die Biologen durchgesetzt hatten. Die Wissenschaftler schätzten die Situation der Elefanten nicht so katastrophal ein, doch die Spendenprofis argumentierten, daß Aufrufe mit Elefantenbildern viel mehr einbringen würden als solche mit anderen Tieren.[7]

»Naturschutzverbände versuchen traditionell, die Menschen davon zu überzeugen, daß jede Situation verzweifelt und jedes Rettungsprogramm ein Notfall ist«, schreiben die langjährigen WWF-Mitarbeiter Jonathan S. Adams und Thomas O. McShane. »Aufklärung bedeutet, den Menschen zu sagen, was sie nicht hören wollen. Spendensammeln ist aber nur dann erfolgreich, wenn man den Leuten sagt, was sie hören wollen.«[8]

1 WWF, Fakten zur 10. CITES-Konferenz, 1997. **2** Frankfurter Allgemeine Zeitung vom 19. 3. 1997. **3** Department of Fisheries and Oceans, Neufundland, Report on the Status of Harp Seals in the Northwest Atlantic, 1994. **4** Schätzungen der International Whaling Commission für verschiedene Meeresregionen, addiert von High North Alliance (einem Zusammenschluß von Meerestier-Nutzern nördlicher Länder), 1997. **5** University of Alberta and Yale University, Public Attitudes to Whales, 1992. **6** W. Engelhardt, Das Ende der Artenvielfalt, 1997. **7** R. Bonner, At the Hand of Man, 1993. **8** J. S. Adams und T. O. McShane, The Myth of Wild Africa, 1992.

»Durch Jagd und Fang werden Tiere ausgerottet«

Manche Tierarten wurden tatsächlich bis zum letzten Exemplar abgeschossen. Ein trauriges Beispiel dafür ist die südafrikanische Blaubock-Antilope, die weiße Siedler um 1800 ausrotteten. Auch in Europa verfolgten Jäger Großwildarten wie Wisent, Wildpferd, Elch, Auerochse, Bär, Wolf und Luchs so lange, bis sie verschwunden waren (Auerochse und Wildpferd starben aus, die anderen Arten fanden Rückzugsgebiete in abgelegenen Regionen). Diese Feldzüge gegen die Tierwelt erreichten ihren Höhepunkt im 19. Jahrhundert. Damals wurden die großen Bisonherden in Nordamerika bis auf einen winzigen Rest abgeschlachtet. Der Großwildjäger John A. Hunter schoß im Laufe seines Lebens 1000 Nashörner und 1400 Elefanten. Eine englische Jagdgesellschaft erlegte an einem einzigen Tag des Jahres 1860 mehr als 5000 Tiere in der Nähe des Oranje-Flusses in Südafrika.[1]

Die letzte große Welle jagdlichen Raubbaues fand in den fünfziger und sechziger Jahren statt, als Safaris in fernen Ländern für immer mehr Menschen erschwinglich wurden, die Schutz- und Schongesetze in den unruhigen Kolonien und jungen Nationalstaaten aber noch schwach waren. Dies war auch die Zeit, als Leoparden und andere Raubkatzen für die Pelzmode an den Rand des Ausrottung gebracht wurden.

Leider gibt es heute immer noch Gebiete, wo schießwütige Jäger und Jagdtouristen Tierbestände gefährden. So etwa in Rußland und anderen Regionen der ehemaligen Sowjetunion, wo der Naturschutz in den Umbruchzeiten unter die Räder gekommen ist. Weltweit hat sich die Situation jedoch gewandelt. Großwildjäger sind heute strengen Reglementierungen unterworfen. Sie müssen sich in den meisten Ländern strikt an die Naturschutzgesetze halten. Trophäen bedrohter Tiere werden an vielen Grenzen vom Zoll beschlagnahmt.

Manche Entwicklungsländer setzen Großwildjäger inzwischen für ökologisch nützliche Zwecke ein, indem sie Naturschutzprojekte aus Jagdgebühren finanzieren. Der Hintergrund: In Simbabwe, Tansania und anderen afrikanischen Staaten nahm Ende der achtziger Jahre die Wilderei drastisch zu. Bauern unterstützten professionelle Wilderer und wilderten selbst. Denn während die Einnahmen aus dem Tourismus in die Hauptstädte flossen, litten die Dörfer am Rande der Nationalparks unter den hohen Wildbeständen (Elefanten und Büffel zerstören Ernten, Raubtiere töten Vieh und nicht selten sogar Menschen). Anders als in reichen Ländern gibt es in Afrika keine Wildschadenskompensation für Landwirte. Naturschützer entwickelten zunächst in Simbabwe und später auch in anderen Staaten Modelle, um der armen Landbevölkerung einen wirtschaftlichen Anreiz zum ökologischen Handeln zu geben. Der wichtigste Schritt war eine Veränderung der Besitzverhältnisse. Dorfgemeinschaften erhielten Eigentumsrechte am Wild, das vormals dem Staat gehörte. Seither verkaufen dörfliche Hegegemeinschaften (unter Kontrolle der Naturschutzbehörden) Tiere an Jagdtouristen. Dadurch hat sich das Verhältnis der Bauern zu den Wildtieren völlig gewandelt: Elefanten und Büffel gelten heute als Guthaben, das man pfleglich behandelt, weil man von den Zinsen lebt. Die Wildbestände steigen und die Wilderei wurde eingedämmt.

Ein gut betuchter Europäer, der in Botswana einen Elefanten schießen will, muß dafür eine vierzehntägige Safari buchen, die ihn inklusive Abschußgebühr und staatliche Lizenz mindestens 53 000 Mark kostet. So bezahlen Großwildjäger für den Naturschutz.[2]

Wie die Großwildjagd so stellen auch die Pelzjagd und der Fallenfang heute kaum noch Probleme für den Artenschutz dar. In Deutschland beispielsweise stammen weniger als ein Prozent der Pelze von Wildtieren, die dafür gejagt werden; weitaus höher ist der Anteil, der aus der »Schädlingsbekämpfung« kommt (zum Beispiel Bisamratten). Die Einfuhr von Leoparden- und anderen Großkatzenfellen ist in Deutschland seit 1976 verboten. Seit 1989 dürfen auch Felle kleinerer Wildkatzen nicht mehr importiert werden. Robbenpelze (siehe zu diesem Thema auch »Für Pelzmäntel werden Tiere gequält«, Seite 385) waren nie ein Artenschutzproblem, da die betreffenden Arten sehr häufig sind (siehe Seite 340).

Der Tierfang für Zoologische Gärten spielt seit Mitte der siebziger Jahre keine Rolle mehr. Heutige Tierparks haben keine Nachschubprobleme, sondern kämpfen eher mit Überschüssen. Durch Fortschritte in der Tierpflege und der Tiermedizin vermehren sich viele Zootiere stärker als erwünscht. Bei Löwen, Tigern und anderen Arten setzen Zoos schon lange empfängnisverhütende Mittel ein. Neue Tiere werden in der Regel durch Tausch mit anderen Zoos erworben. Nur wenn alle Zoopopulationen so verwandt sind, daß Inzucht droht, greifen Tiergärten heute noch auf Wildfänge zurück. Doch die Zeiten, als große Fangexpeditionen aus Europa aufbrachen, um Schiffsladungen voller Wildtiere mitzubringen, sind lange vorbei.[3]

Ein anderer Zweig des Tierhandels hat in den letzten zwei Jahrzehnten an Bedeutung gewonnen: der Markt für private Halter. Viele Menschen wollen Papageien, Schlangen oder andere Wildtiere als Haustiere besitzen. Glücklicherweise haben verantwortungsvolle Tierhalter und ihre Verbände das Problem erkannt, so daß auf dem legalen Tiermarkt hauptsächlich Nachzuchten und immer weniger Wildfänge angeboten werden. Dennoch sind Schmuggel und Schwarzmarkt mit artgeschützten Reptilien, Vögeln und anderen Lebewesen nach wie vor ein ernstes Problem.

1 E. Hobusch, Das große Halali, 1986. **2** L. Ellenberg u. a., Ökotourismus, 1997.

3 D. Poley (Hrsg.), Berichte aus der Arche, 1993.

»Der Handel mit Elfenbein und Krokoleder rottet Tierarten aus«

Seit 1975 ist das Washingtoner Artenschutzabkommen (die internationale Bezeichnung lautet »Convention on International Trade in Endangered Species of Wild Fauna and Flora«, abgekürzt CITES) völkerrechtlich in Kraft, und 132 Staaten sind ihm seither beigetreten (Stand 1996). Es soll den Handel mit seltenen Arten unterbinden. Doch – wie beim Drogenhandel – war der Erfolg in vielen Fällen bescheiden, das legale Angebot wurde lediglich durch den Schwarzmarkt ersetzt. Daher wird seit einiger Zeit in der internationalen Naturschutzgemeinde heftig gestritten, ob Handelsverbote der richtige Weg sind, um Arten zu schützen.

Viele Naturschutz-Experten sind der Überzeugung, daß es besser wäre, mit Jägern und Händlern zusammenzuarbeiten, als sie in die Illegalität zu treiben.[1] Andere – insbesondere Tierschutzgruppen in Europa und Nordamerika – glauben, daß dadurch der Ausverkauf der Natur besiegelt würde. Im Juni 1997 kam es auf der CITES-Konferenz in Simbabwes Hauptstadt Harare zur Kampfabstimmung zwischen den beiden Fraktionen.

Die Vertreter von Botswana, Namibia und Simbabwe wollten nicht mehr länger akzeptieren, daß sich in ihren Ländern Elefantenstoßzähne (aus legalen Hegeabschüssen) in Lagerhäusern türmen und nicht verkauft werden dürfen. Sie versuchten, das internationale Handelsverbot zu lockern. Schon vor dem Elfenbeinbann hatten die Länder des südlichen Afrika ihre Elefanten erfolgreich gehegt und genutzt. Ende der neunziger Jahre lebten in diesem Teil des Kontinents über 200 000 Dickhäuter, weitaus mehr als in der Vergangenheit. Doch als in den achtziger Jahren die Wilderei in West- und Ostafrika dramatisch zunahm, entschloß sich die CITES-Konferenz zu einem generellen Handelsverbot für Elfenbein. Das traf jedoch alle afrikanischen Länder, also auch die, deren Elefantenbestände zunahmen. Viele Menschen im südlichen Afrika waren verbittert über die moralische Anmaßung der Industrienationen, die ihnen einen wichtigen Wirtschaftszweig zerstörte. Man stelle sich vor: Weil Dänemark seine Wildschweine ausgerottet hat (was tatsächlich so ist), dürfte ganz Europa nicht mehr mit Wildschweinfleisch handeln.

1997 wendete sich das Blatt. Die Mehrheit der Artenschutzexperten stimmte in Harare für den Antrag der drei südafrikanischen Länder, registrierte Lagerbestände ab 1999 wieder nach Japan verkaufen zu dürfen. Viele afrikanische Delegierte brachen in Jubel aus, weil sie sich endlich vom Gängelband westlicher Tierfreunde befreit fühlten. Ein Greenpeace-Sprecher warnte vor einem »Blutbad für Tiere«.[2]

»Naturschützer sollten die Nutzung der Natur nicht verhindern, sondern fördern«, fordert der Umweltökonom und IUCN-Berater Terry L. Anderson. Der Umsatz mit Produkten aus wild lebenden Tieren und Pflanzen (ohne Holz und Fisch) wurde Mitte der neunziger Jahre auf fünf Milliarden Dollar geschätzt.[3] Würden Naturschutzorganisationen diesen Handel selbst in die Hand nehmen, könnten sie, so Anderson, den Markt beeinflussen. Menschen in den Entwicklungsländern erhielten eine Chance, um die Natur vor ihrer Haustür auf verträgliche Weise zu nutzen.

Eine der größten Bedrohungen für seltene Tierarten ist der Schwarzhandel für chinesische Medizin. Substanzen wie Tigerknochen, Nashornpulver, Bärengalle oder getrocknete Seepferdchen finden reißenden Absatz in chinesischen Apotheken. Da der Wohlstand in China zunimmt und auch die vielen Auslandschinesen gut verdienen, können sich immer mehr Menschen die teuren Naturprodukte leisten. 1994 wurde der Umsatz asiatischer Traditionsmedizin allein in China auf zwei Milliarden Dollar geschätzt, Tendenz steigend. Aufklärungskampagnen, die obskure Mittel wie Tigerpenis als pharmakologisch wirkungslos entlarvten, hatten bisher kaum Erfolg. (Natürlich sind nicht alle asiatischen Naturarzneien Humbug, in einigen wurden Wirkstoffe nachgewiesen.) Für Nashörner, Tiger, asiatische Bären und andere Arten ist die Wilderei im Dienst chinesischer Apotheker die mit Abstand größte Bedrohung. Allein 1994 wurden 20 Millionen getrocknete Seepferdchen gehandelt. Die Seepferdchen-Population Asiens ist durch diesen Raubbau um 70 Prozent gesunken.[4]

Übrigens: Auch die Naturmedizinmode im Westen gefährdet Arten, allerdings Pflanzenarten. So mußte das afrikanische Stinkholz (Prunus africana) auf Anhang 2 des CITES-Abkommens gesetzt werden, weil daraus – unter anderem in Deutschland – eine beliebte Prostata-Arznei gewonnen wird.[5]

Verfechter des »Schützen-durch-Nützen«-Konzeptes (englisch »use it or loose it«) argumentieren, es sei erfolgversprechender, legale Märkte zu kontrollieren, als Verbote durchzusetzen. So züchten Wildfarmer in Südafrika bereits Nashörner, um eines Tages auf rechtmäßige Weise die chinesische Nachfrage nach Rhino-Pulver decken zu können. Die Vergangenheit zeigte, daß das internationale Handelsverbot für Nashornprodukte ein stumpfes Schwert war. Trotz drohender Strafen plünderten Wilderer die Nashornbestände Afrikas. Kein Großtier wurde im letzten Vierteljahrhundert so drastisch dezimiert wie das Spitzmaulnashorn.

Nashörner und andere bedrohte Wildtierarten leben in armen Ländern. Oft ist die Not so groß, daß auch hohe Strafen Wilderer nicht davor abschrecken, ihr Glück mit den hoch begehrten Naturprodukten zu versuchen. Ein kontrollierter, legaler Handel könnte diesen Menschen eine ökonomische Chance geben und gleichzeitig seltene Tiere vor Ausrottung bewahren.

Ein Beispiel, wie nachhaltige Nutzung von Wildtieren funktionieren kann, ist das Krokodilleder. In den sechziger Jahren herrschte Raubbau. Damals wurden jährlich bis zu acht Millionen Krokodilhäute verkauft. Als das CITES-Abkommen in Kraft trat und die meisten Krokodilarten darin aufgelistet wurden, kam der Handel mit Krokoleder in Nordamerika und Europa zum Erliegen. Dank der Warnrufe von Naturschützern brach der Markt zusammen, viele Verarbeitungsbetriebe mußten schließen.

In den neunziger Jahren bauten mehrere Länder (unter anderem Simbabwe, Australien und einige Bundesstaaten der USA) Strukturen auf, um die Panzerechsen ökologisch verträglich zu nutzen, entweder durch Farmhaltung oder eine maßvolle Jagd auf Wildbestände. Die Krokodilpopulationen nahmen wieder zu. Allein die Zahl der Alligatoren im Süden der USA stieg in 25 Jahren von 175000 auf eine Million an.[6] Jetzt herrscht ein Überangebot an Krokoleder aus nachhaltiger Nutzung. Es muß sich erst herumsprechen, daß Krokotaschen wieder ökologisch korrekt sind.

1 New Scientist vom 7. 7. 1997. **2** Süddeutsche Zeitung vom 20. 6. 1997. **3** R. Bailey (Hrsg.), The True State of the Planet, 1995. **4** New Scientist vom 3. 1. 1998. **5** D. Lange, Bundesamt für Naturschutz, Untersuchung zum Heilpflanzenhandel in Deutschland, 1996. **6** Frankfurter Allgemeine Zeitung vom 23. 10. 1997.

»Umweltgruppen geben viel Geld für Naturschutz aus«

Rund 170 Millionen Mark spenden die Deutschen jährlich an Umwelt- und Naturschutzverbände.[1] Was geschieht mit diesem Geld? Wird es wirklich eingesetzt, um Trappen, Tannen und Tümpel zu beschützen?

Es gibt leuchtende Vorbilder, wie die Zoologische Gesellschaft Frankfurt, die das Gros ihrer Spendeneinnahmen in den praktischen Naturschutz steckt. Bei anderen Organisationen fällt dieser Anteil geringer aus. Die großen Verbände geben das meiste Geld für Kampagnen, Aktionen und Werbung aus. 1995 nahm beispielsweise Greenpeace 72 Millionen Mark ein (mehr als BUND und NABU zusammen). 67 Prozent davon verwendete Greenpeace für Projekte und Aktionen.[2] Doch dahinter können sich ganz unterschiedliche Aktivitäten verbergen: einerseits konkreter Umweltschutz, wie zum Beispiel die Fördergelder für FCKW-freie Kühlschränke, Solardächer oder die Entwicklung eines Dreiliter-Autos, andererseits auch Meinungskampagnen oder aufwendig inszenierte Protestaktionen. Praktischer Naturschutz kommt bei Greenpeace kaum vor. Aber auch andere Umweltgruppen geben ihr Geld lieber für Kampagnen aus, als für konkrete Verbesserungen.

In den Vereinigten Staaten ist das ganz anders. Dort gibt es neben dem staatlichen einen privaten Sektor im Naturschutz. Umweltgruppen kaufen und betreuen wertvolle Biotope. Allein die Gruppe Nature Conservancy erwarb seit Mitte der fünfziger Jahre fast 40 000 Quadratkilometer Land (mehr Fläche als Baden-Württemberg) für Naturreservate. Als die US-Wirtschaft Anfang der neunziger Jahre in der Flaute steckte, schimpfte ein Immobilienfachblatt auf »Scheckbuch-Ökologen«, die »die Rezession ausnutzen und Land zu Schleuderpreisen erwerben«.[3] Auf den damals gekauften Flächen leben heute Kröten, Kraniche und Kojoten. Jetzt brummt die Konjunktur in den USA, doch die Bagger müssen draußen bleiben.

Auch deutsche Naturschutzverbände kaufen gelegentlich ökologisch wertvolle Gebiete auf. Doch insgesamt herrscht die Meinung vor, man solle den Staat nicht aus seiner Verantwortung entlassen und Privatinitiative tunlichst vermeiden. Gönnen wir uns ein kleines Gedankenspiel: Der Durchschnittspreis für einen Hektar landwirtschaftlicher Fläche lag 1995 bei rund 21 000 Mark, in manchen Regionen auch deutlich darunter. Wie viele Wildnisoasen würden entstehen, wenn ein Teil der 170 Millionen Mark Spendengelder zum Landkauf verwendet würde? Für die gesamte Summe bekäme man zirka 80 Quadratkilometer – in Deutschland die Fläche eines kleineren Nationalparks (allerdings bekäme man die vermutlich nirgendwo »am Stück«).

1 Die Woche vom 13. 12. 1996. **2** ebd. **3** Natur Nr. 8/ 1991.

»Naturvölker gehen besser mit der Natur um«

Jäger- und Sammlerkulturen – so lautet eine hartnäckige Legende des 20. Jahrhunderts – gehen respektvoll mit Mutter Natur um. Naturvölker seien »die wahren Hüter der Erde«, schrieb 1997 das WWF-Journal. Noch heute prangen Greenpeace-Aufkleber mit der Mahnung des Indianerhäuptlings Seattle auf manchen Autos. Obwohl Quellenforscher schon vor mehr als zehn Jahren bewiesen haben, daß die angebliche Seattle-Rede Anfang der siebziger Jahre von einem Drehbuchautor verfaßt worden ist.[1]

Der ökologische Sündenfall begann Jahrtausende vor der Industrialisierung und sogar lange vor der Erfindung von Ackerbau und Viehzucht. Jäger und Sammlerkulturen bedienten sich ziemlich hemmungslos aus der Natur, ohne Rücksicht auf das Weiterbestehen von Biotopen oder Arten. Ethnologen und Anthropologen fanden zahlreiche Belege dafür. Steinzeitliche Jäger trieben Herden über Felsklippen und töteten Tausende von Wildpferden und anderen Tieren, deren Kadaver sie verrotten ließen.[2] Nordamerikanische Indianer veranstalteten Treibjagden, indem sie Brände legten, und löschten damit ganze Tierpopulationen aus.[3] Charles E. Kay, ein Wissenschaftler, der die Jagdmethoden der amerikanischen Ureinwohner untersuchte, schrieb, daß die Indianer die Bestände ihrer Beutetiere rücksichtslos plünderten.[4]

Das kalifornische Yosemite-Tal, Inbegriff ursprünglicher Wildnis, war, als die ersten Weißen es sahen, eine durch Brandrodung geformte Kulturlandschaft.[5] Der Umweltautor Stephen Budiansky führt aus, daß viele Indianerkulturen jede Gelegenheit nutzten, um Ressourcen für einen kurzfristigen Vorteil auszuplündern, über langfristige ökologische Folgen machten sie sich keine Sorgen.[6] Amerikas Ureinwohner vernichteten lange vor der Ankunft der ersten europäischen Siedler ganze Waldregionen.

Die Maoris in Neuseeland rotteten die großen, flugunfähigen Moa-Vögel aus. In traditionellen Maori-Jagdgebieten fanden Forscher Knochenreste von vielen Tausend Moas. Auf Hawaii waren bereits 50 Vogelarten verschwunden, bevor Captain Cook seinen Fuß auf den Strand setzte.[7] Die Frühkulturen auf den Osterinseln[8] und auf Malta[9] entwaldeten ihre Inseln bis auf den letzten Baum. Noch heute kennen manche traditionell lebenden Kulturen keine Hemmungen, Tierarten zu vernichten. So ist der Vielfraß in Schweden akut von Ausrottung bedroht, weil die samische Urbevölkerung die Mardertiere trotz aller Verbote rücksichtslos verfolgt.[10]

Nebenbei bemerkt: Ihren Mitmenschen gegenüber benehmen sich manche Naturvölker auch nicht viel rücksichtsvoller. Die Mordrate unter den Buschleuten in der Kalahari kommt derjenigen in den gewalttätigen städtischen Ghettos in den Vereinigten Staaten gleich. 35 Prozent der männlichen Gebusi, einem Waldvolk in Papua-Neuguinea, sterben durch Totschlag.[11] Bei den Eipo in West-Neuguinea liegt die Tötungsrate 20mal höher als in New York und 100mal höher als in Hamburg oder München (ein Viertel der Männer und 13 Prozent der Frauen sterben eines gewaltsamen Todes).[12]

Schon unsere Großväter schwärmten für Südseezauber und Indianerromantik. Der unerschütterliche Mythos vom »edlen Wilden« wurzelt vermutlich in christlichen Paradiesvorstellungen. Die Wunschvorstellung eines guten, unschuldigen Urzustandes, der erst durch Zivilisation verdorben wurde, hilft über die Unzulänglichkeit der Gegenwart hinweg. Hinter der romantischen Sehnsucht steckt jedoch ein negativer Größenwahn, die Vorstellung, daß nur die moderne technische Zivilisation Kräfte entfalten kann, die die Natur vernichten. Doch zwei der wirkungsvollsten Zerstörungstechniken waren schon den Steinzeitmenschen geläufig: Feuer und die Jagd auf Großtiere.

Wer Feuer entfacht, kann Wälder in Steppen verwandeln. Und genau dies haben viele Naturvölker, und später die Hirtenkulturen, in großem Maßstab getan. Aber auch das Ausrotten von Tieren, zum Beispiel des Mammuts, kann ganze Landschaften verändern (heute sind viele Wissenschaftler davon überzeugt, daß das Mammut und andere Eiszeittiere nicht allein vom Klimawandel, sondern unter Mitwirkung des Menschen ausgelöscht wurden). Wo große Pflanzenfresser fehlen, können junge Bäume besser sprießen. So verwandeln sich lichte Baumsavannen in dichte Wälder. Bis heute besitzt Brandrodung (etwa in den Regenwaldregionen Südamerikas und Südostasiens) mehr Zerstörungskraft als mancher Umweltfrevel der technischen Zivilisation. Raubbau und Plünderung wurden nicht im 20. Jahrhundert erfunden. Um die Natur zu zerstören, reicht eine Fackel. Man braucht dafür weder Autos noch Kraftwerke und Chemiefabriken.

1 Frankfurter Rundschau vom 24. 9. 1993. **2** R. B. Edgerton, Trügerische Paradiese, 1994. **3** Frankfurter Allgemeine Zeitung vom 15. 11. 1995. **4** Human Nature Nr. 4/1994. **5** S. Schama, Der Traum von der Wildnis, 1996. **6** St. Budiansky, Nature's Keepers, 1995. **7** Esquire (Deutschland) Nr. 3/1989. **8** Die Weltwoche vom 1. 2. 1996. **9** Natur Nr. 4/1994. **10** Du und das Tier Nr. 5/1997. **11** R. B. Edgerton, Trügerische Paradiese, 1994. **12** Der Spiegel Nr. 7/1997.

Perspektiven

Schon heute gehören Natur- und Artenschutz zu den wichtigsten Themen der Umweltdebatte. Dies wird sich in Zukunft noch verstärken. Auch wenn das letzte Dorf am Amazonas eine Kläranlage besitzt, Autos mit Solarstrom fahren und ein Biobauer Landwirtschaftsminister ist, wird Naturschutz für ökologischen Zündstoff sorgen. Menschen brauchen Fläche, um Nahrung und Rohstoffe anzubauen, dies geht nur auf Kosten der Natur. Dieser fundamentale Konflikt kann abgemildert, aber nicht gelöst werden.

Dazu kommt eine Besonderheit, die den Artenschutz von allen anderen Umweltfragen unterscheidet: Vergiftete Flüsse können zu neuem Leben erwachen, gerodete Wälder wieder wachsen und sogar der letzte Brennstab im atomaren Endlager hört in ferner Zukunft auf zu strahlen. Nur eines kann kein Mensch mehr rückgängig machen: die Vernichtung von Arten. Dies wird trotz der Fortschritte in der Gentechnik auch noch lange so bleiben. Daher müssen Natur- und Artenschutz politische Priorität erhalten.

1997 gründete sich in Deutschland eine bundesweite Bürgerinitiative gegen Nationalparks. In den Vereinigten Staaten gibt es solche Gruppen schon länger. Neue Fronten zeichnen sich ab, die man in der Umweltdebatte bisher nicht gewohnt war. Nicht Chemie-Multis bekämpfen Nationalparks, sondern Bauern, Hobbysegler und Heimatvereine. Die Wiederansiedlung des Luchses wird nicht von Ölkonzernen bekämpft, sondern von Schafzüchtern. »Wenn die Wälder wild werden, zittern die Menschen«, kommentierte die »Welt« den Konflikt um das Zulassen der natürlichen Zerstörungskraft des Borkenkäfers im Nationalpark Bayerischer Wald. Darunter heißt es: »Von den allem Naturgeschehen entfremdeten Mitteleuropäern des 20. Jahrhunderts erfordert die tatenlose Akzeptanz dieses Prozesses ein Höchstmaß an Gelassenheit und Einsicht. Zur Zeit spricht wenig dafür, daß sie es aufbringen.«[1]

Eine der größten Menschheitsleistungen des 20. Jahrhunderts war die Einrichtung von Nationalparks und anderen Naturreservaten. Der Revolutionär Leo Trotzki hatte zu Beginn des Jahrhunderts vorhergesagt, daß die Menschheit auf dem Gipfelpunkt ihrer Ausbreitung Frieden mit der Natur schließen werde. Dies ist – zumindest teilweise – eingetroffen. In einer zukünftigen, technisch hoch entwickelten Gesellschaft, schrieb Trotzki, werde es weiterhin »Wildnis und Wald, Auerhähne und Tiger« geben. Der Mensch werde die Umwelt so geschickt gestalten, »daß der Tiger den Baukran nicht bemerken und nicht melancholisch werden, sondern wie in Urzeiten weiterleben wird«.

Die Zahl der Naturreservate stieg in 100 Jahren auf zirka 8 500 an. Der kulturelle Fortschritt, der sich dadurch ausdrückt, kann gar nicht hoch genug bewertet werden. Denn viele tausend Jahre lang betrachteten Menschen die Wildnis stets als Feind (oft zu recht). Als schön werteteten sie bestenfalls gepflegte Kulturlandschaften, in denen Bauern und Gärtner eifrig Hand angelegt hatten. In der Bibel wird Wildnis an 305 Stellen erwähnt, doch nie als etwas Schönes. Die hebräischen Wörter, die als »Wildnis« übersetzt wurden, bedeuten alle nichts Gutes, sondern zum Beispiel »wertlose Sache« oder »Ödnis«. Das Wort »Paradies« hat seine Wurzeln interessanterweise in dem altpersischen Wort für »Einfriedung«.[2]

In reichen Ländern mit hoch entwickelter Landwirtschaft, können immer mehr Gebiete der Natur überlassen werden. Arme, nur schwach industrialisierte Länder müssen jedoch ihre landwirtschaftliche Fläche weiter ausdehnen. Daher sollten Naturschutzorganisationen ökonomisch und sozial überzeugende Konzepte suchen, um weitere Naturgebiete zu sichern und die bestehenden zu verteidigen.

Doch nicht allein um den Erhalt der Wildnisgebiete bahnen sich Konflikte an. Die Natur wird die Menschen zunehmend am Wohnort heimsuchen. Steinmarder, die Bremsschläuche zerbeißen, sind die Avantgarde. Bauern beklagen sich über zu viele Biber (die in Westdeutschland einmal ausgestorben waren) und Fischer über Kormorane. In Zukunft wird es solche Konflikte immer häufiger geben. Schon heute leben in europäischen Großstädten mehr Vögel als auf der gleichen Fläche im tropischen Regenwald.[3] Füchse, Frösche und Fledermäuse werden die ökologische Toleranz der Stadtbewohner auf harte Proben stellen. In den Vereinigten Staaten geht es schon heute zur Sache. Tödliche Attacken von Pumas und Bären auf Menschen haben dort den Ruf nach Abschuß der vierbeinigen Störenfriede laut werden lassen.

Trotz solcher Konflikte ist in den vergangenen Jahrzehnten insgesamt die Bereitschaft gestiegen, auch lästige oder bedrohliche Naturerscheinungen zu akzeptieren. In den siebziger Jahren rückte noch bewaffnete Bereitschaftspolizei aus, als ein paar Wölfe aus einem Gehege in Ostbayern ausgebüchst waren. Heute siedeln aus Polen kommende

Wölfe wieder in Brandenburg. Die Bevölkerung reagiert nicht panisch, und viele finden den Gedanken, auch in Deutschland ein bißchen Wildnis zu tolerieren, ganz sympathisch. Diese Toleranz zu bekräftigen und zu fördern wird eine weitere, wichtige Aufgabe der Naturschutzverbände sein.

Speziell deutsche Naturschützer werden mehr Privatinitiative zeigen müssen. Die Rolle des ewigen Protestierers gegen Staat und Industrie ist nicht mehr abendfüllend. Die Spender werden fragen, wo eigentlich die konstruktiven Ansätze bleiben, ob man mit ihren Millionen nicht mehr machen kann, als Broschüren zu drucken und Kampagnen zu finanzieren. Wenn die Verbände dazu übergehen würden, gefährdete Biotope zu kaufen (was in Nordamerika erfolgreich praktiziert wird), käme ein frischer Wind in den Naturschutz. Private Schutzgebiete wären die besten Werbeflächen für ökologisches Denken. Außerdem entstünde eine gesunde Konkurrenz zu den staatlichen Naturschutzgebieten. Die Bürger könnten vergleichen, wo sich Pflanzen und Tiere besser entwickeln. Die Naturschützer würden in der Praxis beweisen, daß die Privilegien von Landwirtschaft, Jagd und Fischerei die staatlichen Naturschutzgebiete ökologisch entwerten. 1999 kündigte sich endlich die Trendwende beim privaten Naturschutz in Deutschland an. Einige große Naturschutzverbände fingen an, ehemalige Truppenübungsplätze und andere große Flächen in Ostdeutschland aufzukaufen.

Die wichtigste Zukunftsfrage im Naturschutz lautet weltweit: Wie können Menschen Wildnisgebiete wirtschaftlich nutzen, ohne sie zu zerstören? Die Bewohner der Entwicklungsländer werden auf Dauer nicht bereit sein, Tiere und Pflanzen aus ökologischen oder ästhetischen Gründen zu schützen. Sie müssen Möglichkeiten erhalten, ihren Lebensunterhalt aus der Natur zu bestreiten. Ein Hauptverbündeter des Naturschutzes wird der Tourismus sein. Der touristische Geldsegen ist für manche Entwicklungsländer schon heute der einzig triftige Grund, ihre Naturparadiese zu erhalten. Die Alternative zum Tourismus heißt längst nicht mehr »unberührte Wildnis«. Das Fremdenverkehrsgewerbe steht in harter Konkurrenz zu anderen Nutzungsformen. In armen Ländern bedeutet weniger Tourismus mehr

Brandrodung, mehr Rinderzucht, mehr Plantagen (siehe auch »Tourismus zerstört die Natur«, Seite 290).

Eine ganz besondere Bedeutung werden jene gut betuchten Jagdtouristen bekommen, die heute in ökologisch besseren Kreisen als ignorante Schießrüpel gelten. Im südlichen Afrika, wo Dorfbewohner Elefanten und Büffel einst als Ernteschädlinge bekämpften, hegen sie heute Wildtiere, um einige Exemplare an ausländische Jäger zu verkaufen. In Regionen ohne touristische Infrastruktur sind Jäger eine einträgliche Alternative. Denn die Jagdsafari-Unternehmen können ihre Zeltcamps inmitten der Wildnis aufbauen und brauchen weder Straßen noch Stromleitungen.

Der Gedanke, daß Natur durchaus genutzt werden darf, wenn es denn ökologisch verträglich geschieht, setzt sich im internationalen Naturschutz immer stärker durch. Schätzungsweise fünf Milliarden Dollar werden weltweit mit Produkten aus wild lebenden Tieren und Pflanzen (außer Holz und Fisch) umgesetzt. Heute findet ein Großteil dieses Marktes in der Illegalität statt. Aber warum sollen die Armen nicht die Chance erhalten, die Natur vor ihrer Haustür nachhaltig zu nutzen? Dafür müßten die internationalen Naturschutzorganisationen mehr über Marktwirtschaft und weniger über Handelsverbote nachdenken. Dieser Prozeß hat bereits begonnen. Wenn die Nashornwilderei trotz CITES-Abkommen jahrzehntelang anhält, wäre es vielleicht klüger, südafrikanischen Wildfarmern zu erlauben, die Hörner ihrer privat gehegten Nashörner zu ernten und diese legal nach China zu verkaufen. Millionen von Menschen in Afrika, Südamerika und Asien leben von wilden Pflanzen und Tieren. Sie sollten für ihre traditionelle Wirtschaftsweise nicht zu Verbrechern abgestempelt werden. Wer eine faire Chance erhält, im Rahmen der Gesetze von der Natur zu leben, wird diese Quelle seines Wohlstandes nicht leichtfertig zerstören.

Manche Öko-Lobbyisten schweben auf einer gut gepolsterten moralischen Wolke. So entrückt, daß sie die wirtschaftlichen Nöte afrikanischer Bauern oder arbeitsloser Eskimos nicht sehen. Der Gedanke an nachhaltige Nutzung von Regenwäldern und Wildtierbeständen ist für Naturromantiker aus reichen Industrieländern noch etwas gewöhnungsbedürftig. Daher wird es sicher noch eine Weile dauern, bis der WWF Elfenbein und Greenpeace Robbenspeck vermarktet.

Solange sich die alte Leier auszahlt, werden die großen Spendenorganisationen weiter Panik und Pessimismus verbreiten. Die Campaigner werden weiterhin das baldige Sterben der Natur prophezeien. Und die Armen werden weiter wildern.

1 Die Welt vom 5. 11. 1997. **2** P. J. O'Rourke, Alle Sorgen dieser Welt, 1994. **3** Stern Nr. 46/1997.

Ozon

Oft gehört, gern geglaubt

»Die vielen Autos sind schuld am Ozon«
»Die Bodenozonwerte steigen immer mehr an«
»In den Innenstädten ist die Ozonbelastung am größten«
»Ozon löst Asthma, Bronchitis und Krebs aus«
»Alle Ursachen für das Ozonloch sind bekannt«
»Wegen des Ozonlochs gibt es bereits mehr Fälle von Hautkrebs«
»Durch das wachsende Ozonloch werden Pflanzen und Tiere geschädigt«

Perspektiven

Oft gehört, gern geglaubt

Der Sommer, nach dem sich alle so sehnen, ist zur gefährlichsten Jahreszeit geworden. In den Städten wabert das Bodenozon, Kinder und Alte sollten das Haus am besten nicht verlassen. »Krank durch Ozonsmog« warnt Greenpeace und spricht von »unterschätzten Gefahren für die menschliche Gesundheit«. So drohten Asthmaanfälle und Krebserkrankungen der Atemwege.[1] Wer es schafft, dieser Hölle durch die Flucht aufs Land oder an die See zu entkommen, darf sich leider immer noch nicht sicher fühlen. Hier droht, so schreibt die »Berliner Zeitung«[2], »die Gefahr aus heiterem Himmel«. Die früher harmlosen Sonnenstrahlen mutieren zur tödlichen Gefahr, wegen des Ozonlochs in der Stratosphäre werden Millionen Menschen an Hautkrebs erkranken. Und dies nicht nur nahe dem Südpol, sondern auch in Europa. Schon heute seien 100 000 Menschen in Deutschland Opfer der tückischen Lücke.[3] Auch dies ein Grund, zu Hause zu bleiben und sich zu fürchten.

1 Greenpeace-Studie, Krank durch Ozonsmog, Kurzfassung 1996. **2** Berliner Zeitung vom 9. 10. 1997. **3** ebd.

»Die vielen Autos sind schuld am Ozon«

90 Prozent des Ozons befinden sich in der Ozonschicht in der Stratosphäre, 15 Kilometer über der Erdoberfläche. Hier filtert das Ozon die ultraviolette Strahlung der Sonne und hat mit dem sogenannten »Sommersmog« nichts zu tun. Die restlichen 10 Prozent des irdischen Ozons befinden sich in den unteren Luftschichten nahe der Erdoberfläche. Dieses bodennahe Ozon entsteht unter Einwirkung von Sonnenlicht. Stick(stoff)oxide, abgekürzt NO_x, – wie sie in Autoabgasen enthalten sind – unterstützen dabei die Entstehung. Dem Straßenverkehr werden 60 Prozent dieser Vorläufersubstanzen zugerechnet, die restlichen 40 Prozent Stickoxide stammen im wesentlichen aus Kraftwerken und Industriebetrieben.

Kohlenwasserstoffe fördern ebenfalls die Ozonbildung. Sie verdunsten als Lösemittel aus Farben und Lacken oder als Benzindämpfe an den Zapfsäulen der Tankstellen. Auch natürliche Quellen setzen größere Mengen an Kohlenwasserstoffen frei. Am Gesamtausstoß der Kohlenwasserstoffe ist der Straßenverkehr mit etwa einem Drittel beteiligt.[1]

Aufgrund von Filtern in Kraftwerksschornsteinen und durch die Einführung des Katalysators werden heute wesentlich weniger der für die Ozonbildung mitverantwortlichen Stoffe ausgestoßen als früher. Im Jahre 1994 wurden in Deutschland rund eine Million Tonnen weniger Stickstoffoxide in die Luft geblasen als 1980.[2] Der Anteil der Stickoxide im Auspuffgas eines Katalysatorautos liegt rund 90 Prozent unter dem eines konventionellen Fahrzeugs. Die Emissionen der Personenwagen nehmen – trotz ihrer gestiegenen Zahl – insgesamt ab.

Dafür, daß der Anteil des Verkehrs an den Gesamtemissionen zunimmt, sind nicht die vielen Autos verantwortlich, sondern relativ wenige Übeltäter: vor allem die Lastwagen, die unvermindert problematische Stoffe auspusten. Eine Million schwere Lastwagen (und auch Busse) verursachen mehr Stickoxide als alle 41 Millionen Personenwagen zusammen und stoßen sogar doppelt so viele Rußpartikel aus.[3] Ausländische Transit-Brummis sind hierbei noch nicht einmal berücksichtigt. Auch ein veralteter Zweitakt-Rasenmäher emittiert in der gleichen Zeit das 200fache eines Autos mit Katalysator.

Bei den Personenwagen verschlechtern vor allem die noch rund 8 Millionen Autos ohne Katalysator sowie Dieselfahrzeuge die Bilanz. Dennoch entspricht der gesamte heutige Stickstoff-Ausstoß von über 40 Millionen PKWs dem der sechziger Jahre, als das Motorisierungsniveau noch relativ bescheiden war.[4] Seit 1996 sind die Grenzwerte nochmals um 50 Prozent herabgesetzt worden. Mit dem Jahr 2000 werden die Grenzwerte für leichte Nutzfahrzeuge um 30 Prozent gesenkt werden, während die schweren Brummis unverständlicherweise noch bis mindestens 2005 verschont bleiben.

Dennoch werden die Stickstoff-Emissionen weiter sinken. Bis zum Jahr 2005 rechnet man mit einem Rückgang von 30 Prozent (in absoluten Zahlen) gegenüber 1990.[5] Im smoggeplagten Kalifornien werden Gesetze übrigens noch konsequenter formuliert: Dort sollen Autohersteller bis zum Jahr 2003 zehn Prozent ihrer Autos als sogenannte »Nullemissions«-Fahrzeuge verkaufen – und das funktioniert nur mit Elektroantrieb.

1 Bundesumweltministerium, Broschüre »Handeln gegen Ozonsmog«, August 1996. **2** ebd. **3** Frankfurter Allgemeine Zeitung vom 17. 12. 1997. **4** H. Hug, Der tägliche Öko-Horror, 1997. **5** Der Rat von Sachverständigen für Umweltfragen, Umweltgutachten 1996.

»Die Bodenozonwerte steigen immer mehr an«

Gesicherte und vergleichbare Meßreihen für das Aufkommen von Bodenozon stehen erst seit dem vergangenen Jahrzehnt zur Verfügung. Und hier, so ermittelte Professor Hans Puxbaum, Leiter des Instituts für analytische Chemie der Technischen Universität Wien[1], zeigt der Verlauf der Ozonkonzentration in Europa und Nordamerika einen gleichbleibenden oder sogar fallenden Trend. Der deutsche Sachverständigenrat für Umweltfragen schreibt vorsichtig: »Eine Analyse der Ozonsituation in Deutschland (seit 1990) zeigt keine Hinweise auf eine Ab- oder Zunahme der Häufigkeit von Überschreitungen der Grenzwerte.«[2] Zumindest die in Deutschland gemessenen Spitzenwerte zeigen seit 1984 eine eher rückläufige Entwicklung.[3] **[Grafik Seite 361]** Sie

Sommer, Sonne und Ozon

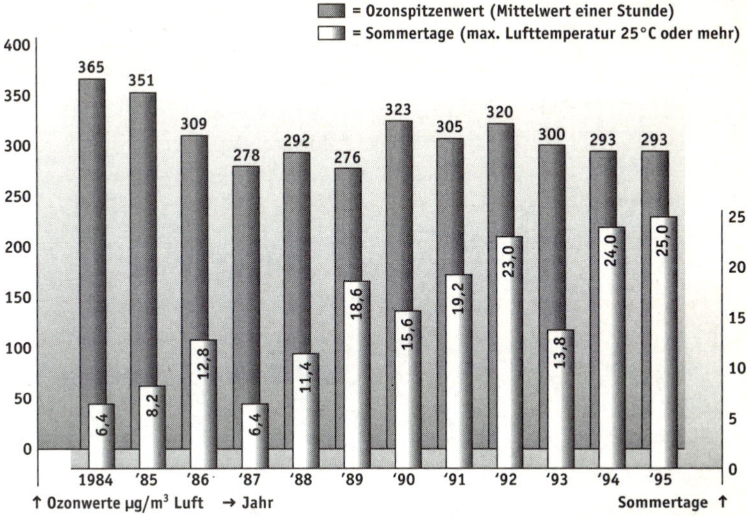

Ein Zusammenhang zwischen der Zahl der heißen Sonnentage und hohen Ozonwerten besteht erstaunlicherweise nicht. Zumindest die Spitzenwerte der Ozonbelastung zeigen seit 1984 einen rückläufigen Trend. **(Quelle: Die Welt, 1997)**

liegen im übrigen weit unter jenen, die beispielsweise in Los Angeles zu verzeichnen sind. Während bei uns nur in Ausnahmefällen Werte von 300 Mikrogramm (ein Mikrogramm, abgekürzt µg, ist ein millionstel Gramm) überschritten werden[4], herrschen dort an 75 Tagen im Jahr Werte zwischen 500 und 1000 Mikrogramm[5]. In Deutschland gelten bereits ab einem Grenzwert von 240 Mikrogramm Fahrverbote (das entspricht 0,00000024 Gramm Ozon in einem Kubikmeter = 1000 Liter Luft). In den Jahren 1990 bis 1994 wurde dieser Wert an den 20 Meßstationen mit den höchsten Ozonbelastungen insgesamt jedoch nur drei- bis elfmal pro Jahr erreicht.[6] **[Grafik Seite 362]**

Dabei fällt in Deutschland auf, daß in schlechten und verregneten Sommern mitunter höhere Werte erreicht werden als in ausgesprochenen »Jahrhundertsommern«. Die populäre Gleichung »mehr Verkehr +

Wie oft wurden in Deutschland die Ozonwerte von 180 bzw. 240 µg/m³ Luft überschritten?

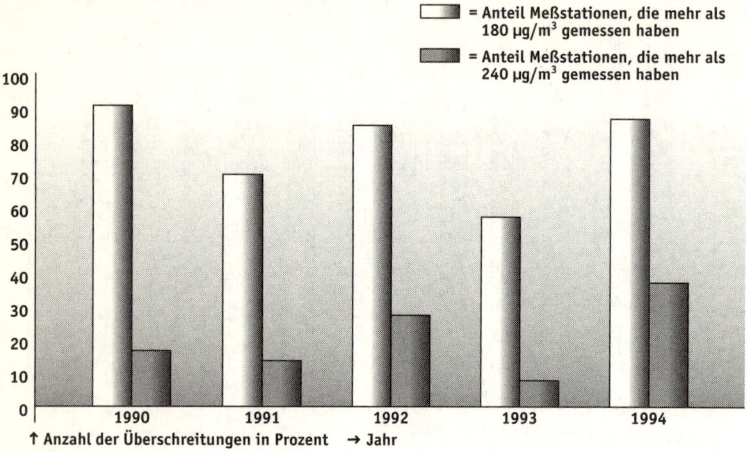

Eine Analyse der Ozonsituation in Deutschland von 1990 bis 1994 läßt keine Hinweise auf eine Ab- oder Zunahme der Belastung durch Bodenozon zu.

(Quelle: Umweltgutachten 1996 / UBA)

schöner Sommer = starker Ozonsmog« stimmt demnach hierzulande nicht zwangsläufig. »Das Auftreten hoher Ozonkonzentrationen ist offensichtlich nicht oder nicht allein an die bisher bekannten Bedingungen geknüpft«, resümiert der Rat der Sachverständigen. Dafur sprechen auch aufwendige Feldversuche in der Stadt Heilbronn und im Bundesland Hessen (1994): Tempolimits und Fahrverbote hatten keine Auswirkung auf die Ozonbildung. Zweifellos verbessern Verkehrsbeschränkungen bei problematischen Wetterlagen die allgemeine Luftqualität merklich – die Ozonproblematik scheint aber komplexer. So erbrachten Untersuchungen in Los Angeles einen überraschenden Effekt: Der »normale« Smog aus Rußpartikeln verringerte die ultraviolette Strahlung der Sonne – und somit auch die Ozonbildung – am Boden um fünf bis acht Prozent. Das paradoxe Ergebnis: Wird die Luft sauberer, können die Ozonwerte sogar ansteigen.[7] Es muß beim Bodenozon weitere, darunter auch natürliche Wechselwirkungen geben, die die Forschung noch nicht verstanden hat. Von einem »von Jahr zu Jahr steigenden Risiko«[8] kann beim Bodenozon jedenfalls nicht die Rede sein.

1 Frankfurter Allgemeine Zeitung vom 14. 5. 1996. **2** Rat der Sachverständigen, Umweltgutachten 1996. **3** Die Welt vom 27. 8. 1997. **4** GSF-Forschungszentrum, Information »Krank durch Ozon?«, 15. 5. 1995. **5** Bundesumweltministerium, Pressemitteilung »Handeln gegen Sommersmog«, August 1996. **6** Rat der Sachverständigen, Umweltgutachten 1996. **7** Frankfurter Allgemeine Zeitung vom 17. 12. 1997. **8** Greenpeace-Studie, Krank durch Ozonsmog, Mai 1996.

»In den Innenstädten ist die Ozonbelastung am größten«

Die Gebiete mit erhöhten Ozonkonzentrationen liegen meist in Windrichtung außerhalb der Ballungsräume oder an deren Rändern.[1] In den Städten bauen Schadstoffe, die von Autos und Verbrennungsanlagen abgegeben werden, das Ozon im Gegenzug auch ziemlich rasch ab. Stickstoffmonoxid, wie es an den Hauptverkehrsstraßen anfällt, reagiert mit Ozon und macht es wieder unschädlich.[2] Auf dem Land können sich herangewehte Ozonschwaden länger halten. Hinzu kommen natürliche Vorläufersubstanzen aus biogenen Quellen (Pflanzen, Böden und Wälder), die ebenfalls zur Ozonbildung beitragen. Australische Wissenschaftler sind sogar überzeugt: Rasen, Viehweiden und Kleefelder sind weltweit eine der wichtigsten Quellen für solche Substanzen. Vor allem Grünflächen, die bei warmer Witterung zur Mittagszeit gemäht werden, setzen den Forschern zufolge große Mengen an Kohlenwasserstoffen frei.[3]

Besonders überraschend waren für das Münchner Institut für Arbeits- und Umweltmedizin aber Messungen in Büroräumen: Häufig steigen die Ozonwerte durch veraltete Kopiergeräte, Laserdrucker, Luftfilteranlagen und ultraviolette Lampen stark an. Nach dem Ausschalten der Geräte gehen die Ozon-Werte im Büro jedoch rasch zurück.[4]

1 Rat der Sachverständigen, Umweltgutachten 1996. 2 Bundesumweltministerium, Pressemitteilung »Handeln gegen Sommersmog«, 1996. 3 Frankfurter Allgemeine Zeitung vom 13. 5. 1998. 4 Augsburger Allgemeine vom 12. 6. 1996.

»Ozon löst Asthma, Bronchitis und Krebs aus«

Ozon ist ein unsichtbares und giftiges Gas, gleichwohl kommt es in geringen Mengen ganz natürlich in der Atemluft vor. Sein Anteil liegt dabei normalerweise unter 100 Mikrogramm (millionstel Gramm) pro Kubikmeter Luft. Ab 180 Mikrogramm wird die Bevölkerung in der Europäischen Gemeinschaft über erhöhte Ozonwerte informiert. Rund zehn Prozent der Bevölkerung, vorwiegend Kinder und Jugendliche, gelten als besonders ozonempfindlich. Zu diesem Ergebnis kommt eine Studie des Instituts für Arbeits- und Umweltmedizin in München.[1] Empfindliche Menschen, also etwa jeder Zehnte, reagieren gemäß dieser Untersuchung ab 200 Mikrogramm Ozon pro Kubikmeter Luft mit Reizungen an den Atemwegen und Schleimhäuten oder (bei erhöhten Werten über mehrere Stunden) mit einer verringerten Lungenfunktion. Es entstehen allerdings keine bleibenden Schäden. Ist die Luft wieder rein, verschwinden auch die Beschwerden. Ozonempfindliche Menschen sollten dennoch unter diesen Umständen keinen Sport treiben.

Tobende Kinder sind nur insofern einer höheren Belastung ausgesetzt, als sie beim Spielen mehr Luft ein- und ausatmen als ruhigere Zeitgenossen. Und Babys haben bezogen auf ihr Körpergewicht ein besonders hohes Atemvolumen: Bei ihnen entspricht die im Ruhen aufgenommene Luftmenge der eines sich körperlich betätigenden Erwachsenen. Professor Rainer Dierkesmann, Facharzt für Lungen- und Bronchialheilkunde und Chefarzt der Stuttgarter Klinik Schillerhöhe, wehrt sich aber gegen Panikmache. Selbst aktive Sportler sind seiner Meinung nach nicht wirklich gefährdet: »Möglicherweise wird ein Jogger wegen des Ozons husten müssen. Wenn er nicht joggen geht, muß er nicht husten. Das ist alles. Seine Gesundheit wird keinen dauerhaften Schaden nehmen.«[2] Ab 300 Mikrogramm Ozon pro Kubikmeter Luft

Erhöhte Ozon-Konzentration im Sommer: Auswirkungen auf den Menschen und Empfehlungen für das Verhalten

Ozon-Konzentration	**Dauer der Einwirkung**	**Auswirkungen auf den Menschen**	**Kritische Risikowerte und Handlungsempfehlungen**
40–80 µg/m³ (Jahresdurchschn.)		keine	natürlicher Ozonpegel in Bodennähe in Mitteleuropa
unter 120 µg/m³		keinerlei Beeinträchtigungen der Gesundheit	
110 µg/m³		kein nennenswertes Risiko auch bei Überschreitung bis zu 400 µg/m³ für bis zu 0,5 Stunden, wenn dies nicht häufiger als 1 x pro Woche passiert	MIK-Wert: Maximale Immissionskonzentration (festgesetzt vom Verein deutscher Ingenieure)
180 µg/m³		bei Einhaltung der Handlungsempfehlungen sind keine Gesundheitsbeeinträchtigungen für *empfindliche* Personen zu erwarten	Anhaltswert: ab dieser Konzentration informiert die Landesanstalt für Immissionsschutz in Presse und Rundfunk über erhöhte Werte. Ärzte empfehlen *empfindlichen* Personen, Alten, Kranken und Kindern, keine ungewohnten, langandauernden körperlich anstrengenden Tätigkeiten im Freien am Nachmittag zu unternehmen. D.h. diese Personen sollten z.B. nicht in der Mittagszeit joggen, Spaziergänge und Schwimmen sind unbedenklich
200 µg/m³	8 Stunden		MAK-Wert: Max. Arbeitsplatzkonzentration
240 µg/m³ (tritt in der BRD nur an 8–10 Tagen im Jahr auf)		bei *empfindlichen* Personen Hustenreiz, Reizungen von Hals und Rachen, Kopfschmerzen, Verschlechterung der Lungenfunktion	
ab 240 µg/m³	mehrere Stunden bei körperl. Belastung	Reduzierung der körperlichen Leistungsfähigkeit	
240–300 µg/m³	mehrere Stunden bei körperl. Belastung	Zunahme der Häufigkeit von Asthmaanfällen	
ab 360 µg/m³			Das Ministerium für Umwelt, Landwirtschaft und Raumordnung empfiehlt *allen Personen*, sich nicht lange Zeit am Nachmittag im Freien körperlich anzustrengen
400 µg/m³	1 Stunde		Warnschwelle für Smogalarm in Los Angeles (Extremgebiet für Sommersmog)
über 400 µg/m³	an ca. 70 Tagen im Jahr, mehrere Jahre lang	dauerhaft Veränderung der Lungenfunktion, Zunahme der Häufigkeit chronischer Lungenerkrankungen (chronische Bronchitis) (beobachtet bei extremen Verhältn. in den USA)	
700–1000 µg/m³ (in der BRD noch nie beobachtet)			Auslösewert für einen Verkehrsstop in Los Angeles (Extremgebiet)

Diese Tabelle zeigt mit einer großen Sicherheitsmarge gegebene Empfehlungen für verschiedene Ozonwerte. Der Wert von 240 Mikrogramm wurde in den Jahren 1990 bis 1994 an den 20 Meßstationen mit den höchsten Ozonbelastungen insgesamt jedoch nur drei- bis elfmal pro Jahr erreicht. **(Quelle: Umweltgutachten 1996)** klagt jeder Dritte über Beschwerden, ab 400 Mikrogramm jeder Zweite.[3] **[Tabelle Seite 365]** Werte von 300 Mikrogramm kommen in Deutschland jedoch nur in absoluten Ausnahmefällen vor, mehr als 400 Mikrogramm wurden bislang nicht registriert (Daten seit 1984).[4]

Ältere Menschen werden durch hohe Ozonwerte – entgegen der landläufigen Meinung – erstaunlich wenig belastet. Auch dies ein Ergebnis der erwähnten Untersuchung am Institut für Arbeits- und Umweltmedizin in München. Professor Fruhmann ist der Auffassung, daß Senioren entgegen bisher üblicher Warnungen selbst bei Ozonwerten von 240 Mikrogramm (dem Grenzwert für Fahrverbote) ruhig spazierengehen können.[5] Ein weiteres erstaunliches Ergebnis: Asthmatiker sind nach der Münchner Untersuchung nicht ozonempfindlicher als Gesunde. Andere Studien kommen hier freilich zum umgekehrten Ergebnis. Asthmatiker dürften sich allerdings in sommerlicher Hitze ohnehin keiner schweißtreibenden Belastung aussetzen. Ozonexperte Professor Rainer Dierkesmann resümiert die Ozondiskussion so: »Die psychische Belastung durch die Erzeugung von Angst macht wahrscheinlich mehr Menschen krank als das Ozon.«[6]

Behauptungen, daß Bodenozon bei den hierzulande vorkommenden Konzentrationen »schwerste Bronchitiserkrankungen« oder »Asthmaanfälle mit Erstickungsängsten«[7] auslösen könnte, sind hingegen maßlos übertrieben. Und der »epidemiologische Beweis«, daß Ozon das Risiko für »Krebserkrankungen der Atemwege« erhöhe, ist besonders weit hergeholt (siehe auch »Was heißt eigentlich krebsverdächtig?«, Seite 94). Das von Greenpeace veröffentlichte Studienergebnis stammt aus einer Untersuchung in Mexiko-City (1993). Damals galt die Metropole als unbestrittene Welthauptstadt der Luftverschmutzung. Neben dramatischen Ozonwerten herrschte in der dünnen Höhenluft ein dichter Smog aus Schwefeldioxid, Stickoxiden, Kohlenmomoxid, Staubpartikeln und Blei – und zwar regelmäßig und über Wochen. Mit den Verhältnissen in Deutschland hat dies rein gar nichts zu tun. Die Mexikaner würden ihre Kinder begeistert zur Sommerfrische nach Hamburg oder München schicken.

1 Augsburger Allgemeine vom 12. 6. 1996. **2** Bild der Wissenschaft Nr. 7/1995. **3** Münchner Medizinische Wochenschrift Nr. 26/27, 1993. **4** Die Welt vom 27. 8. 1997. **5** Augsburger Allgemeine vom 12. 6. 1996. **6** G. de Haan, Ökologie, Gesundheit, Risiko, 1996. **7** Greenpeace-Studie, Krank durch Ozonsmog, Kurzfassung 1996.

»Alle Ursachen für das Ozonloch sind bekannt«

In der Stratosphäre, in etwa 15 Kilometer Höhe, bildet Ozon eine Schutzschicht, die das Leben auf der Erde vor schädlicher ultravioletter Strahlung (UV-B) abschirmt. Seit 1977 beobachtet man eine Schwächung dieses Schutzschildes, und 1986 entdeckten Wissenschaftler erstmals ein saisonales »Loch« in der Ozonschicht über der Antarktis. Gemeint ist damit eine deutliche Abnahme der Ozonkonzentration in der Stratosphäre (also nicht ihr völliges Verschwinden). Seit Mitte der siebziger Jahre beträgt die Abnahme über der winterlichen Antarktis durchschnittlich etwa 60 Prozent. Inzwischen wird eine (geringere) Ausdünnung auch über der Nordhalbkugel beobachtet. Das Phänomen bleibt über Wochen oder Monate relativ stabil.[1]

Auch starke natürliche Ozonschwankungen können je nach geographischer Lage, Jahres- oder Tageszeit zwischen 30 und 50 Prozent betragen[2], sie verändern sich allerdings in einem ständigen dynamischen Prozeß. Insgesamt gleicht die Ozonschicht keineswegs einer gleichmäßigen Decke, sondern eher einem mit heißer Nadel genähtem Flickenteppich. Über der Antarktis waren in den vergangenen Jahren bis zu 20 Millionen Quadratkilometer (das entspricht der Fläche des nordamerikanischen Kontinents) von der Abnahme der Ozonkonzentration betroffen, über der Arktis waren es 1997 bis zu sechs Millionen Quadratkilometer.[3]

Als maßgeblich verantwortlich für den Ozonabbau gelten die Fluorchlorkohlenwasserstoffe (FCKW), die beispielsweise als Treibmittel in Spraydosen und als Kühlmittel verwendet wurden. In Verbindung mit Sonneneinstrahlung und extremen Wintertemperaturen über den Polen lösen sie verschiedene ozonzerstörende Kettenreaktionen aus. Weitere Verbindungen stehen im Verdacht, dasselbe zu tun, etwa Me-

Herstellung und Verbrauch von Fluorchlorkohlenwasserstoffen (FCKW) in Deutschland

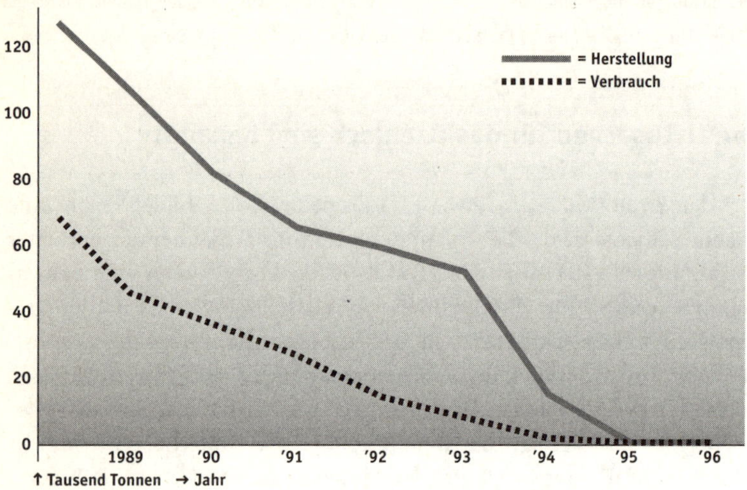

Die Herstellung und der Verbrauch von Fluorchlorkohlenwasserstoffen wurden seit 1989 mit großer Entschlossenheit heruntergefahren und schließlich eingestellt. Nur etwa 1000 Tonnen FCKW werden noch in medizinischen Spraydosen eingesetzt. **(Quelle: Bundesumweltministerium 1996)**

thylbromid, wie es in Pflanzenschutzmitteln Verwendung findet. Der Stoff wird allerdings auch in großen Mengen von der Natur freigesetzt, so durch Seetang, Algen, Waldbrände oder Vulkanausbrüche.[4] Das gleiche gilt für Jodverbindungen, die aus den Weltmeeren aufsteigen und die für beobachtete Ozonverluste auch außerhalb der Polarbereiche verantwortlich sein könnten.[5]

Im Jahre 1987 einigte sich die Völkergemeinschaft, die Produktion der FCKW (Fluorchlorkohlenwasserstoffe) einzuschränken und stufenweise ganz auslaufen zu lassen. Inzwischen haben über 150 Staaten das Abkommen ratifiziert. Im Rahmen des sogenannten »Montrealer Protokolls« beschlossen die Industrieländer einen Ausstieg aus der Produktion zum 1. Januar 1996, die weniger FCKW-verbrauchenden Entwicklungsländer sollen bis spätestens 2010 folgen.[6] **[Grafik Seite 368]** (Ein Problem stellt derzeit freilich die illegale Herstellung und der Schmuggel von FCKW beispielsweise in Rußland dar.) Ein vorgezogenes Verbot von Methylbromid wird angestrebt, in Deutschland ist die Produktion bereits eingestellt.[7]

Experten gehen davon aus, daß derzeit noch nicht alle FCKW-Moleküle in der Stratosphäre angekommen sind. Ihre Konzentration wird erst mit einer gewissen zeitlichen Verzögerung nach dem Verbot wieder abnehmen. Allgemein rechnet man bis zum Jahr 2003 mit einer Trendumkehr beim Ozonabbau. Derzeit beträgt der Schwund an Ozon etwa 0,6 Prozent pro Jahr. Wenn der FCKW-Zustrom nachlasse, so glaubt der Nobelpreisträger und Atmosphärenforscher Paul Crutzen, werde sich die Ozonschicht wieder erholen und die Menschheit bräuchte keine Angst vor einer weiteren Zerstörung ihres Schutzschildes zu haben.[8] Computersimulationen, die auf sogenannten »zweidimensionalen atmosphärischen Modellen« beruhen, gehen davon aus, daß sich die Ozonschicht bis Mitte des nächsten Jahrhunderts wiederherstellt.

Doch diese Berechnungen gelten mittlerweile als fragwürdig. Wissenschaftler der Universität Wuppertal haben die Computermodelle der Vorgänge in der Atmosphäre jüngst mit Hilfe neuentwickelter Satelliteninstrumente und Messungen überprüft (Projekte MAHRSI/CHRISTA).[9] Das Ergebnis: Die Berechnungen der Computer weichen um den Faktor 2 – in die eine wie in die andere Richtung – von den beobachteten Daten ab. Dies deutet auf einen grundsätzlichen, konzeptionellen Fehler im Verständnis der photochemischen Vorgänge in der Atmosphäre hin. Hinzu kommen neue Erkenntnisse über die komplexen natürlichen Strömungssysteme in der Atmosphäre, die von den Computern nicht richtig berücksichtigt werden. Die künftige Entwicklung der Ozonschicht ist deshalb für Überraschungen gut: Eine Erholung der Ozonschicht kann erheblich länger dauern als angenommen, sie kann aber auch schneller vonstatten gehen. Bei den Vorgängen um das stratosphärische Ozon tappt die Wissenschaft – trotz aller Fortschritte – vielfach noch im Dunkeln. Politisch wurde das Problem nach dem heutigen Stand der Kenntnisse gelöst.

1 Frankfurter Allgemeine Zeitung vom 19. 11. 1997. **2** A. Wildawsky, But is it True? 1995. **3** Frankfurter Allgemeine Zeitung vom 19. 11. 1997. **4** GSF-Forschungszentrum, Information »Stratosphärische Ozonschicht und Ozonloch«, April 1995. **5** Der Spiegel Nr. 6/1996. **6** GSF-Forschungszentrum, Information »Stratosphärische Ozonschicht und Ozonloch«, April 1995. **7** Bundesumweltministerium, Pressemitteilung, 17. 7. 1997. **8** Der Spiegel Nr. 42/1995. **9** Science, Vol. 277, 1997, Seite 1967.

»Wegen des Ozonlochs gibt es bereits mehr Fälle von Hautkrebs«

Prinzipiell hängt die Wirkung der ultravioletten Strahlung, die von der Sonne zu uns gesandt wird, von der Dosierung ab. In einem gewissen Maß ist sie dem Menschen durchaus zuträglich, ja sogar notwendig, etwa um Vitamin D zu bilden und Rachitis zu vermeiden. Mitunter wird sie auch therapeutisch eingesetzt, beispielsweise gegen Schuppenflechte.

Im Mittelpunkt der Diskussion um Gesundheitsrisiken durch ultraviolette Strahlung steht das sogenannte UV-B: Diese Strahlungsart kann wegen des Ozonschwunds in stärkerem Maße als bisher zur Erde durchdringen – und ist der Hauptgrund der Besorgnis. UV-B verursacht Sonnenbrand. Es wird befürchtet, ein erhöhter UV-B-Anteil am Sonnenlicht könnte beim Menschen die Hautkrebshäufigkeit ansteigen lassen.

Die beiden anderen Arten von ultravioletter Strahlung werden von der Abnahme der Ozonschicht nicht beeinflußt. Die energieärmste Form der UV-Strahlung, das UV-A, wird nicht von der Ozonschicht herausgefiltert und erreicht schon immer die Erdoberfläche. Das UV-C, die Strahlung mit der höchsten Energie, wird nach wie vor praktisch vollständig von der Atmosphäre absorbiert und spielt für unsere Gesundheit daher keine direkte Rolle.[1]

Die von der Dicke der Ozonschicht abhängige Menge an UV-B-Strahlen schwankt allerdings auch aufgrund natürlicher Gegebenheiten sehr stark. Das Leben auf der Erde ist durchaus mit unterschiedlichen UV-B-Einstrahlungen vertraut. So findet man beispielsweise im

Hochgebirge wegen der dünneren Luft und der intensiveren Sonneneinstrahlung erheblich höhere UV-B-Werte als im Flachland. Davon zeugt so mancher beim Bergwandern erworbene Sonnenbrand.

Am Äquator ist die Intensität der UV-B-Strahlung wegen der direkteren Sonneneinstrahlung viel höher und nimmt dann zu den Polen hin ab. Ein Bewohner der Äquatorregionen ist von Natur aus etwa 20 Prozent mehr UV-B-Strahlung ausgesetzt als ein Mensch, der in mittleren Breiten lebt.[2] Dennoch gibt es bei der Bevölkerung, die in Äquatornähe lebt, keine Anzeichen für eine höhere Hautkrebshäufigkeit als hierzulande. Eher im Gegenteil: Die Krebshäufigkeit nimmt nach Norden hin zu.[3]

Die Ursachen für bösartige Hautkrebstypen sind vielschichtig. Hellhäutige Menschen scheinen gefährdeter zu sein als andere. Hinzu kommt, daß gerade unter Europäern und Amerikanern seit den sechziger Jahren das Sonnenbaden Mode geworden ist. Die Ursachen für die Zunahme von Hautkrebs sind wohl hier zu suchen. So wurde etwa in Norwegen von 1968 bis 1990 eine Verdreifachung der Melanomfälle beobachtet. Sie konnte nach Ansicht von Medizinern keinesfalls allein auf den geringen Anstieg der UV-B-Strahlung im gleichen Zeitraum zurückgehen. Nach einer Analyse der norwegischen Wissenschaftler J. Moan und A. Dahlbeck ist vor allem das »veränderte Verhalten der Sonnenexposition« schuld. Damit ist gemeint, daß die Menschen immer größere Hautflächen für immer längere Zeit dem Sonnenlicht aussetzen. **[Grafik Seite 372]** Zu ähnlichen Schlüssen kam der Wissenschaftsrat der amerikanischen medizinischen Gesellschaft.[4]

Besonders gefährdet sind naturgemäß die Australier europäischer Abstammung: weiß, in gebräunte Körper verliebt und von der Sonne verwöhnt. Gegenüber England beispielsweise bedeutet eine Umsiedlung nach Australien schon aufgrund der geographischen Veränderung eine Anhebung der UV-Dosis um das Zweieinhalb- bis Fünffache. In Australien hat sich die Anzahl der Hautkrebserkrankungen in den letzten Jahrzehnten vervierfacht. Nun kommt obendrein das relativ nahe Ozonloch über der Antarktis und die dadurch zeitweise erhöhte UV-B-Strahlung hinzu. Wegen der großen zeitlichen Verzögerung bis zum Ausbruch von Hautkrebs kann dies mit der Mehrzahl der bisherigen

Hautkrebshäufigkeit in Norwegen

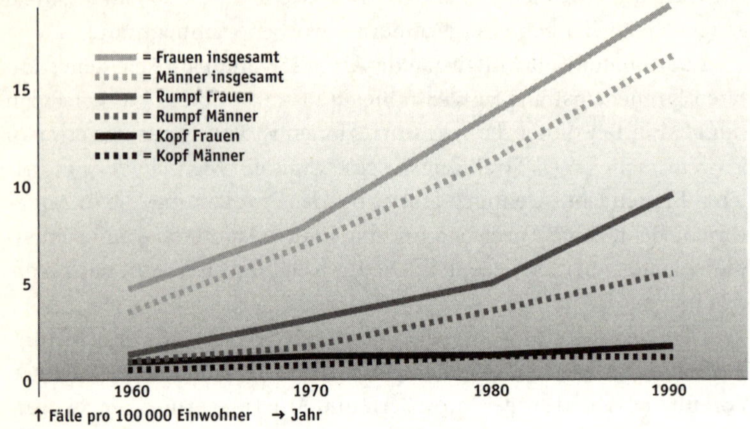

Schwankungen der UV-Strahlung in Oslo (Norwegen)

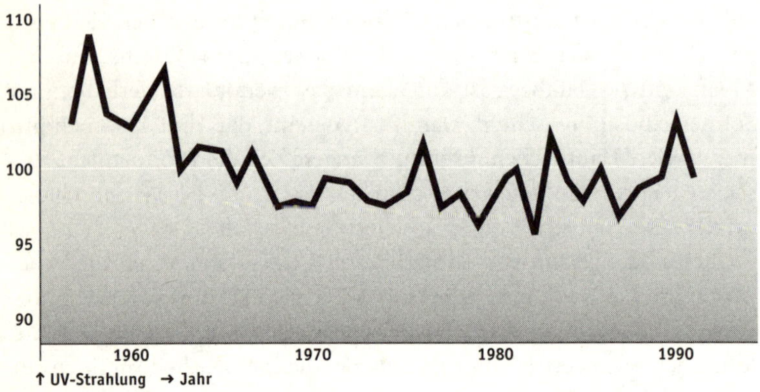

Die starke Zunahme von Hautkrebs in Norwegen kann nach Darstellung norwegischer Forscher nicht auf die Schwankungen der UV-Strahlung zurückgeführt werden. Die Verdreifachung der Hautkrebsfälle hat ihre Ursache nicht in der Abnahme der Ozonschicht, sondern in übermäßigem Sonnenbaden.

(Quelle: Nach J. Moan / A. Dahlbeck 1995)

Erkrankungen jedoch nicht in Zusammenhang gebracht werden. Dennoch ist jetzt noch mehr Vorsicht geboten.

In Australien hat aufgrund dieser Zusammenhänge ein Umdenken eingesetzt: Ständige UV-B-Warnhinweise in Funk- und Fernsehen sowie die Angst vor dem Ozonloch führen bei immer mehr Menschen zu einem auf ein vernünftiges Maß reduzierten Sonnengenuß. Exzessives »Braten« kommt aus der Mode. Kinder werden am Strand mit modischen knie- und ärmellangen Badeanzügen geschützt.

Dabei darf nicht vergessen werden, daß schon die normale UV-B-Strahlung ein Hautkrebsrisiko birgt, und auch die UV-A-Strahlung spielt nach Ansicht vieler Mediziner eine Rolle. Sonnencremes schirmen zwar UV-B ab, nicht aber die UV-A-Strahlung. Da damit das natürliche Alarmsignal Sonnenbrand ausgeschaltet ist, bleiben die Menschen zehn- bis fünfzehnmal länger in der Sonne. In dieser Überdosierung wird UV-A möglicherweise zum erheblichen Risikofaktor. Eine Verhaltensänderung in Richtung vernünftigerem Umgang mit dem Sonnenlicht war also ohnehin überfällig.

Das gleiche sollten sich Mitteleuropäer ganz unabhängig vom Ozonloch hinter die Ohren schreiben. Auf der Nordhalbkugel hat sich die UV-B Strahlung seit den siebziger Jahren im Schnitt um etwa zehn Prozent erhöht. Am ehesten ist davon etwas in großen Höhen zu spüren. Ansonsten überlagern natürliche Faktoren meist den eventuell auf den Ozonschwund zurückzuführenden zusätzlichen UV-B-Effekt.

Hinzu kommen zivilisatorische Einflüsse: Über Städten und Ballungsgebieten beispielsweise sorgen die Abgase für eine höchst effektive UV-B-Abschirmung – die Werte sinken. Das gleiche bewirkt das aus anderen Gründen äußerst unbeliebte Bodenozon: Es gibt UV-B keine Chance (an der vierspurigen Strandpromenade von Nizza sind die Sonnenanbeter zumindest vor Strahlung relativ sicher). Nun kann es natürlich keine Lösung sein, die Luft gleichsam aus Gesundheitsgründen ordentlich zu verpesten.

Grundsätzlich gilt: In Mitteleuropa ist die Sorge, allein aufgrund der Ausdünnung der Ozonschicht an Hautkrebs zu erkranken, übertrieben. Die Angst, diesen Hautkrebs ganz herkömmlich mit einem Sieben-Tage-rundum-nahtlos-braun-Urlaub auszulösen, ist hingegen begründet. Aufgrund der langen Zeit, die zwischen der Einwirkung der Sonnenstrahlen und dem Ausbruch von Hautkrebs besteht, kommt diese Einsicht für viele Menschen jedoch zu spät. Aus dem gleichen Grund ist auch eine künftige Krankheitshäufung durch die gestiegene UV-B-Strahlung nicht auszuschließen. Wissenschaftler rechnen derzeit mit einem weiteren Anstieg der Hautkrebsfälle in USA und Europa um etwa zehn Prozent.[5]

Die langfristige Entwicklung der Krankheit hängt jedoch von uns selbst ab. Sollte sich unser Schönheitsideal wieder zur vornehmen Blässe hinbewegen, dann dürfte sich die Zahl der Hautkrebsfälle trotz der angegriffenen Ozonschicht früher oder später reduzieren.

1 GSF-Forschungszentrum, Hintergrundinformation »UVB-Strahlung – Wirkung auf Pflanzen«, 1995. **2** G. Easterbrook, A Moment on the Earth, 1995. **3** A. Wildawsky, But is it True? 1995. **4** Journal of the American Medical Association vom 21. 7. 1989. **5** Welt am Sonntag vom 22. 11. 1996.

»Durch das wachsende Ozonloch werden Pflanzen und Tiere geschädigt«

Befürchtungen, Pflanzen und andere Organismen könnten durch die zusätzliche UV-B-Einstrahlung in größerem Umfang geschädigt werden, sind inzwischen einer zurückhaltenderen Betrachtungsweise gewichen. Die meisten Pflanzen und Kleinlebewesen haben offenbar relativ gut funktionierende Schutzmechanismen gegen UV-B Strahlung – zumindest im Bereich der heute auftretenden Veränderungen. Dies ergaben zahlreiche Versuche und Beobachtungen, beispielsweise in hochgelegenen Gebirgsseen in Europa und Südamerika. Erstaunlicherweise reagieren etwa Algen auf die normale (unveränderte) UV-A-Strahlung mitunter empfindlicher als auf zusätzliches UV-B. Wie Organismen ohne Schutzpigmente mit der Strahlung zurechtkommen, weiß die Wissenschaft noch nicht.

Ähnlich wie beim Einfluß auf die menschliche Gesundheit rückt die Rolle der durch die Ozonausdünnung eigentlich nicht betroffenen

UV-A-Strahlung verstärkt ins Blickfeld der Forschung. Biologen und Limnologen (diese befassen sich mit Süßgewässern und den darin lebenden Organismen) sind von der derzeitigen Entwicklung in der Forschung etwas überrascht. Roland Psenner vom Institut für Zoologie und Limnologie der Universität Innsbruck rät dennoch dazu, vorsichtig zu bleiben: »Wir wissen natürlich nicht, inwieweit der zusätzliche Streß die Lebewesen indirekt beeinträchtigt.«

Perspektiven

Die sommerliche Ozonbelastung am Boden erreicht in Deutschland nur sehr selten Werte, die von Medizinern für den Gesunden als bedenklich eingestuft werden. Technische Verbesserungen wie Katalysatoren und gesetzliche Regelungen wie die Sommersmog-Verordnung lassen das Problem hierzulande auch politisch gelöst erscheinen. Die Ozonbelastungen, denen sich Urlauber freiwillig in den heißen Ballungsgebieten in- und außerhalb Europas aussetzen, liegen erfahrungsgemäß erheblich über den hiesigen Werten.

Auf den Ozonabbau in der Stratosphäre reagierten Politik und Staatengemeinschaft ungewohnt schnell. Für ozongefährdende Stoffe wie die Fluorchlorkohlenwasserstoffe (FCKW) sind international Verbote erlassen worden oder Ausstiegspläne vereinbart. Die Einführung FCKW-freier Kühlschrankmodelle in China und Indien sind ein hoffnungsvolles Signal (und ein echtes Verdienst einer Greenpeace-Kampagne). Stärker bekämpft werden muß die illegale Herstellung der FCKW. Nach Ansicht führender Ozonforscher sollte sich die Ozonschicht innerhalb von etwa fünf bis zehn Jahren wieder stabilisieren und sukzessive erholen. Wie lange dies insgesamt dauern wird und inwieweit auch natürliche Ab- und Aufbauprozesse eine Rolle spielen, ist weiterhin Gegenstand der Forschung. Das Risiko, aufgrund der Ozonausdünnung Hautkrebs zu bekommen, ist – insbesondere in Europa – sehr viel geringer als eine Erkrankung aufgrund regelmäßiger Sonnenbäder. Wer seine Gesundheit schützen will, sollte sich einfach weniger in die Sonne legen.

Tierschutz

Oft gehört, gern geglaubt

»Es gibt viel zu viele Tierversuche«
»Alle Tierversuche sind grausam«
»Für Tierversuche werden Hunde und Katzen gestohlen«
»Tierversuche sind überflüssig«
»Für Pelzmäntel werden Tiere gequält«
»Zoos sind Tiergefängnisse«
»Die Pharmakonzerne sind die größten Tierquäler«
»Tiere brauchen Rechte«
»Tierschutz ist ökologisch«

Perspektiven

Oft gehört, gern geglaubt

Katzen mit Drähten im Gehirn, traurig blickende Hunde hinter Gittern, Affen, die christusgleich an Metallstangen gefesselt sind – in kaum einer deutschen Fußgängerzone kann man den schaurigen Plakaten der Tierversuchsgegner entkommen. »Alle sieben Sekunden endet ein Tierversuch«, mahnten die Tierrechtsorganisationen »NOAH« und »Animal 2000« im Herbst 1997 auf Münchner Litfaßsäulen. Die Konkurrenz von »PETA e.V.« setzt noch eins drauf: »In jeder Sekunde, die verstreicht, sterben wieder drei Tiere.«

In Talkshows gehören militante Tierrechtler zum Stammpersonal und haben das Publikum stets auf ihrer Seite. Gefühlvolle Moderatorinnen helfen ihnen, jeden Kritiker niederzuplappern. Wer es wagt, von der Notwendigkeit medizinischer Forschung zu sprechen, wird moralisch gesteinigt. Wissenschaftliche Experimente, heißt es lapidar, seien ohnehin überflüssig. Statt dessen brauchen wir mehr Homöopathie und Bachblüten, aber keinesfalls überprüfbare Versuche.

Der mediale Sturm der Entrüstung hält jetzt schon mehrere Jahrzehnte an und blieb nicht ohne Folgen. Manche Fernsehzuschauer besitzen mittlerweile die feste Überzeugung, daß Forschungslabors Folterkammern seien, in denen weißbekittelte Sadisten ihren niederen Instinkten nachgehen. Tierversuche sind grundsätzlich grausam und sinnlos sowieso.

Neben den Forschern gibt es noch eine andere miese Sorte wissenschaftsgläubiger Tierquäler: die Zooleute. Sie sperren unschuldige Geschöpfe in Zuchthäuser, wo sie gepeinigt von Freiheitssehnsucht und Knastkoller langsam zugrunde gehen. Kein deutsches Farbmagazin, das nicht schon mehrere Fotoreportagen veröffentlicht hätte, die das Elend der Zootiere enthüllen. Die Motive ähneln sich: Der Affe, der seine Hand flehend durch die Gitter reckt, der angekettete Elefant, die Raubkatze, die im engen Käfig gemütskrank umhertigert.

Zoos und Forschungslabors scheinen eine Hölle für Tiere zu sein, die nur drauf warten, von edlen Tierrechtlern endlich befreit zu werden. Hoffentlich bleibt den Tieren dieses Schicksal erspart.

»Es gibt viel zu viele Tierversuche«

Die Proteste gegen Tierversuche waren überaus erfolgreich. Die Zeiten, als sich ehrgeizige Forscher mal eben ein paar Mäuse oder Meerschweinchen genehmigt haben, um eine flüchtige Hypothese zu überprüfen, sind vorbei. Wer heute einen Tierversuch unternehmen will, muß ausführlich begründete Anträge stellen, die sorgfältig überprüft werden. Der Umgang von Forschern mit Tieren ist weitaus strenger reglementiert als der von Landwirten oder Privatpersonen. Wer im Keller seines Hauses Mäuse oder Ratten vergiftet, muß niemanden um Erlaubnis bitten. Ein Pharmakologe, der im Labor eine Maus tötet, braucht dafür eine Genehmigung. Nicht nur das Bewußtsein der Gesellschaft, auch die Einstellung vieler Wissenschaftler hat sich gewandelt. Die meisten betrachten lebende Geschöpfe sensibler und mitleidvoller als die Vivisektoren der Großvätergeneration.

Seit 30 Jahren geht die Zahl der Tierversuche in Deutschland kontinuierlich zurück. Anfangs schlug sich diese Entwicklung lediglich in den internen Statistiken der Pharmaindustrie nieder. So registrierte der Bundesverband der Pharmazeutischen Industrie 1977 noch 4165983 Tierversuche allein in der Arzneimittelforschung. In den folgenden Jahren ging die Zahl bis auf 2444761 im Jahre 1984 zurück.[1] **[Grafik Seite 380 oben]** Seit 1989 gibt es amtliche Angaben. Damals begann das Bonner Landwirtschaftsministerium – das für Tierschutz zuständig ist –, die eingesetzten Versuchstiere statistisch zu erfassen. Deren Zahl verminderte sich danach von 2,64 Millionen (1989) in der alten Bundesrepublik auf 1,51 Millionen in Gesamtdeutschland (1996).[2]

Der Rückgang der Tierversuche ist einerseits ein Erfolg der Proteste der Tierversuchsgegner, andererseits wurde er erst durch die Arbeit vieler Wissenschaftler möglich, die Alternativmethoden entwickelten. Hunderte von neuen Verfahren drängen die Tierexperimente seit zwei Jahrzehnten mehr und mehr zurück: Zell- und Bakterienkulturen, Computersimulation, isolierte Tierorgane vom Schlachthof, Operationsabfälle aus Kliniken. Die neuen Methoden sind oft sogar genauer und billiger als die alten Tierversuche. Unter dem Druck der Öffentlichkeit verhängte auch der Gesetzgeber strengere Auflagen. So müssen

Immer weniger Tierversuche

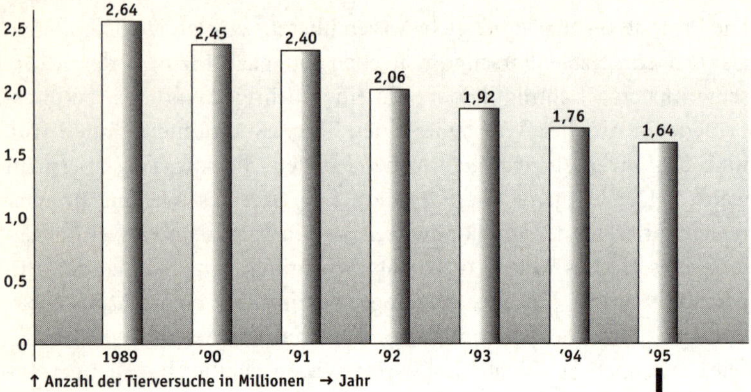

Prozentuale Aufteilung der Versuchstiere 1995

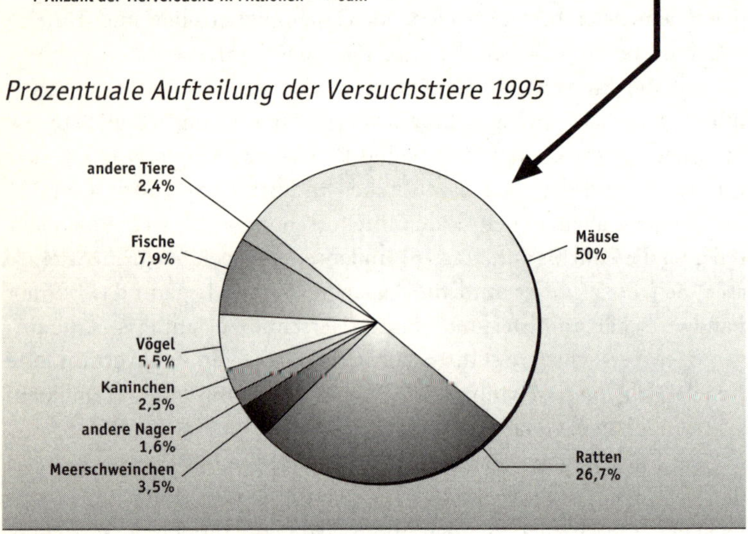

Die Zahl der eingesetzten Versuchstiere geht seit Jahren ständig zurück. Sie wurde seit 1989 um eine Million auf 1,64 Millionen (1995) verringert. Drei Viertel der Versuchstiere sind Ratten und Mäuse und nicht etwa Affen und Hunde.

(Quelle: Tierschutzbericht der Bundesregierung 1997)

Versuchsvorhaben seit 1987 bei Ethikkommissionen eingereicht werden, die über die Zulassung entscheiden. Sofern sich die Mitgliedsstaaten der Europäischen Union auf verbindliche alternative Testmethoden einigen können, wird vom Jahr 2003 an eine EU-Richtlinie Tierversuche für Kosmetika ganz verbieten.

Tierversuchsgegner kritisieren, daß die Statistik geschönt sei. Das stimmt zum Teil, denn tatsächlich werden manche Versuche in dem offiziellen Zahlenwerk nicht aufgeführt. Wer ein Tier tötet, um Organe zu entnehmen, muß dies nicht melden. Tierversuche im Rahmen der Studentenausbildung werden ebenfalls nicht verzeichnet. Standardisierte Verfahren, etwa die Blutentnahme zur Herstellung von Seren, zählen nicht als Versuch, und auch mehrfache Eingriffe am gleichen Tier registriert die Statistik nicht gesondert. Einige Tierrechtler sprechen von einer Dunkelziffer in Millionenhöhe. Dr. Brigitte Rusche, eine erfahrene Tierversuchsexpertin beim Deutschen Tierschutzbund, schätzt jedoch, daß die Zahl der nichtregistrierten Tests bei maximal einigen Hundertausend liegt. Daß die Grundaussage der Statistik stimmt, die Zahl der Tierversuche also seit Jahrzehnten sinkt, bezweifelt kein seriöser Tierschützer.

Auf der anderen Seite vermittelt die offizielle Statistik ein viel zu düsteres Bild. Denn die meisten Laien denken bei dem Wort »Tierversuche« an die grausamen Bilder, die auf den Plakaten in den Fußgängerzonen zu sehen sind. Versuche, die Tieren Schmerz und Leid zufügen, machen jedoch nur einen Bruchteil der Gesamtzahl aus. Hinter den weitaus meisten registrierten Tests verbergen sich Eingriffe, die nicht schmerzhafter sind als Routineuntersuchungen oder Impfungen von Haustieren beim Tierarzt.

1 Bundesverband der Pharmazeutischen Industrie, Tiere in der Arzneimittelforschung, 1986. **2** Bundeslandwirtschaftsministerium, Tierschutzbericht der Bundesregierung, 1997.

»Alle Tierversuche sind grausam«

Wie hoch der Anteil qualvoller Experimente heute noch ist, weiß niemand genau. Die Zählung des Landwirtschaftsministeriums erfaßt schmerzlose und schmerzhafte Eingriffe gleichermaßen. Pharmaforscher beteuern, daß die große Mehrzahl der Labortiere vom Versuch nicht viel spürt. Das klingt glaubhaft, denn viele Tests bestehen lediglich im Verabreichen eines Wirkstoffes. Zu diesen alltäglichen Tierversuchen zählen beispielweise Injektionen oder Blutabnahmen. Bei schweren, schmerzhaften Eingriffen werden die Tiere vor dem Versuch zumeist betäubt und noch während der Narkose eingeschläfert. In den achtziger Jahren führte der Bundesverband der Pharmazeutischen Industrie eine repäsentative Erhebung durch. Demnach müssen zirka sechs Prozent der Versuchstiere Schmerzen erleiden (Schweregrad »hoch« oder »sehr hoch«). Die Forscher argumentieren, daß bei diesen Versuchen der Schmerz zur Fragestellung gehöre (weil es sich beispielsweise um Eingriffe handelt, die auch beim Menschen ohne Narkose stattfinden müssen).

Die meisten Tests, die Ende der neunziger Jahre noch durchgeführt wurden, sind gesetzlich vorgeschrieben. Zwei Dutzend Richtlinien, Empfehlungen und Beschlüsse der Europäischen Union zu Bereichen wie Umweltschutz, Lebensmittelprüfung, Futterhandel oder Gefahrstoffe fordern Tierversuche. Acht deutsche Gesetze und Verordnungen regeln sie und weitere zwölf erklären sie nach heutigem Wissensstand für unumgänglich, obgleich Wissenschaftler am Sinngehalt vieler dieser Vorschriften zweifeln.

Die Polemik mancher Tierrechtsgruppen hat nicht nur falsche Vorstellungen über die Grausamkeit von Tierversuchen geweckt. Auch über die eingesetzten Tierarten wird – bewußt oder unbewußt – ein falsches Bild verbreitet. Auf Broschüren und Plakaten sind fast immer Hunde, Katzen und Affen abgebildet. Für drei Viertel der Versuche werden allerdings Ratten und Mäuse verwendet. Diese Tiere gelten jedoch bei vielen Menschen als Ungeziefer und eignen sich daher weniger für gefühlsbetonte Spendenaufrufe.

1995 gab es 1488 Versuche an Affen und Halbaffen gegenüber

1 260 898 an Ratten und Mäusen.[1] Seit 1992 wurde kein einziger Menschenaffe mehr in Deutschland eingesetzt. Unbestritten sind auch die kleinen Nager hoch entwickelte und empfindsame Säugetiere, die nicht gedankenlos benutzt werden sollten.

Die Labortierhaltung ist besonders bei großen Pharmakonzernen heute weitaus besser als in der Vergangenheit. Verhaltensforscher kritisieren schon lange, daß der frustrierende Alltag der Labortiere viel zu wenig beachtet wird. Oft sei die trostlose Unterbringung der Versuchstiere quälender als der Versuch. Firmen wie Roche, Novartis und Hoechst bauten für viele Millionen Mark neue Gehege und entwickelten Programme zur »verhaltensbezogenen Reizanreicherung«, wie die Maßnahmen gegen die Langeweile genannt werden. Die eintönigen Käfigbatterien in den Versuchstierabteilungen dieser Firmen wurden größtenteils entfernt, dafür sehen manche Tiergehege fast schon aus wie im Zoo. Schweine zum Beispiel leben dort wesentlich komfortabler als ihre Artgenossen in der Landwirtschaft.

1 Bundeslandwirtschaftsministerium, Tierschutzbericht der Bundesregierung, 1997.

»Für Tierversuche werden Hunde und Katzen gestohlen«

Angeblich schleichen Hunde- und Katzenfänger im Auftrag von Versuchslabors durch Wohngebiete und schnappen jeden Vierbeiner, der sich unvorsichtigerweise zu weit von seinem Herrchen oder Frauchen entfernt hat. Mit dieser Legende locken unseriöse Tierschützer arglosen Tierfreunden überaus erfolgreich das Spendengeld aus der Tasche. Es kursiert die abenteuerliche Zahl von über 200 000 Katzen und 100 000 Hunden, die von den heimtückischen Fängern der Pharmaindustrie geklaut würden. Diese Angaben entbehren jeder statistischen Grundlage.

Die Münchener Polizei machte ganz andere Erfahrungen. In den achtziger Jahren registrierten die Beamten in Zusammenarbeit mit dem städtischen Veterinäramt und dem Tierheim herrenlos aufgefundene und vermißt gemeldete Tiere. Ergebnis: Man erfaßte einen großen Überschuß an Haustieren, die niemand vermißte. Die Erkenntnisse der Polizei ergaben keinen Anhaltspunkt für organisierten Tierdiebstahl.[1]

Ohnehin könnten Wissenschaftler mit Nachbars Lumpi wenig anfangen. Sie benötigen rundum gesunde und gut vergleichbare Tiere und keine bunte Mischung aus verschiedenen Rassen und Altersklassen.

1 G. Küsters, Gesundheit für Mensch und Tier, 1993.

»Tierversuche sind überflüssig«

Ein völliger Verzicht auf Tierversuche würde vermutlich lang ersehnte medizinische Fortschritte bremsen oder gar verhindern. Versuchstiere werden (zumindest in Deutschland) heute kaum mehr leichtfertig eingesetzt. Der geistige Wandel der Gesellschaft hat auch die Wissenschaftler erfaßt. Jüngere Forscher gehen wesentlich bewußter mit dem moralischen Dilemma der Tierversuche um, als frühere Generationen. Dennoch hält die große Mehrheit der Humanmediziner, Veterinäre, Biologen, Pharmakologen und Toxikologen ein Ende aller Tierversuche in absehbarer Zeit für völlig wirklichkeitsfremd und unethisch. Ein Verbot von Tierversuchen, so die nahezu einhellige Meinung der Fachleute, würde viele Menschen das Leben kosten.

Auch die Pharmaindustrie hat kein Interesse daran, unnötig viele Tierversuche durchzuführen; denn Tests und Forschung an Tieren sind teuer. So ist der berüchtigte Draize-Test, bei dem Kaninchen ein Wirkstoff ins Auge geträufelt wird, mit knapp 2000 Mark (plus Tierhaltungskosten von fünf Mark pro Tag) fast doppelt so teuer wie das alternative Prüfverfahren am Hühnerei.

Weniger als 40 Ärzte sind Mitglied im Verein »Ärzte gegen Tierversuche« (1992), der in den Medien häufig präsent ist und als wissenschaftliche Oppositionsbewegung dargestellt wird.[1] Selbstkritische Tierschutzvertreter gestehen die Notwendigkeit mancher Tierversuche (zumindest unter vier Augen) ein. Dennoch fordern alle deutschen

Tierschutzgruppen (und die Tierrechtler ohnehin) ein Totalverbot aller Tierversuche.

Mehr als 60 Nobelpreise wurden für Entdeckungen verliehen, die mit Tierversuchen gemacht wurden. Unter den so Geehrten sind berühmte Namen wie Robert Koch, der durch Untersuchungen an Kühen und Schafen die Tuberkelbazillen entdeckt hat. Viele andere Tierexperimente halfen, menschliches Leid zu verringern und Leben zu retten. Das Serum gegen Diphterie wurde mit Hilfe von Meerschweinchen entwickelt, die Insulin-Therapie der Zuckerkrankheit an Hunden getestet, Penizillin zunächst an Mäusen erprobt, ebenso Sulfonamid, das nach seiner Einführung zu einer dramatischen Senkung der Sterblichkeit bei Lungenentzündungen führte.[2] Zirka 7000 Affen ließen ihr Leben bei der Entwicklung des Impfstoffes gegen Kinderlähmung.[3]

Wahrscheinlich wird die traurige Notwendigkeit von – möglichst wenigen – Tierversuchen noch lange bestehenbleiben. »Wenn Vorgänge im lebenden Organismus erforscht werden sollen, brauchen sie Tierversuche«, sagt Wolfgang Frühwald, Präsident der Deutschen Forschungsgemeinschaft.[4] Albert Schweitzer und Bernhard Grzimek, zwei aufgeklärte Tierfreunde, die ihr Leben lang um Respekt für die Mitgeschöpfe warben, befürworteten Tierversuche, um menschliches Leben zu retten.

1 B. Müller-Ullrich, Medienmärchen, 1996. **2** Bundesverband der Pharmazeutischen Industrie, Tiere in der Arzneimittelforschung, 1986. **3** H. H. Sambraus u. a. (Hrsg.), Das Buch vom Tierschutz, 1997. **4** Focus Nr. 14/1996.

»Für Pelzmäntel werden Tiere gequält«

Tierschützer verdammen Pelze grundsätzlich und konnten viele Menschen von ihrer ablehnenden Haltung überzeugen. Drastisch rückläufige Umsätze trieben Pelzhändler, Kürschner, Farmer und Fallensteller in den Ruin. Doch das Pauschalurteil verzerrt die Realität: Pelze werden in der Regel nicht grausamer gewonnen als andere Tierprodukte wie Fleisch oder Leder (zur Artenschutzproblematik siehe »Durch Jagd und Fang werden Tiere ausgerottet«, Seite 342).

Die Herkunft von Fellen für Pelzmäntel

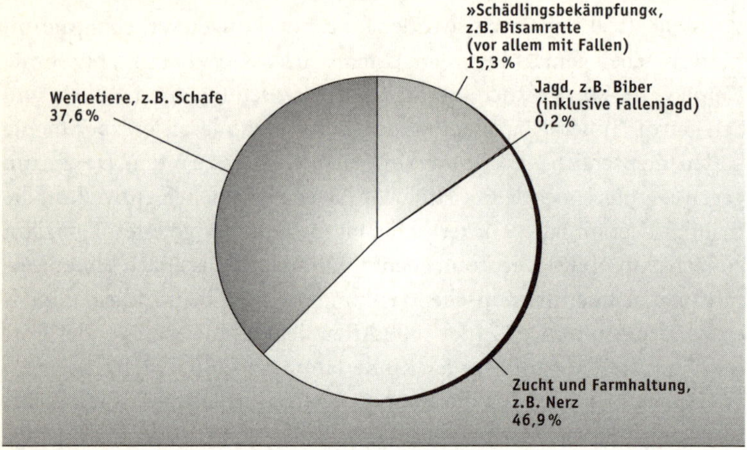

Fast die Hälfte der Pelzmäntel in Deutschland stammen von Farmtieren (hauptsächlich Nerze und Füchse). Über ein Drittel kommt von Weidetieren wie dem Karakulschaf (Persianer). Felle, die bei der Jagd anfallen (z.B. Fuchs), werden in Deutschland größtenteils vernichtet und nicht genutzt. **(Quelle: Deutsches Pelzinstitut 1997)**

Es kommt immer darauf an, woher der Pelz stammt. Wildtiere, die plötzlich von der Kugel eines Jägers getroffen werden, müssen keine Qualen erdulden. Das gleiche gilt für Pelztiere, die auf der grünen Wiese aufwachsen (zum Beispiel Schafe). Bei Farmtieren und bei Wildtieren, die in Haltefallen gefangen werden, sieht das ganz anders aus. Sie müssen zumeist unnötig leiden.

Fast die Hälfte der in Deutschland angebotenen Pelze kommt aus der Farmhaltung, hauptsächlich sind es Nerze und Füchse.[1] **[Grafik Seite 386]** Pelzfarmen sind eine Form intensiver Massentierhaltung. Nerze werden normalerweise in Drahtkäfigen gehalten, die eine Bodenfläche von 80 mal 30,5 Zentimetern besitzen (plus Nestkasten), Füchse müssen sich in der Regel mit 122,5 mal 90 Zentimetern Drahtboden (Nestkasten nur für Weibchen) begnügen.[2] Daß dies nicht tiergerecht ist, bestätigt unter anderem die Empfehlung des Europarates über die Haltung von Pelztieren (1991).[3] Sogar das Deutsche Pelzinstitut gesteht ein, daß »Veränderungsbedarf besteht«.[4] Aber immerhin muß man der Pelzwirtschaft, insbesondere der dänischen, zubilligen, daß sie seit den achtziger Jahren viele Millionen Mark in die Forschung gesteckt hat, um Haltungssysteme zu verbessern. So wurden etwa strohgefüllte Ruheboxen eingeführt, in die sich die Tiere zurückziehen können.

Auch die Fallenjagd ist in vielen Fällen grausam. Fünf von dreizehn wilden Pelztierarten werden in Haltefallen gefangen, also Fallen, die das Tier nicht sofort töten. Luchsfallen beispielsweise klemmen die Pfote des Tieres zwischen Haltebügeln fest. So muß der Luchs ausharren, bis der Trapper kommt und ihn tötet. Biber und andere Wassertiere sterben in Haltefallen einen grausamen Tod durch Ertrinken.

Anderen Pelztieren geht es da wesentlich besser. Karakulschafe, von deren Lämmern die Persianerpelze stammen, verbringen ihr Leben auf der Weide. Marder beenden ihr Leben in Totschlagfallen, die sicherer töten, als eine aus Entfernung abgefeuerte Gewehrkugel. Wilde Füchse werden vom Jäger mit der Flinte erlegt. Sie leiden nicht mehr als Rehe oder Hasen, die man wegen ihres Fleisches jagt. Leider verschwinden die über 600000 Füchse, die jährlich in Deutschland erlegt werden, größtenteils in Tierkörperbeseitigungsanlagen. Nur ein Bruchteil der Felle wird verarbeitet.[5] Dies ist eine unglaubliche Vergeudung, wenn man bedenkt, daß gleichzeitig Farmfüchse extra für die Pelzgewinnung gezüchtet werden.

Eine besonders brutal anmutende Tötungsmethode ist das Erschlagen von Jungrobben (Sattel- und Klappmützenrobben). Diese Jagdform stellt ein besonderes Problem dar. Sie sieht entsetzlich aus, und weckt bei jedem Menschen ein natürliches Mitleidsgefühl. Doch wie grausam ist sie wirklich? Ein gezielter Knüppelschlag auf den Hirnschädel ist eine häßliche, aber schnelle Tötungsart. Gutachten des amerikanischen Tierärzteverbandes und einer kanadischen Regierungskommission kamen zu dem Schluß, daß diese Technik das Gehirn normalerweise beim ersten Schlag zerstört.[6] Die Tiere sind also sofort tot. Zusätzlich sind die Fänger verpflichtet, zweimal nachzuschlagen. Danach werden die Tiere durch einen Stich in die Herzarterie ausgeblutet und sofort enthäutet. Die meisten Tiere, die wir in Deutschland essen, haben mehr gelitten.

Früher herrschten tatsächlich schlimme Zustände beim Robbenschlachten auf dem Packeis. In den sechziger Jahren machte Bernhard Grzimek darauf aufmerksam. Tierärzte hatten damals anhand von Robbenschädeln nachgewiesen, daß Tiere noch lebten, als sie enthäutet wurden. Es kam zu einer weltweiten Protestwelle. Seit dieser Zeit läßt die kanadische Regierung die Schlächter von Inspektoren überwachen. Diese Kontrolleure – 1998 waren es etwa 100 – begleiten die Robbenfänger teilweise zu Fuß, machen aber auch Überraschungsinspektionen mit Hubschraubern.[7] Grzimeks Zeitschrift »Das Tier« im Januar 1970: »Durch den Aufruf an die öffentliche Meinung ist ein sehr erheblicher Erfolg erzielt worden.« Dennoch kommt es immer wieder zu Verletzungen der Vorschriften. So filmten Tierschutzaktivisten 1997 und 1998 Robbenschlächter, die die Tiere grausam mißhandelten. Im Februar 1998 wurden sieben Männer angeklagt, denen die kanadischen Behörden Tierquälerei vorwarfen.[8]

Übrigens: Die flauschigen, weißen Sattelrobbenjungen wurden – entgegen der allgemeinen Vorstellung – fast nie zu Pelzen verarbeitet. Ihr Fell ist von schlechter Qualität und von Natur aus so angelegt, daß es nach vier Wochen ausfällt. Kanadier und Grönländer töten Jungrobben in erster Linie, um Tieröl und Leder zu gewinnen. Heute wird die Jagd staatlich subventioniert, weil die Fischereilobby die Robben als unliebsame Konkurrenten ansieht und auf ihre Verminderung drängt. Die Seal-Mäntel, die man noch in den sechziger Jahren häufig sah, stammten nicht von den weißen Robbenbabys, sondern von erwachsenen Seehunden, die man mit dem Gewehr erlegte. Felle von Jungrobben dürfen schon seit Jahren nicht mehr nach Deutschland importiert werden.

Infolge der Tierschutzkampagnen ist auch der Markt für alle anderen Robbenfelle zusammengebrochen. Viele Eskimos und andere Bewohner des hohen Nordens verloren dadurch ihre Lebensgrundlage.

1 Deutsches Pelzinstitut, Pelz und Mode aktuell, Herbst/Winter 1997–98. **2** H. E. Brozeit u. a., Gutachten zur tierschutzgerechten Haltung und Tötung von Pelztieren in Farmen, 1986. **3** H. H. Sambraus u. a., Das Buch vom Tierschutz, 1997. **4** Wochenpost Nr. 2/1995. **5** Natur, Nr. 2/1998. **6** R. Thomson, The Wildlife Game, 1992. **7** Internet: Web News der »High North Alliance«, 17. 4. 1998. **8** ebd.

»Zoos sind Tiergefängnisse«

Viele Tierpfleger und wissenschaftliche Mitarbeiter von Zoos verbinden Tierliebe mit einem umfangreichen Wissen über ihre Schützlinge. Ausgerechnet diese Menschen werden heute vielfach als Tierquäler hingestellt. Tierrechtler fordern, alle Zoos sofort zu schließen.

Die Kritik an Zoos hat wohl einen wahren Kern: Die großen europäischen Tierparks stammen aus dem letzten Jahrhundert. Sie tragen an den architektonischen Lasten der Vergangenheit. Denkmalgeschützte Käfigburgen oder die ausgekachelten Betonklötze der sechziger Jahre prägen nach wie vor das Bild. Doch der Wandel begann bereits in den siebziger Jahren. Moderne Zoos in den Vereinigten Staaten und den Niederlanden befreiten sich vom Muff der Menageriezeit. Statt, wie früher, in monotonen Käfigreihen ein lebendiges Tierlexikon zu präsentieren, zeigen sie weniger Tiere in großzügigen Anlagen, die möglichst naturnah gestaltet sind. Mit einiger Zeitverzögerung zogen die deutschen Tiergärten nach. Aus chronischem Geldmangel stehen viele veraltete Häuser und Gehege jedoch bis heute.

Haben Zootiere nicht grundsätzlich viel zu wenig Auslauf? Verhaltensforscher argumentieren, daß sich die Tiere – vermenschlichend gesprochen – nicht wie Gefangene fühlen, sondern eher wie Eigenheimbesitzer. Ihr Gehege entspricht einem Revier, welches in der Wildnis schließlich auch am Nachbarrevier endet. Und die Reviergröße hängt sehr davon ab, wie leicht oder schwer die Nahrungsbeschaffung in einem Areal ist. Tiere, die eine gute Futterquelle entdeckt haben, bewegen sich auch in freier Natur nicht weit davon weg.

Wichtiger als die Fläche ist nach Ansicht der Fachleute die Einrichtung eines Geheges. Tiere müssen darin ihre Verhaltensimpulse ausleben können, zum Beispiel Höhlen graben, Nester bauen, schwimmen, spielen oder Beute fangen. Viele Zoos haben daher Beschäftigungsprogramme (»Behavioural Enrichment«) entwickelt, die der natürlichen Lebensweise der Tiere nachempfunden sind.

Jenseits der Diskussion um die artgerechte Unterbringung von Wildtieren ist den Zoos eine neue Aufgabe zugewachsen: Sie wandeln sich zu Artenschutzzentren. Weltweit waren Mitte der neunziger Jahre bereits über 126 Tierarten aus Zoos zurück in die Natur befördert worden. Bei 16 davon gilt als sicher, daß sich der neugeschaffene Wildbestand auf Dauer wieder selbst erhalten kann.

Eine dieser Arten ist der Mauritiusfalke, der in den siebziger Jahren kurz vor dem Aussterben stand. Das Insektengift DDT hatte die Vögel unfruchtbar gemacht. Artenschützer vom Zoo der englischen Kanalinsel Jersey konnten nur noch vier Exemplare aufspüren. Doch das genügte, allen pessimistischen Prognosen zum Trotz, um die Art am Leben zu erhalten. Heute ist DDT verboten, und durch die tropischen Trockenwälder von Mauritius flattern wieder über 300 Falken. Viele stammen von Eltern oder Großeltern ab, die in den Volieren des Zoos von Jersey aufgepäppelt wurden. Ohne die Nachzuchtprogramme auf Jersey wären nicht nur der Mauritiusfalke, sondern auch das Löwenäffchen, der Weiße Ohrfasan, die Rosa Taube, die Mallorca-Geburtshelferkröte und viele weitere Lebewesen ausgestorben.

Tierrechtler lehnen auch den Artenschutz in Zoos ab. Sie seien, so einer ihrer Sprecher, das »Alibi jener, die ihr vernichtendes Werk um so leichter verrichten können«. Deshalb sei es besser, seltene Arten »in Würde sterben zu lassen«.

Dem Arterhalt in Tiergärten sind natürlich Grenzen gesetzt. Alle wissenschaftlich geführten Tiergärten der Welt umfassen zusammen lediglich 180 Quadratkilometer, das ist in etwa die Fläche von Rostock. Die IUCN, der Welt-Dachverband des Naturschutzes, geht davon aus, daß sie zirka 1000 bis 2000 bedrohte Arten dauerhaft beherbergen könnten. Angesichts der 1,5 Millionen bekannten Spezies klingt dies nach dem berühmten Tropfen auf den heißen Stein. Doch gerade die attraktiven Großtiere, die in Zoos gezeigt werden, haben eine Schutzschildfunktion. Für Tiger oder Elefanten werden Reservate eingerichtet, nicht für Käfer und Spinnen. Wo aber die Großen sicher sind, werden ganz nebenbei Hunderte kleiner Lebensformen bewahrt. Darüber hinaus sind Tiergärten für viele Stadtbewohner, besonders für Kinder, der erste und manchmal der einzige Zugang zur Natur. Die Begeisterung vieler aktiver Naturschützer wurde in Zoos entfacht. 600 Millionen Menschen besuchen jährlich die 1200 Tierparks der Welt.[1] Zoogegner wenden ein, daß Tierfilme im Fernsehen ein besseres Naturerlebnis vermitteln. John Hartley vom Zoo auf Jersey glaubt das nicht. Er sagt: »Es gibt keinen Ersatz dafür, Elefantenscheiße zu riechen.«

1 IUDZG (World Zoo Organisation), The World Zoo Conservation Strategy, 1993.

»Die Pharmakonzerne sind die größten Tierquäler«

Die emotionsgeladen geführte Tierschutzdiskussion ist meist meilenweit von der Realität des Tierelends in Deutschland entfernt. So erhitzt sich der Volkszorn an Tierversuchen und Pelzfarmen. Doch es gibt nur noch 37 Pelzfarmen in Deutschland. Und für jeden Bundesbürger werden im Laufe seines Lebens drei Nagetiere im Tierversuch getötet. In derselben Zeit verspeist dieser Durchschnittsbürger zirka 360 Tiere (Fische nicht mitgerechnet).[1] **[Tabelle Seite 392]** Damit wären wir beim wirklichen Skandal. Die Mehrzahl der über 460 Millionen Nutztiere[2] (inklusive Masthähnchen) muß immer noch ein erbärmliches Dasein in dunklen Stallgefängnissen fristen. Obwohl Bernhard Grzimek bereits vor 30 Jahren im Fernsehen darauf aufmerksam machte, ist erst seit kurzem eine Mehrheit bereit, das Problem wahrzunehmen. Der Durchbruch ins allgemeine Bewußtsein gelang mit den erschütternden Reportagen über die EU-subventionierten Tiertransporte. Der Grund für diese Doppelmoral liegt vermutlich darin, daß Tierexperimentatoren und Pelzträgerinnen grundsätzlich »die anderen« sind, während man selbst die Vorteile billiger Schnitzel genießen möchte, ohne daran zu denken, welche Formen der Landwirtschaft dadurch unterstützt werden.

Die Zustände in den Mastfabriken sind nach wie vor entsetzlich. Für Kälber sind 1,5 Quadratmeter Stallfläche vorgeschrieben, für Schweine am Ende der Mastzeit weniger als ein Quadratmeter. Der nackte Beton ist von Abflußspalten durchzogen, so daß die Tiere nie festen Boden unter den Klauen haben, sondern immer auf einer Art Rost stehen. Darunter sammelt sich die Gülle. Stinkende und ätzende Ammoniakdämpfe steigen auf, für die geruchsempfindlichen Schweine eine Qual. Um die Körper der Tiere bis zum letzten auszunutzen, werden sie einseitig gezüchtet. Die Brüste vieler Puten sind so mit Fleisch bepackt, daß die Vögel vornüberfallen. Nicht nur Tierschützer, sondern auch viele Veterinäre und Verhaltensforscher halten solche Zustände für barbarisch. Doch bislang verbietet sie noch kein Gesetz. Im Gegenteil: Die Tierhalter mit den schlimmsten Methoden werden oft am höchsten subventioniert. 78 Milliarden Mark kostet die europäischen Steuerzahler die staatliche Hätschelei der fehlgeleiteten Agrarbranche. Bis heute gehören die deutschen Landwirtschaftsminister zu den entschiedensten Befürwortern dieses planwirtschaftlichen Systems, mit dem schlimmste Tierquälerei gefördert wird. Kenner der politischen Szene behaupten,

So viele Tiere essen wir (und so wenige werden für unsere Gesundheit geopfert)

Unter Annahme einer durchschnittlichen Lebenserwartung von 72,21 Jahren bei Männern und 78,68 Jahren bei Frauen nutzt jeder Bundesbürger im Laufe seines Lebens:

	Mann	Frau
Rinder	6,5	7,1
Schafe	1,4	1,6
Schweine	43,3	47,2
Hühner	306,8	334,4
Versuchstiere	2,9	3,1

Für jeden Deutschen müssen drei Versuchstiere ihr Leben lassen. Demgegenüber ißt der Durchschnittsbürger im Laufe seines Lebens fast 380 Tiere, Fische und Wild nicht mitgerechnet. **(Quelle: G. Küsters 1993)**

das Landwirtschaftsministerium sei eine »untergeordnete Behörde des Bauernverbandes«.

Das Kernproblem der massenhaften Tierquälerei in Deutschland läßt sich in einem Satz erklären: Tierprodukte sind zu billig! Gute Tierhaltung kostet Geld. Wer ernsthaft will, daß Rinder, Schweine und Hühner nicht gequält werden, muß bereit sein, für Fleisch, Wurst, Milch, Käse und Eier mehr Geld auszugeben. Schon heute bieten Biometzger, Naturkostläden und sogar Supermärkte gekennzeichnete Produkte aus tiergerechter Haltung an.

Das statistisch zweitgrößte Tierschutzproblem in Deutschland geht ebenfalls nicht auf das Konto von bösen Weißkitteln in den Labors der Pharmakonzerne. Die Dimensionen dieser Tierquälerei sind unbekannt, denn sie spielt sich im Schutz der Privatsphäre ab. Über 22 Millionen Tiere[3] (ohne Aquarienfische) leben in bundesdeutschen Haushalten. Es ist überaus fraglich, ob Meerschweinchen, Hamster, Mäuse, Sittiche und Schildkröten in Kinderzimmern wirklich ein artgerechtes Leben führen. Die Autoren kennen jedenfalls keine einzige Familie, in

Heimtiere in deutschen und europäischen Haushalten

Diese 22,4 Millionen Tiere – ohne die ca. 66 000 000 Zierfische – verteilen sich auf 13 Millionen der insgesamt 27,8 Millionen bundesdeutschen Haushalte:

	BRD	**Europa**
Hunde	4,8 Millionen	33,3 Millionen
Katzen	5,6 Millionen	31,0 Millionen
Vögel	8,9 Millionen	43,3 Millionen
Nager	3,1 Millionen	17,5 Millionen
(Aquarien [pro Aquarium ca. 33 Fische]**)**	(2,0 Millionen)	(?)
Insgesamt	**22,4 Millionen**	**125,1 Millionen**

Weitaus mehr Tiere als in Versuchslabors müssen in menschlichen Wohnungen leben. Ob der Hamster im Kinderzimmer oder die Dogge im dritten Stock ein tiergerechtes Leben führen kann, ist fraglich. **(Quelle: G. Küsters 1993)**

der ein Hamster an Altersschwäche gestorben ist. Labortiere haben einen Tierschutzbeauftragten. Wen haben Schmusetiere? (Diese Frage bitte nicht als Plädoyer zur Einführung eines Tierschutz-Blockwartes verstehen, sondern nur als Anregung zum Nachdenken.)

1 G. Küsters, Gesundheit für Mensch und Tier, 1993. **2** Statistisches Bundesamt, Statistisches Jahrbuch 1996. **3** G. Küsters, Gesundheit für Mensch und Tier, 1993.

»Tiere brauchen Rechte«

Eine wachsende Bewegung in den westlichen Industrieländern fordert Rechte für Tiere. Die bisherige Tierschutzbewegung, orientierte sich an der Ethik Albert Schweitzers, der »Ehrfurcht vor allem Leben« forderte, aber von einer grundsätzlichen Höherwertigkeit des Menschen ausging. Tierrechtlern geht dies nicht weit genug. Sie wollen mehr, als Tiere vor Quälerei zu schützen. Für Tierrechtler ist Tierquälerei nur der Nebeneffekt einer grundsätzlich unberechtigten menschlichen Vorherrschaft. Denn sie sind davon überzeugt, daß nicht nur Menschen, sondern auch Tiere Rechte auf Leben und Freiheit besitzen. Dabei berufen sie sich auf Philosophen wie den Australier Peter Singer und den Amerikaner Tom Regan. Im deutschen Sprachraum hat der Österreicher Helmut F. Kaplan die Rolle des Chefideologen übernommen.

»Tierrechtler machen zwischen Menschen und Tieren keinen Unterschied. Sie sehen auch keinen Grund, warum der Mensch besondere Rechte haben sollte«, sagt Ingrid Newkirk, Chefin von PETA, der weltweit größten Tierrechtsorganisation. Umstritten ist dabei, ab welchem Grad der Entwicklung diese Rechte gelten sollen. Regan meint, für alle Säugetiere. Andere möchten alle Wirbeltiere einbeziehen. Einigkeit herrscht lediglich darüber, daß sehr primitive Lebensformen wie Bakterien nicht in die Rechtegemeinschaft aufgenommen werden können.

Tierrechtler halten jeden Gebrauch von Tierprodukten für unethisch. PETA ruft dazu auf, unter anderem folgendes zu unterlassen:

- Honig essen
- Wollkleidung tragen
- Seidenkleidung tragen
- Perlenketten tragen (auch Muscheln sind Tiere)
- Pferdekutsche fahren
- Fußball spielen (Lederball!)
- Spielfilme ansehen, in denen dressierte Tiere vorkommen
- sich bei einer Operation ein Tierorgan einpflanzen lassen (zum Beispiel die Herzklappe eines Schweins)[1].

Die Grundzüge dieses Weltbildes gehen auf den englischen Philosophen Jeremy Bentham zurück, der von 1748 bis 1832 lebte. Bentham verkündete, es sei unwichtig, ob Tiere denken oder sprechen können. Entscheidend sei ihre Eigenschaft, Schmerz und Leid zu empfinden. Diese Leidensfähigkeit, darin sind sich die Wissenschaftler einig, besitzen zumindest alle höheren Tiere. Davon ausgehend argumentiert Peter Singer: Die Fähigkeit eines Lebewesens, Gut und Böse zu unterscheiden, darf kein Maßstab für seine rechtliche Gleichbehandlung sein. Denn kleine Kinder oder geistig Schwerbehinderte besitzen ebensowenig moralisches Urteilsvermögen wie Tiere. Dennoch gehören sie zur menschlichen Gemeinschaft und genießen die Grundrechte. Jeder erwachsene Hund ist jedoch höher entwickelt als ein neugeborenes Baby. Ihn verbindet also mehr mit einem entscheidungsfähigen Erwachsenen als das Baby, welches nur das menschliche Antlitz teilt. Ergo müßten wir die Grundrechte, die wir unseren unmündigen Mitmenschen zubilligen, auf Hunde und andere Lebewesen ausdehnen.

Singer vergleicht den Status der Tiere mit dem der Sklaven in der Antike und möchte mit der neuen Sklavenbefreiung bei den Menschenaffen beginnen. Ein Ziel, dem sich namhafte Wissenschaftler wie der britische Soziobiologe Richard Dawkins und die Schimpansenforscherin Jane Goodall angeschlossen haben. 1999 erhielten die »Rechte der Menschenaffen« erstmals Gesetzeskraft. Das neuseeländische Parlament übernahm Forderungen aus Singers »Great Ape Project« ins Tierschutzgesetz.

Wer gegen Rassismus und Sexismus eintrete, muß, nach Singers Ansicht, auch gegen den Speziesismus, also die Diskriminierung anderer Arten, ankämpfen. »Wenn wir Mitglieder unserer eigenen Spezies betrachten, denen Charakteristika normaler Menschen fehlen«, schreibt er, »können wir nicht länger sagen, daß deren Leben stets dem anderer Tiere vorzuziehen sei.« Mit Sätzen wie diesem brachte Tierfreund Singer vor allem Behindertengruppen gegen sich auf. Mit ihren Protesten machten sie Diskussionen mit ihm zumindest in Deutschland unmöglich (was bedauerlich ist, denn in offener Debatte kann man solchen Irrlehren am besten entgegentreten).

Tierrechtler wollen Tiere in die menschlichen Normen einbeziehen. Dabei vermischen sie zwei völlig gegensätzliche Bereiche: Die menschliche Gemeinschaft, mit ihren Möglichkeiten, moralische Entscheidungen zu treffen – und die Natur, die auf evolutionäre Effizienz angelegt ist und dabei keine Skrupel kennt.

Menschen verursachen nur einen Bruchteil des alltäglichen Massensterbens von Lebewesen. Viele Arten sind mit ihren Geburtenraten geradezu darauf ausgerichtet, tausendfachen Tod in Kauf zu nehmen. Ein Feldhase beispielsweise kann im Zoo zwölf Jahre alt werden. Seine durchschnittliche Lebenserwartung in freier Natur liegt jedoch bei etwas über einem Jahr, denn 62 Prozent der Jungtiere sterben bereits in den ersten zwölf Monaten an Krankheiten, oder weil sie zur Beute anderer Tiere werden.

Auch wenn eines Tages alle Menschen Vegetarier würden, der Futtermittelanbau also wegfiele, müßte weiterhin im großen Maßstab Getreide und Gemüse gepflanzt werden. Jeder bestellte Acker, jede Plantage war jedoch einmal Wildnis und damit Lebensraum für Tiere. Das Dilemma des »Töten, um zu überleben« fängt nicht erst im Schlachthof an. »In letzter Konsequenz ist die Tierrechtsidee nicht praktikabel«, folgert daher der amerikanische Philosoph Baird Callicot.

Obwohl echte Tierrechtler nicht nur auf Fleisch, sondern auch auf Milch, Eier, Wolle, Leder und tiergetestete Arzneien verzichten, sitzen sie in der moralischen Klemme. Der Kautschuk, aus dem ihre Gummischuhe hergestellt wurden, stammt aus Plantagen. Dafür wurden Regenwälder gerodet und mit diesen verschwanden Tiere. Wo Baumwolle für Kleidung geerntet wird, waren früher Savannen, über die Wildtierherden zogen. Selbst die Bücher der Tierrechtsphilosophen sind blutbefleckt. Schließlich ist Papier ein Holzprodukt. Die Bäume, die dafür gefällt wurden, beherbergten Vögel, Käfer und Kleinsäuger.

Der Ansatz führt in eine philosophische Sackgasse und birgt für die Tierschutzpraxis Gefahren. Erstens dreht sich die Diskussion dann nicht mehr um Tierquälerei (was viel wichtiger wäre), sondern um das Töten. Tiere haben jedoch keine Vorstellung vom Tod. Sie leiden unter Schmerzen, doch der Tod selbst bedeutet kein Leid für sie. Eine Studie der Tierärztlichen Hochschule Hannover widerlegte die These, daß Schlachttiere »den Tod ahnen«. Die Forscher untersuchten Herzfrequenz und Streßhormone im Blut von Schweinen auf Schlachthöfen. Dort, wo die Tiere geprügelt und mit Elektrotreibgeräten drangsaliert wurden, wo das Personal brutal war und die Stimmung hektisch, hatten die Tiere Angst. Auf vorbildlichen Schlachthöfen, wo sie bis zuletzt gut behandelt wurden, zeigten sie keine Streßsymptome.[2]

Zweitens diskreditiert die Forderung nach »Gleichberechtigung für Tiere« den Tierschutzgedanken. Viele Menschen, die eigentlich tierfreundlich eingestellt sind, fühlen sich durch solche Postulate abgeschreckt.

Drittens werden militante Tierrechtler dazu verleitet, sich moralisch im Recht zu fühlen, wenn sie im Namen der unterdrückten Tiere Menschen bedrohen. Bereits mehrfach kam es in Nordamerika und Europa zu Anschlägen auf Wissenschaftler, Pelztierzüchter und andere, die ins Feindbild der Tierrechtler passen. Bei einigen dieser Attentate wurden Menschen verletzt. Auf die Frage eines Reporters, ob er Gewalt gegen Menschen befürworte, antwortete der Tierrechtsphilosoph Dr. Helmut F. Kaplan, wenn Gewalt gegen Sachen nichts nütze, »muß man die Verantwortlichen daran hindern, ihr blutiges Handwerk weiter auszuüben«. Der Reporter fragte nach, ob Kaplan allen Ernstes Mord befürworte. Antwort: »Unbeteiligte dürfen nicht zu Schaden kommen. Auch Kinder dürfen nicht geschädigt werden.«[3]

1 GQ Magazine (USA), November 1993. **2** M. Floss u. a. (Tierärztliche Hochschule Hannover), Vergleichende Untersuchung zweier Zutriebssysteme zur Elektrobetäubung beim Schwein, 1996. **3** Stern, Nr. 47/1995.

»Tierschutz ist ökologisch«

Tierschutz und Naturschutz werden im alltäglichen Sprachgebrauch und in den Medien immer wieder in einen Topf geworfen. Ganz zu unrecht: Denn beide Strömungen berufen sich auf unterschiedliche Weltanschauungen. Tierschützer und auch Tierrechtler sorgen sich um das Schicksal einzelner Geschöpfe. Wo nur das individuelle Tier zählt, sind ökologische Kategorien unwichtig, etwa die Frage, ob es zu einer häufigen oder zu einer bedrohten Art gehört. Entscheidend ist allein das Leid, welches ein Tier empfindet (siehe auch »Tiere brauchen Rechte«, Seite 394).

Naturschützer und Artenschützer (Artenschutz ist ein Teilgebiet des Naturschutzes) denken in anderen Kategorien. Sie kümmern sich um Ökosysteme, Lebensgemeinschaften und Arten. Einzelne Tiere spielen in ihrem Weltbild eine untergeordnete Rolle. Der amerikanische Tierrechtsphilosoph Tom Regan lehnt ökologisches Denken grundsätzlich ab und bezeichnet es als »Umweltfaschismus«.

Die unterschiedlichen Ansätze sind keineswegs rein philosophisch. Auch in der Praxis gibt es Streit zwischen den beiden Bewegungen. So lehnen viele Naturschützer das Füttern von Stadttauben und das Aufstellen von Vogelhäuschen im Winter ab. Diese Tierschutzpraxis, so argumentieren sie, bevorzuge häufige Vogelarten gegenüber den scheuen und seltenen, und verbreite obendrein Krankheiten, die wiederum auch die raren Arten befallen können.

Am heftigsten wird der Konflikt, wenn Naturschützer das Jagdgewehr in die Hand nehmen, um eine Tierart vor einer anderen zu schützen. Dazu muß man wissen, daß 21 Prozent der seit dem 17. Jahrhundert ausgerotteten Tierarten deshalb zugrunde gingen, weil Menschen Tiere aus anderen Kontinenten in ihrem Lebensraum aussetzten.[1] Diese Neuankömmlinge fraßen die alteingesessenen Arten auf oder vernichteten ihre Nahrungsgrundlage. Besonders auf Inseln hat sich das Einschleppen fremder Tierarten immer wieder als zerstörerisch erwiesen.

In Neuseeland und Australien beispielsweise haben Naturschützer alle Hände voll zu tun, um die importierten Tiere zu bekämpfen. Mit

Flinten und Fallen machen sie Jagd auf Katzen, Füchse, Marder, Ratten und andere Tiere, die von den europäischen Siedlern eingeschleppt wurden. Damit zum Beispiel der seltene Eulenpapagei überleben kann, führen Naturschützer einen Ausrottungsfeldzug gegen eingeführte Säugetiere. Der Eulenpapagei hat sich im Laufe der Evolution daran gewöhnt, daß er keine Feinde hat, daher verfügt er über keine Strategie, um den europäischen Neulingen in Neuseeland zu entwischen. 70 Inseln vor der neuseeländischen Küste sind inzwischen wieder ratten-, marder- und katzenfrei. Eulenpapageien und andere bedrohte Arten wurden dorthin gebracht, weil sie auf dem Festland kaum Überlebenschancen haben.

Auch William Mautz vom amerikanischen Naturschutzverband »Sierra Club« wollte Naturschutz mit der Flinte betreiben. Mautz hatte herausgefunden, daß auf der San-Clemente-Insel 48 Tier- und Pflanzenarten verschwunden und weitere sechs gefährdet waren. Ziegen, die einst von Seefahrern als lebender Proviant ausgesetzt worden waren, zerstörten die Natur der Insel. Doch als Mautz und seine Naturschutzaktivisten zur Ziegenjagd ausrückten, stellten sich ihnen aufgebrachte Tierrechtler in den Weg, die die Ziegen retten wollten.

Die amerikanische Umweltjournalistin Margaret L. Knox beschrieb eine Fülle von ähnlichen Fällen. Naturschützer töteten die aus Südamerika importierten Nutrias im Mississippi-Delta, weil diese ein wertvolles Biotop zerstörten. Tierrechtler wollten die Nutrias retten. Wissenschaftler führten im Auftrag von Naturschützern Versuche an Truthahngeiern durch, die dem Schutz des seltenen Kalifornischen Kondors dienen sollten. Tierrechtler brachen in das Labor ein und befreiten die Geier.[2]

1 V. Straaß, Spielregeln der Natur, 1990. **2** Buzzworm (USA), Nr. 3/1991.

Perspektiven

Der Tierschutzgedanke wird sich weiter durchsetzen. Die Zeiten, als Tiere wie Sachen behandelt und rücksichtslos ausgebeutet werden konnten, gehen (zumindest in wohlhabenden Industrieländern) ihrem

Ende entgegen. Neue Erkenntnisse der Genetiker und Verhaltensforscher machen immer deutlicher, wie nahe sich Mensch und Tier im biologischen Sinne stehen. Das Bild vom Tier als Maschine, das noch Descartes zeichnete, ist überholt. Es ist zu befürchten, daß im Zuge dieser Entwicklung auch die Tierrechtsideologie weiter um sich greift. Ende der neunziger Jahre war ihr Aufstieg immer noch ungebrochen. Neuseeland nahm 1999 die »Rechte der Menschenaffen« in die nationale Gesetzgebung auf. In England und USA häuften sich Proteste und Terroranschläge militanter Tierrechtler. Der Siegeszug dieser antihumanen Gesinnung könnte nur aufgehalten werden, wenn vernünftige Tierschützer und Wissenschaftler ein konstruktives Bündnis eingehen.

Das ungerechte Pauschalurteil gegen Zoos erledigt sich von selbst, dadurch daß Zoos für Besucher und Tiere zu immer schöneren Orten werden. Vermutlich wandeln sich die meisten seriösen Tierparks in den nächsten Jahren zu Naturschutzzentren, Botschaften der Wildnis im Herzen der Zivilisation.

Tierversuche wird es leider wohl noch lange geben müssen. Zur Zeit sind keine wissenschaftlichen Modelle in Sicht, die ein Erproben neuer Operationsmethoden oder Arzneien am lebenden Organismus völlig überflüssig machen könnten. Je verantwortungsvoller die Forscher mit den ihnen anvertrauten Lebewesen umgehen, desto mehr Menschen werden die traurige Notwendigkeit von Tierversuchen akzeptieren.

Die Pelzwirtschaft könnte eine Renaissance erleben, und zwar nicht mit den Produkten aus trostlosen Käfigfarmen, sondern mit Wildtierfellen. Schon heute erproben Artenschützer von IUCN und WWF Modelle für eine nachhaltige Nutzung von Wildtierbeständen. Besonders in armen Entwicklungsländern versuchen sie, Naturschutz mit ökonomischen Anreizen zu verbinden. Ein solcher Ansatz könnte die kontrollierte Vermarktung von Fellen sein. Wildnisgebiete werden in erster Linie von der Landwirtschaft bedroht. Arme Bauern roden und wildern, um Ackerland und Weideflächen für Haustiere zu gewinnen. Wenn die Nutzung von Wild mit der Landwirtschaft konkurrieren könnte, ist eine Wildtier-Ökonomie vorstellbar, die Schützen und Nützen vereint. Erfahrungen in afrikanischen Ländern haben gezeigt: Sobald Wildtiere wirtschaftlich nutzbar gemacht werden, hören die Bauern damit auf, sie als Schädlinge zu vernichten. Damit Raubbau vermieden wird und ein sinnvolles Verhältnis von Jagd und Hege entsteht, ist das Fachwissen von Naturschutzexperten gefragt. Wenn die Pelzwirtschaft diese Signale erkennt, könnte sie ein völlig neues Image erhalten. Vielleicht schmücken sich ökologisch bewußte Käufer in Zukunft mit Pelzen aus nachhaltiger Nutzung, immerhin ein biologisch abbaubares und stets nachwachsendes Naturprodukt.

Am schwierigsten wird es sein, die Tierquälerei in den Fabrikställen abzuschaffen. Auf diesem Feld haben Tierschützer bisher am wenigsten erreicht. Die Mehrheit der Bevölkerung zieht leider die gemütliche Doppelmoral vor. Ihre Empörung über Tiertransporte und Hühnerkäfige hört beim Sonderangebot an der Fleischtheke auf. Kein deutscher Landwirtschaftsminister hat bisher den Mut besessen, sich mit den Nutznießern der Tierquälerei (zu denen eben nicht nur die Bauern, sondern auch die Konsumenten zählen) ernsthaft anzulegen. Hoffnungsschimmer gibt es im Ausland, etwa in der Schweiz und in Schweden, wo die schlimmsten Erscheinungsformen der industriellen Tierhaltung mittlerweile verboten sind.

Im Sommer 1999 wurde endlich das Ende der Käfigbatterien eingeläutet. Die Landwirtschaftsminister der Europäischen Union beschlossen, daß ab 2003 nur noch verbesserte Käfige zugelassen werden, die den Verhaltensimpulsen der Hennen entgegenkommen (also etwa das Scharren und Nisten ermöglichen). Das Bundesverfassungsgericht entschied kurze Zeit später, daß die alte Hennenhaltungsverordnung dem Tierschutzgesetz widerspricht und geändert werden muß. Diese Rechtsverordnung des Bonner Landwirtschaftsministeriums aus dem Jahre 1987 legalisiert die Schinderei in den Eierproduktionsstätten.[1] Erfreulicherweise sind die Supermärkte in Sachen Tierschutz aktiv geworden. Einzelhandelsketten wie Rewe, Edeka und Tengelmann bieten seit einiger Zeit Bio-Fleisch und Freilandeier an. Sollten sie gute Geschäfte damit machen, entsteht für viele Bauern auf diese Weise ein Ansporn, die Tierhaltung umzustellen.

Diese Entwicklung wird leider von ideologisch kleinkarierten Öko-Funktionären gebremst. Sie pochen auf die reine Lehre und bekämpfen Bauern, die ihre Tiere frei laufen lassen, jedoch nicht die strengen Fütterungsvorschriften der Bio-Verbände einhalten. Solche Erzeuger sind eine unliebsame Konkurrenz für hundertprozentige Bio-Bauern, da sie Fleisch und Eier billiger verkaufen können. (Die schwierigen Bio-Futterregeln verteuern die Aufzucht erheblich.) Vielen Verbrauchern jedoch ist es wichtiger, daß die Tiere anständig behandelt werden, als daß das Futter – wie bei den Bio-Verbänden vorgeschrieben – aus biologischem Anbau stammt und mindestens zur Hälfte vom eigenen Betrieb. Preisgünstige Produkte, die ohne Tierquälerei, wenn auch nicht nach Bio-Norm erzeugt wurden, könnten so endlich die Käufer erreichen, die sich bisher Öko-Ware nicht leisten konnten. Daher wäre ein friedliches Nebeneinander von »bio« und »nicht ganz bio, aber tiergerecht« hilfreich und erfreulich.

Auch bei den Tierhaltungssystemen wird es in Zukunft vermutlich Abstriche von der reinen Lehre geben. Denn es wäre völlig unmöglich, die vielen Millionen Schweine und Hühner in Deutschland auf die grüne Wiese zu entlassen. Ganze Landschaften müßten der Nutztierzucht geopfert werden. Glücklicherweise haben Wissenschaftler längst Stallsysteme entwickelt, die mit wenig Raum auskommen und den Tieren dennoch das Ausleben ihrer Verhaltensimpulse erlauben (zum Beispiel Volierenhaltung für Hühner oder das Nürtinger-System für Schweine). Solche Kompromisse zwischen Tierschutz und Wirtschaftlichkeit sind vermutlich zukunftsfähiger als ein romantisches Festhalten an der Freiland-Idylle.

Wenn wir an dieser Stelle einmal einen politischen Rat erteilen dürfen: Ein Politiker, der die Quälerei in den Tierfabriken ernsthaft bekämpft, würde sich ein paar tausend Feinde unter Großmästern, Züchtern, Vieh- und Fleischhändlern einhandeln. Aber es würden ihm Millionen Herzen (und Wählerstimmen) zufliegen.

1 Der Spiegel, Nr. 11/1998.

Wald

Oft gehört, gern geglaubt

»Die Wälder sind weltweit in Gefahr«
»Der deutsche Wald stirbt«
»Saurer Regen zerstört die Wälder«
»Großflächige Waldschäden gab es früher nicht«
»Das Wild frißt den Wald kaputt«
»Nur Urwälder sind ökologisch wertvoll«
»Der Regenwald ist nicht zu retten«
»Die Regenwälder sind die ›grünen Lungen‹ der Erde«
»Ein Tropenholzboykott rettet den Regenwald«
»Für Hamburger wird der Regenwald abgeholzt«

Perspektiven

Oft gehört, gern geglaubt

»Der deutsche Wald stirbt.«[1] Das war Anfang der achtziger Jahre zwischen Umweltverbänden und Medien fest ausgemacht. Wissenschaftler, die das nahe Ende aller Bäume vorhersagten, fanden ein begeistertes Publikum. Ihren Kollegen, die anderer Meinung waren, hörte niemand zu. Unklarheit herrschte nur über den genauen Todeszeitpunkt. Die »Süddeutsche Zeitung« etwa gab dem grünen Forst 1982 noch fünf Jahre.[2]

Fast zwei Jahrzehnte nach der großen Waldpanik wächst in Deutschland mehr Wald als zuvor. Das hatte jedoch keinen meßbaren Einfluß auf die Waldrhetorik. Die Waldretter von Robin Wood wissen: »Waldsterben und schnelleres Wachstum sind keine Widersprüche.«[3] Also kann es munter weitergehen mit dem Grabgesang. »Der Wald stirbt europaweit«, meldet die »Frankfurter Rundschau«[4], und »Focus« konfrontiert uns mit den harten Fakten der deutschen Landschaft: »Kaum noch grüne Flecken.«[5] Das »dramatische Sterben« kommentiert der »Stern« mit der Überschrift: »Und plötzlich ist der Wald weg.«[6]

Fleißig sekundiert werden die Alarmschreiber von den Ökoverbänden. »Der Wald gehört weiter auf die Intensivstation«,[7] diagnostiziert der BUND, und Greenpeace findet, daß Eichen zu den »aussterbenden Arten«[8] gerechnet werden müssen.

Daß die Wälder in Deutschland bestens gedeihen und die erwarteten Waldschäden regional begrenzt blieben, ist zwar offensichtlich, doch der Glaube an das Waldsterben wurde längst zur Gesinnungsfrage. Wer zweifelt, fliegt aus der grünen Kirche. Aber wer fromm ist, bringt selbst krasse Widersprüche im gleichen Gesangbuch unter. Der Slogan »Baum ab? Nein danke!« etwa kann problemlos mit der Forderung nach verstärktem Einsatz nachwachsender Rohstoffe kombiniert werden.

Ganz besonders liebt der Deutsche den Tropenwald, der vor einem »Kettensägenmassaker«[9] bewahrt werden muß. Laut einer Umfrage der »Bild«-Zeitung machte den Bundesbürgern im Jahre 1997 nichts so große Sorgen wie die Vernichtung der Regenwälder. 86 Prozent gaben an, daß dies das größte Problem sei.[10] Schön, daß die Menschen so sensibel für globale Probleme geworden sind. Doch leider wird ihr Mitgefühl für falsche Ziele mißbraucht. Rührige Regenwaldinitiativen reden ihnen ein, man solle das

böse Tropenholz boykottieren. Doch was würde eigentlich passieren, wenn ein erfolgreicher Boykott die Regenwälder forstlich wertlos machte? Diese Frage finden manche Regenwaldfreunde ziemlich unverschämt. Wir möchten sie trotzdem stellen.

1 Süddeutsche Zeitung vom 23. 12. 1982. **2** ebd. **3** Robin Wood Magazin Nr. 4/1996.
4 Frankfurter Rundschau vom 2. 8. 1995. **5** Focus Nr. 48/1993. **6** Stern Nr. 41/1993.
7 BUND-Presseinformation, 14. 11. 1996. **8** Greenpeace, Zur Sache, November 1995.
9 Der Spiegel Nr. 39/1997. **10** Bild-Zeitung vom 27. 12. 1997.

»Die Wälder sind weltweit in Gefahr«

Zirka 30 Prozent der Landfläche des Planeten Erde sind bewaldet, davon zwei Drittel mit dichten Wäldern.[1] Der Rest (der weltweiten Waldfläche) ist von offenen Baum- und Buschwäldern bedeckt. Insgesamt sind es nach Angaben der FAO etwa 3,45 Milliarden Hektar Wald. 1,96 Milliarden davon werden mit dem Sammelbegriff »Tropenwälder« umschrieben (er umfaßt alle Waldtypen in tropischen und subtropischen Klimazonen).[2] Alle Tropenwälder der Erde würden zusammengenommen mehr als die Fläche Südamerikas bedecken. Die restlichen 1,5 Milliarden Hektar wachsen in den kühleren und klimatisch gemäßigten Teilen der Erde (boreale und temperierte Wälder).

Mehr Wald in Europa zwischen 1980 und 1990

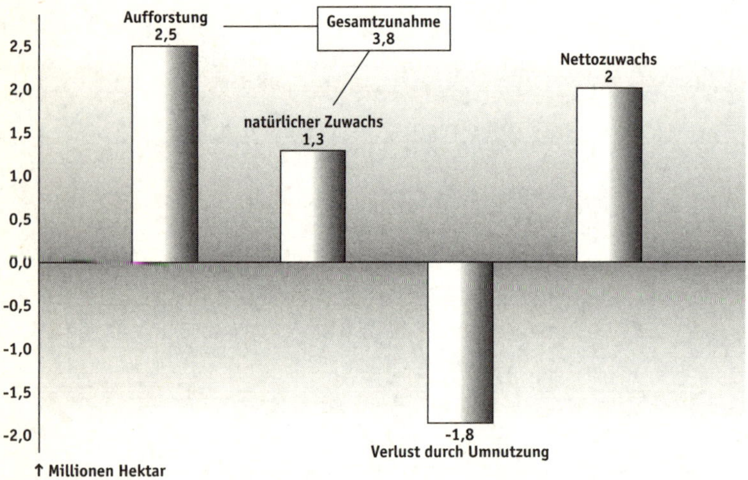

In den achtziger Jahren, als der Wald in Deutschland totgeredet und totgeschrieben wurde, dehnten sich die Wälder in Europa aus, anstatt abzusterben. Die Grafik zeigt die Veränderung der Waldfläche zwischen 1980 und 1990.

(Quellen: R. A. Sedjo 1995/A. V. Korotkov; T. J. Peck/ECE; FAO)

Die Wälder der nördlichen Breiten nehmen zu – sowohl ihre Fläche als auch die Holzmenge pro Hektar. Aus diesen Wäldern werden 44 Prozent des weltweiten Holzverbrauchs bestritten. Rechnet man das Feuerholz heraus, sind es sogar 74 Prozent.[3] Dennoch ist die Holzernte geringer als der Zuwachs. Am stärksten wachsen die europäischen Wälder. Der FAO-Bericht von 1997 gibt für Europa in der ersten Hälfte der neunziger Jahre ein Anwachsen der Waldfläche um 1,9 Millionen Hektar an. Dieser Trend hält seit den fünfziger Jahren an und verstärkte sich in den achtziger Jahren – also just in jener Zeit, als in Deutschland von einem katastrophalen Waldsterben die Rede war! **[Grafik Seite 406]** Auch Kanada verzeichnet trotz großflächiger Kahlschläge Waldwachstum. Sogar in Rußland, wo ausländische Holzkonzerne mehrere Millionen Hektar Taiga roden, wächst mehr nach, als geschlagen wird. In den Vereinigten Staaten, dem weltgrößten Holzproduzenten, ist die bewaldete Fläche seit 75 Jahren nahezu konstant geblieben.[4]

Ganz anders sieht es in den Tropen aus. Dort wird mehr gerodet als nachwachsen kann. Der jährliche Waldverlust stieg in den achtziger Jahren von 0,6 auf 0,8 Prozent pro Jahr. 0,8 Prozent entsprechen 15,4 Millionen Hektar.[5] Seit Anfang der neunziger Jahre konnte der Raubbau am Regenwald deutlich gebremst werden. Zwischen 1990 und 1995 gingen noch 13,7 Millionen Hektar Tropenwald jährlich verloren. Die höchsten Verluste verzeichnet Südostasien, Afrika steht an zweiter, Südamerika an dritter Stelle.[6] **[Tabelle Seite 408]**

Für den heutigen weltweiten Verbrauch an Nutzholz (außer Feuerholz) würden fünf Prozent der derzeitigen Waldfläche ausreichen. Dennoch mahnte der WWF 1997: »Dem Wald schlägt seine letzte Stunde.«[7] In einer anderen Presseinformation des Umweltverbandes hieß es: »Zwei Drittel aller Wälder weltweit sind für immer verloren.«[8] Das stimmt, wenn man den derzeitigen Waldbestand mit der Situation von vor 8000 Jahren vergleicht, einem der Höhepunkte der Waldausdehnung auf unserem Planeten. Doch zwischenzeitlich sind die Menschen keine Jäger und Sammler mehr. Sie erfanden Ackerbau und Viehzucht und rodeten Wälder, um Felder und Weiden zu schaffen. Sie verheizten Holz, wenn es kalt wurde, und trieben mit Holzenergie Maschinen an. Doch – das verschweigen die Umweltverbände häufig – die Zeit des

Waldflächen und Waldverluste in Afrika, Asien und Lateinamerika

	Waldfläche/Waldanteil 1995		Jährliche Waldverluste 1990 – 1995	
	in Tausend Hektar	in %	in Tausend Hektar	in %
Afrika				
Sahelraum	97 369	9,8	715	-0,7
Westafrika	46 324	22,8	492	-1,0
Zentralafrika	204 677	48,3	1 201	-0,6
Trop. Süd- und Ostafrika	156 531	25,6	1 289	-0,8
Restliches Afrika	15 336	2,2	53	-0,3
Afrika insgesamt	**520 237**	**17,7**	**3 750**	**-0,7**
Asien/Ozeanien				
Südasien	77 137	18,7	141	-0,2
Südostasien (kontinental)	70 163	36,9	1 164	-1,6
Südostasien (insular)	132 466	54,2	1 750	-1,3
Ostasien (nichttropisch)	181 671	15,8	113	-0,1
Nahost (nichttropisch)	12 735	1,9	160	-1,2
Ozeanien (tropisch)*	41 903	77,5	151	-0,4
Asien/Ozeanien insgesamt*	**516 075**	**18,9**	**3 479**	**-0,7**
(*ohne Australien und Neuseeland)				
Lateinamerika/Karibik				
Zentralamerika u. Mexiko	75 018	31,0	959	-1,2
Karibik	4 425	19,4	78	-1,7
Südamerika (tropisch)	827 946	59,8	4 655	-0,6
Südamerika (nichttropisch)	42 648	11,7	119	-0,3
Lateinamerika/Karibik insgesamt	**950 037**	**47,1**	**5 811**	**-0,6**

Die weltweite Zerstörung von Regenwäldern ist nur schwer zu quantifizieren. Angaben über den Verlust sind oft widersprüchlich. Diese Werte stammen aus dem globalen Waldbericht der FAO von 1997. **(Quelle: Bundesentwicklungsministerium 1997 / FAO)**

Raubbaus ist – zumindest in den alten Industrieländern – längst vorbei.

In Europa wurden die Wälder im 18. und 19. Jahrhundert großflächig gerodet, in den Vereinigten Staaten war der Gipfel der Waldvernichtung Anfang des 20. Jahrhunderts erreicht. Doch schon auf dem Höhepunkt der Rodungswelle, in der ersten Hälfte des 19. Jahrhunderts, setzte eine bis dahin weltweit einmalige Wiederbewaldungskampagne ein. Riesige Gebiete wurden aufgeforstet. Heinrich Cotta, Direktor der ersten Forstakademie der Welt im sächsischen Tharandt, brachte die Idee der Nachhaltigkeit auf, nämlich stets mehr Bäume zu pflanzen, als gefällt werden.[9] Dieses Prinzip setzte sich in allen Industrieländern durch. Obendrein benötigte die technisch verbesserte Landwirtschaft immer weniger Fläche, und das Holz als Energieträger wurde mit der Zeit durch Kohle und Erdöl ersetzt.

Die Tropenländer durchlaufen heute eine Phase wirtschaftlicher Entwicklung, die Europa und Nordamerika schon hinter sich haben. Um Platz für die Landwirtschaft zu schaffen, werden Wälder kahlgeschlagen und abgebrannt, ohne sie wieder aufzuforsten. Oft pflanzen die Farmer auf den gerodeten Flächen wichtige Exportprodukte an (Kaffee, Tee, Kautschuk, Palmöl). Es ist jedoch eher unwahrscheinlich, daß dies auf ewige Zeiten so weitergeht. Der Raubbau am Regenwald wird voraussichtlich aufhören, sobald die armen Tropenländer mit Technik statt mit Rohstoffen auf dem Weltmarkt konkurrieren können und die dortigen Landwirte lernen, auf weniger Fläche mehr anzubauen.

1 J. L. Simon, The State of Humanity, 1995. **2** Bundesentwicklungsministerium, Broschüre »Tropenwalderhaltung und Entwicklungszusammenarbeit«, Mai 1997. **3** R. Bailey (Hrsg.), The True State of the Planet, 1995. **4** J. L. Simon, The State of Humanity, 1995. **5** ebd. **6** Frankfurter Allgemeine Zeitung vom 19. 3. 1997 (unter Bezug auf FAO-Bericht). **7** WWF-Presseinformation, 26. 2. 1997. **8** WWF-Presseinformation, 8. 10. 1997. **9** G. Sperber, Der Umgang mit Wald – eine ethische Disziplin, 1994.

»Der deutsche Wald stirbt«

Der deutsche Wald stirbt nicht, er dehnt sich aus und wird dichter. Er wächst sowohl in der Fläche als auch in der Holzmenge pro Hektar. Die Waldfläche in Deutschland nahm seit 1960 um 500000 Hektar zu.[1] Auch das Holzvolumen ist in den europäischen Wäldern seit 1950 stark angestiegen.[2] Noch 1986 hatte das Umweltbundesamt einen Rückgang um 30 Prozent bis 1995 prognostiziert. Statt dessen ergaben Messungen des Europäischen Forstinstitutes eine Zuwachssteigerung in dieser Größenordnung.[3]

Verglichen mit früheren Zeiten ist der Zuwachs noch eindrucksvoller. Im 20. Jahrhundert eroberten die Bäume Mitteleuropa nach einer langen Phase rücksichtsloser Holzfällerei zurück. In Deutschland nahm die Waldfläche seit Mitte des vergangenen Jahrhunderts um zirka 20 Prozent zu.[4]

Insgesamt bedecken Wälder in Deutschland 10,7 Millionen Hektar Land. Das sind zirka 30 Prozent der Gesamtfläche. Der Trend zu ökologisch verarmten Fichten- und Kiefernmonokulturen ist gebrochen. Ende der neunziger Jahre wuchsen auf immerhin 56 Prozent der Waldfläche wieder Laub- und Mischwälder.[5]

Das zu Anfang der achtziger Jahre befürchtete großflächige Absterben der Wälder hat nicht stattgefunden. Es gibt jedoch regionale Waldsterben, die allerdings auch schon in der Vergangenheit vorkamen, sogar in vorindustriellen Zeiten. Besonders schlimm betroffen sind die Nadelwälder an den windexponierten Westseiten der Gebirge. Auf ganzen Hängen in den Hochlagen des Erz- und des Fichtelgebirges, des Harzes und der Alpen sind die Bäume abgestorben. Das Europäische Forstinstitut (EFI) gibt an, daß drei bis fünf Prozent der Wälder von solchen Schäden betroffen sind.[6] Seit einigen Jahren kommt es auch immer wieder in verschiedenen Regionen zu einem Absterben von Eichen und Buchen. Wissenschaftler konnten als Ursache dafür eine Feinwurzelfäule ermitteln, die von Pilzen der Gattung Phytophthora hervorgerufen wird.[7]

Die meisten Bilder, die heute noch zu den immer wiederkehrenden Waldalarm-Artikeln gedruckt werden, zeigen extrem geschädigte

Standorte, wie im Erzgebirge, wo die Rauchschwaden veralteter tschechischer Kraftwerke schlimme Verwüstungen anrichten. Oder sie zeigen Waldverluste, die auf das Konto des Orkans »Wiebke« gehen, der in der Nacht des 1. März 1990 zirka 120 Millionen Waldbäume umgerissen hat (beispielsweise im »Spiegel« in Heft 47/1995, doch dort wurde »Wiebke« nicht erwähnt).

Professor Bernhard Ullrich, Nestor der Waldschadensforschung und einer der frühen Warner vor einem drohenden Waldsterben, bezeichnete die Waldsterbensdiskussion 1996 als »Erfolgsgeschichte«, denn die Warnungen haben zu einer drastischen Reduzierung von Luftschadstoffen geführt. Die Emission von Schwefeldioxid, das den sauren Regen verursacht, wurde auf weniger als ein Drittel reduziert. Auf die Frage, warum diese Erfolge nicht an die Öffentlichkeit drangen, sagte Ullrich: »Da müssen wir Wissenschaftler uns einen gewissen Vorwurf machen, ... wir sind nicht in dem Maß an die Öffentlichkeit gegangen wie Anfang der achtziger Jahre mit umgekehrten Vorzeichen. Das war ein Fehler.«[8]

Ein Teil der Umweltverbände hat die erfreuliche Entwicklung stillschweigend zur Kenntnis genommen. So taucht in einer Presseerklärung des BUND (vom 20. 11. 1997) zum Thema Wald, das Wort »Waldsterben« nicht mehr auf. Es ist nur noch von »Waldschäden auf hohem Niveau« die Rede. Das hohe Niveau wird aus dem Waldzustandsbericht gefolgert, den das Landwirtschaftsministerium jeden Herbst vorlegt. Demnach sind 20 Prozent der Bäume in Deutschland deutlich geschädigt.[9]

Seit 1984 gibt der Bericht die jährliche Schadenserfassung der Landesforstverwaltungen wieder. Dabei registrieren die Förster Dichte und die Vergilbung von Laub und Nadeln. Der Zustand der Baumkronen wird mit einem als gesund eingestuften Normalbaum verglichen und in eine Tabelle eingetragen. Diese hat eine Einteilung von null (ohne Schadensmerkmale) bis vier (abgestorben). Ab 25 Prozent Kronenverlichtung gelten Bäume als deutlich geschädigt.

Doch viele Wissenschaftler kritisieren diese Methode. So schreibt der Botaniker Professor Otto Kandler: »Unter ganz normalen Bedingungen variiert die Kronendichte in Abhängigkeit von Witterung,

Standort und Art des Bodens bei Nadelbäumen um das Drei- und bei Laubbäumen um das Vierfache. Ein Wald an ungünstigem Standort kann also im Vergleich zu einem auf gutem Boden bis zu 66 Prozent weniger Nadeln respektive bis zu 75 Prozent weniger Laub tragen.«[10]

Selbst bei Verlusten von 70 Prozent – etwa in besonders trockenen Jahren – können sich Bäume wieder vollkommen erholen. Helmut Schulz, Leiter des Referates »Ökologie und Grundsatzfragen der Umweltforschung« im Forschungsministerium, hält die Methodik der Waldschadensinventur seiner Kollegen vom Landwirtschaftministerium für äußerst fragwürdig. Er sagt: »Eine Ableitung von Waldschäden aus der Erhebung des Kronenzustands ist nach heutigem wissenschaftlichen Erkenntnisstand nicht möglich.«[11]

1 Waldbericht der Bundesregierung, August 1997. **2** H. Spiecker u. a. (Hrsg.), Growth Trends in European Forests, 1996. **3** Wissenschaftspressekonferenz, Hintergrundpapier, 26. 11. 1996. **4** Frankfurter Allgemeine Zeitung vom 3. 7. 1996. **5** Waldbericht der Bundesregierung, August 1997. **6** Frankfurter Allgemeine Sonntagszeitung vom 31. 8. 1996. **7** Wissenschaftspressekonferenz, Hintergrundpapier, 26. 11. 1996. **8** Die Woche vom 22. 11. 1996. **9** Frankfurter Allgemeine Zeitung vom 10. 12. 1997. **10** Geo Nr. 10/1995. **11** Frankfurter Allgemeine Zeitung vom 29. 10. 1997.

»Saurer Regen zerstört die Wälder«

Seit Beginn des Waldalarms Anfang der achtziger Jahre ließ die Bundesregierung 313 Millionen Mark in die Waldforschung (Stand: 1996) fließen. Anfangs formulierten Wissenschaftler über 60 Hypothesen zu den Ursachen der Waldschäden.[1] Heute heißen die Hauptverdächtigen:

- → Schwefeldioxid aus dem Rauch von Kraftwerken und Industrieanlagen
- → Stickoxide aus Autoabgasen (hauptsächlich von Dieselmotoren) und industriellen Feuerungsanlagen
- → Ozon, das unter Sonneneinstrahlung durch eine Reaktion der Stickoxide mit dem Sauerstoff der Luft entsteht

- Stickstoffverbindungen aus der Landwirtschaft, die aus Tiermastfabriken bzw. beim Ausbringen von Mineraldünger und Gülle freiwerden
- das Zusammenwirken von mehreren dieser Faktoren
- natürliche Baumkrankheiten, zum Beispiel parasitische Pilze

Strahlen aus Atomkraftwerken und andere Hypothesen gelten als widerlegt oder wenig wahrscheinlich.

Schwefeldioxid (SO_2) führt zum sauren Regen und damit zu einer Übersäuerung der Waldböden. Unumstritten ist, daß dies lokale Schäden anrichtet. Wo veraltete Industrieanlagen SO_2-haltige Rauchgase in die Luft blasen, stirbt der Wald. So verdorren die Bäume im Erzgebirge unter Rauchschwaden, die aus tschechischen Braunkohlekraftwerken herüberziehen. Sächsische Forscher maßen im Waldboden bei Olbernhau einen Säuregrad, der dem von Essig entspricht (pH-Wert 2,5).[2] Auf tschechischer Seite sterben in den Kammlagen jetzt sogar schon die Birken ab, die in den siebziger Jahren als Ersatz für die zerstörten Nadelbäume gepflanzt worden waren.[3]

Doch ob saurer Regen den Wald auf breiter Fläche dahinrafft, ist bis heute umstritten. Der Münchner Botaniker Otto Kandler trug zahlreiche Befunde zusammen, die der Versauerungshypothese widersprechen. So waren etwa die Bäume einer Waldparzelle auf saurer Braunerde gesünder als die auf einer gekalkten Kontrollfläche.[4] Auch die Kommission für Ökologie der Bayerischen Akademie der Wissenschaften kommt zu dem Schluß, daß »keine generelle räumliche und zeitliche Korrelation zwischen den jährlich registrierten Kronenzuständen und der Konzentration der bekannten Luftschadstoffe nachgewiesen werden« konnte.[5] Helmut Schulz, Waldschadensexperte vom Bundesforschungsministerium, sieht ebenfalls keine »direkte SO_2-Wirkung«, räumt aber »Interaktion von SO_2 mit einer Vielzahl weiterer Prozesse« ein, so etwa dem Freiwerden giftiger Aluminiumverbindungen in übersäuerter Erde.[6]

Göttinger Waldforscher halten dagegen, daß sie den Zusammenhang zwischen schadstoffhaltigem Regen und Waldschäden endgültig belegt haben.[7] Sie überdachten ein Stück Waldboden, fingen so das Regenwasser ab, reinigten und entsäuerten es. Danach bewässerten sie die Bäume mit dem gesäuberten Regenwasser. Nach fünf Jahren besserte sich die Nährstoffversorgung der Bäume und die Bodenchemie; das Feinwurzelsystem breitete sich erkennbar aus.

Die SO_2-Diskussion hat deutliche umweltpolitische Fortschritte gebracht. Von 1980 bis 1993 sank der Ausstoß an Schwefeldioxid in Deutschland um 58 Prozent. Dies ist hauptsächlich auf die Rauchgasentschwefelung der Braunkohlekraftwerke zurückzuführen. Das politische Instrument dafür war die TA Luft von 1986 (»Technische Anleitung zur Reinhaltung der Luft«).[8]

Seit einiger Zeit untersuchen Waldschadensforscher verstärkt die Wirkung von Stickstoffverbindungen, die aus Autoabgasen und der landwirtschaftlichen Düngung in die Böden gelangen. Stickstoff kurbelt zwar als Dünger das Baumwachstum an, behindert aber indirekt die Aufnahme von Mineralstoffen, wie zum Beispiel Magnesium, so daß die Blätter vergilben. Die Emissionen von Stickstoffoxiden (NO_x), die hauptsächlich aus Verbrennungsmotoren stammen, gingen von 1990 bis 1994 um 16 Prozent zurück. Durch den Bankrott großer Tiermastfabriken in Ostdeutschland verringerte sich im gleichen Zeitraum auch der Ausstoß von Ammoniak (NH_3) um 18 Prozent.[9]

Die direkte Wirkung von Ozon (O_3) auf Waldbäume konnte bisher nur in den Gebirgswäldern Kaliforniens nachgewiesen werden. Es gibt jedoch eine Reihe von Wechselwirkungen von Ozon mit witterungsbedingten Faktoren.[10]

Für die Schäden an Laubbäumen, insbesondere an Eichen, machen der Botaniker Otto Kandler und andere Forscher parasitische Bodenpilze der Gattung Phytophthora verantwortlich. Der bayerische Waldzustandsbericht von 1996 meldete, daß diese »eine entscheidende Rolle im Krankheitsgeschehen der neuartigen Eichenschäden spielen«.

Jenseits aller Debatten über Luftschadstoffe gilt als erwiesen, daß naturnahe Mischwälder, in denen alle Altersklassen von Bäumen wachsen, wesentlich widerstandsfähiger gegen Umweltbelastungen und Stürme sind. Als der Orkan »Wiebke« 1990 die gleichaltrigen Fichten und Kiefern der Holzplantagen umblies, blieben die artenreichen Dauerwälder stehen. Die meisten Bundesländer haben das Leitbild einer naturnahen Forstwirtschaft mittlerweile in ihre Waldbauprogramme aufgenommen. Auch die Bundesregierung unterstützt dieses Ziel.[11] Etwa 40 private Waldbesitzer in Deutschland bewirtschaften ihre Forste schon seit vielen Jahrzehnten nach naturgemäßen Prinzipien. Ihre Methode hat sich wirtschaftlich und ökologisch bewährt.[12]

1 GSF-Forschungszentrum, Patient Wald, November 1996. **2** Der Spiegel Nr. 50/1996. **3** Frankfurter Allgemeine Zeitung vom 7. 10. 1997. **4** Naturwissenschaftliche Rundschau Nr. 11/1994. **5** Die Zeit vom 3. 12. 1993. **6** GSF-Forschungszentrum, Patient Wald, November 1996. **7** Die Woche vom 22. 11. 1996. **8** Umweltbundesamt, Daten zur Umwelt, 1997. **9** ebd. **10** GSF-Forschungszentrum, Patient Wald, November 1996. **11** Waldbericht der Bundesregierung, August 1997. **12** Der Spiegel Nr. 48/1994.

»Großflächige Waldschäden gab es früher nicht«

Wenn Wälder plötzlich dahinsiechen und absterben, kann das viele Ursachen haben. Einige davon sind natürlich: Der alte Wald macht den nachwachsenden Jungbäumen Platz. Wenn er nicht durch Sturm, Feuer oder Dürre zugrunde geht, geben ihm Pilzerkrankungen oder Borkenkäfer den Rest. Im 18. Jahrhundert vernichteten Borkenkäfer im Harz 30000 Hektar Wald.[1] Im Tagebuch des Zisterzienserabtes vom niederbayerischen Aldersbach (1779–1797) finden sich folgende Eintragungen: »Die Bäume scheinen von einer Krankheit befallen zu sein und einzugehen ... die Krankheit dehnt sich aus und greift auf weitere Bäume über ... Möge doch der Himmel dieses große Unglück von uns wenden. Forstsachverständige halten eine Art fliegenden Wurm für die Ursache dieser Holzkrankheit.«

Wo Menschen Braunkohle verbrannten, etwa zur Metallgewinnung oder zum Eindampfen von Sole, starben bereits in früheren Jahrhunderten ganze Wälder am Schwefelrauch. Solche Ereignisse häuften sich dramatisch in der Zeit des Frühkapitalismus. In der Umgebung von Hüttenwerken zerstörte schwefelhaltiges Rauchgas die Vegetation.[2] Im Jahre 1840 wurde an der Forstakademie im sächsischen Tharandt ein chemisches Institut eingerichtet, das den Auftrag bekam, »Ursachen und Zusammenhänge der verheerenden Waldschäden im sächsischen Industrie- und Braunkohlegebiet« zu klären.[3]

In einem über 100 Jahre alten Buch über »Beschädigung der Vegetation durch Rauch« heißt es, daß im Harz über 4300 Hektar Wald durch »Rösten der Erze« belastet seien, davon 358 Hektar bereits völlig vernichtet.[4] Im Jahre 1913 berichtete der Zentrumsabgeordnete Graf Spee im Reichstag über eine Industrieregion in Westfalen: »Ich bin einmal zufällig da durchgekommen; früher war das ein wunderschönes Hügelland, und heute wächst auf den ganzen Bergen und Hängen nicht einmal mehr ein Grashalm, kein Strauch, kein Baum, es ist alles vollständig weg, und das infolge der Dämpfe solcher Fabriken.«[5]

Die Sudetendeutsche Forst- und Jagdzeitung schrieb 1928 von einem »massenhaften Sterben der Tannen«, das 1875 in Sachsen begonnen und sich zunächst in Deutschland, dann auf West-, Süd- und Nordeuropa ausgebreitet habe. Die Tanne werde in wenigen Jahrzehnten aus den Wäldern verschwunden sein, hieß es damals.

Abgase aus Fabrikschloten und rätselhafte Krankheiten waren nur zwei Faktoren, die zur Abnahme des Waldes beitrugen. Seit der Antike beuteten Menschen die Wälder aus, doch erst im 14. Jahrhundert gab es erste nennenswerte Wiederaufforstungen.[6] Landschaften, die heute für ihre Schönheit gepriesen werden, sind das Ergebnis großflächiger, ökologisch rücksichtsloser Abholzungen. Das romantische Arkadien, die Felslandschaft des Peleponnes, entstand aus rabiater Naturzerstörung. Kahlschlag für den Schiffsbau in Kombination mit einer intensiven Landwirtschaft, die die Böden auslaugte, schufen die typischen trockenen Buschlandschaften des Mittelmeerraumes.

Auch in Zentraleuropa waren die Wälder jahrhundertelang zum Ausplündern freigegeben. Bauern trieben ihr Vieh hinein, damit es Eicheln, Bucheckern und andere Waldfrüchte fressen konnte, und holten das Laub als Einstreu heraus. Die wachsenden Städte brauchten ständig Bauholz. Holzkohle und Holz waren die wichtigsten Brennstoffe. Mit Rinde deckten die Armen ihre Dächer, und Handwerker gewannen daraus die Ausgangstoffe für das Färben. Die Glashütten benötigten Pottasche, die aus verbranntem Holz gewonnen wurde. Auch Metallhütten verbrauchten ganze Wälder, ebenso die Teer- und Pechbereitung. Zur Gewinnung von 600 Kilogramm Salz benötigte man im Mittelalter neun Kubikmeter Brennholz. Die mit der Salzsiederei verbundene Raubwirtschaft am Wald führte zu verkarsteten Landschaften, wie der Lüneburger Heide, die ihre maximale Ausdehnung im 15. Jahrhundert erreicht hatte.[7]

Als der deutsche Wald in den achtziger Jahren des 20. Jahrhunderts totgeschrieben wurde, und der »Spiegel« die Forstschäden ein »ökologisches Hiroshima«[8] nannte, war das große Sterben der Wälder schon lange vorüber.

1 Frankfurter Allgemeine Zeitung vom 8. 4. 1998. **2** H. Küster, Geschichte der Landschaft in Mitteleuropa, 1995. **3** Umwelt-Magazin, September 1992. **4** ebd. **5** F.-J. Brüggemeier u. a. (Hrsg.), Industrie – Natur, 1995. **6** H. Jäger, Einführung in die Umweltgeschichte, 1994. **7** ebd. **8** Der Spiegel vom 14. 2. 1983.

»Das Wild frißt den Wald kaputt«

Der oberste Rechnungshof von Bayern ging 1995 der Frage nach, was der Appetit von Rehen, Rothirschen und Gemsen den Steuerzahler kostet. Die Prüfer ermittelten einen Wertverlust von mindestens 34 Millionen Mark, der durch Wildverbiß in den Schutzwäldern der Alpen entsteht.[1] Ähnliche Rechnungen machen Forstleute und Waldbesitzer aller Orten auf. Zäune und andere Schutzmaßnahmen gegen hungrige Huftiere kosten allein im Bayerischen Staatsforst 20 bis 40 Millionen Mark im Jahr.[2]

Seit Anfang der siebziger Jahre tobt der Streit um Bambis und Bäume zwischen Waldschützern und Jägern. Der Vorwurf lautet: Weil sich die Jäger gerne prächtige Trophäen über den Kamin hängen, schießen sie nicht genügend Hirsche und Rehe. Sie warten, bis viele kräftige Männchen herangewachsen sind und ein starkes Geweih gebildet haben, um sie erst dann zu erlegen. An den geweihlosen Weibchen sind sie kaum interessiert und schießen sie viel zu selten. Außerdem bringen sie das Wild mit Fütterungen über den Winter, der unter natürlichen Umständen viele Tiere das Leben kosten würde. So entstehen Überpopulationen von pflanzenfressenden Huftieren im Wald, die Baumtriebe abknabbern und die saftige Rinde von den jungen Bäumen schälen. Folge: Der Waldnachwuchs verkümmert.

Seit 1934 hat sich die Zahl der Rehe in Deutschland mindestens versechsfacht.[3] Heute erlegen allein die deutschen Autofahrer 100000 Rehe im Jahr. Das sind mehr, als Mitte des letzten Jahrhunderts in ganz Mitteleuropa lebten.[4] Im lichten Kulturforst, der viel Bodenvegetation bietet, finden die Rehe offenbar ihren optimalen Lebensraum und vermehren sich demzufolge wie die sprichwörtlichen Karnickel. Die Forstbehörden der Länder setzten daher in den siebziger und achtziger Jahrer die Abschußquoten herauf, um dem Wildverbiß im Wald Einhalt zu gebieten. Zwischen 1950 und 1980 wurde die Abschußrate von Rehen und Hirschen auf dem Gebiet der alten Bundesländer um 30 bis 40 Prozent gesteigert.[5] Ende der neunziger Jahre meldeten die deutschen Jäger zirka 870000 erlegte Rehe im Jahr.[6]

Das Trommelfeuer im Wald scheint wenig zu nützen. Die Wildschadensinventuren einiger Bundesländer zeigen in jüngster Zeit zwar einen leichten Rückgang der Schäden[7], und manche Forstamtsleiter melden, daß sie die »optimale Wilddichte« erreicht haben und die Waldverjüngung wieder reibungslos läuft.[8] Doch andernorts steigen die Rehbestände sogar an.[9] Auf hohe Verluste reagieren die Rehe mit hohen Geburtenraten. Der Zoologe Dr. Wolfgang Scherzinger fragt: »Wenn immer mehr Wildtiere geschossen werden, weil es immer mehr gibt, müssen dann noch mehr geschossen werden, damit es weniger werden?«

Unbestritten: Im Gebirge ist der hohe Wildverbiß ein Sicherheitsrisiko, denn der Schutzwald hält Lawinen und Erdrutsche auf bzw. verhindert deren Entstehung. Sicher ist auch, daß die Wildschäden in Forsten, die wirtschaftlichen Zielen dienen, ein ökonomisches Problem darstellen. Aber sind sie wirklich ein ökologisches Problem? Sind sie nicht eher Teil der Ökologie des Waldes?

Bevor unsere Vorfahren sie ausrotteten, streiften neben Rothirschen, Rehen, Gemsen und Wildschweinen viele andere große Pflanzenfresser durch Mitteleuropa. Darunter waren »Bulldozer-Arten« wie Wisent und Mammut. Für solche großen Weidetiere mit relativ langsamer Generationsfolge ist es wichtig, die Grasflächen möglichst lange Zeit nutzbar, also waldfrei, zu halten. Wo sie es können, brechen diese Großtiere den Jungwald nieder, um ihren Lebensraum zu verbessern. So gesehen ist Waldzerstörung durch Pflanzenfresser ein ganz natürlicher Prozeß.[10]

Hirsche und Rehe sind ein ökologischer Faktor unter vielen. Viele Tierarten verändern den Wald: Borkenkäfer zerstören alte Bäume, Eichelhäher säen Baumsamen aus. Die lichte Baumformation und die Abwesenheit großer Raubtiere in den weitaus meisten Wäldern Deutschlands kommen den Pflanzenfressern zugute. Sie deshalb zu Sündenböcken zu erklären, ist ökologisch fragwürdig.

Zudem ist nicht einmal erwiesen, ob die ökologische Rolle von Wolf und Luchs wirklich von Jägern ersetzt werden kann. Denn neuere Untersuchungen haben gezeigt, daß Raubtiere einen wesentlich geringeren Einfluß auf die Bestandszahlen von Pflanzenfressern haben, als früher angenommen wurde. Der entscheidende Regulationsfaktor ist der Winter, und dessen Einfluß wird durch Fütterungen außer Kraft gesetzt. Dennoch könnte eine Wiederkehr von Luchs und Wolf die Verbißschäden vermindern, da allein die Anwesenheit von Raubtieren Rehe und Hirsche in Unruhe versetzt. Ihre nächtlichen Freßgelage im nachwachsenden Wald würden kürzer ausfallen. Doch selbst in slowenischen Urwäldern (wo es Raubtiere gibt) zeigten drei Viertel der Tannen Verbißspuren – obwohl dort weitaus weniger Rehe leben als im aufgeräumten deutschen Forst. Forscher stellten fest, daß die Jungtannen sogar fünfmaliges Abknabbern verkrafteten und weiterwuchsen.[11]

Es gibt kein natürliches Gleichgewicht zwischen Wald und Wild, es gibt auch keinen stabilen Wald, der ewig derselbe bleibt. Es gibt nur Prozesse von Werden und Vergehen. Bäume und Wälder sterben und wachsen erneut, sie rücken auf das Grasland vor und weichen wieder zurück. Tiere zerstören Bäume. Andere Tiere fressen diese Tiere. Wieder andere Tiere säen Wald. Und sie alle interessieren sich nicht im geringsten für das Waldbild, das Förster, Naturschützer, Jäger und andere Menschen am Ende des 20. Jahrhunderts für erstrebenswert halten.

1 Süddeutsche Zeitung vom 7. 12. 1995. **2** W. Scherzinger, Naturschutz im Wald, 1996. **3** Der Spiegel Nr. 48/1994. **4** J. H. Reichholf, Comeback der Biber, 1993. **5** W. Scherzinger, Naturschutz im Wald, 1996. **6** Deutscher Jagdschutz-Verband, Broschüre »Wissenswertes zur Jagd in Deutschland«, Januar 1998. **7** Waldbericht der Bundesregierung, August 1997. **8** Augsburger Allgemeine Zeitung vom 29. 3. 1997. **9** J. H. Reichholf, Comeback der Biber, 1993. **10** W. Scherzinger, Naturschutz im Wald, 1996. **11** ebd.

»Nur Urwälder sind ökologisch wertvoll«

Unter dem Begriff »Wald« werden alle möglichen Formen von Baumgemeinschaften zusammengefaßt. Das führt zu Mißverständnissen. Während viele Europäer einen Wirtschaftswald aus gleichaltrigen Fichten schön finden und gern darin spazierengehen, betrachten Naturschützer den gleichen Forst in der Regel als ökologisch wertlose Baumplantage. Länder wie Malaysia, denen Raubbau am Regenwald vorgeworfen wird, verschönern ihre offizielle Waldstatistik, indem sie Plantagen aus Kautschukbäumen und Ölpalmen zu den Waldgebieten rechnen.

Doch zum Glück sind in vielen Tropenländern ganze Urwaldregionen bis heute erhalten geblieben und wurden zum Teil sogar unter Schutz gestellt. Im Dezember 1997 kündigte der brasilianische Präsident Cardoso an, die Fläche der Waldreservate seines Landes auf 10 Prozent zu verdreifachen. 1997 standen 3,8 Prozent des amazonischen Regenwaldes unter Naturschutz. Auch von den anderen Waldtypen des Landes sollen 10 Prozent ungenutzt bleiben. Brasiliens Regierung war die 21., die sich der WWF-Kampagne »Wälder zum Leben« anschloß. Die Naturschutzorganisation will mit Hilfe der Weltbank weltweit ein Zehntel der repräsentativen Waldflächen als Naturreservate sichern.[1]

In Westeuropa dagegen gibt es schon seit langem so gut wie keine Urwälder mehr. Hier hat die Umwandlung in Wirtschaftswälder vor mehr als 200 Jahren eingesetzt. Dieser Prozeß ist weltweit noch im Gange. Im Grunde holt die Forstwirtschaft nach, was die Landwirtschaft vor Jahrtausenden vorexerzierte: planvoller Anbau statt Jagen und Sammeln. Wie der Bauer, der Schweine züchtet, statt mit dem

Spieß hinter Schwarzkitteln herzurennen, pflanzt der moderne Förster den Wald, den er später ernten will, selbst.

Gepflanzte Wälder sind in der Regel artenärmer, aber nicht ökologisch wertlos. Selbst ein deutscher Försterwald bietet vielen Tieren und Pflanzen Lebensraum. Forstlich genutzte Regenwälder, sogenannte Sekundärwälder, bleiben überaus artenreich. Nur einige spezialisierte Arten, die auf die Kronendächer alter Bäume angewiesen sind, wandern ab. Andere Tiere (zum Beispiel Waldelefanten und Gorillas) ziehen Sekundärwälder vor, weil diese durch den stärkeren Sonneneinfall mehr nahrhaften Unterwuchs bieten. Daher ist es umweltpolitisch zweifelhaft, nur Urwälder als schützenswert zu betrachten. Diese Alles-oder-Nichts-Haltung wird dem ökologischen Wert der Sekundärwälder nicht gerecht. Landhungrigen Plantagenfarmern und Viehzüchtern kommen solche Argumente sehr gelegen, um das Abholzen zu rechtfertigen – Motto: »Es ist ja ohnehin kein echter Urwald mehr, also weg damit.«

Selbst Holzplantagen sind nicht grundsätzlich schlecht. Wenn natürlicher Wald für Holzplantagen weichen muß, ist dies ein einschneidender ökologischer Verlust. Doch wenn etwa Teakholzplantagen um Urwaldgebiete herum gepflanzt werden, wirken sie wie ein Schutzschild. Sie stellen das Holz zur Verfügung, welches sonst in den Naturwäldern geschlagen würde. Das Forest Stewardship Council, eine internationale Organisation zur Begutachtung ökologischer Holzwirtschaft, erklärt in seinen zehn Grundsätzen, Plantagen könnten »den Druck auf die naturnahen Wälder verringern sowie die Wiederherstellung und den Schutz naturnaher Wälder fördern«.[2]

Darüber hinaus verwandeln sich manche Plantagen, wenn sie nicht mehr bewirtschaftet werden, überraschend schnell in Dschungel, dem nur noch Experten ansehen, daß er aus zweiter Hand stammt. Verlassene Kautschukpflanzungen sind nach 20 Jahren kaum mehr von natürlichem Wald zu unterscheiden. Die Nationalparks Südindiens, in denen wilde Elefanten und Tiger leben, waren früher größtenteils Teakplantagen. In Gebieten von Panama, wo heute dichte Regenwälder gedeihen, dehnten sich im frühen 16. Jahrhundert offene Savannen aus. Der traurige Hintergrund dieser Urwaldblüte: Spanische Eroberer ermordeten ganze Indianervölker. Diese hatten in den Jahrhunderten zuvor die Wälder durch Feuer vernichtet.[3] Und sogar der berühmte Wald am Gombe-Fluß, in dem Jane Goodall Schimpansen erforschte, war in der frühen Kolonialzeit eine Kaffee- und Ölpalmenpflanzung.

Wald kann sich überraschend schnell ausbreiten, wenn er ungestört bleibt. Französische Botaniker ermittelten, daß sich die Eichen nach der letzten Eiszeit in Europa mit einer Geschwindigkeit von 500 Metern im Jahr nordwärts bewegten.[4] Der Feuerökologe Johann Georg Goldammer untersuchte alte Holzkohleschichten in Indonesien und fand heraus, daß seit vielen tausend Jahren der Dschungel immer wieder gebrannt hat. »Die Funde deuten darauf hin, daß abgebrannte Regenwälder sich wieder ausbreiten und regenerieren können«, sagt er. Der Glaube, daß die heutigen Regenwälder seit Urzeiten unberührt wären, sei falsch.[5] Es gibt jedoch gravierende Unterschiede zwischen den verschiedenen Regenwaldgebieten der Erde. Während der amazonische Urwald auf einer überaus dünnen und empfindlichen Humusschicht gedeiht, erleichtern vulkanische Böden in Südostasien eine relativ schnelle Regeneration.

Neuere Forschungen haben ergeben, daß sogar der traditionelle Wanderfeldbau mit Brandrodung – richtig ausgeführt – weitaus weniger schädlich ist, als allgemein angenommen wird. So fanden Wissenschaftler des Internationalen Instituts für Umwelt und Entwicklung (IIED) in London heraus, daß Bauern auf Sumatra eine Form nachhaltiger Waldwirtschaft durch Brandrodung praktizieren. Nachdem sie ein Stück Wald abgebrannt haben, bauen sie auf der Lichtung zwei Jahre lang Feldfrüchte an, gleichzeitig säen sie Samen von Kautschukbäumen. Nach zehn Jahren kommen sie zurück in das Gebiet, das mittlerweile von Wildpflanzen überwuchert ist, und zapfen den Latex der Kautschukbäume. Fünf Jahre später roden sie das Waldstück erneut. In Thailand zählten die Forscher auf einem Gebiet, welches zehn Jahre zuvor mit Feuer gerodet worden war, 223 Pflanzenarten. In einem vergleichbaren Urwaldstück wuchsen 319 Arten.[6]

1 WWF Press Release, 4. 12. 1997. **2** WWF-Fakten, April 1996. **3** St. Budiansky, Nature's Keepers, 1995. **4** Frankfurter Allgemeine Zeitung vom 29. 10. 1997. **5** Die Zeit Nr. 41/1997. **6** New Scientist vom 15. 11. 1997.

»Der Regenwald ist nicht zu retten«

Eines ist sicher: Die tropischen Wälder schrumpfen. Sie werden schneller gerodet, als sie wieder nachwachsen können. Doch über Ausmaß und Geschwindigkeit dieses Waldverlustes streiten sich die Experten.

Die Regenwälder der Erde werden heute mit Satelliten überwacht. Brasilien betreibt allein zwei Raumflugkörper, um den Amazonasurwald zu kontrollieren. Dennoch klaffen die Zahlen über den existierenden Wald und das Ausmaß der Verluste weit auseinander. Es ist nämlich trotz Satellitenfotos schwierig, die Vegetation der großen tropischen Waldgebiete in Lateinamerika, Afrika und Südasien genau zu erfassen. Obendrein gibt es kein einheitliches System, um Regenwaldflächen und Waldverluste zu beschreiben.

Der Begriff »Tropenwald« umfaßt alle möglichen Waldarten und nicht nur Regenwälder. Regenwälder wiederum werden in saisonal feuchte Wälder und immerfeuchte Wälder eingeteilt. Und schließlich: Sollen nur unberührte Urwälder (Primärwälder) den Titel »Wald« tragen dürfen oder auch bewirtschaftete Wälder oder gar von Menschen gepflanzte Forste (die es in tropischen Ländern ebenfalls gibt)?

Zusätzlich ist umstritten, in welchem Zustand Wälder als zerstört gelten. Ist ein Regenwald bereits kaputt, wenn Holzfäller die alten Stämme herausgeschlagen haben? Viele Wissenschaftler halten diese Definition für unzutreffend, da auch ein Sekundärwald ein Regenwald bleibt, obwohl sich die Artenzusammensetzung der Pflanzen und Tiere ändert. Oder soll erst dann von Waldzerstörung die Rede sein, wenn Brände die gesamte Vegetation vernichtet haben? Und was ist mit den vielen Abstufungen, die dazwischen liegen?

»Die Zahlen über Entwaldung in den Tropen sind deshalb so unterschiedlich, weil diese Probleme ignoriert oder ganz verschieden angegangen wurden«, schreiben T. C. Whitmore und J. A. Sayer, beides Mitarbeiter der Weltnaturschutz-Union IUCN.[1] Ariel Lugo vom US-Institut für Tropenwald in Puerto Rico betont, daß die Hälfte des jährlich abgeholzten Tropenwaldes nicht als kahlgeschlagene Rodungsfläche, sondern als lebendiger Sekundärwald zurückbleibt. Obendrein würde die natürliche Regeneration und die Wiederaufforstung bei den Abschätzungen häufig vernachlässigt.[2]

Beispiel Amazonasregion, das größte Regenwaldgebiet der Erde: Die Angaben über das Ausmaß des Urwaldes schwanken zwischen 380 und 420 Millionen Hektar. Die Zahlen über die mittlerweile vernichtete Waldfläche variieren zwischen 25 und 60 Millionen Hektar. Die jährlichen Verluste in den achtziger Jahren werden mit 1,7 bis hin zu acht Millionen Hektar beziffert.[3]

Die amerikanischen Wissenschaftler David Skole und Compton Tucker verarbeiteten Satellitenaufnahmen mit Hilfe eines Geo-Informationssystems zu genauen Computerkarten. Sie kamen für den Amazonasurwald auf Verlustraten, die noch unter den niedrigsten Annahmen lagen. Bis zum Jahre 1988 waren nach dieser Untersuchung 23 Millionen Hektar gerodet worden, zirka sechs Prozent des gesamten Urwaldgebietes. Den jährlichen Verlust beziffern sie mit 15 Millionen Hektar. Gleichzeitig wiesen die Forscher jedoch darauf hin, daß die Waldgebiete in der Nähe von Rodungsflächen oft erheblich gestört sind.[4]

Immerhin existieren noch 80 bis 90 Prozent des Urwaldes am Amazonas. In Westeuropa steht nicht einmal mehr ein Prozent Urwald. Der österreichische Fernsehjournalist Hugo Portisch sagte nach einer Recherche in Brasilien: »Wir haben auf unsere Wälder nicht die geringste Rücksicht genommen, fordern das aber von den anderen.«[5]

Im Frühjahr 1997 wartete die FAO mit neuen Zahlen auf. Sie besagen, daß der Raubbau in den neunziger Jahren ein wenig zurückgegangen ist. Von 1990 bis 1995 verloren die Entwicklungsländer jährlich 13,7 Millionen Hektar ursprüngliche Wälder, darunter 12,9 Millionen Hektar Regenwälder. Im Jahrzehnt zuvor lag die Verlustrate noch bei 15,5 Millionen Hektar pro Jahr.[6] Ob dies die erhoffte Trendwende ist, bleibt offen, denn – siehe oben – solche Zahlen sind mit Vorsicht zu genießen.

Der FAO-Bericht stellt zwar fest, daß auch in den Entwicklungsländern das Bewußsein für nachhaltige Forstwirtschaft gewachsen ist, doch noch immer seien zwei Milliarden Menschen beim Kochen und Heizen auf Holz und Holzkohle angewiesen. In westafrikanischen Ländern, wie Nigeria oder der Elfenbeinküste, wo bereits in den siebziger Jahren die Wälder großflächig gerodet wurden, sieht die Situation besonders düster aus.

1 T. C. Whitmore u. a. (Hrsg.), Tropical Deforestation and Species Extinction, 1992. **2** Science vom 16. 8. 1991. **3** Frankfurter Allgemeine Zeitung vom 7. 7. 1993. **4** ebd. **5** News Nr. 44/1997. **6** Frankfurter Allgemeine Zeitung vom 19. 3. 1997.

»Die Regenwälder sind die ›grünen Lungen‹ der Erde«

Immer wieder kann man lesen, Regenwälder entlasteten die Atmosphäre, indem sie große Mengen Kohlendioxid (CO_2) absorbieren. Doch viele Wissenschaftler halten diese These für abwegig. Alte Regenwälder sind CO_2-neutral: Die Zersetzungsprozesse im feuchten Waldboden geben etwa soviel Kohlendioxid frei, wie die grünen Blätter aufnehmen.[1]

Richtig ist jedoch, daß im Holz und der sonstigen Pflanzenmasse tropischer Wälder ungeheure Mengen CO_2 gebunden sind. Der Ökologe Josef H. Reichholf schätzt, daß 433 Milliarden Tonnen Kohlenstoff in den Tropenwäldern stecken. Würde dieser Lebensbaustein als Kohlendioxid in die Luft gelangen, entspräche dies etwa der siebzigfachen Menge dessen, was Autos, Kraftwerke und Heizungen jährlich weltweit in Form von Abgasen ausstoßen.[2] Das heißt: Regenwälder, die in Ruhe gelassen werden, wirken kaum auf die Zusammensetzung der Atmosphäre. Doch wenn sie abbrennen, werden enorme Mengen CO_2 freigesetzt.

Seit Jahren rätseln Wissenschaftler, wohin eigentlich die 26 Milliarden Tonnen Kohlendioxid verschwinden, die aus Motoren und Kraftwerken, durch Brände und andere menschliche Aktivitäten jährlich in die Luft entweichen. Nur die Hälfte davon bleibt in der Atmosphäre. Der Rest wird zum Teil von den Algen in den Weltmeeren aufgenommen. Doch der CO_2-Hunger der Ozeane reicht nicht aus, um die gewaltige Lücke zu erklären.

Bei der Fahndung nach dem unerklärlichen Verschwinden des Kohlendioxids geraten jetzt die nördlichen Wälder in den Blickpunkt. Wahrscheinlich sind sie die vielbeschworenen »grünen Lungen«. Wissenschaftler aus den USA und Deutschland vermuten, daß zirka ein Drittel des CO_2 von den Laub- und Nadelwäldern des Nordens aufgenommen wird.[3] Bei der Auswertung von Daten dreier Wettersatelliten registrierten US-Geographen verstärkte Photosynthese-Aktivität – das bedeutet üppiges Wachstum – der nicht tropischen Wälder.[4] Australische Forscher fanden heraus, daß die Biomasse in den Waldböden nördlicher Breiten deutlich langsamer von Mikroorganismen abgebaut wird als die im Süden. Da die wachsenden Bäume gleichzeitig Kohlenstoff binden, wirkt der Nordwald als CO_2-Senke.[5]

In einer »Ökobilanz Holz«, die Forscher der Universitäten München und Hamburg im Dezember 1997 präsentierten, wird festgestellt, daß bewirtschaftete Forste wesentlich mehr zur Senkung der Kohlendioxid-Konzentration in der Atmosphäre beitragen, als unberührte Wälder. Denn das geschlagene Holz bindet auf Dauer CO_2 und macht Platz für nachwachsende Bäume, die wiederum Kohlendioxid verarbeiten. So verbauen Zimmerleute in einem Einfamilienhaus bis zu 10,5 Kubikmeter trockenes Holz. Darin sind über acht Tonnen CO_2 gebunden.[6]

1 Frankfurter Allgemeine Zeitung vom 3. 7. 1996. **2** Stern Nr. 46/1997. **3** Frankfurter Allgemeine Zeitung vom 3. 7. 1996. **4** Focus Nr. 19/1997. **5** Frankfurter Allgemeine Zeitung vom 3. 7. 1996. **6** Natur, Nr. 2/1998.

»Ein Tropenholzboykott rettet den Regenwald«

Eindeutig nein. Die FAO stellt in ihrem Waldbericht von 1997 fest, daß ein erfolgreicher Tropenholzboykott das Gegenteil von dem erreichen würde, was sich die Boykotteure davon versprechen. Wenn die Regenwälder keinen wirtschaftlichen Wert mehr hätten, wäre dies ein Anreiz, sie endgültig abzubrennen und durch Plantagen, Äcker und Viehweiden zu ersetzen.[1]

Die Boykottaufrufe vieler Umweltorganisationen, von Robin Wood bis Greenpeace, beinhalten einen Trugschluß. Sie gehen davon aus, daß die Holzwirtschaft der wichtigste Regenwaldzerstörer sei. Dies ist nachweislich falsch.[2]

Die großen Rodungen werden durchgeführt, um landwirtschaftliche Fläche zu erhalten. In Mittelamerika wurden nach 1830 die ersten Regenwälder für Kaffeepflanzungen abgeholzt, nach 1890 für Bananen, nach 1940 für Baumwolle und in den späten fünfziger Jahren für Rinderweiden. Die Bäume auf den Philippinen fielen ebenfalls für Weideland, aber auch für Reisfelder und Zuckerrohrplantagen. In Indien mußte der Wald dem Tee- und Baumwollanbau weichen, in Thailand wurde er für Gummibäume und Reisterrassen gefällt.[3] In Malaysia und Indonesien, wo heute dramatische Rodungen stattfinden, müssen die Regenwälder Kautschuk- und Ölpalmplantagen weichen. Die indonesische Regierung ermunterte die Plantagen-Unternehmen des Landes, den Anbau von Ölpalmen auf 5,5 Millionen Hektar zu verdoppeln. Dies geschieht durch Abbrennen der Urwälder: die Ursache für die gigantischen Waldbrände und die Rauchwolken, die 1997 und 1998 große Teile Südostasiens überzogen.[4]

Doch das Bild von der zerstörerischen Holzwirtschaft ist mittlerweile so fest in den Köpfen verankert, daß es gegen jede Logik verwendet wird. So berichtete die ARD-Tagesschau am 24. September 1997 über die verheerenden Waldbrände in Indonesien. Der Sprecher sagte, daß Holzfirmen den Wald anzünden würden. Aber warum sollte jemand, der Holz ernten und verkaufen will, Bäume anzünden? Diese naheliegende Frage hatte offenbar niemand in der Redaktion gestellt.

Dennoch sind Holzfirmen keine Unschuldslämmer. Sie vernichten in der Regel weitaus mehr Wald, als nötig wäre, um die wertvollen Stämme herauszuschaffen. In Südostasien benutzen Waldarbeiter oft Raupenschlepper und andere schwere Baumaschinen, die Schneisen der Zerstörung hinterlassen und die Böden so verdichten, daß kaum noch ein Same darin keimen kann. Oft haben die Holzfäller auch eine Pionierfunktion. Sie schlagen die Pfade in den Urwald, auf denen die Plantagenfarmer folgen. Aber eines ist gewiß: Wo Holzfäller abziehen, bleibt Wald zurück. Plantagenwirtschaft und Rinderzucht dagegen vernichten die Wälder.

Wenn schon Boykott, dann wäre es viel schlüssiger, Produkte zu boykottieren, für die der Regenwald gerodet wird, etwa Kaffee, Tee, Bananen, Palmöl (ein Grundstoff für Naturkosmetik und Pflegemittel) oder Latex (Matratzen, Gummischuhe, Kondome, Schnuller).

In Deutschland und anderen europäischen Staaten hatten die Boykottaufrufe Erfolg. Baumärkte wie Obi und Stinnes musterten ihre Tropenholzprodukte aus, mehrere hundert Städte stellen bei öffentlichen Bauaufträgen die Bedingung, daß kein Tropenholz verwendet wird. Immer weniger tropische Hölzer wurden in deutschen Häfen entladen.

Auf dem Weltmarkt ging der Boykott unter. Die von Experten befürchtete Entwertung der Wälder trat nicht ein, da sich wichtige Holzimportländer, wie Japan, dem Verzicht nicht anschlossen. Malaysische und indonesische Holzkonzerne mußten keine Einbußen hinnehmen, denn ihre Hauptabnehmer sitzen ohnehin in Japan, Korea und Taiwan. Der deutsche Journalist Thomas Weidenbach befragte Holzfirmen am Amazonas und bekam zu hören, daß der Boykott auch in ihren Büchern keine Spuren hinterlassen habe. Die Tropenholz-Abstinenz der Deutschen, bestätigt der Leipziger Tropenbotaniker Wilfried Morawetz, »hat in all den Jahren nicht einen Baum gerettet«. In kleineren Holzexportstaaten, wie Gabun, bewirkte der Tropenholzboykott sogar das Gegenteil von dem, was die Umweltgruppen erreichen wollten. Als sich die Europäer zurückzogen, kamen asiatische Holzkonzerne ins Land und fällten wesentlich mehr Bäume als diese zuvor.[5]

Eine andere Initiative internationaler Umweltorganisationen zeigt jedoch Wirkung: Die Einführung von Gütesiegeln für Holz, das aus ökologisch verträglicher Forstwirtschaft stammt. Umweltgruppen, Sozialverbände der Entwicklungsländer und Verteter der Holzindustrie gründeten in Mexiko das Forest Stewardship Council (FSC). Dieser Weltforstrat setzt Standards für nachhaltige Forstwirtschaft fest. Firmen, die die Kriterien des FSC einhalten, bekommen ein Gütesiegel, das von Umweltverbänden wie dem WWF unterstützt wird. Im Amazonasgebiet von Brasilien arbeitet seit Mitte der neunziger Jahre ein großer Öko-Forstbetrieb, die Fazenda Dois Mil. Die Chefs der benachbarten Holzfirmen blicken mit großem Interesse auf den neuen Konkurrenten. Denn neben einem guten Image kann das FSC-geprüfte Sägewerk auch eine Absatzsteigerung zu guten Preisen vorweisen. Die Regierung des brasilianischen Bundesstaates Amazonas hat unterdessen vertraglich zugesichert, die Methoden der nachhaltigen Forstwirtschaft zum Standard für alle Unternehmen zu erklären.

Im Frühjahr 1997 waren weltweit bereits 51 Waldgebiete in 17 Ländern, mit insgesamt 3,1 Millionen Hektar Wald zertifiziert worden.[6] Dazu kommen Wälder mit nationalem Zertifikat in Finnland und Kanada. Der WWF sprach von einem »Durchbruch« und kündigte an, gemeinsam mit der Weltbank bis zum Jahr 2005 die nachhaltige Bewirtschaftung von 200 Millionen Hektar Wald sicherzustellen. Führende Holzhandelsunternehmen, Baumarktketten und Möbelhäuser in Deutschland haben sich verpflichtet, Holz mit FSC-Gütesiegel in ihr Angebot aufzunehmen.[7]

Sogar in Malaysia, dem seit Jahren schlimmster Raubbau am Regenwald vorgeworfen wird, kann das FSC Erfolge verbuchen. Im Bundesland Sabah, einer der wichtigsten Regenwaldregionen der Insel Borneo, ist nachhaltige und ökologisch verträgliche Forstwirtschaft in den Lizenzverträgen der Holzfirmen (die neuerdings 100 Jahre Laufzeit haben) festgeschrieben worden. Die FSC-Kriterien gelten auf 1,7 Millionen Hektar. Das sind 63 Prozent von Sabahs Wirtschaftswald.[8]

1 Frankfurter Allgemeine Zeitung vom 25. 3. 1997. **2** R. Bailey (Hrsg.), The True State of the Planet, 1995. **3** ebd. **4** New Scientist vom 21. 3. 1998. **5** Der Spiegel Nr. 6/1996. **6** WWF-Presseinformation, 17. 4. 1997. **7** Die Welt vom 14. 11. 1997. **8** GTZ-Forschungszentrum, Presseinformation, 30. 10. 1997.

»Für Hamburger wird der Regenwald abgeholzt«

Der Vorwurf kursiert seit Jahren, wird fortlaufend wiederholt und hat sich zum politisch korrekten Bewußtseinsstandard entwickelt: McDonald's killt den Regenwald! Tatsache ist: Die US-Buletten sind nicht mehr am Waldfrevel in den Tropen beteiligt als jede deutsche Rindswurst.

Hintergrund der Unterstellung ist die Tatsache, daß in den späten siebziger Jahren jährlich zirka zwei Millionen Hektar Regenwald in Lateinamerika zerstört wurden, um Rinderfarmen anzulegen. Viele Staaten subventionierten die Umwandlung von Wald in dürftiges Weideland.[1] Bilder von Zebu-Rindern, die zwischen verkohlten Baumstämmen die letzten Grashalme zertrampeln, gingen um die Welt. Amerikanische Umweltgruppen warfen der Hamburger-Kette Burger King vor, in Costa Rica an der Zerstörung des Regenwaldes beteiligt zu sein. Nach Boykottaktionen zog sich das Unternehmen aus solchen Projekten zurück.[2]

In Deutschland steht McDonald's in der Schußlinie. Die Firma importiert jedoch gar kein ausländisches Fleisch. Wie in den Vereinigten Staaten, Kanada und den meisten anderen Ländern, in denen der Buletten-Konzern Schnellrestaurants betreibt, stammt das Hackfleisch von einheimischen Rindern.[3] Für die Filialen in den Regenwaldländern selbst dürfte es allerdings schwierig sein herauszufinden, ob und zu welcher Zeit auf den Farmen der Lieferanten einmal Wald wuchs. Der WWF bescheinigte, daß für McDonald's keine Regenwälder gerodet werden, und die US-Umweltgruppe »Rainforest Action Network« fand ebenfalls keine Beweise einer direkten Schuld von McDonald's.[4] Für das Amazonasgebiet bestätigt dies auch der Autor Alex Shoumantoff in seinem Buch »Chico Mendes – Der Regenwald brennt«. Und sogar der »Ausschuß für Entwicklungsbezogene Bildung und Publizistik (ABP)« der evangelischen Kirche gab eine Ehrenerklärung ab. »Für den ABP ist glaubhaft«, heißt es darin, »daß für McDonald's-Hamburger kein aus Übersee importiertes Fleisch Verwendung findet.«[5]

Wie steht es mit dem Vorwurf, der Regenwald werde indirekt zerstört, auch wenn das Hackfleisch aus Deutschland stamme? So argumentiert der Autor Siegfried Pater in seinem Buch »McDonald's beißt kräftig zu«, daß auf vielen ehemaligen Regenwaldflächen Soja angebaut werde. Und importiertes Soja sei ein wichtiger Bestandteil des Kraftfutters, mit dem in Deutschland Rinder gemästet werden.

Doch auch in diesem Fall kann der Konzern glaubhaft versichern (und der ABP bestätigte auch dies), daß die muskelbepackten Steak-Rinder, die von deutschen Mästern mit Soja und anderen eiweißreichen Pflanzen aufgepäppelt werden, nicht in den Fleischwolf kommen.

In der Regel werden nur ausgediente Milchkühe zu Hackfleisch verarbeitet. Von den 40 im Handel erhältlichen Kraftfuttermischungen für Milchkühe enthalten 36 kein Sojaschrot. Bei den restlichen vier fällt der Sojaschrotanteil gering aus.[6]

1 R. Bailey (Hrsg.), The True State of the Planet, 1995. **2** Natur Nr. 7/1991. **3** Wirtschaftskurier, Februar 1991. **4** ebd. **5** McDonald's, Presseerklärung, April 1996. **6** ebd.

Perspektiven

Der Slogan »Baum ab? Nein danke!« war einer der dümmsten Sprüche, den die Umweltbewegung je hervorgebracht hat. Er gehört endlich ins Museum für ideologische Verirrungen. Die Forstwirtschaft in den Industrieländern ist nicht der Feind des Waldes. Sie trägt zum Erhalt und zur Ausdehnung der Waldfläche bei. Um die Wälder in Nordamerika und Europa muß man sich daher nicht allzu viele Sorgen machen.

Das gilt leider nicht für die gesamte Nordhalbkugel. Die Zukunft der russischen Wälder ist unsicher. Zwar nimmt zur Zeit auch dort die Waldfläche zu, weil die staatlichen Subventionen für Holztransporte weggefallen sind.[1] Doch große Gebiete sind von Umweltgiften geschädigt und in einigen Regionen wird exzessiv abgeholzt.

Wer in Deutschland weiterhin ein allgemeines »Waldsterben« beschwört, macht sich unglaubwürdig. »Ein flächiges Absterben außerhalb der Kammlagen ist nicht mehr zu befürchten«, so Professor Bernhard Ullrich.[2] Die Waldschäden an den Gebirgshängen können vermutlich am besten behoben werden, wenn Deutschland seinen östlichen Nachbarländern dabei hilft, veraltete Kraftwerke und Fabriken umzurüsten.

Im Süden wird es noch lange dauern, bis der Raubbau am Regenwald endgültig gestoppt ist. Um den Wald so gut wie möglich zu erhalten, ist jedoch ein Tropenholzboykott völlig kontraproduktiv. Solche Kampagnen sollten schnell zu den Akten gelegt werden. Am besten wäre es, wenn die Preise für Tropenholz kräftig steigen würden. So könnte nachhaltige Forstwirtschaft endlich rentabler werden. Der britische Umweltjournalist Fred Pearce schrieb über die verheerenden

Waldbrände, die 1997 und 1998 in Indonesien wüteten, höhere Preise für Tropenholz wären ein gutes Mittel, um die Brandrodung einzudämmen.[3] Wer also etwas Gutes für den Regenwald tun will, sollte Holz aus ökologisch verträglicher Wirtschaft kaufen (FSC-Siegel).

Zusätzlich werden die sogenannten »non-timber forest products« weiter an Bedeutung gewinnen, denn die Tropenwälder bestehen nicht nur aus Bäumen. Auch viele andere Naturstoffe aus dem Dschungel lassen sich vernünftig vermarkten: Nüsse, Früchte, Faser- und Ölpflanzen, Pilze, Kräuter, Arzneipflanzen, Honig, Wild und vieles mehr. Nach Berechnungen der Gesellschaft für technische Zusammenarbeit (GTZ) ist die kombinierte Ernte von Holz und anderen Waldprodukten die ergiebigste Nutzungsform. Sie erbringt höhere Erträge als reine Forstwirtschaft und sogar mehr Gewinn als Plantagen und Viehzucht.[4]

Neben der Ernte im Regenwald ist es auch möglich, auf bereits gerodeten Flächen Industrie- und Nutzpflanzen so anzubauen, daß die Fruchtbarkeit der Böden verbessert und der Waldrand geschützt wird. Daimler-Benz investiert jährlich 300 000 Mark in Musterplantagen und Kleinmanufakturen am Amazonas, die nachwachsende Industriestoffe anbauen und verarbeiten. Der Konzern setzt solche Pflanzenprodukte bereits heute im Automobilbau ein. Hauptsächlich sind es Faserpflanzen, die zu Bauteilen für das Wageninnere verarbeitet werden.[5]

In den letzten Jahren richtete sich die öffentliche Aufmerksamkeit sehr stark auf die »Dschungelapotheke«. Die Kooperation zwischen dem Pharmakonzern Merck und dem Nationalen Institut für Biodiversität (Inbio) in Costa Rica machte weltweit Schlagzeilen. Merck bezahlt Geld für das Aufspüren und Sammeln von möglichen Arzneipflanzen in den Regenwäldern des Landes. Sollte dabei ein medizinischer Wirkstoff entdeckt werden, ist Inbio am Gewinn beteiligt. Doch solche vorbildlichen Versuche, aus dem Erhalt der tropischen Lebensvielfalt ökonomische Vorteile für Entwicklungsländer zu schaffen, sind schwierig: einerseits, weil nicht in jedem Kräutlein das lang ersehnte Krebsmittel schlummert, und andererseits, weil sich Pflanzen und Tiere nicht an Staatsgrenzen halten, ein Rechtstitel auf Naturstoffe also schwer durchzusetzen ist.

Der Trend zu großen Holzplantagen für die industrielle Nutzung (zum Beispiel für Zellstoff) wird weiter anhalten. Viele tausend Hektar Nutzholz werden derzeit in China und vielen anderen Ländern gepflanzt. Obwohl diese Wälder eintönig und artenarm sind und oft aus importierten Baumarten bestehen, haben sie auch Vorteile. Industrieholz-Wälder sind ökologisch nicht schlechter als Ackerbau und Viehzucht, und sie decken einen Bedarf, der sonst auf Kosten von Naturwäldern ginge. Dies gilt jedoch nur dort, wo nicht zuvor Urwälder für Holzplantagen gerodet wurden.

Außer der nachhaltigen Forstwirtschaft, dem Naturschutz und dem Tourismus gibt es noch einen vierten Hoffnungsschimmer für die bedrohten Regenwälder: die Industrialisierung. Sobald Entwicklungsländer mit Industrieprodukten auf dem Weltmarkt konkurrieren können, sinkt die Bedeutung der Landwirtschaft. Folglich nimmt der Druck auf die Wälder ab. Schon heute übertrifft in Malaysia der Export von Industrieprodukten den Export von Holz bei weitem. Auch in Europa und Nordamerika fanden die großen Rodungen während des Frühkapitalismus statt und hörten auf, als die Industriegesellschaften voll entwickelt waren.

1 Frankfurter Allgemeine Zeitung vom 25. 3. 1997. **2** Die Woche vom 22. 11. 1996. **3** New Scientist vom 21. 3. 1998. **4** Gate Nr. 2/1997. **5** Der Spiegel, Nr. 7/1997.

Weltbevölkerung

Oft gehört, gern geglaubt

»Die Weltbevölkerung wächst unaufhörlich weiter«

»Hunger und Elend nehmen immer mehr zu«

»Die Entwicklungsländer kümmern sich nicht um den Umweltschutz«

»Wachsender Wohlstand führt zu mehr Umweltbelastung«

Perspektiven

Oft gehört, gern geglaubt

»Malthus hatte recht mit der Vorhersage, daß die Weltbevölkerung in geometrischer Progression wachsen würde«, schreibt US-Vizepräsident Al Gore in seinem Buch »Wege zum Gleichgewicht«. Al muß es wissen, schließlich ist er Vater von vier Kindern.[1]

Das Titelblatt des »Greenpeace-Magazins« zeigt eine Menschenmenge aus der Vogelperspektive. Ein Wort ist in großen Lettern über die Gesichter gedruckt: »ZUVIEL«.[2] Der »Stern« wählte für ein Extra-Heft den Titel »Zeitbombe Mensch« und warnte darin vor einem »Untergang im Menschenmeer«.[3]

Es gilt heute als völlig normal, die Menschheit als eine Art Seuche darzustellen, die den armen Planeten Erde plagt. Der Verhaltensforscher und Umweltaktivist Konrad Lorenz bekannte in einem seiner letzten Interviews: »Gegen Überbevölkerung hat die Menschheit nichts Vernünftiges unternommen. Man könnte daher eine gewisse Sympathie für Aids bekommen.«[4]

Zuviel sind natürlich immer die anderen. Niemand kam bisher auf den Gedanken, daß es vielleicht einen Überschuß an moralisch korrekten, sauberen und umweltbewußten Mittelstandsfamilien in Baden-Württemberg geben könnte. »Es zeigt sich«, so Lorenz, »daß die ethischen Menschen nicht so viele Kinder haben und die Gangster sich unbegrenzt und sorglos weiterreproduzieren.«[5] Dem internationalen Vergleich der Geburtenraten ist zu entnehmen, daß in Tansania und in Burkina Faso folglich viel mehr »Gangster« leben müssen als im schönen Österreich, der Heimat des seligen Konrad Lorenz.

Haß auf die Massen zieht sich als Leitmotiv durch die Weltanschauung elitärer Naturfreunde. Menschenverachtende (und im Kern völkische) Rhetorik gehört in der Ökoprosa zum guten Ton – doch kaum jemand empört sich darüber. Einige Vordenker fordern unverblümt, die lästige Menschheit endlich auf ein in ihren Augen verträgliches Maß zu vermindern. So schlagen die beiden amerikanischen Öko-Theoretiker Bill Deval und George Sessions ernsthaft vor, der Natur zuliebe die Zahl der Menschen auf der Welt auf etwa hundert Millionen zu reduzieren.[6]

Vermutlich sind die beiden fest davon überzeugt, daß sie zu den Auserwählten gehören, die in perfekter Harmonie mit Tieren und Pflanzen weiter-

leben dürfen. Wir sind dagegen fest davon überzeugt, daß in Tansania, Burkina Faso und auch im extrem dicht besiedelten Deutschland eine Menge netter Leute leben, die genauso wertvoll sind wie die allergescheitesten Öko-Theoretiker.

1 P. J. O'Rourke, Alle Sorgen dieser Welt, 1994. **2** Greenpeace-Magazin Nr. 2/1994. **3** Stern 14. 4. 1994. **4** Natur Nr. 11/1988. **5** ebd. **6** J. Friedrichs, Die gewaltsame Legitimierung sozialer Normen, 1997.

»Die Weltbevölkerung wächst unaufhörlich weiter«

Im Jahr 1999 wuchs die Weltbevölkerung auf sechs Milliarden Menschen an.[1] Nach den neuesten UN-Prognosen kommt es nicht – wie lange Zeit befürchtet – zu einer Verdoppelung der derzeitigen Weltbevölkerung. Der Höchststand wird demnach im Jahre 2050 erreicht sein. Dann soll die Zahl der Erdenbürger wieder sinken.[2]

In den Jahren 1994 und 1996 mußten die Experten der Vereinten Nationen ihre früheren Prognosen zweimal nach unten korrigieren, da die reale Entwicklung besser verlief als ursprünglich angenommen. Die

Jährliche Zuwachsrate der Weltbevölkerung

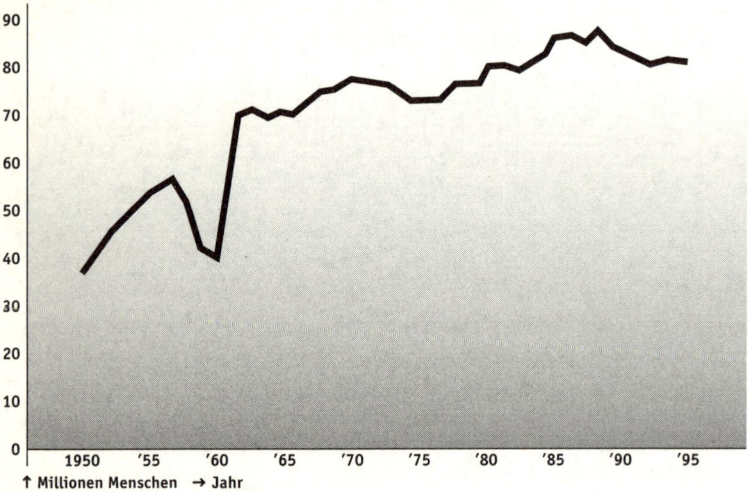

Die Zuwachsrate der Weltbevölkerung sinkt seit Ende der achtziger Jahre. Zwar steigt die absolute Zahl der Menschen auf der Erde weiterhin an, doch das Wachstum ist gebremst. Der tiefe Knick gegen Ende der fünfziger Jahre dokumentiert die schrecklichen Folgen der Kollektivierung von Chinas Landwirtschaft. Von den Anhängern Maos wurde dieser Terror gegen die Bevölkerung »Großer Sprung nach vorn« genannt. **(Quelle: Deutsche Stiftung Weltbevölkerung 1997/US Bureau of the Census)**

Kinder je Frau in Entwicklungsländern

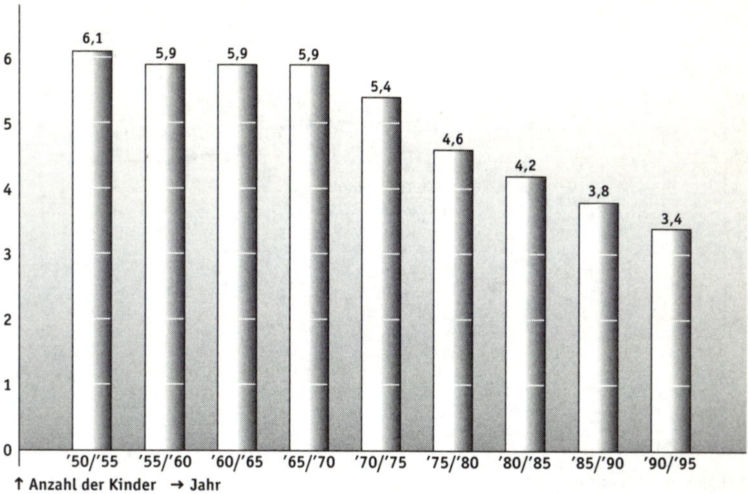

Noch nie in der Geschichte der Menschheit war die durchschnittliche Kinderzahl pro Frau so niedrig wie heute. In den Entwicklungsländern lag sie Mitte der neunziger Jahre bei 3,4. Rechnet man die alten Industrieländer hinzu, waren es weltweit 2,96. **(Quellen: Spiegel 1995; Deutsche Stiftung Weltbevölkerung/UN)**

Wachstumsrate der Menschheit lag in den achtziger Jahren noch bei 1,72 Prozent pro Jahr. Zwischen 1990 und 1995 sank sie auf 1,48 Prozent (der niedrigste Wert seit Jahrzehnten).[3]

Nie zuvor in der Geschichte war die Geburtenrate so niedrig wie heute. Die durchschnittliche Kinderzahl pro Frau sinkt weitaus schneller als bisher angenommen. Erstmalig ist sie unter drei gefallen (2,96). In den Entwicklungsländern lag sie in der ersten Hälfte der neunziger Jahre bei 3,4 (Industrieländer 1,6).[4] Anfang der fünfziger Jahre zog die Durchschnittsfrau in der Dritten Welt noch 6,1 Kinder groß.[5]

Trotz des globalen Trends zur Kleinfamilie wird die Weltbevölkerung noch eine ganze Weile anwachsen – doch weitaus weniger rasant, als die düsteren Prognosen der Vergangenheit vorhersagten. Für Kerstin

Weltbevölkerungs-Projektionen für das Jahr 2050

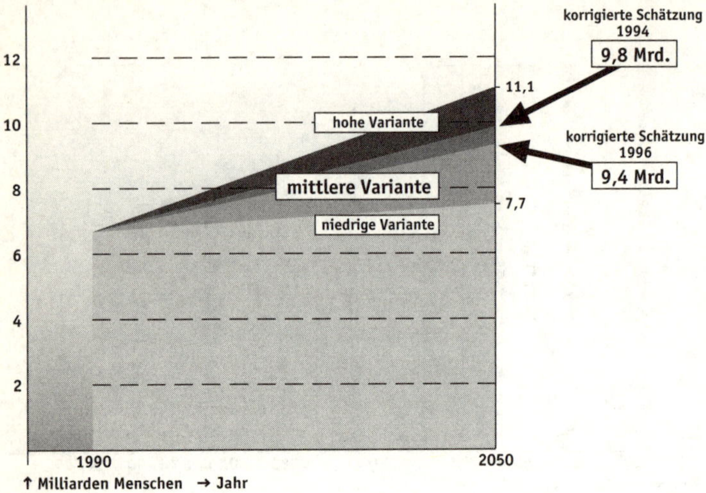

Im November 1996 hat die Bevölkerungsabteilung der Vereinten Nationen ihre Prognose zum Wachstum der Weltbevölkerung zum zweiten Mal nach unten korrigiert. Schon zwei Jahre zuvor hatten die UN-Demographen die alten Wachstumsschätzungen als zu hoch verworfen. Nach der letzten Korrektur beträgt die mittlere Prognose 9,4 Milliarden Erdenbürger für das Jahr 2050. Dies – so vermuten die Experten – wird der Höchststand sein, danach flacht die Kurve ab.

(Quelle: Deutsche Stiftung Weltbevölkerung 1997 / UN Bevölkerungsabteilung)

Trone, stellvertretende Direktorin des Bevölkerungsfonds der Vereinten Nationen (UNFPA), zeigen die neuen Zahlen einen »dramatischen Umbruch«. Hält der derzeitige Trend an, so erscheint den UN-Experten für das Jahr 2050 ein Maximum von 9,4 Milliarden Menschen realistisch.[6] Im schlechtesten Fall könnten es nach derzeitigen Berechnungen 11,1 Milliarden Köpfe werden, im besten 7,7 Milliarden.[7] **[Grafik Seite 440]**

Die Deutsche Stiftung Weltbevölkerung (DSW) sieht die wesentliche Ursache der erfreulichen Entwicklung darin, daß Frauen in immer mehr Ländern Zugang zu Verhütungsmitteln erhalten.[8] Denn zumeist sind es die Frauen, die sich weniger Kinder wünschen. So praktizierten 1990 bereits die Hälfte der verheirateten Frauen in den Entwicklungsländern Familienplanung (im Jahre 1960 war es nicht einmal ein Zehntel).[9]

In Staaten, in denen Verhütungsmittel besonders leicht zugänglich waren, sank die Geburtenrate innerhalb von 20 Jahren um mehr als drei Kinder je Frau. Zu diesen Vorbildern zählen beispielsweise Algerien, Bangladesh, Marokko, Mexiko und Thailand.[10] Zum Vergleich: In den USA dauerte es 58 Jahre, bis die durchschnittliche Kinderzahl von 6 auf 3,5 Kinder gesunken war. Thailand brauchte für einen Rückgang von 6,2 auf 2,2 Kinder pro Frau dagegen nur 17 Jahre.[11]

Schlußlicht der weltweiten Entwicklung ist Afrika, wo die Geburtenrate in 17 Ländern unverändert bei sechs Kindern pro Frau liegt. Aber auch auf diesem Kontinent gibt es Lichtblicke: In Kenia, der Elfenbeinküste und Simbabwe erbrachte die Familienplanung deutliche Erfolge.[12]

1 DSW (Deutsche Stiftung Weltbevölkerung), Weltbevölkerung 1997. **2** Frankfurter Allgemeine Zeitung vom 11. 12. 1996. **3** DSW-Presseinformation, 10. 12. 1996. **4** ebd. **5** Der Spiegel Nr. 28/1995. **6** Frankfurter Allgemeine Zeitung vom 11. 12. 1996. **7** DSW-Newsletter, Nr. 21, Januar 1997. **8** DSW-Presseinformation, Weltbevölkerungswachstum erfolgreich verringert, 10. 12. 1996 **9** Schaugrafik des Dritte-Welt-Hauses Bielefeld, Quelle: UNDP (United Nations Development Programme), 1992. **10** Frankfurter Allgemeine Zeitung vom 11. 12. 1996. **11** Deutsche Stiftung Weltbevölkerung (DSW)-Newsletter, Januar 1997. **12** Frankfurter Allgemeine Zeitung vom 11. 12. 1996 und DSW-Newsletter, März 1996.

»Hunger und Elend nehmen immer mehr zu«

Am Ende des Zweiten Weltkriegs wurde in vielen Ländern gehungert. Es gab damals zwei Milliarden Menschen auf der Welt. Zur Jahrtausendwende gibt es mehr als sechs Milliarden Menschen, und es ist genug Nahrung für alle da. Hungerkatastrophen verschwanden nicht nur aus Europa, Nord- und Südamerika, sondern seit den siebziger Jahren auch aus Asien. Die Hungersnöte, die in jüngster Zeit Afrika heimsuchten, etwa in Somalia und dem Sudan, waren die Folge von Bürgerkriegen und nicht von Nahrungsmangel auf dem afrikanischen Kontinent.

Auch die Entwicklungsländer produzieren heute genügend Nahrung für jeden Bürger. Wenn dennoch in einigen Gebieten der Welt Hunger ausbricht, so liegt das nicht daran, daß die Welt zu wenig Lebensmittel hat. Manchmal gibt es sogar dort genug zu essen, wo die Menschen hungern. Doch sie werden durch Staatsterror, Krieg oder Bürgerkrieg daran gehindert, Nahrung anzubauen, zu produzieren oder zu kaufen. Dies ist das Fazit offizieller WHO-Untersuchungen über die Ursachen von Hunger.[1]

Die politischen Ursachen des Hungers lassen sich an den drei größten Hungerkatastrophen des 20. Jahrhunderts deutlich zeigen. Die Hungersnot von 1934 in der Sowjetunion war von Stalin organisiert, der den Widerstand der Bauern gegen die Kollektivierung brechen wollte. Die Hungerkatastrophe von 1943 in Bengalen entstand, weil die britischen Kolonialherren alle Vorräte beschlagnahmten, da sie eine Invasion der Japaner aus dem benachbarten Burma erwarteten. Das Massensterben in China Ende der fünfziger Jahre war die Folge der chaotischen Zustände während der Kollektivierungskampagne, die als »Großer Sprung nach vorn« in die Geschichte einging.[2]

Immer weniger Menschen werden heute Opfer von Hungersnöten. In den neunziger Jahren sank die Zahl der Unterernährten in den Entwicklungsländern laut FAO um jährlich acht Millionen Menschen.[3]

Zirka 790 Millionen Menschen in den Entwicklungsländern litten Ende der neunziger Jahre unter Nahrungsmangel. Von Unterernährung spricht man – nach einer Definition der Welternährungsorganisation FAO –, wenn ein Mensch nicht genug zu essen bekommt, um eine leichte Arbeit auszuüben (dies sind je nach Körpergröße 1720 bis 1960 Kalorien am Tag). Niemand müßte unterernährt sein, denn der Mangel hat keine natürlichen Ursachen: Die durchschnittliche Nahrungsversorgung pro Kopf wird in den Entwicklungsländern seit Jahrzehnten immer besser.[4] Doch zu viele Menschen bleiben von diesem Fortschritt ausgeschlossen. In zahlreichen Staaten geben schmarotzende Herrschaftscliquen den Armen keine ökonomischen Chancen (zum Beispiel kein Land, um etwas anzubauen).

Durch Fortschritte in Landwirtschaft und Medizin konnten große Erfolge erzielt werden. Obwohl sich die Weltbevölkerung in diesem Jahrhundert nahezu verdreifacht hat, »leben heutige Menschen länger und haben mehr zu essen als jemals sonst in der Geschichte«, schreibt Nicholas Eberstadt vom Harvard Zentrum für Bevölkerungsstudien. Der Weltmarktpreis für Getreide ist (trotz dramatischer Preisschwankungen) im Laufe des 20. Jahrhunderts um über 40 Prozent gesunken.[5] Die globale Erntemenge von Reis und Getreide stieg von 1,3 Milliarden Tonnen in den siebziger Jahren auf 1,9 Milliarden im Jahre 1995. Asien konnte in dieser Zeit seine Reisproduktion von 303 auf 505 Millionen Tonnen steigern.[6] **[Grafik Seite 444]**

Die durchschnittliche Pro-Kopf-Versorgung mit Kalorien stieg von 1930 bis 1980 weltweit um 30 Prozent; in den ärmeren Ländern sogar um 40 Prozent. Damit nähert sich die durchschnittliche Lebensmittelversorgung in den Entwicklungsländern einem Niveau, das in Europa vor dem Zweiten Weltkrieg herrschte. **[Grafik Seite 445]**

Die durchschnittliche Lebenserwartung hat sich im Laufe dieses Jahrhunderts von 30 auf 64 Jahre verdoppelt. Damit liegt sie weltweit nur noch um drei Jahre unter der Lebenserwartung, die 1950 in den Vereinigten Staaten ermittelt wurde.[7] Der dramatische Anstieg der Weltbevölkerung ist also weniger darauf zurückzuführen, daß sich die Menschen vermehren wie die Kaninchen, sondern vielmehr darauf, daß sie nicht mehr sterben wie die Fliegen.

Impfungen, Hygienemaßnahmen und erste Ansätze medizinischer Versorgung führten dazu, daß – besonders in den armen Ländern – die Lebenserwartung deutlich zunahm. In Asien stieg sie zwischen den fünfziger und den neunziger Jahren um 23 Jahre, in Afrika immerhin um 15 Jahre. 1950 starben im globalen Durchschnitt 170 von tausend Kindern im ersten Lebensjahr. Anfang der neunziger Jahre waren es noch 60. Sogar in Afrika sank die Kindersterblichkeitsrate um die Hälfte.[8]

Der Bestseller »The Population Bomb« von Paul Ehrlich (erschie-

Getreideproduktion verschiedener Weltregionen

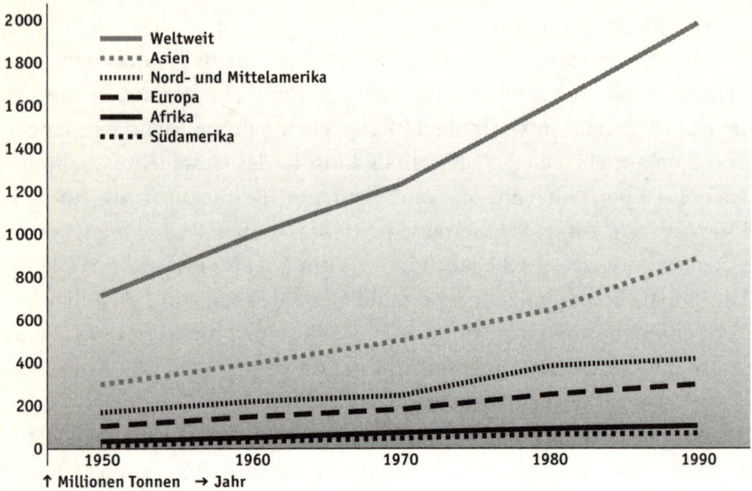

Die Getreideerträge haben sich seit 1950 weltweit um 144 Prozent erhöht. Die größten landwirtschaftlichen Fortschritte wurden in Asien erzielt. Diese Erfolge wären ohne Kunstdünger und Pestizide kaum möglich gewesen.
(Quelle: D. Avery 1995 / FAO)

nen 1968) begann mit dem Satz: »Der Kampf um die Ernährung der Menschheit ist verloren. In den siebziger Jahren wird die Welt in Hungersnöten untergehen …« In den siebziger Jahren hatten die Experten des Club of Rome die unaufhaltsame Verelendung der Dritten Welt, insbesondere Südasiens, vorhergesagt.[9] Doch das Gegenteil trat ein: Chinesen, Inder, Koreaner und Malaysier nahmen ihren ehemaligen Kolonialherren die Märkte ab und erbrachten wirtschaftliche Leistungen, die die Welt bewunderte.

Die Verelendungtheorie wurde global widerlegt. Asiens Wachstumserfolge erlaubten einer immer breiter werdenden Bevölkerungsschicht den Sprung aus der Armut in den relativen Wohlstand der Mittelklasse.[10] Andere Wirtschaftsräume versuchen, sich ebenfalls von den Fesseln der

Verfügbare Nahrungsmittelmenge pro Person und Tag

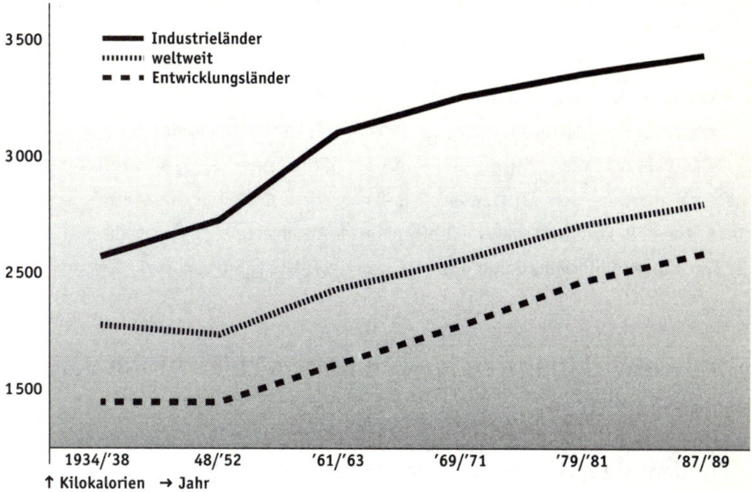

Die täglich verfügbare Nahrungsmittelmenge steigt seit Ende des Zweiten Weltkrieges ständig an und hat in den Entwicklungsländern Ende der neunziger Jahre nahezu das Niveau erreicht, das in den alten Industrieländern vor dem Krieg herrschte. **(Quelle: N. Eberstadt 1995 / FAO)**

Armut zu befreien. »Lateinamerika ist die Region, in der gute Politik und gutes Wirtschaften heute Hand in Hand gehen«, sagt Nancy Birdsall, Vizepräsidentin der interamerikanischen Entwicklungsbank.[11] Der Aufschwung kam mit dem Vorwärtsschreiten der Demokratie. In den siebziger Jahren beherrschten korrupte Autokraten und brutale Militärs viele Länder Lateinamerikas. 1999 war Fidel Castro das einzige nicht demokratisch gewählte Staatsoberhaupt in diesem Teil der Welt.

Auch Afrika ist kein verlorener Kontinent. Die grausamen Bürgerkriege in einigen Ländern überschatten das Bild. Doch in anderen Staaten des Erdteils sind Demokratie und Marktwirtschaft auf Erfolgskurs. Am deutlichsten geht es in den zwölf Ländern voran, die sich zur Südafrikanischen Entwicklungsgemeinschaft (SADC) zusammengeschlossen haben. Erstmals seit vielen Jahren wuchs 1996 die Wirtschaft in allen SADC-Staaten, in acht Mitgliedsländern sogar um mehr als fünf Prozent.[12]

1 R. D. North, Life on a Modern Planet, 1995. **2** R. Bailey (Hrsg.), The True State of the Planet, 1995. **3** FAO-aktuell vom 22. 10. 1999. **4** Frankfurter Allgemeine Zeitung vom 13. 11. 1996. **5** R. Bailey (Hrsg.), The True State of the Planet, 1995. **6** Frankfurter Allgemeine Zeitung vom 13. 11. 1996. **7** R. Bailey (Hrsg.), The True State of the Planet, 1995. **8** ebd. **9** Stern Nr. 44/1974. **10** Frankfurter Allgemeine Zeitung vom 28. 8. 1997. **11** Frankfurter Allgemeine Zeitung vom 11. 12. 1997. **12** Der Spiegel Nr. 1/1998.

»Die Entwicklungsländer kümmern sich nicht um den Umweltschutz«

In Indiens Hauptstadt Neu-Delhi stauen sich 2,5 Millionen Motorfahrzeuge. Ihre Auspuffrohre pusten täglich zirka 1500 Tonnen Schmutzpartikel in die Luft. Dazu kommt noch der Rauch aus Kohlekraftwerken und Fabriken, von denen viele mitten in Wohngebieten stehen. Allein 70 Tonnen Blei gelangen jeden Tag in die Atmosphäre. Über manchen Stadtteilen liegt ein blauschwarzer Schleier aus Abgasen. Die von der WHO als gerade noch akzeptabel definierten Mengen von Blei, Stickstoff und Kohlenmonoxid werden in der Millionenstadt bei weitem überschritten. Durch den Dreck in der Atemluft inhalieren Kinder täglich eine Schadstoffmenge, die etwa 20 gerauchten Zigaretten entspricht.[1] Im Jahr 1996 starben in Neu-Delhi 7500 Menschen an den Folgen der Luftverschmutzung, 2,5 Millionen wurden wegen Atemwegsbeschwerden behandelt.[2] Der stinkende Fluß Yamuna transportiert täglich 430 Millionen Liter Fäkalien und 20 Millionen Liter Industrieabwässer durch Indiens Hauptstadt. Mit sechs Verkehrstoten am Tag ist die Unfallrate dreizehnmal so hoch wie in den USA.[3]

Solche und schlimmere Zustände herrschen auch in Mexiko-City, Bangkok, Lagos und vielen anderen Metropolen der Entwicklungsländer. Doch in den Dörfern ist es nicht besser. Da die Hütten der Armen weder Elektrizität noch Gaskocher besitzen, atmen die Menschen tagtäglich den Qualm der offenen Feuerstellen, in denen Holz, Kuhdung und Müll verbrannt wird. Allein 3,8 Millionen Kinder unter fünf Jahren starben 1993 an Durchfall, weil sie verseuchtes Wasser getrunken hatten.[4] (Siehe auch »Die schlimmsten Umweltkrankheiten gibt es in den Industrieländern«, Seite 122.) Dreckiges Wasser und verschmutzte Atemluft sind die größten gesundheitlichen Umweltprobleme der Welt. Ihre Ursache heißt Armut. Armut führt auch dazu, daß viele Menschen auf der Suche nach Nahrung oder Brennholz die Natur plündern müssen.

»In den letzten zehn Jahren sind an verschiedenen Fronten bedeutende Fortschritte gemacht worden. Trotzdem hat sich der Zustand der Umwelt aus globaler Sicht weiter verschlechtert«, heißt es in einer Bilanz der UNEP (Umweltprogramm der Vereinten Nationen).[5] Wird also alles immer schlimmer? Gibt es keinen Ausweg? Vermutlich gibt es viele kleine Auswege, die (so bleibt zu hoffen) mit der Zeit in den armen Ländern zu einer Trendwende führen werden, wie sie im wohlhabenden Teil der Welt schon längst stattgefunden hat. Die Situation in vielen Entwicklungsländern erinnert an die Zeit des Frühkapitalismus in Europa, als London im Smog erstickte und der Regen im Ruhrgebiet schwarz war. Auch in Europa nahmen die Menschen damals schlimmste Umweltverschmutzungen in Kauf. Ihre Toleranz gegenüber verseuchter Luft, schmutzigem Wasser und zerstörten Landschaften begann erst zu sinken, als ein gewisser Wohlstand erreicht war.

Die Entwicklungsländer werden zwar viele, aber wohl nicht alle Fehler wiederholen, die die Industrienationen in der Vergangenheit gemacht haben. Ökologische Basisinitiativen und sogar manche Regierungen setzen sich für eine bessere Umwelt ein. In Malaysia protestieren nationale Naturschutzverbände gegen den Raubbau am Regenwald. Brasiliens Präsident Cardoso verkündete 1997, er werde zehn Prozent der Waldfläche seines Landes unter Naturschutz stellen.[6] In Bombay rücken private Stadtteilinitiativen am Wochenende zum Müllsammeln aus. Und auch die Stadtverwaltung von Neu-Delhi wurde durch Berichte über die Opfer der Luftverschmutzung aufgeschreckt: Seit 1997 müssen sich Motorfahrzeuge einer Abgaskontrolle unterziehen.[7] Zwei andere Smog-Metropolen, Mexiko-City und Santiago de Chile, starteten Mitte der neunziger Jahre erste Luftverbesserungsprogramme.[8] In der brasilianischen Millionenstadt Curitiba hatten die Behörden bereits in den sechziger Jahren erkannt, daß die Zunahme der Autos zu Smog und Verkehrschaos führen würde. Sie planten und bauten ein leistungsfähiges Bussystem, das zum Teil auf eigenen Fahrspuren fährt. Heute wird das Nahverkehrskonzept Curitibas weltweit bewundert.[9] Ein Netz der Hoffnung spannt sich um den Planeten. Überall gibt es beispielhafte und zukunftsweisende Umweltprojekte. Sogar in bitterarmen afrikanischen Ländern entstanden Basisbewegungen, die Bäume pflanzen.

Früher hielten viele Politiker und Intellektuelle aus der Dritten Welt Umweltschutz für eine schrullige Mode der Europäer. Diese Zeiten sind gottlob vorbei. Bei einer Umfrage, die 1997 in 24 Staaten der Erde durchgeführt wurde, stellte sich heraus, daß Umwelt und Natur auch für Menschen in Entwicklungsländern viel bedeuten. So erklärten die Hälfte der befragten Inder und 53 Prozent der Chilenen, daß Umweltschutz wichtiger sei als wirtschaftliches Wachstum (!). In dem jungen Industrieland Südkorea teilten sogar 63 Prozent diese Meinung.[10]

Doch trotz des weltweiten Bewußtseinswandels ist die globale Trendwende noch nicht eingetreten. In China und anderen ökonomisch aufstrebenden Nationen rauchen die Schlote mehr denn je, sind Kläranlagen eine seltene Ausnahme. Es gibt jedoch kein Naturgesetz, daß dies auf ewig so bleiben wird.

Die Empörung über Umweltverschmutzung in den Entwicklungsländern, besonders in den aufstrebenden asiatischen Staaten, war im Deutschland der neunziger Jahre oft von einem unterschwellig rassistischen Tonfall geprägt. So zeigte der »Stern« auf dem Titelblatt einen Chinesen, der den Globus mit Stäbchen verspeist. Die schlimmen Umweltfrevel in Asien geben jedoch keinen Anlaß, sich als Europäer besser vorzukommen. Auch unser Wohlstand wurde einst durch rauchende Schlote, stinkende Flüsse und gerodete Wälder erkauft. Das haben manche nur vergessen. Es gibt keinen Anlaß anzunehmen, die Menschen in Asien würden es auf Dauer tolerieren, daß ihre Kinder infolge der Luftverschmutzung erkranken und ihre Städte im Müll versinken.

Ein Blick auf alte Tuschezeichnungen genügt: Asiatische Künstler verehrten Tierwelt und Natur bereits, als ihre europäischen Kollegen nichts als fromme Bibelmotive darstellten.

1 Frankfurter Allgemeine Zeitung vom 4. 6. 1996. **2** Die Welt vom 15. 5. 1997. **3** Frankfurter Allgemeine Zeitung vom 4. 6. 1996. **4** G. Easterbrook, A Moment on the Earth, 1995. **5** Die Welt vom 2. 1. 1998. **6** WWF Press Release, 4. 12. 1997. **7** Die Welt vom 15. 5. 1997. **8** Akzente Nr. 2/1996 und Nr. 3/1997. **9** E. U. von Weizsäcker et al., Faktor Vier, 1995. **10** Gate Nr. 2/1997.

»Wachsender Wohlstand führt zu mehr Umweltbelastung«

Manche Öko-Theoretiker beschreiben die globale Umwelt gern wie einen Kuchen. Gerechterweise sollte jedem Menschen ein gleich großes Stück davon zustehen. Doch die Industrieländer schneiden zuviel vom Umweltkuchen ab. Was passiert, wenn auch die Armen zu Wohlstand kommen? Wird das wertvolle Gebäck dann bis zum letzten Krümel geplündert?

Die Bilanzen des Umweltverbrauchs klingen düster: Ein Deutscher beansprucht siebenmal mehr Energie und fährt zehnmal mehr Auto als ein Ägypter. Außerdem genehmigt sich der verschwendungssüchtige Bundesbürger ein Vielfaches der Rohstoffe und macht dreimal soviel Müll wie der durchschnittliche Bewohner eines Entwicklungslandes.[1] Noch schlimmer sind nur die Amerikaner. In den Vereinigten Staaten leben vier Prozent der Weltbevölkerung, aber die verjubeln 40 Prozent der Ressourcen.[2]

Bei dieser Art zu rechnen fällt jedoch einiges unter den Tisch. So ist es nicht besonders gerecht, einem Norweger und einem Nigerianer die gleiche Menge Energie zuzugestehen, schließlich muß der Skandinavier heizen. Die einfache Umrechnung des Ressourcenverbrauchs auf die Kopfzahl führt obendrein dazu, daß jedes in Armut geborene Kind die Umweltbilanz seines Landes aufbessert: Es konsumiert kaum etwas (verbraucht also keine Rohstoffe). Doch es erhöht die Zahl der Einwohner, durch die bei solchen Rechenmodellen der Ressourcenverbrauch geteilt wird.

Es ist ein Trugschluß, den Wohlstand als Ursache der Umweltprobleme zu betrachten. Die USA sind ein gutes Beispiel dafür, wie in einem modernen Industrieland Luft und Wasser immer sauberer wurden und die Zahl der geschützten Naturgebiete heftig zunahm. Auch in Deutschland hat sich die Qualität des Wassers und der Atemluft verbessert. Die Belastung mit Umweltgiften ging zurück, und die Lebenserwartung der Menschen stieg. Extreme Belastungen durch Rauch und Abgase herrschen schon lange nicht mehr in Gelsenkirchen oder Chicago, sondern in Städten wie Karachi oder Manila. Das westliche Deutschland und Indien sind nahezu gleich dicht besiedelt. Aber deutsche Städte sind Luftkurorte verglichen mit Agra oder Kalkutta. In den alten kapitalistischen Industrieländern zeigte sich, daß mehr Wohlstand zu mehr Umweltschutz führt. Indur M. Goklany, Umweltexperte im US-Innenministerium, hat die Entwicklung in vielen Staaten der Erde verglichen. Sein Fazit: Wenn sich die ökonomische Situation eines Landes verbessert, werden – mit zeitlicher Verzögerung – auch die ökologischen Probleme angepackt.[3]

Die schlimmsten Umweltbelastungen nehmen ab, sobald es den Menschen wirtschaftlich besser geht. Zum Beispiel sinkt die Luftverschmutzung automatisch, wenn die Energieträger Holz und Kohle durch Öl, Gas und Wasserkraft abgelöst werden. In vielen armen Ländern ist die Belastung in den Hütten größer als draußen, denn die Feuer aus Kohle, Holz und Dung rauchen so schlimm wie der übelste Industrieschlot. Gaskocher und Elektrizität könnten diese Misere beseitigen.

Ein internationaler Vergleich der Weltbank ergab, daß die Belastung durch Rauch, Staub und Schwefeldioxid in der Luft zu sinken anfängt, wenn das jährliche Pro-Kopf-Einkommen in einem Land über 3670 Dollar klettert. Die Verseuchung des Wassers mit Fäkalien (Todesursache für Millionen von Kindern) geht bereits bei einem Durchschnitt von 1375 Dollar zurück.[4]

Die Umweltprobleme der Entwicklungsländer von heute plagten gestern noch die reichen Industriestaaten. Auch Europa und Nordamerika erlebten im 19. Jahrhundert eine Bevölkerungsexplosion. Schlimmste Luft- und Wasserverschmutzung, Raubbau an Wäldern und Tierbeständen kennzeichneten diese historische Phase. Gegen Ende des 19. und im Laufe des 20. Jahrhunderts verbesserte sich die Lage der Menschen und der Natur. Der Grund waren Umweltgesetze und technische Fortschritte.

Die vergleichenden Bilanzen der Wachstumskritiker zeigen auch, daß in den reichen Ländern wesentlich mehr Müll anfällt als in den armen. Doch in Deutschland und anderen entwickelten Industriestaaten wird der Abfall recycelt oder in Verbrennungsanlagen sauber verheizt und als Energie genutzt. Das geringere, aber dennoch erhebliche Müllaufkommen in manchen Städten Afrikas liegt auf der Straße herum. Die Entsorgung obliegt Ziegen, Hühnern und Ratten – der Rest wird häufig auf offener Straße angezündet.

Bliebe ein letztes Argument gegen Wachstum und Wohlstand: Die Industrieländer verbrauchen viel mehr Ressourcen als die Entwicklungsländer. Dies ist ebenfalls richtig. Doch die viel beschworene Rohstoffknappheit ist in Wirklichkeit weitaus weniger dramatisch als sie häufig dargestellt wird. Der Club of Rome hatte sich gründlich verrechnet, als er in den siebziger Jahren vor einem baldigen Ende der Bodenschätze warnte. Die Vorräte an Erdöl, Erdgas, Kupfer, Aluminium und anderen Rohstoffen sind heute größer als damals! Der Grund: Neue Funde und eine effizientere Technik, die weniger Material und Energie verbraucht.[5]

Was sind überhaupt Ressourcen? Ein einfaches Hochrechnen des momentanen Verbrauchs an Erdöl oder Kupfer auf die Zukunft führt in die Irre. Die Bedeutung von Rohstoffen hat sich im Laufe der Geschichte immer wieder stark gewandelt. In früheren Jahrhunderten war Holz der wichtigste Energieträger in Europa. Kohle dagegen war als Ressource unbedeutend, weil es technisch nicht möglich war, sie aus der Tiefe zu fördern. Der Brennstoff Holz hat in den reichen Ländern bis auf weiteres ausgedient. Bis zur Entdeckung des Erdöls waren Tran und Tieröl die Schmierstoffe der industriellen Revolution. Heute sind Wale und Robben größtenteils geschützt, dennoch muß keine Maschine deshalb stillstehen. Das Fett der Meeressäuger wird kaum mehr benötigt. Durch die Erfindung von Funktelefonen und Glasfaserkabeln verliert das gestern noch höchst begehrte Kupfer an Bedeutung. Die Menschheit fand stets neue – und bessere – Rohstoffe. Trat Knappheit ein, beschleunigte dies den technischen Fortschritt. In einer Welt, in der tagtäglich Kinder durch Mangelernährung, dreckige Luft und verseuchtes Wasser sterben, ist die Schonung der Bodenschätze nicht das dringendste Umweltproblem.

Obendrein zwingt Konkurrenz die Unternehmen dazu, Rohstoffe zu sparen und Energie wirkungsvoller einzusetzen. Seit den sechziger Jahren sank in Deutschland der relative Ressourcenverbrauch der Wirtschaft. Für jede Mark Bruttoinlandsprodukt wurden Ende der neunziger Jahre nur noch die halbe Menge Material und Energieträger benötigt wie damals. Wachstum und Ressourcenverbrauch sind also bereits entkoppelt. Wir erleben eine Effizienzrevolution, die in aller Stille stattfindet.[6]

Es ist überaus wahrscheinlich, daß dieser Prozeß früher oder später auch in den Ländern beginnen wird, die sich heute rasant zu Industriestaaten entwickeln. Wenn die reichen Länder möglichst viel für die Umwelt bewirken wollen, sollten sie den aufstrebenden Entwicklungsländern ihre besten und saubersten Technologien zugänglich machen: Katalysatoren und Filter, Wasserkraftwerke und Solarenergie, moderne Kläranlagen und nachhaltige Forstwirtschaft. All das hilft, die Phase der extremsten Umweltbelastung zu verkürzen oder sogar in Teilbereichen zu überspringen.

Armut – und nicht Wohlstand – ist die größte Gefahr für Umwelt und Natur. Warum legen arme Siedler in Brasilien Feuer im Regenwald? Weil sie woanders kein Stückchen Land erwerben können. Warum sind indische Flüsse mit Fäkalien und Industrieabwässern verseucht? Weil Kläranlagen teuer sind. Warum brechen Wilderer in Afrika die Gesetze, um das Horn von Nashörnern zu erbeuten? Weil sie arm sind.

Eines ist richtig: Wir Menschen in den reichen Industrieländern sollten unseren Ressourcenverbrauch senken, Energie sparen und Müll reduzieren. Das ist gut für die Natur, ökonomisch vernünftig und führt zu einer immer wirkungsvolleren Technik. Doch westliche Öko-Theoretiker irren, wenn sie den wachsenden Wohlstand der Entwicklungsländer als die große Bedrohung der Erde darstellen. Ein höherer Lebensstandard ist gut für die Menschen und die Umwelt.

1 BUND und Misereor, Zukunftsfähiges Deutschland, 1996. **2** G. Easterbrook, A Moment on Earth, 1995. **3** R. Bailey (Hrsg.), The True State of the Planet, 1995. **4** ebd. **5** W. Beckermann, Small is Stupid, 1995. **6** Magazin der DSD AG (Duales System Deutschland), Standpunkte, 1997.

Perspektiven

Ausgemergelte Gesichter, abgemagerte Körper in Lumpen gekleidet, Kinder mit Hungerbäuchen, erbärmliche Bretterhütten, Menschen, die sich von außen an Eisenbahnwaggons und Busse klammern: Solche Bilder zeigen Zeitschriften und Fernsehsender, wenn sie über »Überbevölkerung« berichten. Aber dokumentieren sie wirklich Überbevölkerung? Nein, sie zeigen Armut! Armut und Überbevölkerung sind jedoch keinesfalls das gleiche.

In den Vereinigten Staaten leben mehr Menschen pro Quadratkilometer als in Afrika. Das westliche Deutschland ist ebenso dicht besiedelt wie Indien, Italien dichter als Pakistan. Krasse Überbevölkerung herrscht in dem nicht gerade bettelarmen Königreich Monaco.[1] Der Blick auf eine Bevölkerungskarte zeigt, daß Ballungszentren häufig auch Wohlstandszentren sind: Japan, Mitteleuropa, die Küstenstreifen der USA. Extrem dicht besiedelte Landstriche der Erde vollzogen in den vergangenen Jahrzehnten die größten wirtschaftlichen Aufschwünge: Hongkong, Taiwan, Singapur. Dagegen leben in großen Ländern wie Mauretanien und dem Tschad jeweils weniger als ein Zehntel der Bevölkerung Deutschlands – doch von Wohlstand keine Spur.

Die allgemeine Konzentration auf das Thema »zu viele Menschen« verstellt manchmal den Blick auf ein anderes wichtiges Problem: Es gibt immer noch zuwenig Demokratie, zuwenig Chancengleichheit und zuwenig Marktwirtschaft auf der Welt. Die meisten Armen sind arm, weil sie nie auf eine Schule gehen und einen Beruf erlernen durften, oder weil sie kein Land erwerben können, um es zu bebauen. Dies kann verschiedene Gründe haben, zum Beispiel schmarotzende Oligarchien, die wie Raubritter ihr eigenes Land ausplündern und – statt Gewinne zu investieren – ihr Vermögen ins Ausland schaffen. Oder aber Bürokratien, die mit staatlicher Verordnungswut, überzogenen Steuern und Zöllen das Wirtschaftsleben ersticken und allgemeine Lethargie erzeugen. In einigen der ärmsten Länder haben beide Spezies den Staat gemeinsam im Griff. Eines ist sicher: Die schiere Zahl der Menschen läßt keinen direkten Rückschluß auf den Grad des Wohlstandes zu.

In den Horrorszenarien über eine drohende »Bevölkerungsexplosion« bleibt oft unerwähnt, daß sich Europäer (und die europäischen Einwanderer in Nordamerika, Australien und im asiatischen Teil Rußlands) zwischen 1800 und 1930 doppelt so schnell vermehrten wie die anderen Völker der Erde. Die Bevölkerungswachstumsrate Afrikas am Ende des 20. Jahrhunderts ist niedriger als die Nordamerikas in der zweiten Hälfte des 18. Jahrhunderts. Niemand würde behaupten, daß Amerika damals unter Überbevölkerung litt. Das Problem »Überbevölkerung« drang erst nach dem Zweiten Weltkrieg ins allgemeine Bewußtsein vor, als die Zahl der nicht europäischen Menschen anstieg.[2]

Dennoch ist es sicherlich besser für die Natur und auch für die Menschen, wenn Familien weltweit weniger Kinder haben und diese besser ernähren und ausbilden können. Dies liegt glücklicherweise derzeit im globalen Trend. Wie unter dem Punkt »Die Weltbevölkerung wächst unaufhörlich weiter« (Seite 438) zu Beginn dieses Kapitels erläutert wurde, flacht die Bevölkerungskurve ab. Die Menschheit wird nach den neuesten Erhebungen der UN-Experten noch einige Jahrzehnte anwachsen, bis sie zirka im Jahr 2050 zahlenmäßig ihren Höchststand erreicht haben wird (mittlere Schätzung: 9,4 Milliarden). Dann soll die Zahl der Erdenbürger wieder sinken. Zwischen 1990 und 1995 fiel die Wachstumsrate der Weltbevölkerung auf den niedrigsten Stand seit Jahrzehnten: 1,48 Prozent. Die durchschnittliche Kinderzahl pro Frau lag Mitte der neunziger Jahre unter drei (2,96). Das ist die geringste Weltgeburtenrate in der Geschichte und gibt Anlaß zur Hoffnung. Die »Bevölkerungsbombe« scheint derzeit entschärft zu sein.

Woran das eigentlich liegt, weiß niemand ganz genau. Theorien der

Vergangenheit wurden durch die Praxis widerlegt. Früher gingen viele Demographen davon aus, daß es einen direkten Zusmmenhang zwischen ökonomischer Besserstellung und geringerer Kinderzahl gebe. Denn – so die Theorie – Arme wünschen sich viele Kinder, damit wenigstens einige überleben und sie im Alter ernähren können. Dies hat sich nicht bestätigt. Die Fruchtbarkeit sank während der letzten dreißig Jahre auch in Ländern mit weit verbreiteter Armut und Analphabetentum.[3] Der Schritt zur Familienplanung scheint von vielen Faktoren abhängig zu sein: kulturellen und religiösen Werten, dem Status der Frau in der Gesellschaft, der Zugänglichkeit von Verhütungsmitteln und natürlich auch der ökonomischen Situation.

Die große Aufgabe des kommenden halben Jahrhunderts wird darin bestehen, allen ein menschenwürdiges Leben zu ermöglichen und dabei die Natur nicht allzusehr zu schädigen. Die Chancen stehen gar nicht so schlecht, denn auch in den Entwicklungsländern nimmt das Bewußtsein für Umweltprobleme deutlich zu, und in manchen Regionen wurden bereits erste praktische Verbesserungen erzielt (siehe »Die Entwicklungsländer kümmern sich nicht um den Umweltschutz«, Seite 446).

Nicht Wohlstand, sondern Armut ist die größte Bedrohung für die Umwelt. Wenn es in Ländern wirtschaftlich bergauf geht, werden nach einiger Zeit auch die Umweltprobleme in Angriff genommen. Dies hat sich in den alten Industrieländern deutlich gezeigt und wird von globalen Erhebungen der Weltbank bestätigt (siehe »Wachsender Wohlstand führt zu mehr Umweltbelastung«, Seite 449). Die reichen Länder könnten am wirkungsvollsten zum globalen Umweltschutz beitragen (und obendrein Geld verdienen), wenn sie saubere, energiesparende und preisgünstige Techniken entwickeln, die den Anforderungen in Entwicklungsländern genügen.

Wachstum und Wohlstand in den armen Ländern führen letztlich zu mehr Umweltschutz. Alle Staaten, die bereits durch die Periode des Frühkapitalismus gegangen sind, durchliefen dabei sehr ähnliche Phasen der ökonomischen und ökologischen Entwicklung. Am Anfang steht das Ausplündern der natürlichen Ressourcen (zum Beispiel Holz). Es folgen die schmutzigen Industrien. Mit der Zeit ebbt der

Raubbau ab, da Industrieprodukte für die Volkswirtschaft wichtiger werden als Rohstoffe. Schließlich werden auch die Produktionsverfahren effizienter und sauberer.

Die Globalisierung eröffnet jungen Industrienationen neue Chancen. Es gibt keine humane und ökologische Alternative zur Teilnahme am Welthandel. Wer Umweltschutz und bessere soziale Verhältnisse auch für arme Länder will, der sollte gegen Handelsschranken und Zölle kämpfen, mit denen die reichen Länder ihre Märkte abschotten, um die Neulinge auf dem Weltmarkt klein zu halten.

Eine Studie des Instituts für Weltwirtschaft (IfW) in Kiel ergab: Die Entwicklungsländer profitieren von der Globalisierung. Allein zwischen 1990 und 1996 wuchs die Exportquote der Entwicklungsländer von 21,1 auf 25,3 Prozent. Die Durchschnittseinkommen stiegen zwischen 1985 und 1995 in Ostasien um mehr als sieben Prozent (in den Industrieländern im gleichen Zeitraum nur um zwei Prozent). In den letzten 30 Jahren des 20. Jahrhunderts haben sich die Pro-Kopf-Einkommen in Südkorea verzehnfacht, in Thailand verfünffacht und in Malaysia vervierfacht. Auch Südamerika gehört zu den Globalisierungsgewinnern.[4]

Und was wird aus der Natur? Der technische Fortschritt in der Landwirtschaft hat dazu geführt, daß auch Entwicklungsländer auf gleicher Fläche immer mehr ernten. Dennoch wird die weitere Umwandlung von Wildnis in Acker- und Weideland im nächsten halben Jahrhundert unvermeidlich sein. Die Tourismusindustrie kann dabei helfen, daß die weltweite Ausdehnung der Agrarflächen nicht auf Kosten der schönsten Naturgebiete geschieht. Dort, wo Tourismus mehr Wohlstand schafft als Landwirtschaft, ist die Natur am sichersten.

Die wichtigste Botschaft für das 21. Jahrhundert lautet: Auf dem Planeten Erde können alle Menschen satt werden. Die globale Netto-Primärproduktion, also die Biomasse, die die Natur jährlich erzeugt, wird auf über 170 Milliarden Tonnen geschätzt. Bisher nutzte die Menschheit zirka zehn Prozent davon im Jahr für ihre eigene Ernährung und die ihrer Nutztiere.[5]

Und wer Angst hat, daß es ihm auf der Erde zu eng werden könnte, sollte sich einmal in Pennsylvania umsehen. Der US-Schriftsteller P. J.

O'Rourke erlaubte sich 1993 den Spaß auszurechnen, wie sehr die Menschheit zusammenrücken müßte, wenn die schlimmsten Wachstumsprognosen eintreffen. Er addierte die Landfläche der Kontinente (ohne Antarktis). Dann nahm er die Vorhersage aus Al Gores Buch »Wege zum Gleichgewicht«: 14 Milliarden Menschen würden demnach im 21. Jahrhundert auf der Erde wohnen (also mehr als die UN-Experten als Maximum errechneten). Sollte dies eintreffen, müßten sich weltweit 103 Menschen einen Quadratkilometer teilen. Das entspricht ziemlich genau Pennsylvania, denn dort sind es 102 pro Quadratkilometer (Deutschland: 229). Der »überbevölkerte« US-Bundesstaat verfügt über ausgedehnte Agrargebiete und riesige Staatswälder und exportiert Lebensmittel im Werte von mehreren Milliarden Dollar.[6]

1 R. Bailey, The True State of the Planet, 1995. **2** ebd. **3** DSW-Newsletter, Nr. 19/1996. **4** Frankfurter Allgemeine Zeitung vom 3. 3. 1998. **5** J. H. Reichholf. Der blaue Planet, 1998. **6** P. J. O'Rourke, Alle Sorgen dieser Welt, 1994.

Wirtschaft

Oft gehört, gern geglaubt

»Die Industrie verbraucht immer mehr natürliche Ressourcen«
»Die Globalisierung der Wirtschaft zerstört die Umwelt«
»Umweltschutz kostet Arbeitsplätze«
»In der Rezession kommt die Umwelt unter die Räder«
»Die heutige Umwelttechnik dient lediglich der Reparatur von Umweltschäden«
»Der Kapitalismus ist der größte Umweltfeind«

Perspektiven

Oft gehört, gern geglaubt

Die Protagonisten des Kapitalismus plündern rücksichtslos unsere Umwelt und hinterlassen nichts als verbrannte und verstrahlte Erde. Die Bosse der Weltwirtschaft torpedieren jeden Umweltschutz. Um ihr schändliches Tun zu bemänteln und zur Beschwichtigung der Öffentlichkeit leisten sie sich allenfalls ein paar Filter und Katalysatoren. Alles in allem wird alles schlechter. Der westliche Wohlstand verzehrt immer mehr Ressourcen und ist die eigentliche Geißel der Menschheit. Aber nun geht ein noch unheimlicheres Gespenst um: Die Globalisierung sucht uns heim. Sinistre Glücks- und Geldritter machen mit ihrem »Turbo-Kapitalismus« unsere Arbeitsplätze und die Umwelt platt. Heraus kommt so eine Art »Aids der Weltwirtschaft«, wie der »Spiegel« den französischen Präsidenten Jacques Chirac zitierte. Auch unter Umweltschützern sammelt sich eine Fraktion, für die Globalisierung eine einzige Katastrophe darstellt. Worte wie »Ausverkauf der Umweltstandards auf dem Weltmarkt« und »Ökodumping« machen die Runde. »Beim freien Spiel der Kräfte auf globaler Ebene setzen sich erfahrungsgemäß die ohnehin Reichen und oft auch die Skrupellosen auf Kosten der Armen und der Natur durch«, urteilt das evangelische Missionswerk in Deutschland.

»Die Industrie verbraucht immer mehr natürliche Ressourcen«

»In der Bundesrepublik hat zwischen 1960 und 1995 eine Effizienzrevolution stattgefunden. Insbesondere ist es gelungen, das wirtschaftliche Wachstum vom mengenmäßigen Naturverbrauch abzukoppeln, also Neubelastungen der Natur bei Verbesserung der Lebensverhältnisse zu vermeiden.«[1] Wenn Dr. Gerhard Voss vom Institut der deutschen Wirtschaft (IW) diese Sätze bei Diskussionen vorträgt, erntet er meist ungläubiges Kopfschütteln. Oft kommt gar Unruhe im Saal auf: Die Äußerung stellt so ziemlich alles auf den Kopf, was wir heute gemeinhin über den Zustand der Umwelt zu wissen glauben.

Als hilfreich entpuppt sich in diesem Zusammenhang ein Bericht des Statistischen Bundesamtes: Die Beamten haben 1996 erstmals sogenannte »umweltökonomische Gesamtrechungen« angestellt und veröffentlicht.[2] Diese umfassen den Zeitraum von 1960 bis 1995. Eine spezielle »Material- und Energieflußrechnung« bilanziert dabei sämtliche Entnahmen natürlicher Ressourcen sowie die Abgabe von Stoffen und Emissionen an die Umwelt. All diese Stoffströme werden in Tonnen erfaßt. Das gilt für Abraum- und Bergmaterialien ebenso wie für den Sauerstoffverbrauch bei Verbrennungsprozessen.

Diese Material- und Energieflußrechnung gilt zwar nicht als perfekt, sie wird aber dennoch allgemein als Indikator für die ökologische Effizienz einer Wirtschaft anerkannt. Für die westdeutsche Wirtschaft zeigt die Rechnung, daß der Verbrauch natürlicher Ressourcen in den sechziger und siebziger Jahren zunächst rapide angestiegen und seit Beginn der achtziger Jahre leicht zurückgegangen ist. So weit, so bescheiden.

Die rein mengenmäßige Betrachtung verhehlt jedoch die tatsächliche Entwicklung im Umweltschutz. Berücksichtigen wir das starke Wachstum von Wirtschaft und Wohlstand in dieser Zeit, das sich im sogenannten Bruttoinlandsprodukt manifestiert, halten die Zahlen eine faustdicke Überraschung bereit: So wurden 1960 für 1000 Mark Bruttoinlandsprodukt 833 Kilogramm Materialien und Energieträger eingesetzt, 1995 waren es gerade noch 409 Kilogramm. Das ist ein Rückgang von über 50 Prozent. **[Grafik Seite 462]**

Wirtschaftswachstum und Ressourcenverbrauch werden entkoppelt

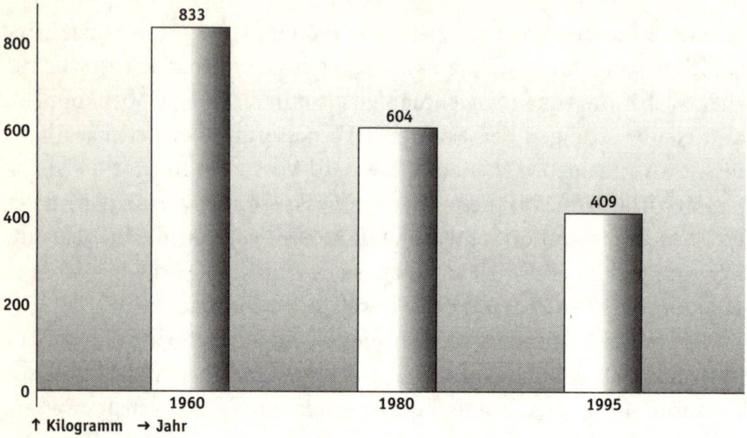

In Deutschland steckten 1960 in 1 000 Mark Bruttoinlandsprodukt noch 833 Kilogramm Rohstoffe und Energieträger. 1995 waren dafür weniger als die Hälfte der Materialien erforderlich. Materielle Rohstoffe werden immer öfter durch den Rohstoff Wissen ersetzt. Wohlstand muß nicht mehr auf Kosten der Umwelt gehen.
(Quelle: IW-Trends 1996/Statistisches Bundesamt)

Ähnliches läßt sich für Luftschadstoffe, Wasserverbrauch und Abfallaufkommen zeigen. Es ist also zweifellos gelungen, den mengenmäßigen Naturverbrauch vom wirtschaftlichen Wachstum abzukoppeln und zwar in einem Ausmaß, das den Begriff »Effizienzrevolution« rechtfertigt. Der Erfinder des Wortes »Effizienzrevolution«, Ernst Ulrich von Weizsäcker, fordert von den Industrieländern – wie er in dem gleichnamigen Umweltbestseller formuliert – den »Faktor 4«: »Aus einer Tonne Öl oder einer Tonne Erdreich wollen wir viermal soviel Wohlstand herausholen. Dann können wir den Wohlstand verdoppeln und gleichzeitig den Naturverbrauch halbieren.«[3] Nun, so weit sind wir noch nicht, aber immerhin: Aus einer Tonne Material wird heute gut doppelt soviel Wohlstand herausgeholt wie 1960. »Faktor 4« als Ziel erscheint im

Lichte der jüngsten Zahlen und Entwicklungen keineswegs utopisch. Was möglich ist, zeigen fortschrittliche Industriebetriebe, die nicht mehr auf Filter oder Reparaturtechnik setzen. Völlig neue Produktionsverfahren bringen von vorneherein Ressourcen-Einsparungen bis zu 95 Prozent. Ein Beispiel aus der Papierindustrie: Während die Papierherstellung früher als Gewässerkiller Nummer eins galt, gelingt es schwedischen Papierfabriken mittlerweile, Zellstoff im geschlossenen Kreislauf herzustellen. Der Einsatz von Frischwasser für die Papierbleiche sank dadurch von 50 auf 5 Kubikmeter pro Tonne Zellstoff.[4] Verglichen mit der Zeit um 1900 sind die Fortschritte in der Papierindustrie noch eindrucksvoller: Der Wasserverbrauch nahm bei Papier um das 40fache und bei Packpapier sogar um das 600fache ab.

In großen deutschen Chemiebetrieben werden in den achtziger Jahren gebaute biologische Großkläranlagen inzwischen wieder geschlossen – sie sind aufgrund der drastisch gesunkenen Abwasserlasten schlicht überflüssig geworden. Obwohl Rohstoffe und Energie aus ökologischer Sicht immer noch viel zu billig sind (weil entsprechende politische Rahmenbedingungen fehlen), rechnet sich die Effizienzrevolution schon heute für die Unternehmen – anders ist die Entwicklung einfach nicht zu erklären. Im Verantwortungsbereich des einzelnen Bürgers wird übrigens nicht so scharf kalkuliert. Die separate Betrachtung der statistischen Zahlen ergibt: Beim privaten Wasserverbrauch etwa, beim privaten Energieverbrauch und beim Individualverkehr fällt die Entkoppelung von Wohlstand und Naturverbrauch – wenn überhaupt – viel geringer aus. Die Effizienzrevolution der letzten 35 Jahre wurde nicht wegen, sondern trotz unseres individuellen Verbrauchs erzielt. Dies führt zu einem delikaten Schluß: Jeder einzelne Bundesbürger sollte seine Ressourcen-Produktivität im gleichen Maße verbessern wie der durchschnittliche deutsche Produktionsbetrieb. Dann bräuchten wir uns über »Faktor 4« keine Gedanken mehr zu machen.

1 Institut der deutschen Wirtschaft, IW-Trends, September 1996. **2** Frankfurter Allgemeine Zeitung vom 14. 6. 1996, unter Berufung auf das Statistische Bundesamt, Umweltökonomische Gesamtrechnungen 1995. **3** E. U. von Weizsäcker et al., Faktor 4: Doppelter Wohlstand – halbierter Naturverbrauch, 1995. **4** Der Spiegel Nr. 24/1996.

»Die Globalisierung der Wirtschaft zerstört die Umwelt«

Das niederländische Club-of-Rome-Mitglied Wouter van Dieren erwartet in ökologischer Hinsicht nichts Gutes. Auf einer Tagung des Wissenschaftszentrums Nordrhein-Westfalen 1997 brachte er seine Befürchtungen so auf den Punkt: »Die Globalisierung der Märkte ist ein Experiment, das schlimmer ausgehen kann als der Marxismus.« Wouter van Dierens Marxismus-Vergleich hinkt jedoch gewaltig: Das Schicksal der sozialistischen Länder ist ja gerade ein Beleg dafür, daß geschlossene (und nicht freie!) Märkte auf Umweltpolitik und Umweltstandards verheerende Auswirkung haben. Als Beleg genügt ein schlichter Vergleich der Industrie der ehemaligen DDR mit der Westdeutschlands zum Zeitpunkt der Wiedervereinigung. Auch in einer Studie der Weltbank wird die These vertreten, daß besonders schmutzige Industrien in abgeschotteten Ländern besser gedeihen als in offenen Volkswirtschaften.

Verdient es die Einbindung von immer mehr Volkswirtschaften in die weltweite Arbeitsteilung (nichts anderes versteckt sich hinter dem Begriff »Globalisierung«) also tatsächlich, zum Buhmann für alles Übel dieser Welt stilisiert zu werden? In ökologischer Hinsicht sollten wir wirklich nicht vorschnell urteilen: Ohne Teilhabe am Weltmarkt besteht für die Entwicklungsländer keine Chance, die Armut zu bekämpfen. Und Armut ist eine der wichtigsten Ursachen für Umweltzerstörungen. Der Raubbau an den Wäldern findet in Entwicklungsländern statt, nicht in den Industriestaaten. Die Städte mit der schlechtesten Luft liegen in den armen Ländern, dort fließen auch die verschmutztesten Flüsse. Eine Untersuchung der Weltbank ergab: Erreicht das Jahreseinkommen in einem Land den Wert von 3670 Dollar, beginnt die Luftverschmutzung wieder abzunehmen.[1] Einen eindeutigen Zusammenhang zwischen Wohlstand und Umweltqualität gibt es auch bei der Wasserversorgung und den sanitären Verhältnissen.[2] **[Grafik Seite 466]**

Daß wachsender Wohlstand durch mehr Konsum wieder neue Probleme schafft, sei dabei nicht bestritten. In einer komplizierten Welt ist die Lösung des nächsten drängenden Problems jedoch allemal sinnvoller, als der reichlich spekulative Streit um hypothetische Endzustände.

Mitunter drängt sich in diesem Zusammenhang der Verdacht auf, daß die Globalisierungsklage hierzulande auch geführt wird, um die eigenen Privilegien gegen die Konkurrenz der aufstrebenden Nationen abzuschotten.

Nichts spricht beispielsweise dagegen, Industriegüter dort herzustellen, wo sie auch gebraucht werden, anstatt sie energieintensiv hin und her zu transportieren. Umgekehrt kann es für die Umwelt besser sein, Agrarprodukte in klimatisch günstigen Gegenden anzubauen und sie in weniger sonnenverwöhnte Länder zu exportieren, anstatt dort die Produktion unter hohem Energie- und Düngeraufwand künstlich aufrechtzuerhalten. Das Nähere regelt der Einzelfall.

Auch der Verdacht, problematische Industrien würden wegen hoher Umweltstandards auswandern, um andernorts schmutzig weiterzuproduzieren, habe sich als »grandioser Irrtum« erwiesen, sagt Martin Jänicke, Leiter der Forschungsstelle für Umweltpolitik an der Freien Universität Berlin (und ehemaliger wissenschaftlicher Beirat der Zeitschrift »Natur«). Es waren allerdings Sprecher der Industrie selbst, die den Menschen das Märchen von der Öko-Vertreibung einst eingeimpft haben, um strengere Umweltauflagen zu verhindern. Eine Studie des Umweltbundesamtes kommt zu dem Schluß, daß kein einziges Unternehmen Deutschland allein wegen zu hoher Umweltkosten verlassen habe.[3]

Inzwischen sind die klügeren Vertreter der Industrie bemüht, die selbst gesäten Vorurteile wieder einzusammeln. Auf einer Konferenz des »Greening of Industry«-Network berichteten Repräsentanten von Konzernen wie Siemens, ABB oder BASF, wie sie in Ländern wie Polen, Thailand oder China in modernste Umwelttechnologie investieren. Der Grund: Die Anwendung unterschiedlicher Standards und Produktionsanlagen hier und dort wäre schon aus Kostengründen unsinnig.

Der Umweltberater und Journalist Edgar Gärtner berichtet von einer Informationsreise des im Aufbau befindlichen marokkanischen Umweltministeriums: »Wenn die Multis dort investieren und plötzlich eine Kläranlage bauen, geraten die kleinen oder staatsnahen Hersteller unter Druck, auch etwas zu tun.« Bislang arbeiten beispielsweise die

Bevölkerung ohne Zugang zu sauberem Wasser

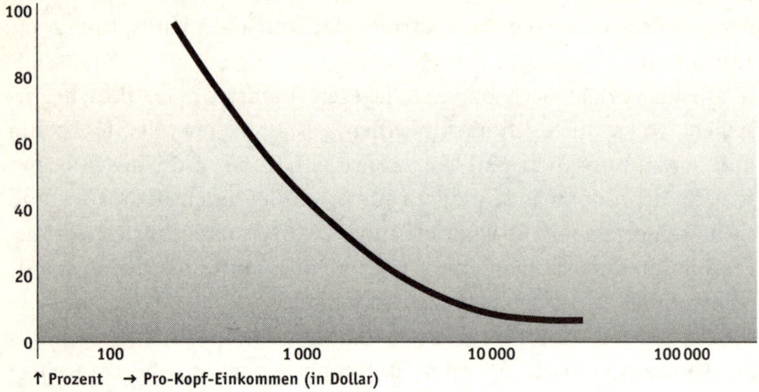

Schwefeldioxidkonzentration in den Städten

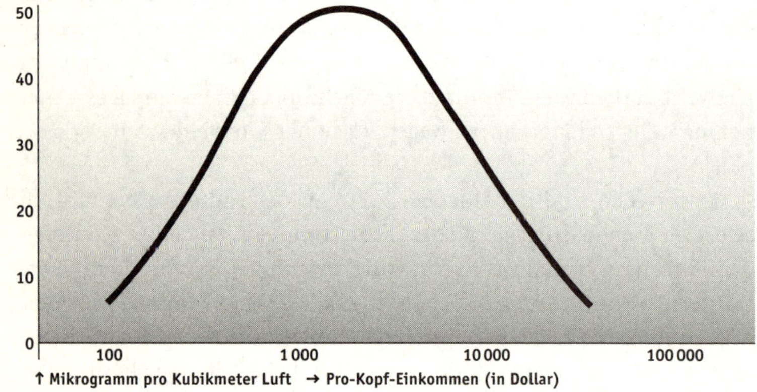

Mit steigendem Einkommen wächst der Zugang der Menschen zu sauberem Wasser. Wohlstand macht Umweltschutz vielfach erst möglich. Während die Luftverschmutzung mit wachsender Entwicklung eines Landes zunächst zunimmt, sinkt sie wieder, sobald ein Pro-Kopf-Einkommen von etwa 1000 Dollar erreicht wird.

(Quelle: R. Bailey 1995 / Weltbank)

vielen kleinen Textilfärbereien und Ledergerbereien mit »Null-Auflagen« (Gärtner) und schlimmsten Folgen für die Gewässer.

Eine umweltfreundliche Waschmaschine, die von Siemens in Deutschland entwickelt wurde, wird nun auch von ausländischen Tochterunternehmen gebaut. Umgekehrt sehen sich asiatische Anbieter durch die Anforderungen der Exportmärkte gezwungen, etwa bei der Herstellung von elektrischen Hausgeräten die strengen amerikanischen Energiespar-Vorschriften zum Standard auch für den eigenen Markt zu erheben. Wie dieser Mechanismus funktioniert, zeigt das Beispiel der Katalysator-Einführung: Als Kalifornien Vorschriften für umweltfreundliche Autos erließ, stellten sich die Entwicklungsabteilungen aller großen Autokonzerne weltweit auf die neuen Standards ein.

Umweltforscher Martin Jänicke hält es langfristig sogar für möglich, daß in der Dritten Welt mehr saubere Dienstleistungen angeboten werden als hierzulande und »ausgerechnet der Schrott hierbleibt«. Im Bereich der Entwicklung und Wartung von Computersoftware beispielsweise hat Indien seinen Exportumsatz in den letzten zehn Jahren verachtzigfacht (!), gleichwohl gibt es in Indien nach wie vor noch unglaublich viel schmutzige Industrie.

Gerhard Ott vom Deutschen Nationalen Komitee des »World Energy Council« hat ein überraschendes Beispiel dafür parat, welche unerwarteten Nebenwirkungen die Globalisierung mitunter mit sich bringen kann. So trägt das via Satellit bis in die abgelegensten Winkel der Erde verbreitete Fernsehen offensichtlich ebenso zur unabdingbaren Senkung der Geburtenraten bei wie Anti-Baby-Pillen und Familienplanungsprogramme. Seifenopern treten in zeitliche Konkurrenz mit der schönsten Sache der Welt. Aber das kennen wir ja.

1 R. Bailey, Eco-Scam, 1993. **2** R. Bailey,The True State of the Planet, 1995. **3** BUND, Argumente: Umwelt contra Wirtschaft?, Juli 1994.

»Umweltschutz kostet Arbeitsplätze«

Hier lohnt sich ein Blick auf die Nationen, die ihre Arbeitslosenquote gesenkt haben. In Staaten wie den Niederlanden, Dänemark, aber auch Neuseeland konnten die Arbeitslosenzahlen seit 1993 um ein Drittel verringert werden. Und das Sensationelle daran: Zugleich spielen diese Länder umweltpolitisch eine Vorreiterrolle. Auch in Schweden geht die Arbeitslosenquote zurück – wie insgesamt in den skandinavischen Ländern. »Die nordischen Länder haben neben anderen Umweltabgaben eine CO_2-Steuer eingeführt und inzwischen sogar noch verschärft«, sagt der Berliner Wirtschaftswissenschaftler Martin Jänicke und fügt hinzu: »Umweltschutz ist also kein Hindernis, um im globalen Wettbewerb zu bestehen, vielmehr wird eine vernünftige Umweltpolitik zum Schlüsselindikator für die Wettbewerbsfähigkeit eines Landes.«[1] So wundert es denn auch nicht, daß Länder mit hohen Energiepreisen, wie Japan oder Deutschland, auf den Weltmärkten erfolgreicher agieren, als Länder mit viel niedrigeren Energiepreisen.

Die Schweizer Bank Sarasin & Cie untersuchte gemeinsam mit dem wirtschaftswissenschaftlichen Zentrum der Universität Basel den Zusammenhang zwischen den Umweltschutzmaßnahmen und ihrem Börsenwert.[2] Die Analysen kommen zu dem Schluß, daß Umweltschutz die sogenannten Werttreiber stärkt. Materialarme Technik erhöht den Unternehmenswert an der Börse- und rechnet sich meist schon heute (vergleiche »Die Industrie verbraucht immer mehr natürliche Ressourcen«, Seite 461). Ebenso wird das Vordringen in »grüne« Märkte als Zukunftskapital betrachtet. Ganz oben auf der Positivliste steht auch das Vermeiden von Risiken. Dazu zählen aus unternehmerischer Sicht durchaus auch höhere Energiepreise oder eine CO_2-Steuer (was auf dasselbe hinausläuft). Beim Chemie-Giganten Sandoz wurden zum Zeitpunkt der Erhebung pro Tonne CO_2 10000 Mark Gewinn gemacht, bei Hoechst hingegen nur 451 Mark. Im Krisenfall stünde Sandoz also sehr viel besser da. Hohe Umweltstandards sind für Unternehmen somit ebensoviel wert wie eine finanzielle Rücklage.

In Deutschland werden mittlerweile etwa eine Million Arbeitsplätze dem Umweltschutz zugerechnet – etwa soviel wie der Automobilindustrie. Die Palette der grünen Arbeitsplätze gleicht dabei einer bunten Mischung: Gärtner und Schornsteinfeger, Straßenkehrer und Müllmann, Anlagenbauer und Schrotthändler, Professor und Verwaltungsangestellter. Nicht jeder dieser Arbeitsplätze wurde also neu geschaffen, und nicht jeder trägt sich. Die Wertschöpfung dürfte insgesamt unter der der Automobilindustrie liegen.

Entscheidender sind deshalb die Arbeitsplätze, die nicht direkt dem Umweltschutz zugerechnet werden, aber dennoch davon profitieren. Und hierzu zählt gerade die Automobilindustrie. Neue, strengere Abgasgesetze bescherten ihr einen Nachfrageboom. Fahrzeuge ohne oder mit veraltetem Katalysator werden steuerlich inzwischen hoch belastet. Obwohl die Fahrzeuge durchaus noch einige Jahre brauchbar wären, werden sie von ihren Besitzern abgestoßen. VW-Chef Ferdinand Piëch, gewiß kein Grüner, konstatiert zufrieden: »Autos altern heute politisch.«

Eine ähnliche Entwicklung könnte beispielsweise auf dem Bausektor eintreten. Eine strengere Wärmeschutzverordnung würde nach einem Gutachten des Worldwide Fund for Nature (WWF) und des Deutschen Instituts für Wirtschaftsforschung (DIW) bis zu 80000 zusätzliche Jobs schaffen. Dies paßt zu Angaben des Bundesumweltministeriums, wonach alleine im Energiebereich 100000 Stellen geschaffen werden könnten. Diese Arbeitsstellen sind auch deshalb interessant, weil sie sich über weite Bereiche von Handwerk, Mittelstand und Industrie verteilen. Hierdurch unterscheiden sie sich von Arbeitsplätzen, die beispielsweise mit 23 Milliarden Mark Steuergeldern für den Eurofighter geschaffen werden. Im ersten Fall entsteht eine breite Palette von Arbeitsplätzen, im zweiten Fall hängen die Stellen über kurz oder lang vom Wohlwollen eines großen Konzerns ab. Äußerst fraglich ist auch, ob ein Kriegsflugzeug größere Exportchancen besitzt als intelligente Umwelttechnik. Der Markt für Umwelttechnik wird als eine der wenigen Wachstumsbranchen der Zukunft definiert. Allein in Westeuropa betrug der Gesamtmarkt 1997 etwa 250 Milliarden Mark, im Jahre 2010 sollen es schon 380 Milliarden Mark sein.[3]

1 die tageszeitung vom 24. 5. 1997. 2 Die Zeit vom 24. 10. 1997. 3 Messe München, Presse-Information, unter Bezug auf Helmut Kaiser, Unternehmensberatung, Tübingen, 1997.

»In der Rezession kommt die Umwelt unter die Räder«

In Deutschland muß gespart werden. Viele fürchten, dem Sparzwang werde als erstes der Umweltschutz zum Opfer fallen. Doch eine Menge ökologischer Probleme entschärfen sich – nicht weil etwas getan wird, sondern vor allem auch, weil etwas gelassen wird. So unerfreulich eine negative Wirtschaftsentwicklung in sozialer Hinsicht ist, so differenziert muß sie unter ökologischen Gesichtspunkten betrachtet werden.

So werden in einer Rezession allenthalben überflüssige Bauvorhaben oder zweifelhafte Großprojekte abgeblasen. Leere öffentliche Kassen sind der Umwelt mitunter dienlicher als ein prallvoller Geldsäckel, mit dem im ökologischen Sinn auch viel Unheil gestiftet werden kann. Beispielsweise endeten die hochfliegenden Pläne für einen dritten Berliner Großflughafen 1996 in einer Bauchlandung – er wurde aus purem Geldmangel (zumindest vorerst) zurückgestellt. Welch ein Erfolg im Bemühen gegen Zersiedlung und Naturverbrauch, gegen Lärm und Abgase. Ob Umweltschützer dieses Resultat mit Protesten erreicht hätten? Wohl kaum. Man denke nur an die Frankfurter Startbahn West: Sie war den Verantwortlichen seinerzeit noch einen kleinen Bürgerkrieg wert.

Stichwort Krieg und Frieden: Von 89 Truppenübungsplätzen Ende der achtziger Jahre wurden inzwischen 53 (!) aus Geldmangel von der Bundeswehr geschlossen – eine Zahl, die man kaum glauben mag. Not macht erfinderisch: Die Bundeswehr zielt immer öfter per Computersimulation auf den Feind und läßt Panzer oder Düsenjet in der Garage – was nicht nur ein ökologischer Fortschritt ist.[1] (Vielleicht lassen sich künftige Kriege ja unter Umgehung der Wirklichkeit gänzlich im Computer austragen.)

Auf einem heilsamen Niveau pendelt sich inzwischen auch die Nachfrage nach Gewerbegebieten ein. Die Hälfte der in Ostdeutschland nach der Wende-Euphorie frisch ausgewiesenen Areale steht leer – das

Kosteneinsparungen durch Umweltschutz

Anteil befragter Manager, die angaben, in diesem Bereich Kosten zu sparen.*

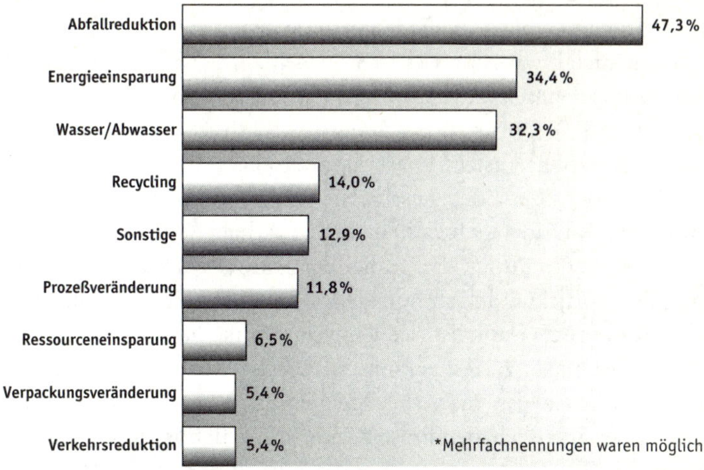

*Mehrfachnennungen waren möglich.

Entgegen oft geäußerten Befürchtungen spart Umweltschutz mehr Geld als er kostet. Eine Befragung unter 800 Mitgliedsunternehmen der Arbeitsgemeinschaft Selbständiger Unternehmer ergab, daß sich effizientes Umweltmanagement lohnt.
(Quelle: Wirtschaftsbild 1997 / UNI / ASU Umweltmanagementbefragung 1997)

entspricht einer Fläche von mehr als 10 000 Fußballplätzen. Die »ungedüngten Magerstandorte« (welch symbolischer Begriff) werden von seltenen Pflanzen und Tieren umgehend zurückerobert.

Aber es wird nicht nur weniger gebaut, sondern vielfach auch weniger konsumiert. Wer aufs Geld achten muß, spart beispielsweise bereitwilliger Sprit und Heizöl. Sogar Deutschlands Führungskräfte legen bisweilen den Rückwärtsgang ein: So brach der Verkauf spritschluckender Mercedes-S-Klasse-Limousinen Anfang 1996 um 30 Prozent (Monat Februar) gegenüber dem Vorjahr ein. Die großen BMW rutschten um 24 Prozent ab. Der Grund: Mit einer neuen Dienstwagen-Besteuerung bat der notleidende Finanzminister Benutzer teurer Luxuskarossen stärker als bisher zur Kasse (oder sagen wir es mal so:

Zwölfzylinder und Ledersitze können jetzt nicht mehr vollständig sozialisiert werden). Wenn man so will, ist das eine indirekte Ökosteuer.

Saubere industrielle Produktionsverfahren kommen in der Rezession im übrigen nicht unter die Räder – sie haben sich längst bewährt und sparen auch im ökonomischen Sinn Geld. Eine Befragung von 800 Mitgliedsunternehmen der Arbeitsgemeinschaft Selbstständiger Unternehmer (ASU) führte zu beachtenswerten Ergebnissen: Entgegen der oft geäußerten Ansicht spart Umweltschutz mehr Geld, als er kostet. Fast 50 Prozent der Geschäftsführer gaben beispielsweise an, durch Abfallreduktion auch Kosten gespart zu haben. **[Grafik Seite 471]**

Auch die Befürchtung, daß es bei der Umweltgesetzgebung einen substantiellen Rückfall in schmutzigere Zeiten geben könnte, hat sich nicht bewahrheitet. Dafür ist der Umweltgedanke längst auch in den Köpfen der Manager zu fest verankert. »Die eigentliche Sensation der Untersuchung«, so gab die Arbeitsgemeinschaft der Selbstständigen Unternehmer anläßlich der Präsentation ihrer Befragungsergebnisse im Dezember 1997 bekannt, sei aber die Tatsache, »daß praktisch keiner der Befragten einer substantiellen Reduzierung der Umweltstandards das Wort redete«.[2] Unter dem Strich muß die Umweltbilanz in mageren Zeiten nicht negativ sein, denn die lehren uns möglicherweise besser, einen tragfähigen Kompromiß zwischen Wohlstand, Konsum und gesunder Umwelt zu finden als reine Boomzeiten.

1 Pressemitteilung des Bundesverteidigungsministeriums, Mai 1996. **2** WirtschaftsBild vom 19. 12. 1997.

»Die heutige Umwelttechnik dient lediglich der Reparatur von Umweltschäden«

Die nachsorgenden Reinigungstechnologien, wie Filter und Kläranlagen, halten derzeit auf dem Markt für Umwelttechnik noch die größten Anteile. Doch der Übergang zum integrierten Umweltschutz, bei dem Schadstoffemissionen im Produktionsprozeß von Anfang an vermieden werden, steigt stetig. »Bereits Ende 1997 besetzten solche Umweltverfahren ein Drittel des Marktes, bis 2005 wird jede zweite installierte Anlage von vornherein Belastungen vermeiden«, heißt es in einer Analyse der Messe München.[1] Der Grund: Nachsorgender Umweltschutz ist auf Dauer zu teuer. Neue, rationellere und sauberere Herstellungsverfahren bringen hingegen zugleich Effizienzsteigerungen und sparen so Kosten. Ressourcen-Einsparungen in einigen Bereichen, so schreibt der Effizienzforscher Professor Friedrich Schmidt-Bleek, entstünden »oft übrigens ohne jeden Gedanken an die Umwelt«.[2] Allerdings spart diese Rationalisierung oft auch Arbeit. In diesem Bereich kostet der Umweltschutz indirekt durchaus auch Arbeitsplätze. In der Gesamtbilanz wirkt er sich aber sicherlich positiv auf den Arbeitsmarkt aus.

Als Beispiel für das Sparpotential mag die Produktion des Antibiotika-Vorproduktes »7 ACS« in einem großen deutschen Chemie-Unternehmen dienen. Dieses wurde früher mit Hilfe eines problematischen chlorchemischen Verfahrens synthetisiert. Bei der Herstellung von 100 Kilogramm Substanz fielen dabei 3100 Kilogramm giftige Abfälle an, die aufwendig verbrannt werden mußten. Bei einem neuen enzymatischen Produktionsverfahren kann auf giftige Chlorhilfsstoffe verzichtet werden, und es fallen nur noch 30 Kilogramm Abfall an. Die Umweltschutzkosten sinken um 90 Prozent. Inzwischen werden in der chemischen Industrie große Kläranlagen mitunter schon wieder stillgelegt – weil sie schlichtweg nicht mehr benötigt werden. Doch integrierter Umweltschutz setzt sich nicht nur in Produktionsverfahren, sondern auch im Alltag durch: So wurde auf der Baseler Umweltmesse 1997 ein neues Beleuchtungsverfahren preisgekrönt, bei dem Lichtleiter das Tageslicht in fensterlose Räume leiten und so die Energiekosten um bis zu 60 Prozent reduzieren.[3] Von der Waschmaschine bis zur Glühbirne werden neue Produkte und Techniken kleiner, leichter, effizienter. Der eingebaute Öko-Fortschritt hat so schon beinahe etwas Selbstverständliches: Wo Umweltschonung drinsteckt, steht dies heute oft gar nicht einmal mehr drauf.

1 Messe München, Presse-Information, unter Bezug auf Helmut Kaiser, Unternehmensberatung, Tübingen, 1997. **2** F. Schmidt-Bleek, Wieviel Umwelt braucht der Mensch? 1997. **3** Frankfurter Allgemeine Zeitung vom 12. 11. 1997.

»Der Kapitalismus ist der größte Umweltfeind«

Kapitalistisches Gewinnstreben ist der Umwelt nicht unbedingt zuträglich, doch sozialistische Bürokratie schlägt es um Längen. So fanden die größten Umweltdesaster im Sozialismus statt: Luftverschmutzung, Gewässerverschmutzung, Naturzerstörung und radioaktive Verseuchung erreichten in den sozialistischen Ländern unglaubliche Ausmaße. Drei – fast vergessene – Beispiele:

- Der Aralsee schrumpfte innerhalb von 40 Jahren um die Hälfte, weil sowjetische Planer beschlossen hatten, die beiden größten Flüsse Zentralasiens (die den See speisen) in Bewässerungskanäle für den Baumwollanbau umzuleiten.
- Die Luft in der rumänischen Stadt Copşa Micša war so schmutzig, daß die Menschen häufig einen grauen Schmierfilm auf der Haut hatten. Blei, Schwefel und Ruß schädigten die Gesundheit von Tausenden.
- Bei Usinsk im europäischen Nordosten Rußlands kam es immer wieder zu Unfällen bei der Ölförderung: Wälder und Flüsse wurden jahrzehntelang verseucht.

Hier nur ein kleiner Auszug aus dem Sündenregister der ehemaligen DDR:[1] Von 10600 Kilometern Wasserläufen waren nur rund drei Prozent und von 665 Seen und Talsperren nur ein Prozent ökologisch intakt. Nur 58 Prozent der Bevölkerung waren an eine Kläranlage angeschlossen. Mit mehr als fünf Millionen Tonnen Schwefeldioxid (SO_2) pro Jahr stand die DDR weltweit an der Spitze der Pro-Kopf-Belastung. Die europaweit höchste Luftverschmutzung wurde mit jährlich 2,1 Millionen Tonnen Staub erreicht. Von 13000 Müllkippen waren 10000 wild und nur 120 besaßen den Status einer geordneten Deponie. Seit dem Einzug des Kapitalismus hat sich die Situation »im Zeitraffer« (»Der Spiegel«) verbessert. Die für die Elbe eingeführte Kategorie »ökologisch zerstört« konnte inzwischen wieder entfallen, Luft und Wasser wurden dramatisch sauberer.

Hinsichtlich der radioaktiven Verstrahlung ist die Katastrophe von

Tschernobyl nur die Spitze des Eisbergs. Das Magazin »New Scientist« berichtete im Dezember 1997 über eine gemeinsame Untersuchung von norwegischen und russischen Wissenschaftlern. Sie beschäftigten sich mit den Folgelasten der im Ural angesiedelten Bombenfabrik von Mayak. Ergebnis: Alleine Mayak hat fünfmal mehr Radioaktivität in die Umwelt entlassen als Tschernobyl, die britische Aufbereitungsanlage von Sellafield und alle überirdischen Atomwaffenversuche zusammen. Man muß realistischerweise davon ausgehen, daß zwischen fünf und 15 Prozent der ehemaligen Sowjetunion mehr oder weniger verstrahlt sind. Die um ihre nördlichen Gewässer besorgten Norweger haben erst einmal zehn Millionen Dollar zur Verfügung gestellt, um überhaupt das Ausmaß der Verseuchung feststellen zu können.

Das ändert freilich nichts daran, daß auch der Kapitalismus Verlierer produziert, die Umwelt leidet auch unter seinem Regiment (wenn auch bei weitem nicht im sozialistischen Ausmaß). Solange Luft und Wasser nichts kosten, bedienen sich die Menschen äußerst freizügig. Deshalb müssen diese Ressourcen einen Preis bekommen – und dieser Mechanismus kommt ja tatsächlich langsam, aber sicher in Gang. Der Mensch ist nun mal, wie er ist – und er geht nur mit solchen Dingen pfleglich um, die ihm gehören oder für die er viel bezahlen muß. Dies zeigen Naturschutzgebiete, die in Privatbesitz liegen: Sie gehören zu den bestbehüteten überhaupt. Richtig gelenkt, können sich Eigennutz und Gewinnstreben für die Umwelt also als segensreich erweisen. Ein gezähmter Kapitalismus kann durchaus in Einklang mit den Belangen der Umwelt gebracht werden.

1 Bundesministerium für Umwelt und Reaktorsicherheit, Journalistenseminar »Umweltsituation in den neuen Bundesländern«, 26. 9. 1997.

Perspektiven

Nie war der Umbruch stärker spürbar als heute. Die Industriegesellschaft rationalisiert die traditionelle Arbeit weg. Das westliche Wohlstandsmodell, von Umweltschützern immer wieder zum ökologischen

Der Weg in die Informationsgesellschaft: Wer arbeitet in welchem Bereich?

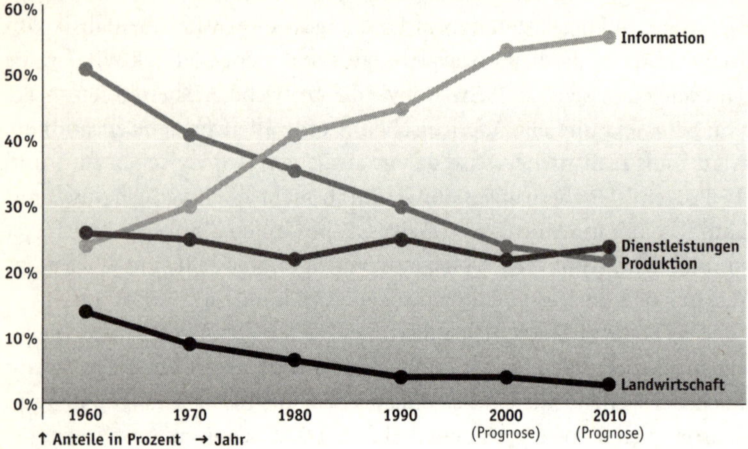

Die Wirtschaft verlagert ihren Schwerpunkt von der Produktion zur Information. Computer und Telekommunikation verändern die Arbeitswelt rasant und haben auch bedeutende Auswirkungen auf die Umweltsituation. Die Menschen werden ihr Einkommen immer seltener durch umweltschädliche Produkte und immer häufiger durch Wissensprodukte erzielen. **(Quelle: IHK Frankfurt 1997)**

Untergang der Menschheit hochstilisiert, muß neu erfunden oder zumindest überarbeitet werden. Diesem Zwang kann sich niemand entziehen – allerdings nicht aus ökologischen, sondern aus ökonomischen Gründen.

Die Ökonomie zwingt uns zur Suche nach neuen Formen von Arbeit, von Be- und Entlohnung, von Freizeit und Konsum, von Zusammenleben und sozialer Solidarität. »Die Arbeit ist das System, das sich am deutlichsten unter Evolutionsdruck befindet«, schreibt der Journalist und Soziologe Matthias Horx, »aber am Ende könnte die Krise, in die wir heute hineinschlittern, eine äußerst reinigende Wirkung haben.«[1]

Horx beschreibt die Konsequenzen so: »Immer mehr Profit wird künftig mit Ideen, Konzepten, Informationen und deren Verdichtung gemacht – und immer weniger mit der Herstellung gleichförmiger Massenprodukte.« **[Grafik Seite 476]** Aus ökonomischen Gründen tritt damit ironischerweise eine Entwicklung ein, wie sie Ökologen seit langem fordern. »Wenn politische Anreize einhergehen mit Änderungen in Organisationsformen, täglicher Praxis und sozialem Wandel, dann kann das Ziel, den gegenwärtigen Wohlstand mit einem Faktor 10 weniger Rohstoffinput zu schaffen, erreicht werden«, schreibt der Ökologe und Effizienz-Forscher Professor Friedrich Schmidt-Bleek.

»Aber die Tropenwälder werden weiter abgeholzt, die Atmosphäre aufgeheizt, die Umwelt verseucht?«, fragte der »Spiegel« den amerikanischen Wirtschaftswissenschaftler Paul Romer.[2] Romer, vom Magazin »Time« zu einem der 25 bedeutendsten Amerikaner gekürt, antwortete: »Wachstum und Umweltschutz sind überhaupt kein Widerspruch. Ich bin vollkommen damit einverstanden, daß Regierungen übermäßigen Energieverbrauch und Umweltzerstörung unterbinden. Das führt dann zu Innovationen und moderner Umwelttechnik. Ich sage aber auch: Es gibt keine Grenzen des Wachstums. Wir werden immer weniger umweltschädliche Produkte produzieren und immer mehr Wissensprodukte. Wir werden den Wert der bewohnbaren Welt steigern, und zwar ohne Ende.«

Der Weg dorthin ist zugegebenermaßen noch weit. Als Begleiter empfiehlt sich der Pragmatismus. Das heißt für die Beteiligten: Stets die Organisation des offenkundig drängendsten nächsten Schritts in Richtung einer langfristigen Sicherung der natürlichen Lebensgrundlagen ins Auge zu fassen. Die Kluft zwischen einem wünschenswerten (aber hypothetischen) Endzustand und der weniger rosigen Realität werden wir ökologisch wie ökonomisch aushalten müssen.

1 M. Horx, Das Zukunfts-Manifest, 1997. **2** Der Spiegel Nr. 33/1997.

Anhang

Bücher für Öko-Realisten

→ Adams, Jonathan; McShane, Thomas: The Myth of Wild Africa.
W.W. Norton & Company, New York, 1992
Zwei Wildlife-Experten kritisieren die Panikmache und den Neokolonialismus mancher Naturschützer und zeigen, wie vernünftiger Artenschutz den Menschen in Afrika helfen kann, der Armut zu entkommen.

→ Aune, Ivar; Graf Praschma, Nikolaus: Greenpeace – Umweltschutz ohne Gewähr.
Neumann-Neudamm, Melsungen 1996
Die Autoren dieses informativen Enthüllungsbuches kommen zu dem Schluß, daß Greenpeace dem Umwelt- und Naturschutz oft mehr geschadet als genützt hat.

→ Bailey, Ronald: Eco Scam.
St. Martin's Press, New York, 1993
Ein kleines »Who is Who« der angelsächsischen Öko-Apokalyptiker – und was von den falschen Propheten zu halten ist.

→ Bailey, Ronald (Hrsg.): The True State of the Planet.
The Free Press, New York, 1995
Zehn der besten internationalen Umweltexperten zerlegen die Öko-Mythen ihrer jeweiligen Fachgebiete (von Artenschutz bis Klima). Das informativste Umweltbuch, das es derzeit gibt.

→ Bezzel, Einhard: Liebes böses Tier.
Artemis & Winkler, München, 1992
Der Autor wendet sich gegen falsche, gefühlsbetonte Tierliebe und fordert einen Tier- und Naturschutz, der sich an den Erkenntnissen von Zoologie und Ökologie orientiert.

→ Bonner, Raymond: At the Hand of Man.
Simon and Schuster, London, 1993
Ein Buch über Mythen und Lügen im Naturschutz. Bonner plädiert für die ökonomische Nutzung von Wildtieren, die der Bevölkerung in Entwicklungsländern zugute kommt.

→ Brüggemeier, Franz-Josef: Das unendliche Meer der Lüfte.
Klartext, Essen, 1996
Wer glaubt, Umweltverschmutzung und Umweltschutz seien etwas Neues, wird hier eines Besseren belehrt.

→ Brüggemeier, Franz-Josef; Toyka-Seid, Michael: Lesebuch zur Geschichte der Umwelt im 19. Jahrhundert.
Campus, Frankfurt, 1995
Historische Originaltexte zum Thema »Umwelt damals«.

→ Budiansky, Stephen: Nature's Keepers.
The Free Press, New York, 1995
Budiansky konfrontiert gängige Öko-Vorurteile mit den Ergebnissen der wissenschaftlichen Ökologie. Bittere Enttäuschung für alle, die glaubten, Indianer seien immer ganz lieb zu ihrer Umwelt gewesen.

→ Bramwell, Anna: The Fading of the Greens.
Yale University Press, London, 1994
Eine kritische Auseinandersetzung mit der Geschichte der grünen Bewegung seit dem 19. Jahrhundert.

→ Calder, Nigel: The Manic Sun.
Pilkington Press, Northamptonshire, 1997
Ein kompetentes Buch über den Einfluß der Sonne auf das Klima – und eine Abrechnung mit der Klima-Hysterie.

→ Easterbrook, Gregg: A Moment on the Earth.
Viking Penguin, New York, 1995
Ein umfangreiches Meisterwerk des Öko-Realismus. Fakten, Fakten,

Fakten zu fast allen Umweltbereichen. Das beste Umweltbuch der neunziger Jahre.

→ Edgerton, Robert: Trügerische Paradiese.
Kabel, Hamburg, 1994
Die Wahrheit über Winnetou: Edgerton räumt mit der Legende auf, Naturvölker seien bessere Menschen.

→ Faltin, Günter; Zimmer, Jürgen: Reichtum von Unten – Die neuen Chancen der Kleinen.
Aufbau, Berlin, 1995
Die beste Arznei gegen Depressionen nach dem Lesen der »Globalisierungsfalle«. Die Autoren zeigen sehr anschaulich, wie ein offener Weltmarkt den Entwicklungsländern nützt.

→ Herzinger, Richard; Stein, Hannes: Endzeit-Propheten oder die Offensive der Antiwestler.
Rowohlt, Reinbek, 1995
Besonders lesenswert: das Kapitel »Totalitarismus in grün«.

→ Holzberger, Rudi: Das sogenannte Waldsterben.
Eppe, Bergatreute, 1995
Eine genaue Dokumentation und Analyse des Themas »Waldsterben« in den Medien.

→ Horx, Matthias: Das Zukunfts-Manifest.
Econ, Düsseldorf, 1997
Ein kluges, ideenreiches Buch gegen irrationale Zukunftsangst.

→ Hug, Heinz: Der tägliche Öko-Horror.
Wirtschaftsverlag Langen Müller/Herbig, München, 1997
Ein Chemiker rechnet nach und ab: Heinz Hug ist in der Welt von Nanogramm und Becquerel zuhause und entlarvt den Unfug, den so manche Menschheitsretter verbreiten.

→ Jacob, François: Die Maus, die Fliege und der Mensch.
Berlin Verlag, Berlin, 1998
Der Nobelpreisträger und Gentechnik-Pionier hat eine kurzweilige Kulturgeschichte der Genforschung geschrieben, die helfen kann, Vorurteile abzubauen.

→ Jäger, Helmut: Einführung in die Umweltgeschichte.
Wissenschaftliche Buchgesellschaft, Darmstadt, 1994
Ein faktenpralles Buch über alles, was Menschen im Laufe der Geschichte mit Flüssen, Wäldern und Tieren angestellt haben.

→ Kabou, Axelle: Weder arm noch ohnmächtig – Eine Streitschrift gegen schwarze Eliten und weiße Helfer.
Lenos, Basel, 1993
Eine Afrikanerin entlarvt die Legende, Europäer seien an allem schuld, was in Afrika falsch läuft.

→ Knapp, Udo: Das Wagnis.
Eichborn, Frankfurt a. M., 1991
Knapp plädiert für eine konsequente Absage an Utopien und apokalyptisches Katastrophendenken. Leider wurde der kluge Ökorealist bei den Grünen vergrault.

→ Kohlhammer, Siegfried: Auf Kosten der Dritten Welt?
Steidl, Göttingen, 1993
Kohlhammer rechnet vor: Es stimmt nicht, daß die Industrieländer die Dritte Welt ausbeuten. Hunger und Armut sind größtenteils hausgemacht.

→ Küster, Hansjörg: Geschichte der Landschaft in Mitteleuropa.
C. H. Beck, München, 1995
Auf jedem Quadratmeter Boden in Mitteleuropa hat der Mensch seine Spuren hinterlassen. Küster zeigt, daß vieles, was wir gewohnt sind, für Natur zu halten, in Wahrheit Kulturlandschaft ist.

→ Küsters, Gabriele; Geursen, Robert: Gesundheit für Mensch und Tier.
Piper, München, 1993
Zahlen und Richtigstellungen zum Thema »Tierversuche«.

→ Margolina, Sonja: Die gemütliche Apokalypse.
Siedler, Berlin, 1995
Eine erfrischende Kritik der deutschen Endzeit-Schickeria.

→ Mauritz, Markus: Natur und Politik.
Andreas Dick Verlag, Neutraubling, 1995
Anhand von historischen Dokumenten weist Mauritz nach: Die Umweltbewegung kam weder von links noch von unten – sondern von rechts (im Sinne von konservativ) und von oben (von Wissenschaftlern und Politikern).

→ Maxeiner, Dirk; Miersch, Michael: Öko-Optimismus.
Metropolitan, Düsseldorf, 1996
Eine Bilanz der politischen Ökologie und eine Streitschrift wider den Alarmismus. Wir kritisieren Fehlentwicklungen in der Umweltbewegung und machen Vorschläge für eine zukunftsfähige grüne Politik.

→ Mohr, Reinhard: Zaungäste.
S. Fischer, Frankfurt a. M., 1992
Aus den Kindertagen in Brokdorf: Eine treffende Beschreibung der Ökoszene in den siebziger Jahren.

→ Müller-Ullrich, Burkhard: Medien-Märchen.
Blessing, München, 1996
Die 125 000 Toten von Tschernobyl, das Waldsterben, Brent Spar: Müller-Ullrich zeigt, wie diese (und andere) Informations-Katastrophen der Medien entstehen konnten.

→ North, Richard: Life on a Modern Planet.
Manchester University Press, Manchester, 1995

North beleuchtet die großen, globalen Umweltthemen, wie Bevölkerungswachstum, chemische Industrie oder Regenwald, und trennt Fakten von Vorurteilen.

→ O'Rourke, P. J.: Alle Sorgen dieser Welt.
Kabel, Hamburg, 1995
Zehntausend Meilen jenseits der Political Correctness bereist O'Rourke die Krisenregionen der Welt. Nebenbei liefert er die schönste Abrechnung mit Al Gore, seit es amerikanische Vizepräsidenten gibt.

→ Ortoli, Sven; Witkowski, Nicolas: Die Badewanne des Archimedes.
Piper, München, 1997
Berühmte Legenden aus der Wissenschaft – und was wirklich dran ist.

→ Poley, Dieter (Hrsg.): Berichte aus der Arche.
Trias, Stuttgart, 1993
Fünf Zoodirektoren argumentieren gegen die modische Anklage, ihre Parks seien Tiergefängnisse.

→ Priebe, Hermann: Die subventionierte Naturzerstörung.
Goldmann, München, 1990
Der inzwischen verstorbene Landwirtschaftsexperte zerlegt messerscharf den ökologischen und ökonomischen Wahnsinn der Agrarpolitik. Ein Klassiker für alle, die sich über Landwirtschaft informieren wollen.

→ Reichholf, Josef: Comeback der Biber.
C. H. Beck, München, 1993
Ein brillantes Buch, voller ökologischer Überraschungen. Reichholf mißt die gängigen Öko-Phrasen an den Erkenntnissen der Wissenschaft. Anhand anschaulicher Beispiele zeigt er, daß das vielzitierte »Gleichgewicht der Natur« eine Fiktion ist.

→ Roth, Harald; Merz, Günter (Hrsg.): Wildlife Ressources.
Springer, Berlin, 1996
Ein umfassendes Nachschlagewerk über die zahlreichen Möglichkeiten,

Wildtierbestände nachhaltig zu nutzen: Tourismus, Jagd, Wildtierfarmen usw. Die Autoren – professionelle Artenschützer – empfehlen »Schützen durch Nützen«.

→ Sambraus, Hans Hinrich; Steiger, Andreas (Hrsg.): Das Buch vom Tierschutz.
Enke, Stuttgart, 1997
61 Fachwissenschaftler klären darüber auf, worunter Haus- und Nutztiere (von der Labormaus bis zum Mastschwein) leiden und wie man ihr Dasein verbessern kann: Wichtige Tierschutzfakten, sachlich und ohne sentimentale Übertreibungen dargeboten.

→ Schama, Simon: Der Traum von der Wildnis.
Kindler, München, 1996
Wie eine Landschaft in unserem Kopf entsteht: Ein Meisterwerk über die Kulturgeschichte der Natur. Der Amerikaner hat auch den völkischen Wurzeln des Naturschutzes in Deutschland nachgespürt.

→ Scherzinger, Wolfgang: Naturschutz im Wald.
Ulmer, Stuttgart, 1996
Ökologische Überraschungen aus dem deutschen Wald. Scherzinger erklärt, warum »Wald« kein Endzustand ist, sondern nur eine (uns Menschen stabil erscheinende) Station in einem dynamischen Prozeß. Eine kritische Reflektion gängiger Vorstellungen von Gleichgewicht und Harmonie.

→ Silbermann, Alphons: Propheten des Untergangs.
Lübbe-Verlag, Bergisch Gladbach, 1995
Ein Altmeister der Soziologie beschreibt das Geschäft mit den Ängsten.

→ Simon, Julian: The State of Humanity.
Blackwell, Oxford (England), 1995
Das beste Nachschlagewerk über alle Sorgen dieser Welt. 58 kurze Kapitel voller Daten und Fakten über Bevölkerungsentwicklung, Energiereserven, natürliche Ressourcen usw. Der 1998 verstorbene

Ökonom Simon hat sich bei den Alarmisten schwer unbeliebt gemacht, weil er im Gegensatz zu ihnen mit seinen Prognosen immer wieder recht behielt.

→ Sohn, Gunnar: Die Öko-Pharisäer – Umweltschutz als Vorwand.
Ullstein, Berlin, 1995
Sohn schildert, wie totalitäre Öko-Oberlehrer den Umweltschutz für ihre ideologischen Ziele mißbrauchen: Sie reden vom »Umbau der Industriegesellschaft« und meinen »Abschaffung der Marktwirtschaft«.

→ Stephan, Cora: Der Betroffenheitskult.
Rowohlt, Reinbek, 1994
Cora Stephan nimmt die seltsamen Sitten deutscher Gutmenschen aufs Korn: von »Gefühlssprech« bis »Politik des Herzens«.

→ Strubelt, Otfried: Gifte in Natur und Umwelt.
Spektrum-Verlag, Heidelberg, 1996
Der Direktor des Instituts für Toxikologie an der Lübecker Universität setzt sich sachlich und kühl mit Giften in der Umwelt auseinander. Das ideale Nachschlagewerk für den »Schadstoff der Woche«.

→ Tenner, Edward: Die Tücken der Technik.
S. Fischer, Frankfurt a. M., 1997
Hier wird beschrieben, warum aus neuen Lösungen immer auch neue Probleme entstehen. Tenner nennt dies »Racheeffekte«.

→ Thomson, Ron: The Wildlife Game.
Nyala Wildlife Publications Trust, Westville (Südafrika), 1992
Der erfahrene Wildlife-Manager zeigt, wie weltweit nachhaltige Nutzung der sicherste Weg ist, um die Wildtiere zu erhalten. In scharfer Form kritisiert er undifferenzierte Kampagnen wie »Rettet die Robben« und weist nach, daß sie mehr schaden als nützen.

→ Tudge, Colin: Letzte Zuflucht Zoo.
Spektrum-Verlag, Heidelberg, 1993

Der Autor berichtet über den wichtigen Beitrag der zoologischen Gärten zum internationalen Artenschutz.

→ Weizsäcker, Ernst Ulrich von; Lovins Amory, B.; Lovins, L. Hunter: Faktor 4. Doppelter Wohlstand – halbierter Naturverbrauch.
Droemer Knaur, München, 1995
Obwohl in dem Buch eine Menge Ideologie steckt, mit der man nicht übereinstimmen muß, ist sein grundsätzliches Anliegen – effizienter Umgang mit Ressourcen – richtig. Dafür bringen die Autoren viele gute und ermutigende Beispiele.

→ Wiedemann, Erich: Die deutschen Ängste.
Ullstein, Berlin, 1990
Hut ab! Als erster im deutschsprachigen Raum hat der Journalist Wiedemann darauf aufmerksam gemacht, daß im Namen des Umweltschutzes auch eine Menge Unfug propagiert wird.

→ Wildavsky, Aaron: But is it True?
Harvard University Press, Cambridge / Massachusetts, 1995
Der Autor widmet sein Buch über ökologische Beispielfälle der alles entscheidenden Frage: Stimmt das überhaupt? Aufgrund der kompetenten Faktenanalysen absolut lesenswert.

→ Willer, Helga (Hrsg.): Ökologischer Landbau in Europa.
Deukalion, Holm, 1998
Eine umfangreiche Daten- und Faktensammlung, die die Erfolgsstory des Ökolandbaus in Europa dokumentiert.

→ Whitmore, T. C.; Sayer, J. A. (Hrsg.): Tropical Deforestation and Species Extinction.
Chapmann & Hall, London, 1992
Zwei Regenwaldexperten präsentieren den Stand der Forschung über Regenwald- und Artenverlust: sachlich, informativ, ohne Panikmache.

Abkürzungen

In einigen Fällen stimmen die Buchstaben der Kurzform nicht mit der ausgeschriebenen Version überein (z. B. GSF, IUCN). Diese Organisationen haben den Namen gewechselt, jedoch ihre alten Kürzel beibehalten.

AGÖL	Arbeitsgemeinschaft ökologischer Landbau
AGPU	Arbeitsgemeinschaft PVC und Umwelt
BGVV	Bundesinstitut für gesundheitlichen Verbraucherschutz und Veterinärmedizin
BMELF	Bundesministerium für Ernährung, Landwirtschaft und Forsten
BMU	Bundesministerium für Umwelt, Naturschutz und Reaktorsicherheit
BUND	Bund für Umwelt und Naturschutz Deutschland
CITES	Convention on Trade of Endangered Species
DKR	Deutsche Gesellschaft für Kunststoff-Recycling
DNR	Deutscher Naturschutz-Ring
DSD	Duales System Deutschland
DSW	Deutsche Stiftung Weltbevölkerung
EFI	Europäisches Forstinstitut
EPA	Environmental Protection Agency
DGE	Deutsche Gesellschaft für Ernährung
FAO	Food and Agriculture Organisation
FSC	Forest Stewardship Council

GCD	Game Conservancy Deutschland
GSF	Forschungszentrum für Umwelt und Gesundheit
GTZ	Gesellschaft für technische Zusammenarbeit
GVM	Gesellschaft für Verpackungsmarktforschung
IAEA	International Atomic Energy Agency
IEA	International Energy Agency
IFOAM	International Federation of Organic Agriculture Movements
IFW	Institut für Weltwirtschaft
IK	Industrieverband Kunststoffverpackungen
IMA	Informationsgemeinschaft für Meinungspflege und Aufklärung
IPCC	Intergovernmental Panel on Climate Change
IUCN	World Conservation Union
IUDZG	World Zoo Organization
IWC	International Whaling Commission
IVA	Industrieverband Agrar
IW	Institut der deutschen Wirtschaft
NABU	Naturschutzbund Deutschland
PIA	Population Action International
SÖL	Stiftung Ökologie und Landbau
UBA	Umweltbundesamt
UNDP	United Nations Development Programme
UNEP	United Nations Environment Programme

UNFPA	United Nations Fund for Population Activities
USDA	US-Department of Agriculture
VKE	Verband der Kunststofferzeugenden Industrie
WHO	World Health Organisation
WMO	World Meteorological Organisation
WWF	World Wide Fund for Nature

Schlagwortverzeichnis

Die fetten Ziffern verweisen auf das Kapitel zum Stichwort.

»Ich bin ein Teil von jener Kraft, die stets das Böse will, und stets das Gute schafft.«

Mephisto; Faust I

Dirk Maxeiner
Michael Miersch
Das Mephisto-Prinzip
Warum es besser ist, nicht gut zu sein
192 Seiten · geb. m. SU
€ 17,90 (D) · sFr 31,50
ISBN 3-8218-1636-8

Der Weg zur Hölle ist gepflastert mit guten Absichten, sagt ein englisches Sprichwort. Anders formuliert: Eine gute Gesinnung schafft noch lange keine bessere Realität. Niedere Motive dagegen mögen zwar eine schlechte Presse haben, aber sie wirken oftmals überraschend segensreich.
Dirk Maxeiner und Michael Miersch zeigen, wie aus purem Eigennutz genau das hervorgebracht wird, was die Gutmenschen dieser Welt immer wieder anmahnen: sozialer und ökologischer Fortschritt.

»Maxeiner und Miersch lachen den Gutmenschen ins Gesicht. Und die haben auch nichts Besseres verdient.«
Frankfurter Allgemeine Zeitung